THEORY AND PRACTICE OF MICROE
OF SOIL-BORNE FUNGAL DISEASES OF TOBACCO

烟草土传菌物病害
微生态调控理论与实践

康业斌　成玉梅 ◎著

中国林业出版社
China Forestry Publishing House

图书在版编目(CIP)数据

烟草土传菌物病害微生态调控理论与实践 / 康业斌,
成玉梅著 .—北京:中国林业出版社,2021.9
ISBN 978-7-5219-1361-3

Ⅰ.①烟…　Ⅱ.①康…②成…　Ⅲ.①烟草-土壤微
生物-病虫害防治　Ⅳ.①S435.72

中国版本图书馆 CIP 数据核字(2021)第 194632 号

中国林业出版社

策划编辑: 王远
责任编辑: 王远　肖静

出版发行　中国林业出版社(100009　北京市西城区德内大街刘海胡同 7 号)
　　　　　　http://www.forestry.gov.cn/lycb.html　　电话:(010)83143577
印　　刷　河北京平诚乾印刷有限公司
版　　次　2021 年 10 月第 1 版
印　　次　2021 年 10 月第 1 次印刷
开　　本　787mm×960mm　1/16
印　　张　21.5
彩　　插　10 面
字　　数　410 千字
定　　价　80.00 元

编写人员

主　编　康业斌　成玉梅

副主编　李淑君　赵世民　李成军

参　编　(按姓氏笔画排序)

丁玥琪　　马君红　　王玉洁　　边传红

田艳艳　　白静科　　李小杰　　邱　睿

宋喜乐　　张　烨　　陈玉国　　陈奇园

陈倩倩　　苗　圃　　崔林开　　康　蕾

梁留阳　　董昆乐　　程尉烜

序

正值"芒种"到来，阳气充盈，绿满山川的大好季节，终于读完了康业斌教授团队的新著，不禁掩卷沉思，感怀颇多。通读这本书可不是"一口气"顺下来的，而是边读边查，边读边议，断断续续"啃"下来的。这是因为本书涉猎颇广，包含有许多新思路、新材料、新见解、新成果。我作为植物病理学学科的一名"老兵"，因循已久，不能不怀着虚心学习的心情，孜孜以求，勉力图新。

本书内容丰富，以烟草土传病原微生物及其微生态调控的研究为基础，介绍了植物土传病害生态防治的理论和实践。国内有关研究，特别是入门级研究，数量并不少，产生的论文也颇多，当然这也是可喜的现象。但是，系统深入的研究并不多，相关学术著作也甚少。10余年来，康业斌团队克服困难，做了宝贵的探索和尝试，相继完成了几个研究项目，走出丛莽，终见光明的前景。

全书分为土壤微生物及其微生态调控基本理论与研究实例两部分，共10章，从土壤微生物基本概念的阐述起始，以烟草微生态制剂的研制和应用结篇，夹叙夹议，逐层展开。以我的粗浅见解，本书精华集聚于两个版块，其一是土壤病原微生物的微生态调控，其二是烟草土壤病原微生物的遗传多样性。

所谓"微生态调控"（microecological modulation），对植物而言，是指利用生物的、物理的或化学的措施，调控微生态环境，使有益微生物增加，使植物体新陈代谢活性增强，免疫能力提高，从而减少病原微生物种群数量或降低其致病能力，提高植物的健康水平。微生态调控的可能措施很多，其中最能激发研究者想象力，最能调动研究激情，最能创造经济效益的，首推微生态调节剂。微生态调节剂（microecological modulator）是有益菌的活菌制剂，种类较多，分别适用于人体、畜禽或农作物，用于调整微生态失调或维持微生态平衡。制剂中含有有益菌，有益菌代谢产物以及其他添加物，能促进有益或正常微生物菌群的生长繁殖，抑制有害菌，控制病害发生。用于农作物的微生态制剂还可能含有植物营养物质，有促进植物生长的功能。现今对微生态调控和微生态调节剂的机理，虽然没有什么大的异议，但成功的实例的确不多，可见在实践层面或技术层面，需要攻关的难点还很多。本书列举大量事例，对关键问题条分缕析，丝丝入扣。有志于有机农业和病害"绿色防控"的各级专业人员，不妨把本书作为基础文献，细心研读。

植物的土壤传播病害，俗称"根病"，是由土壤病原微生物侵染引起的生物灾害。在植物病害流行学中，土传病害属于"积年流行病害"，一旦传入，土壤菌量逐年积累，发病率迅速增长，很快酿成毁灭性的大发生。土传病害难以诊断，难以监测，难以防治，难以研究。长期以来，国内对土传病害的研究，多集中于重要经济作物的少数重大病害，难以面面兼顾，欠账很多。对烟草土传病原微生物区系，也是种类不明，底码不清，更谈不上在病理学、生态学、免疫学、防治学诸层面的深入研究了。康业斌团队的工作，不仅发现了新病原菌，而且探明了河南烟区镰刀菌属、腐霉菌属、串珠霉属等重要类群的种类和分布，还进一步研究了烟草疫霉的致病性分化与遗传多样性，这些都填补了烟草土传病害研究的空白，为土传病害绿色防控研究奠定了基础。

台湾大学吴文希教授在 2018 年春季飞临杨陵，将他的一部新著《有机农业（第二版）》赠送予我。吴教授专长植物病理学，在其著作中，对病虫害"非化学防治"的介绍尤其细致。我拜读之后，并不满足，期盼能有关于生物防治的"大部头"中文著作问世。不料短短几年后，康业斌教授的这本专著给我带来了意外的惊喜。"问渠哪得清如许？为有源头活水来。"祝愿本书付梓，恰如源头活水，汩汩滔滔，促进土传病害生态防治的研究奋发创新，欣欣向荣。

商鸿生

2021 年 6 月 6 日于西北农林科技大学雅苑

前　言

烟草是我国重要的经济作物之一。近年来，随着烟田作物布局和栽培耕作制度的改变，烟草黑胫病等土传病害的发生日益严重，不但影响了烟叶的外观质量和内在品质，而且影响烟叶的商品性能和经济效益，已成为制约烟草生产的重要因素。烟草土传病害绿色防控要遵从生态学、经济学和综合治理技术原理，全面贯彻落实我国"预防为主，综合防治"的植保方针，将抗病品种利用、保健栽培、生物防治与化学防治有机结合，提高烟叶生产的经济效益与生态效益。

依据土传病害的发生流行特点开展生物防治，尤其是利用有益微生物对烟株根围土壤微生态调控，是实现烤烟无公害生产及其土传病害绿色防控的主要手段。在植物病害微生态调控研究领域，许多新信息、新进展仅见于零散的专业刊物报道，在国内尚未见烟草土传病害微生态调控的专著。与此同时，随着现代植物病理学研究技术和分子生物学研究手段的不断进步，被研究和发现的土壤有益微生物种类和数量日益增多，对其调控植物根围微生物结构、改善土壤酶活性、抑制病原微生物和促进植物生长等方面的研究也在不断扩大，将这方面的研究成果及时加以整理很有必要。因此，本书以作者10余年来主持开展的"基于微生物拮抗原理的烟草根茎真菌性病害防控技术研究""河南省烟草黑胫病/根腐病绿色防控技术研究""洛阳市烟草土传真菌病害种类及微生态治理措施研究与应用"与"洛阳市烟草腐霉病菌多样性及其拮抗微生物研究"等项目研究所取得的科技成果为主线，以国内外植物病理学、微生物学、土壤学等学科的重要研究成就和最新研究进展贯穿始终，以便读者根据实际需要正确地选择适当的技术和方法，及时揭示植物土传病害的发生规律及防控方法，推动生命科学及相关学科的发展。

全书分为土壤微生物及其微生态调控基本理论与研究实例两部分，共10章。第一章介绍了土壤微生物的作用、一般特征、主要类群与根际土壤微生物；第二章介绍了同一种微生物群体中不同个体之间的相互作用与不同微生物群体之间的相互作用；第三章介绍了微生物和植物共生关系的类型，菌根的形态和功能，烟草丛枝菌根，植物内生微生物，烟草内生菌多样性及其生物学功能及土壤生物与植物化感作用；第四章介绍了土壤与土壤重要性，土壤质地和结构，土壤矿物质和有机质，土壤水、空气和热量与土壤养分；第五章介绍了耕作制度、种植制度、施肥及农药对土壤微生物的影响；第六章介绍了微生态调控的概念，产生与发展，植物病害微生态调控的指导思想、目标、措施及其与其他防治措施的关系；第七章介绍了微生态制剂的概念与发展历程、作用机理以及农用微生态制剂的种类；第八章介绍了土壤病原微生物，烟草土传菌物，作物土传病原物的微生态调控；第九章介绍了危害烟株根茎部的新病原，烟株根围土壤腐霉菌多样性分析鉴定，烟草根串珠霉菌分离方法与致病性测定，烟草疫霉 SSR 分子标记开发与群体毒性组成、遗传结构分析；第十章介绍了烟株根围土壤拮抗真菌、细菌、放线菌的筛选鉴定，烟株根围土壤拮抗微生物的互作关系，烟草专用土壤微生态制剂的研制，微生态制剂在洛阳烟田的应用效果，微生态制剂对烤烟品质与营养元素的影响，微生态制剂对土壤微生物群落与功能的影响，金黄垂直链霉菌发酵条件优化与活性物质分析及抑菌作用测定。

本书可以作为植物保护学、作物学、烟草学、农业资源与环境学、生物学等学科的科研人员和研究生的教学、研究参考书，也可作为相关专业本科生的教学参考书。

在编写本书的过程中借鉴了国内外同行学者的一些研究成果。西北农林科技大学商鸿生教授审阅了本书的初稿，并提出了宝贵的修改意见，且为本书作序；河南科技大学宋喜乐同志校对了全文，提出了宝贵的修改意见。在此一并表示衷心感谢！

由于作者水平有限，书中疏漏缺失之处在所难免，祈望专家和读者批评指正。

康业斌　成玉梅

2021 年 3 月 12 日于河南科技大学

目　录

第一章

土壤微生物

第一节　土壤微生物概述

土壤微生物(soil microorganisms)是土壤生物的重要组分之一,几乎所有的土壤过程都直接或间接地与土壤微生物有关。在土壤生态系统中,土壤微生物的作用主要体现在:①分解土壤有机质和促进腐殖质形成;②吸收、固定并释放养分,对植物营养状况的改善和调节有重要作用;③与植物共生,促进植物生长,如豆科植物的结瘤固氮;④在土壤微生物的作用下,土壤有机碳、氮不断分解,是土壤微量气体产生的重要原因;⑤在有机物污染和重金属污染治理中起重要作用。另外,土壤微生物特性对土壤基质的变化敏感,其群落结构组成和生物量等可以反映土壤的肥力状况。近年来,将土壤微生物群落结构组成、土壤微生物生物量、土壤酶活性等作为土壤健康的生物指标来评价退化生态系统的恢复进程和指导生态系统管理等已逐渐成为研究热点。

土壤微生物生物量是土壤有机质中有生命的部分,它的大小反映了参与调控土壤中能量和养分循环以及有机物质转化的微生物数量。通常情况下,土壤微生物生物量与土壤有机碳含量关系密切,土壤碳含量高,土壤微生物生物量也相应较高。土壤微生物生物量与地表植被类型关系密切,森林土壤中的细菌与真菌生物量明显高于草地。与此同时,土壤微生物生物量也与人类的干扰活动有关。例如,免耕土壤中细菌和真菌的生物量均较高,而耕作活动加速了土壤微生物对有机质的消耗,使得土壤有机碳、氮含量低于免耕土壤,其土壤中的微生物数量和生物量也显著减少。

土壤微生物群落结构主要指土壤中各主要微生物类群(包括细菌、真菌、放线菌等)在土壤中的数量以及各类群所占的比率,其结构和功能的变化与土壤理化性质的变化有关。土壤的结构、通气性、水分状况、养分状况等对土壤微生物均有重要影响。在熟化程度高和肥力好的土壤中，土壤微生物的数量较多，细菌所占的比例较高；而在干旱及难分解物质较多的土壤中，土壤微生物总数较少，细菌所占比例相对较低，而真菌和放线菌的比例相对较高。土壤退化或受损会影响到土壤微生物的多样性，土壤微生物数量、种类及其组成会随土壤受污染与退化的程度发生变化。一般来说，土壤退化或受损对土壤微生物的数量及种类产生的是负面影响，但某些耐性微生物种类在被污染土壤中的数量反而增加。

土壤微生物代谢熵（the soil microbial metabolic entropy，qCO_2）则将微生物生物量的大小与微生物的生物活性和功能有机地联系起来，可对微生物的能量利用效率进行度量。qCO_2 的变化与土壤微生物群落组成的变化有关，并且随土壤熟化程度的增加而逐渐减小。

土壤微生物是土壤生命活体的主要组成部分。从最初定殖于土壤母质上的蓝绿藻开始，直到土壤肥力的形成，土壤微生物参与了土壤发生发育的全过程。同时，土壤又是微生物生长发育的最佳环境，土壤中一系列的物理、化学性质，如土壤矿物质——有机质胶体、土壤水分、空气、温度、土壤结构、孔度、养分、土壤 pH 和土壤氧化还原电位 Eh 值等均深刻影响着土壤微生物的种群类型、生物活性、存在状态和分布特性。土壤微生物一般特征如下。

1. 类群繁多

人类培养和利用的微生物已达数万种，但这仅仅是地球环境中极小的一部分。在地球环境中微生物的类群复杂、种类繁多。从形态特征看，常见的微生物有细菌、放线菌、蓝细菌、光合细菌、古细菌、真菌、藻类和原生动物，以及病毒等，可概括为细胞型微生物和非细胞型微生物。其中，病毒是非细胞型，其他均属细胞型。根据碳源和能量的来源，微生物可分为光能自养型（无机营养型）、光能异养型（有机营养型）、化能自养型和化能异养型，藻类和部分细菌属自养型，大部分细菌及全部霉菌、酵母都属异养型。根据呼吸作用即最终电子受体的不同，又可分为好氧微生物、厌氧微生物、兼性厌氧微生物。

陆地生态系统中的土壤因其类型多样性、物质复杂性、时空变异性和营养丰富性等特点，与相对均一的水、大气介质比较，土壤微生物类群无疑比水和大气中更复杂、更具多样性，几乎包罗了地球表面系统绝大部分微生物类群。土壤是微生物最丰富的基因库，具有极大的开发潜力。

2. 数量巨大

微生物的繁殖方式大多数是以简单的细胞分裂完成的，在适宜条件下，十几分钟或几小时就可繁殖一代。土壤中微生物的数量巨大。在 10g 的肥沃土壤中，仅细菌数量就可能比全球人口的总数还多。1kg 土壤中可能含 5000 亿个细菌、约 100 亿个放线菌、近 10 亿个真菌，土居原生动物也可达 5 亿个。土壤微生物是地球地表下数量最巨大的生命形式。然而，土壤中目前可培养的微生物一般只占总数的 0.1%~1%，最多不超过 10%。

3. 分布复杂

土壤是成土母质、气候、地形和生物因子综合作用下随时间不断变化的连续体。土壤中一系列非生物因素如土壤结构、土壤空气、土壤水、pH 和 Eh 值、土壤温度等都不同程度地影响土壤微生物的生存和反应，并且土壤中各种因子很少是单独起作用的，而是多因子的影响更为复杂。因此，从宏观的区域土壤到单个土体，直到微观的土壤微团体，其微生物的分布有很大差异。就区域土壤类型而言，其微生物总数一般为：黑钙土>棕壤>灰壤>水稻土>砖红壤。就土壤剖面而言，耕作土壤一般 A 层（表土层）的总数较高，随土层深度增加，B 层（心土层）、C 层（底土层）数量减少。而对于另一些土壤如森林土壤、草原土壤等，可能出现完全不同的分布，即有时 B 层高而 A 层低。土壤团聚体是矿质——有机胶体颗粒的空间排列，具有多级孔性和大小孔隙兼备特性。直径小于 0.25mm 的称为微团聚体，0.25~10mm 称为团聚体。团聚体的内外条件不同，微生物分布也不一样，直径为几微米的小孔径充满着水分，一般适合细菌生活，而真菌则适合在更大的孔隙中生活。此外，不同耕作管理、季节变化等均影响土壤微生物的分布，其季节变化受温度、水分、有机质矿化、地上植物生长等综合作用的影响，冬季气温低，微生物数量可能明显下降，随春季气温回升，其数量迅速增加。

4. 功能多样

微生物的代谢功能极其多样。凡是自然界中存在的有机物，一般都能被微生物分解利用。在土壤中，微生物是参与碳、氮、磷、硫等元素转化的主要驱动力，对土壤生态系统中的物质循环和能量流通起着决定作用。同时，土壤微生物又是降解、代谢和转化各种环境污染物的主要承担者，微生物结构和功能的易变异特性还为许多人工合成有机物的降解提供了实现的基础。

第二节　土壤微生物的主要类群

一、微生物分类简述

（一）原核生物界分类

1923 年，美国细菌学家协会（SAB）编纂出版了《伯杰氏细菌鉴定手册》

(《Bergey's Manual of Determinative Bacteriology》)。该手册自诞生之日起就成为人们进行细菌分类鉴定和新物种发现的权威工具书,是目前普遍采用的细菌分类系统。《伯杰氏系统鉴定手册》是这个分类系统分类指导标准,是集国际学术界的权威学者不间断的集体修订的鉴定手册,因而得到国际上的公认,并被普遍采用。从第九版更名为《伯杰氏系统细菌学手册》(《Bergey's Manual of Systematic Bacteriology》,简称《系统手册》)(Holt et al.,1984-989),为第一版。从2001年开始陆续出版第二版,直到2012年5月份第5卷(放线菌专刊)的面世才宣告完成。

《系统手册》将原核生物界(Kingdom Monera)分为古生菌界(Archaeota)和细菌界(Bacteria),古生菌界共包括2门5组8纲11目17科63属,共有208种;而细菌界则包括16门26组27纲62目163科814属,共有4727种。因此,至今所记载过的整个原核生物共有4935种。

放线菌分类地位的确定是一个漫长而曲折的过程。1875年,科恩(Cohn)最早发现了放线菌,由于人们对放线菌的认识不够深入,且大多数放线菌具有发育良好的菌丝体,所以19世纪前人们曾将其归入真菌中。随着科学的发展和新技术的应用,人们对放线菌也有了更深入的认识,在细胞水平上发现放线菌并无真正的细胞核,这才将其归入细菌中。

《系统手册》(第二版)第5卷分为A、B两册,由迈克尔·顾特服(Michael Goodfellow)等主编。主要内容是将放线菌门分为6个纲23个目(含一个未确定目)53个科222个属近3000个种。6个纲分别为放线菌纲(Acidimicrobiia)、酸微菌纲(Acidimicrobiia)、红蝽菌纲(Coriobacteria)、腈基降解菌纲(Nitriliruptoria)、红杆菌纲(Rubrobacteria)及嗜热油菌纲(Thermoleophilia)。放线菌纲是放线菌门中最庞大的一个纲,又分为16个目43个科203个属,其中,链霉菌目(Strepto-mycetales)包括链霉菌科(Streptomycetaceae)的链霉菌属(*Streptomyces*)、北里孢菌属(*Kitasatosporia*)和链嗜酸菌属(*Streptacidiphilus*)。

(二)真菌界分类

由柯克(PM Kirk)、卡尔(PF Cannon)、明特(DW Minter)、斯台普顿(JA Stalpers)等编写的世界著名的《真菌字典》(《Ainsworth & Bisby's Dictionary of the Fungi》,第10版,2008),已于2008年11月由CABI公司出版。菌物界(kingdom fungi)中门的分类依据主要是根据有性繁殖结构进行划分,第10版字典把菌物界划分为7个门。字典记载了菌物界有36纲140目560科8283属97861种。新系统的7个门包括:壶菌门(Chytridiomycota)、芽枝霉门(Blastocladiomycota)、新丽鞭毛菌门(Neo-callimastigomycota)、小丛壳菌门(Glomeromycota)、接合菌门(Zygomycota)、子囊菌门(Ascomycota)、担子菌门(Basidiomycota)。

　　我国真菌学家邢来君等编著的普通高等教育"十一五"国家级规划教材《普通真菌学》(第二版,高等教育出版社,2010),考虑到我国目前教学工作的现实情况,基本上采用了《真菌字典》第8版(1995)的分类系统,但在以下几点作了修改:①在Ainsworth等(1973)分类系统中归于鞭毛菌亚门(Mastigomycotina)的丝壶菌、根肿菌和卵菌从壶菌门(Chytridiomycota)中划出;把归于藻菌界的丝壶菌、网黏菌、卵菌以及归于原生动物界的根肿菌单独成门进行讲述。②考虑到原来的半知菌亚门(Deuteromycotina)尽管是一个形式亚门,但在我国已实用多年,有其独立性,单独建立有丝分裂孢子真菌,即我国学者几十年来称为的半知菌类(fungi imperfecti)。Ainsworth等(1973)分类系统在我国已经使用近40年的时间,培养了几代病原真菌的学生,而且纲以下的分类原则简明实用,已深入实际。为此,本书使用的分类中纲以下的分类原则主要采用Ainsworth等(1973)分类系统。此书书采用的分类方式如下:

真菌界(Fungi)
　　壶菌门(Chytridiomycota)
　　　　壶菌纲(Chytridiomycetes)
　　接合菌门(Zygomycota)
　　　　接合菌纲(Zygomycetes)
　　　　毛菌纲(Trichomycetes)
　　子囊菌门(Ascomycota)
　　　　半子囊菌纲(Hemiascomycetes)
　　　　不整囊菌纲(Plectomycetes)
　　　　核菌纲(Pyrenomycetes)
　　　　腔菌纲(Loculoascomycetes)
　　　　盘菌纲(Discomycetes)
　　　　虫囊菌纲(Laboulbeniomycetes)
　　担子菌门(Basidiomycota)
　　　　冬孢菌纲(Teliomycetes)
　　　　层菌纲(Hymenomycetes)
　　　　腹菌纲(Gasteromycetes)
　　　　半知菌类(Fungi Imperfecti)
　　　　芽孢纲(Blastomycetes)
　　　　丝孢纲(Hyphomycetes)
　　　　腔孢纲(Coelomycetes)
藻菌界(Chromista)

卵菌门（Oomycota）

　卵菌纲（Oomycetes）

　丝壶菌门（Hypochytriomycota）

　　丝壶纲（Hypochytridiomycota）

　　网黏菌门（Labyrinthulomycota）

原生动物界（Protozoa）

　根肿菌门（Plasmodiophoromycota）

　　根肿菌纲（Plasmodiophoromycetes）

二、土壤微生物的主要类群

土壤微生物的研究很大程度上受研究方法的限制。传统的分析方法只能观察到不到 5% 的微生物群落，而且绝大多数的土壤微生物种类无法培养出来，这给土壤微生物数量、组成和生态分布的测定带来了很多困难。所以，新的方法被陆续引入土壤微生物分析中，如微平板法（BIOLOG）、变性梯度凝胶电泳法（DGGE）、脂肪酸甲酯（FAME）分析、磷脂脂肪酸（PLFA）分析等近年来得到广泛应用。

从传统的平板培养计数法发展到与生物化学、生理学和分子生物学相结合的方法，对微生物群落结构、种类与数量的研究起到了明显的推动作用。但由于土壤微生物种类繁多，生存状况复杂，加上微生物本身个体微小、结构简单，缺乏可以区分的明显特征，因此，任何一种分析方法都有其局限性，不可能尽善尽美地完成人们对复杂的土壤微生物的认识，目前的研究及其结果还远不能说明土壤微生物的实际情况。由于土壤微生物学特性可以反映土壤质量的变化，并可用作评价土壤健康的生物指标，相信随着实验分析手段的不断改进与创新，对土壤微生物种类、群落结构及其功能群的认识将会不断扩展和深入，作为评价土壤健康的土壤微生物学指标也会更精确和更优化，最终为陆地生态系统管理及其可持续发展提供更好的科学依据。

土壤微生物一般分为三个类群：细菌、放线菌、真菌。

（一）土壤细菌

土壤细菌占土壤微生物总数的 70%~90%，主要是能分解各种有机物质的种类。它们的数量很大，生物量却并不高。但由于它们个体小，代谢强，繁殖快，与土壤接触的表面积大，因而是土壤中最活跃的因素。

1. 土壤细菌的特点

生活在土壤这一特定环境中的细菌，其形状和大小往往与生长在培养基上时不同。土壤中的细菌以杆菌的数量最多，球菌次之，螺旋菌不普遍。这样的结果大多是用平板培养法得出的，它与土壤中的真实情况可能有很大差异，随着新技术的应用和研究方法的改进，对土壤中细菌的真实状况有了进一步的认识。平板培养法和直接测数法得到的结果有很大差异。造成这种结果的原因可能是由于细菌在土壤中受到营养和其他生长条件的限制，普遍比在培养基上个体小得多，致使原来在培养基上呈短杆状的细菌在土壤中也就变成了球状。其次，有些细菌，如在土壤中占有很大比例的节杆菌，本身就是多形态的细菌，幼龄时呈杆状，老龄时呈球状。另外，用电子显微镜直接检查土壤悬浮液时，还可发现细菌的一些其他形态，如有的带柄，有的表面具有纤毛状附属物，有的呈星状或显出表面凸起。由此看来，由于土壤环境的不均一性和多端变化，细菌的形状和大小也是各不相同的。

土壤中的细菌，按其来源的不同，可分为土著性和外来的两种类型。土著性细菌长期生活于土壤中，对于土壤环境具有较强的适应性。当土壤环境变劣时，它们一般能呈休眠状态存活下来；当环境好转时，它们又重新繁殖。外来的细菌是随污水、淤泥、动植物残体和人畜粪便等进入土壤的，它们在土壤中可持续一定时间，并作短期的生长繁殖，但由于适应性和竞争性差，一般不能持续发展。

细菌繁殖快，在合适条件下，很多细菌的世代时间均不到 1h，这种高的生长速率给土壤细菌带来了两点好处。第一，使它们具有很强的竞争力。土壤中很多底物的存在是短暂的，特别是对于根系分泌物中的糖类和氨基酸等可给性高的营养成分，各种微生物均积极争夺，细菌的生长速率高，在竞争中也就占了优势。第二，细菌群体的生长速率高，意味着产生遗传重组体的机会多，使细菌群体能获得最高程度的基因型适应性(genotypic flexibility)，从而对土壤生境中的各种变化能产生顺应反应。

2. 土壤细菌的常见属

细菌是微生物的主要类群之一，其数量众多、分布广泛，是重要的微生物资源。细菌被广泛应用于农业、医药和环保等生产实践中，给人们带来了极大的经济效益与生态效益。

1683 年，荷兰人列文虎克(Leeuwenhoek)最先利用其设计的单透镜显微镜观察到了细菌活动。细菌的个体非常小，直径约 0.5μm，长度 0.5~5μm。它的结构简单，没有成形的细胞核，没有像线粒体和叶绿体等具膜结构的细胞器，但有坚韧的细胞壁。有的细菌还有鞭毛和荚膜。细菌以二分裂的方式繁殖，是水生性较强的一类原核生物。

细菌广泛分布于不同的自然生态环境中，特别是在温暖潮湿、富含有机质的地方有大量的细菌集居。陆地土壤是许多细菌的集居场所，特别是在植物的根围环境以及腐殖质丰富的环境中，细菌的活动非常活跃。水系生态系统中也存在许多细菌，只要有其他生物存在的生境中都有细菌的存在，甚至在一些极端环境中也有细菌的存在，比如，在海底的火山中、南极的海冰盐囊中、放射性废弃物中等。

植物的根际存在着许多对植物生长有益的细菌，一些根际促生细菌(PGPR)在土壤中的活动在一定程度上可以改善土壤的结构、提高土壤肥力、改善根际环境，达到促进植物生长、减少化肥农药使用、减轻环境污染，实现绿色农业可持续发展。

土壤中细菌的种类繁多，对它们的鉴定依赖于分离培养，由于培养基和分离方法的局限性，可以想象，生存于土壤中的细菌还有很多未被发现，因此，分离出细菌新种的报告仍然不断出现。

（1）黏细菌

黏细菌在土壤中的数量虽然说不是很多，但亦常见，在施用有机肥料的土壤中更为普遍。经过分解的植物残体、牲畜粪便特别是食草动物的粪便都是它们喜爱的生境。

黏细菌是在系统发育上较为一致的类群，它们具有如下的共同特点：G⁻、单细胞、杆状、能滑行，形成子实体和黏孢子，DNA 中 G+Cmol% 为 66~72，能降解多种大分子化合物。它们的杆状细胞可分为两种类型，一类为纤细柔韧、两端略尖的杆状，另一类为略微僵硬、两端钝圆的柱状。根据细胞形态的不同，并联系一些其他特性，黏细菌目（Myxobacterales）被分成两个亚目：胞囊杆菌亚目（Cystobacterineae）和堆囊菌亚目（Sorangineae）。

黏细菌是已知的最高级的原核生物，它们具备形成子实体和黏孢子的形态发生过程。它们的生活周期是：营养细胞发育到一定阶段时，菌体向一定位置集中，堆集成团，形成子实体，子实体中含有许多黏孢子，它们遇合适条件又可萌发为营养细胞。黏孢子具有很强的抗旱性，对超声波和紫外线辐射具有一定抗性，对温度的耐性略高于营养细胞，在 58~62℃ 能存活 10~60min。很明显，黏孢子的功能有助于黏细菌在不良环境中，特别是在干旱、寒冷和缺食的条件下存活。最常见的属有粒球黏细菌属（Corallacoccus）、原囊黏细菌属（Archangium）和多囊黏细菌属（Polyangium）。

（2）蓝细菌

蓝细菌原来的分类地位隶属于蓝绿藻（Cyanogwa）。自从发现这类微生物的细胞核为原核而非真核后，已将它划归为原核生物界，改称蓝细菌。蓝细菌是光合微生物，营养方式为光能无机营养，它们的分布非常广泛，自热带直到两极都有，但以热带及温带较多，淡水、海水和土壤是它们生活的主要场所，在潮湿的土壤上常常大量地繁殖，在雨季干旱地区的土壤和岩石上也可出现。蓝细菌中有些种类能耐高温、干燥等极端的环境条件，因此，在干旱的沙漠地区，蓝细菌的某些种能在岩石缝隙内利用少量的湿气和日光维持生活。有的种能耐长期的干燥而不死，如保存了 87 年的地木耳（Nostoc commune）的干燥标本，移植到培养基中还能生长。

蓝细菌一般喜欢生长于较温暖的地区或一年中温暖的季节。它们的温度适应范围很广，在高达85℃的温泉中有蓝细菌生长，在终年不融化的冰雪上也可找到它们。蓝细菌一般喜欢中性或微碱性的环境，但在酸性或碱性土壤上也能生长。

蓝细菌生活在土壤表面时，能进行正常的光合作用，生活在较深层土壤剖面时，或取食有机物，或处于休眠状态。土壤中常见的蓝细菌（按习惯称藻）有粘球藻属（*Gloeocapca*）、鱼腥藻属（*Anabaena*）、念珠藻属（*Nostoc*）、管链藻属（*Aulosira*）和柱胞藻属（*Cylindrospermum*）等。

（二）土壤放线菌

放线菌是原核微生物，是细菌的一类，但在形态上为分枝丝状体，与真菌相近。部分放线菌已开始有营养体和繁殖体的分化。

放线菌都是革兰氏染色阳性（G^+）菌，不能运动，大部分是腐生菌，少数是寄生菌。有的菌还能与植物共生，固定大气氮。放线菌对国民经济的重要性，在于它们是抗生素的主要产生菌。据不完全统计，至目前为止，由放线菌产生的抗生素接近2000种，其中，在临床和农业生产上有使用价值的约数十种，如链霉素、土霉素、金霉素、庆大霉素、卡那霉素、春雷霉素、灭瘟素、井冈霉素等。放线菌还可用于生产各种酶和维生素，在甾体转化、石油脱蜡、烃类发酵、污水处理等方面也有所应用，因此，很多国家都非常重视对它们的研究。

1. 分布和数量

放线菌广泛分布于土壤、堆肥、淤泥、淡水水体等各种自然生境中，其中，土壤最为重要，无论是数量还是种类都以土壤中最多。土壤性质、植被种类、季节等条件都影响到它们的数量和种类。一般来说，肥土比瘦土多，农田土壤比森林土壤多，南方比北方多，春季、秋季比夏季、冬季多。放线菌以孢子和菌丝片段的形式存在于土壤中，随环境条件的不同，每克土壤中的细胞数变动范围在$10^4 \sim 10^6$。埋片法观察土壤放线菌，可看出菌丝为数不多，从而推测，活菌测数中高数量的出现，可能多是分生孢子形成的菌落。分生孢子抗逆性较强，能在不良环境中存活下来。试验证明，放线菌的孢子在风干土壤中可存活很多年。

2. 优势属

栖居于土壤中的放线菌种类很多，但用稀释平板法分离放线菌时，在平板上出现的菌落大部分为放线菌纲（Actinomycetes）链霉菌目（Streptomycetales）链霉菌科（Streptomycetaceae）链霉菌属（*Streptomyces*），其数量常占放线菌菌落的70%～90%；其次是微球菌目（Micrococcales）间孢囊菌科（Intrasporangiaceae）诺卡氏菌属（*Nocardia*），它们的菌落常占10%～30%；小单孢菌目（Micromonosporales）小单孢菌科（Micromonosporaceae）小单胞菌属（*Micromonospora*）通常占第三位，菌落出现的百分率从小于1%到15%。从而,推断这三个属即土壤放线菌的优势属。

(三)土壤真菌

真菌是常见的土壤微生物之一。从数量上看,它们似乎不很重要,从生物量上看,却占有极其重要的地位,尤其是在森林土壤和酸性土壤中,真菌往往是占优势或起主要作用的微生物。土壤真菌可以以游离的状态存在或与植物根形成菌根关系。真菌主要存在于土壤上表面0~10cm处,在30cm处以下很难找到真菌。

大部分土壤真菌可以代谢碳水化合物,包括多糖,甚至进入土壤的外来真菌也可以生长并降解植物残体的大部分组分,少数几种真菌还会降解木质素。

抑真菌物质广泛存在于土壤中,这些物质可以抑制真菌孢子的萌发,当在土壤中加入易被降解的有机物时,抑真菌物质便失活,真菌孢子便开始萌发。

土壤真菌的种类很多,Gilman(1957)曾经记录了170个属的690个种,其中数量最多的或称占优势的真菌,多属丝孢纲和接合菌纲。

我国土壤真菌种类繁多,资源丰富。世界各地报道的真菌种类中,绝大多数在我国土壤中都可以见到,其中,常见的有青霉(*Penicillium*)、曲霉(*Aspergillus*)、镰刀霉(*Fusarium*)、木霉(*Trichoderma*)、单孢枝霉(*Hormodendrinn*)、胶霉(*Gliocladium*)、头孢霉(*Cephalosporium*)、漆斑霉(*Myrothecium*)、茎点霉(*Phoma*)、盾壳霉(*Coniothyrium*)、毛壳霉(*Chaetomium*)、翅孢壳霉(*Emericellopsis*)及毛霉(*Mucor*)、根霉(*Rhizopus*)、接合霉(*Zygorhynchus*)、小克银汉霉(*Cunninghamella*)、被孢霉(*Mortierella*)等属,分布最广而且出现概率较高的是前四个属以及毛霉和根霉(表1-1),它们在土壤中栖息繁殖,除积极参与土壤中的物质转化外,也是筛选各种有益真菌的宝库和某些植物病菌的藏身之所。

根据国内外的资料,青霉菌属是土壤中分布最广的一种真菌。它的分布不受地区、土类和植被的限制。在我国各地不同类型土壤中,其出现概率大多在90%以上,在各个土样中的相对数量通常也比较高。曲霉亦广泛分布于我国各地土壤中,一般在气候温暖的地区较多,华东和华南地区土壤中的出现概率都在80%以上,相对数量大于20%;而东北地区土壤中的出现概率多在50%以下,相对数量也低。木霉的分布也很广,它们具有较强的氨化作用和分解纤维素的能力,是土壤有机质矿化的积极参与者,在富含有机质并且湿度较高的土壤中数量较多。通常,森林植被下土壤湿度较大,每年由于枯枝落叶的加入,土壤有机质的含量也较高,这些都为木霉的发育创造了有利条件,因此,在森林土壤中,它们的出现概率都在80%以上。镰刀霉是草原土壤中占优势的真菌。在以羊草、针茅及蒿类为主要植被的暗栗钙土地区,它们的出现概率几乎达到100%,平均相对数量较其他土壤类型多2~10倍。

表 1-1 土壤中常见真菌及其主要特征(陈文新, 1996)

亚门(类)	纲	菌丝形态	无性繁殖	有性繁殖	土壤中较常见的属
Chytridiomycota (壶菌门)	Chytridiomycetes (壶菌纲)	菌丝无隔	尾鞭式游动孢子	卵孢子	*Chytridium*, *Olpidium*, *Rhizophydium*
Zygomycota (接合菌门)	Zygomycetes (接合菌纲)	菌丝无隔或有隔	胞囊孢子	接合孢子	*Absidia*, *Cunninghamella*, *Mortierella*, *Muco*, *Rhizopus*, *Zygorhynchus*
Ascomycota (子囊菌门)	Pyrenomycetes (核菌纲)	菌丝分隔	不运动的分生孢子	子囊孢子产生在子囊果中	*Chaetomium*, *Saccanomyces*, *Thielavia*
Basidiomycota (担子菌门)	Hymenomycetes (层菌纲)	菌丝分隔	不运动的分生孢子	担孢子	*Agrocybe*, *Marasmius*, *Ceratobasidium*, *Coniophora*
Fungi Imperfecti (半知菌类)	Hyphomycetes (丝孢纲)	菌丝分隔	不运动的分生孢子	无	*Alemaria*, *Aspergillus*, *Botryotrichum*, *Botrytis*, *CLadosporium*, *Curvularia*, *Cylindrocarpon*, *Fusarium*, *Geotrichum*, *Gliocladium*, *Helminthosporium*, *Humicola*, *Hetarrhizum*, *Monicola*, *Paecilomyces*, *Penicillium*, *Rhizoctonia*, *Trichoderma*, *Trichothecium*, *Verticillium*
	Coelomycetes (腔孢纲)	菌丝分隔	有分生的孢子盘或分生孢子器	无	*Coniothyrium*, *Phoma*
Oomycota (卵菌门)	Oomycetes (卵菌纲)	单细胞至无隔菌丝体	双鞭毛 游动孢子	卵孢子	*Pythium*, *Saprolegnia*

毛霉科真菌也是土壤中常见的一个类群，它们以简单的碳水化合物作为碳素营养的主要来源，因此，它们在土壤中的盛衰随土壤新鲜有机质的增减而明显起伏。在森林植被下，秋季有大量的植物残落物进入土壤。这时，真菌受可溶性有机物质的诱发而大量发育，当这些有机质被分解消耗后，它们的数量也随之下降。

第三节　根际土壤微生物

一、植物根系的形态

高等植物的根是生长在地下的营养器官，单株植物全部的根总称为根系。林木根系分布范围广、根量大，对土壤影响广泛。林木根系有不同形态，概括起来可将其分成五种类型。

1. 垂直状根系

此类根系有明显发达的垂直主根，主根上伸展出许多侧根，侧根上着生许多营养根，营养根顶端常生长着根毛和菌根。大部分阔叶树及针叶树的根系属此类型，尤其在各种松树和栎类中特别普遍。这类根系多发育在比较干旱或透水良好、地下水位较深的土壤中。

2. 辐射状根系

此类根系没有垂直主根，初生或次生的侧根由根茎向四周延伸，其纤维状营养根在土层中结成网状，槭属、水青冈属以及杉木等都具有这种根系。辐射状根系发育在通气良好、水分适宜和土质肥沃的土壤中。

3. 扁平状根系

此类根系侧根沿水平方向向周围伸展，不具垂直主根，由侧根上生出许多顶端呈穗状的营养根。云杉、铁杉以及趋于腐朽的林木都具有这类根系，尤其在积水的土壤上，如在泥炭土上这种根系发育得最为突出。

4. 串联状根系

此类根系是变态的地下茎。例如，竹类根属于这种类型。此类根分布较浅，向一定方向或四周蔓延、萌叶，并生长出不定根。此类根对土壤要求较严格，紧实或积水土壤对它们的生长不利。

5. 须状根系

此类根主根不发达，从茎的基部生长出许多粗细相似的须状不定根。棕榈的根系属此类型。此类根呈丛生状态，在土壤中紧密盘结。

二、根际与根际效应

1. 根际

根际（rhizosphere）通常是指直接受植物根系影响的土壤区域。根际范围的大小因植物种类不同而有较大变化，同时，也受植物营养代谢状况的影响，因此，根际并不是一个界限十分分明的区域。通常把根际范围分成根际与根面两个区，直接与植物根系接触的土壤根面是根际内层，受根系影响最为显著的区域是距活性根 1~2mm 的土壤和根表面及其黏附的土壤（也称根面）；对外层的界限确认并不一致，一般将围绕根面 1~5mm 的薄层土壤作为根际土壤。

根际是土壤——根系——微生物相互作用的微区域，影响植物的生长以及植物对生物胁迫和非生物胁迫的耐受性，甚至影响地球的生物化学循环。根际这一概念自从德国科学家黑尔特纳（Lorenz Hiltner）在 1904 年提出以来，内容得到了不断的丰富和发展，研究者不仅对根际相互作用有更深刻的见解，在根际微生物生态学、微生物影响资源分配以及生物多样性等方面的研究进展也取得了较大的进步。

2. 根际分泌物

Rovira 等（1979）把植物根系分泌物进行如下归类（图 1-1）。①渗出物：为根细胞向外渗出的低分子物质，如碳水化合物、有机酸和氨基酸等。②分泌物：根部细胞在代谢过程中分泌出的化合物，如维生素和核酸等。③黏液：根冠细胞、表皮细胞、根毛等产生的黏液、微生物细胞及其代谢产物组成。④黏胶：根部表

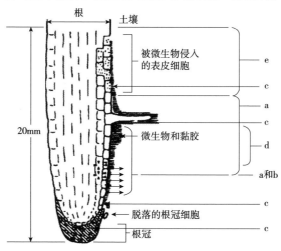

图 1-1　根与根系分泌物（Rovira et al.，1979）

注：a. 渗出物；b. 分泌物；c. 植物黏液；d. 黏胶；e. 溶解产物。

面的凝胶状物质，由植物和微生物产生。⑤溶解产物：由植物老化表皮细胞自溶释放而产生的物质。根际分泌物使得根际成为微生物的特殊生态环境。

根系分泌的有机物中，可溶性物质包括碳水化合物、氨基酸和有机酸，供植物吸收利用和促进土壤中难溶态物质活化为有效态。天然化合物中有肽、维生素、核苷、脂肪酸和酶类等，可为根际微区中的微生物提供能源。根系还能分泌对植物有抑制作用的物质，如酚类化合物、苯甲酸和阿魏酸等。存在于根际中的不同化合物可能影响其微生物的种类和活性。对于根际微生物生长和代谢而言，根系分泌的碳水化合物是其主要碳源和能量来源，其中，糖类是不同植物种类的主要根系分泌物。在液体培养基中生长 36 天的玉米，释放的分泌物为 65% 的糖类、33% 的有机酸和 2% 的氨基酸。有机化合物的种类和丰度在很大程度上会影响根际中微生物的种类。

影响根系分泌物的因素很多，温度、光照、土壤湿度、养分元素供应状况、叶面施肥和杀虫剂、根部受损或受胁迫等都可能改变根系分泌物数量和成分。温度的升、降能使根部分泌物增多，减少光照将减少分泌物。降低土壤湿度可能增加也可能减少分泌物，而周期性干湿交替可以增加根系分泌物。植物营养状况和根部受损也能改变根部分泌物种类。

除根系分泌物外，根际的物理化学环境同样影响微生物的数量、组成和活性。通常根系是沿着阻力最小的方向生长的，当根系穿插土壤时，会使得根际土壤区域变得紧实，从而导致土壤容重变大，并可能产生无定形铁和铝的氧化物聚集，进而影响营养物质和水对生物的供应。同样，土体到根部表面的水压梯度也是控制根际微生物生长和活性的重要因素，植物蒸腾作用的日变化能导致土壤根际水压出现短期变化，这势必会影响对水压变化敏感的根际微生物群落。在化学因素方面，根系的选择性吸收及转移离子，必然改变根际土壤的化学环境，特别是土壤 pH、Eh 值和可溶性碳浓度等在根际和非根际土壤中存在较大差异，会明显影响微生物的生长。

3. 根际效应

由于植物根系的细胞组织脱落物和根系分泌物为根际微生物提供了丰富的营养和能量，因此，在植物根际的微生物数量和活性常高于根外土壤，这种现象称为根际效应（rhizosphere effect）。根际效应产生的主要原因是根系能量释放。

根际效应首先从根际微生物的数量上反映出来。根际土壤微生物的数量一般高于非根际土壤。因此，根际效应通常用根土比（R/S ratio）来评价，R 为根际系统中微生物的数量，S 为非根际土壤中微生物的数量，R/S 值越大，根际效应越明显。当然 R/S 值总大于 1，一般在 5~50 之间，高的可达 100。土壤类型对 R/S 值有很大影响，有机质含量少的贫瘠土壤，R/S 值更大；植物生长势旺盛，也会使 R/S 值增大；不同类群微生物的 R/S 值差异更大，有些微生物种群的 R/S 值可达 1000 以上。

赵辉等（2010）对河南南阳烟区不同类型土壤根际和非根际土壤微生物数量影响的研究表明，不同类型土壤中根际土微生物数量大于非根际土，并且根际和非根际土壤中的细菌数量远大于真菌和放线菌。细菌不仅种类繁多，而且作用也极其重要，大多数是土壤中的腐生者，在土壤有机质的分解过程中起着巨大的作用。黄棕壤、黄褐土、黄红壤、暗棕壤与潮土这 5 种类型土壤根际细菌数量除潮土和黄褐土外均有显著差异，黄棕壤根际和非根际细菌数量都大于其他类型土壤，黄棕壤根际细菌数量分别高于暗棕壤、黄红壤、潮土、黄褐土 43.76%、69.11%、139.48% 和146.14%；非根际土细菌数量的大小顺序为黄棕壤>黄褐土>黄红壤>暗棕壤>潮土。根际细菌/非根际细菌的大小为：暗棕壤最大，为 4.33；黄棕壤最小，仅为 1.77。这说明暗棕壤有利于根际土与非根际土微生物的活性。土壤真菌是异养微生物，其中多数能利用无机氮，也有部分既能利用有机态氮又能利用无机态氮，是土壤中植物残体的主要分解者，并能形成一定量的腐殖质，改善土壤物理状态。黄褐土、黄棕壤、暗棕壤、黄红壤和潮土间有显著差异，黄褐土根际和非根际真菌数量都最多，分别为 $161.97×10^3$ 个 g^{-1} 和 $106.49×10^3$ 个 g^{-1}；根际土/非根际土真菌的大小顺序为黄红壤>暗棕壤>黄棕壤>黄褐土>潮土。土壤放线菌类群是进行异养活动的微生物，对有机质具有较强的分解能力，其中相当多的是分解木质素、单宁等一般微生物难以分解的腐殖质，并产生多种抗生素类物质。根际放线菌数量除暗棕壤和黄红壤外均有显著差异，潮土根际放线菌数量分别高于黄棕壤、黄红壤、黄褐土、暗棕壤、黄褐土 13.46%、27.43%、31.30%、45.43%；非根际放线菌最多为黄红壤（$129.79×10^3$ 个 g^{-1}），最小为黄褐土（$85.25×10^3$ 个 g^{-1}）；根际土/非根际土放线菌最大为潮土（1.81），最小为黄红壤（1.02）。

不同类型土壤对根际和非根际土壤微生物类群的影响的研究结果表明，不同类型土壤中解钾菌、解磷菌、好气性自生固氮菌、氨化细菌和芽孢杆菌数量均为根际大于非根际。5 种类型土壤根际解磷菌、好气性自生固氮菌和芽孢杆菌数量间均有显著差异；黄红壤根际解钾菌和氨化细菌数量最多，分别为 $249.03×10^4$ 个 g^{-1}，$148.77×10^6$ 个 g^{-1}；土壤中钾细菌分解钾矿石，把植物不能直接利用的钾转化为能被植物利用的形式，根际解钾菌数量最少的为暗棕壤（$115.52×10^4$ 个 g^{-1}），非根际解钾菌的大小顺序为黄棕壤>黄红壤>暗棕壤>潮土>黄褐土；根际土/非根际土解钾菌以黄褐土最大为 3.07。解磷菌细胞可以分解磷矿石和骨粉，并对磷素有固定与释放作用，可溶性磷酸盐进入细菌细胞后被固定，当细胞死亡后，又重新释放并被植物吸收利用，有利于土壤中磷元素的转化和吸收利用；根际和非根际解磷菌数量均以黄棕壤最多，黄红壤最少，黄棕壤分别高于黄红壤 156.29% 和 67.45%。土壤中的好气性自生固氮菌对土壤的氮素补充和平衡有重大的作用，自生固氮菌具有固定大气中的氮、增加土壤供应氮素的能力，其数量的多少也可以作为土壤肥力的指标之一。根际好气性固氮菌数量以暗棕壤最大，分别是黄棕壤、黄褐土、潮土、黄红壤的 1.32、1.54、1.72 和 1.98 倍；非根际好气性固氮菌数量以黄棕壤最多，潮土最少，数量分别为 $115.89×10^5$ 个 g^{-1} 和 $51.4×10^5$ 个 g^{-1}；根际土/非根际土好气性固氮菌以暗棕壤最大，黄红壤最小。氨化细菌可直接分解土壤中的含氨有机物质，除氨基酸、蛋白质外还可分解核酸及含硫化合物，通过氧化、水解、还原作用释放出氨，可直接影响到土壤内的氨化强度，氨可进入谷氨酸，之后氨基转移再形成其他的氨基酸；黄红壤根际氨化细菌分别高于暗棕壤、黄棕壤、黄褐土、潮土 7.38%、2.01%、37.46% 和 141.51%。根际芽孢杆菌数量最多的为暗棕壤，最少的为潮土，大小分别为 $178.04×10^4$ 个 g^{-1} 和 $72.51×10^4$ 个 g^{-1}；黄褐土中非根际芽孢菌数量分别是黄棕壤、暗棕壤、潮土、黄红壤的 1.28、2.08、3.81 和 4.84 倍。

三、根际微生物

根际微生物是指植物根系直接影响范围内的土壤微生物。根际环境对根际微生物的类群有一定选择作用。不同类群生物在根际中的分布有一定的规律性。

(一)根际微生物的特点

1. 数量

总体来说，根际微生物数量多于根外。但因植物种类、品系、生育期和土壤性质不同，根际微生物数量有较大差异。在水平方向上，离根系越远，土壤微生物数量越少。

2. 类群

由于受到根系的选择性影响，根际微生物的种类通常要比非根际土壤的种类少，各类群之间的比例也和非根际有很大的差异。在微生物组成中以革兰阴性无芽孢细菌占优势，最主要的是假单胞菌属(*Pseudomonas*)、农杆菌属(*Agrobacterium*)、黄杆菌属(*Flavobacterium*)、产碱菌属(*Alcaligenes*)、节细菌属(*Arthrobacter*)和分枝杆菌属(*Mycobacterium*)等。若按生理群分，则反硝化细菌、氨化细菌和纤维素分解细菌根际较多。

3. 微生物活性

根际土壤与非根际土壤相比，微生物活性也存在较大差异。相对来说，根际土壤的呼吸作用一般比非根际土壤大得多。由于根际土壤中的自生固氮微生物较丰富，氨化作用，特别是氨基酸的分解作用和硝化作用在根际土壤中明显较强，反硝化作用的速率在根际也有所增加。这可能与根际微生物活性增强造成了厌氧微生境有关。同样，根际土壤中的酶活性也比非根际土壤大，这可能是由于根际土壤中有更多的微生物和根系存在之故。

赵辉等(2010)对河南南阳烟区不同类型土壤对根际和非根际土壤酶活性的影响的研究结果表明，过氧化氢酶主要来源于细菌、真菌以及植物根系的分泌物。过氧化氢酶是参与土壤中物质和能量转化的一种重要氧化还原酶，它们参与土壤腐殖质组分的合成，具有分解土壤中对植物有害的过氧化氢的作用，在一定程度上反映了土壤生物化学过程的强度。不同土壤类型根际和非根际过氧化氢酶活性均以潮土最高，分别高于黄红壤、暗棕壤、黄棕壤、黄褐土 4.34%、5.00%、9.09%、16.67%、33.33%、23.53%、41.18%、31.25%；根际/非根际过氧化氢酶活性大小顺序为暗棕壤>黄红壤>潮土>黄棕壤>黄褐土。

脲酶存在于大多数细菌、真菌和高等植物中。它是一种酰胺酶，可以酶促有机物分子中肽键的水解，酶促的作用是极为专一的，它仅能水解尿素，水解的最终产物是氨和碳酸。不同类型土壤根际和非根际脲酶活性存在显著差异，并且大小变化趋势相同，均以潮土最高，分别是黄棕壤、黄红壤、暗棕壤、黄褐土的3.99、4.05、4.08、5.15、4.94、6.07、5.75、6.18 倍；根际/非根际脲酶活性最大的为黄红壤(1.30)，最小的为黄棕壤(1.05)和潮土(1.03)。

蔗糖酶是较为重要的一种酶，它催化分解的基质为蔗糖。蔗糖是植物体中最丰富的可溶性糖类，经蔗糖酶催化分解生成的产物 D-葡萄糖是植物和微生物的重要养料来源。暗棕壤和黄棕壤根际蔗糖酶活性与其他类型土壤间均有极显著差异，暗棕壤分别为黄棕壤、黄红壤、潮土和黄褐土的 0.15%、9.66%、24.28%和31.01%；非根际土蔗糖酶活性变化趋势与根际土相同，不同类型土壤间均有显著差异。

(二)根际微生物类群

1. 根际细菌

研究表明，至生长后期，根脱落物增多，并且老根开始死亡腐解时，棒状杆菌，芽孢杆菌、放线菌逐渐增多。根际效应对细菌生理群的影响主要来自两个方面，即根分泌物及根际内其他微生物合成并释放的物质。在数量上根际对细菌的生长刺激作用较放线菌、真菌和藻类要大得多。但由于根系分泌物的选择作用，根际细菌的种类较少，以简单有机物作养料的 G⁻无芽孢杆菌类占绝对优势，能分解纤维素和果胶物质等复杂化合物的种类很少。最常见的根际细菌有假单胞菌、黄杆菌、产碱杆菌、无色杆菌、色杆菌、土壤杆菌和气杆菌等。在某些植物根际，节杆菌也有较大数量。随着植物的生长，细菌类群也发生变化，G⁻杆菌逐渐减少。

2. 根际真菌

在植物生长早期，根际内真菌的数量很少，随着植物的生长、成熟、衰老，真菌的数量逐渐增多，而且在这些不同阶段里所出现的真菌群落往往有些不同。根际真菌可以生长于根面或侵入皮层细胞，甚至到达中柱。不同部位中的真菌也各具特征。生活在健康根段上的真菌往往是由几个优势属组成的稳定群落。最常见的有镰孢霉属（*Fusarium*）——主要是尖镰孢（*F. oxysporum*）、黏帚霉属（*Gliocladium*）、青霉属（*Penicillium*）、柱孢属（*Cylindrocarpon*）、丝核菌属（*Rhizoctonia*）、被孢霉属（*Mortierella*）、曲霉属（*Aspergillus*）、腐霉属（*Pythium*）、木霉属（*Trichoderma*）等。它们在分解高分子碳水化合物中起着主要作用，大多数能分解利用纤维素、果胶质和淀粉。

存在于植物根面或根内的各属真菌的相对比例取决于植物和土壤条件。例如，镰孢霉常见于酸性土壤，柱孢霉则多见于中性土壤。丝核菌、黏帚霉、青霉、被孢霉多栖于根面，即使入侵根内，也只局限于外皮层细胞；而镰孢霉和柱孢霉则能侵入内皮层，甚至到达中柱。

真菌的活性无论是以呼吸作用为度量，还是以土壤中菌丝体的长度为度量，都是随植物的生长而增强；当植物的营养生长速率达到最大值时，真菌的活性也达到最高峰。

（三）根际微生物对植物的影响

在根际中，植物和微生物既相互促进，又相互制约。微生物对植物的影响可以是有益的，也可能是不利的（表1-2）。

表1-2　根际微生物活动对养分有效性的影响（李阜棣等，2000）

活动方法	影响的方面
微生物的呼吸作用（消耗 O_2）	使氧化态 Fe^{3+}、Mn^{4+}还原
分泌 H^+和有机酸	酸化根际，提高 P、Fe、Zn 等养分的有效性
释放毒素	抑制某些微生物或植物生长，间接影响养分有效性
分泌铁载体	活化铁，抑制其他微生物的生长
参与变价元素的转化	增加或降低 Mn、Fe 等有效性
硝化作用	增加 NO_3^-浓度
反硝化作用	导致 NO_3^-态氮的气态损失
溶磷作用	增加磷的有效性
形成根瘤	提供豆科植物氮素养料
自生固氮作用	增加有效氮的供应
形成菌根	扩大宿主植物根系的吸收面；增加植物对 P、Zn、Cu 等元素的吸收

1. 根际微生物对植物生长的有益影响

(1)改善植物的营养。根际微生物旺盛的代谢作用和所产生的酶类加强了有机物质的分解,促进了营养元素的转化,提高了土壤中磷素与其他矿质养料的可给性。有些生活在根际内的自生固氮微生物,如固氮螺菌,能够生活在某些植物根系的黏质鞘套内和根皮层细胞之间,进行固氮作用,可增加植物的氮素营养。

(2)根际微生物分泌的维生素、氨基酸、生长刺激素等物质能促进植物的生长。例如,假单胞菌是多种维生素的产生者;丁酸梭菌分泌乙族维生素和有机氮化物;一些放线菌产生维生素 B_{12};固 N 菌在固定氮素过程中生成一些含氮化合物分泌于细胞外,其中有氨基酸和酰胺类物质,也有硫胺素、核黄素、维生素 B_{12} 和吲哚乙酸等。维生素含量根际中比非根际中要多,如每克烟草根际土壤中含有 $10\sim15\mu g$ 硫胺素,而在根外的每克土壤中只有 $1.5\sim4.0\mu g$。

(3)根际微生物分泌的抗菌素类物质,有利于作物避免土著性病原菌的侵染。例如,豆科作物根际常发育着对小麦根腐病病原菌——长蠕孢菌(*Helminthosporium sativum*)有拮抗性的细菌,从而可减轻下茬小麦的根腐病类。当拮抗性微生物产生的抗菌素类物质分泌至植物根部周围被植物吸收后,还可增强植物对某些病原菌的抵抗能力。

(4)产生铁载体(siderophore),这是一些植物促长细菌(PGPR)的重要功能之一。铁载体是微生物在缺铁性胁迫条件下产生的一种特殊的、对微量三价铁离子具有超强络合力的有机化合物。有研究证明,有些 PGPR 因其产生铁载体的速度快且量大,在与不能产生铁载体或产生较少的有害微生物竞争铁素时占有优势,从而可以抑制这些有害微生物的生长繁殖,保护植物免受病原菌的侵害。

2. 根际微生物对植物生长的不利影响

(1)引起作物病害。由于某些寄主植物对病原菌的选择性,致使一些病原菌在相应植物的根际大量生长繁殖,从而加重病害。棉花黄萎病的病原菌轮枝菌和枯萎病病原菌镰刀菌都是兼性寄生的病原真菌,在没有棉花生长时,它们营腐生生活;当有棉花生长时,它们即入侵棉花引起病害。因此,棉花连作必然增强这些病菌的危害。而棉花和苜蓿轮作,由于苜蓿根系分泌抑制这些病原菌的物质,因而可以减轻病害。这就是轮作、换茬能减轻某些植物病害的原因之一。

(2)某些有害微生物虽无致病性,但它们产生的有毒物质能抑制种子的发芽、幼苗的生长和根系的发育。例如,马铃薯根际常繁殖有大量假单胞菌,其中至少有 40% 的菌株能产生氰化物,可能对植物产生毒害。放线菌中对植物有毒害的也占 5%~15%,真菌中的棒形青霉能产生棒曲霉毒素,故棒形青霉被认为是引起苹果园土壤中毒的主要因素。

（3）竞争有限养分。植物和微生物的生长都需要养分，因此在根际内存在植物和微生物之间的养分竞争作用，尤其是在养分不足时，矛盾尤为突出。再者，细菌对某些重要元素的固定作用会严重影响植物吸收有效养分。果树的"小叶病"和燕麦的"灰斑病"是两种矿质元素缺乏病，这是由于细菌在一定时间内分别固定了锌和氧化锰的结果。

第二章

微生物与微生物之间的相互作用

在土壤生态系统中，不同种类的微生物常混居在一起，形成土壤微生物群落。它们在生长繁殖过程中常要求相似的环境条件，并在生活过程中彼此具有一定的联系。微生物不仅与土壤自然环境发生相互作用，在微生物群落内部、微生物与其他生物环境(如高等植物、土壤动物)之间也彼此联系、相互影响。一般来说，微生物与生物环境之间可分为竞争、互生、共生、拮抗、捕食和寄生关系。

第一节　同一种微生物群体中不同个体之间的相互作用

在一个只由一种微生物组成的群体中不同个体之间也存在正或负作用。如果利用生长速率作为计算单位，那么正的相互作用就会增加生长速率，而负的相互作用就会降低生长速率。

从理论上讲，在一定的菌体密度范围内，正的相互作用会随着群体密度的增加而增加；负的相互作用则随着群体密度增加而减弱。当群体密度非常小时，就不存在相互作用，随着群体密度增加，才有可能存在正或负相互作用。在通常情况下，群体密度较低时，正的相互作用是主要的；群体密度较大时，负的相互作用就成为主要的。所以，生长速率达到最大时，便存在有一个最适的生长密度，低于最适生长速率时，生长速率受到正相互作用的影响；高于最适生长速率时，生长速率便受到负相互作用的影响，如图 2-1 所示。

一个群体中正的相互作用叫作协同作用(cooperation)。这种协同作用在自然界是经常可见的。如用纯种微生物接种时，如果接种量小，那么延滞期长；接种量大时，延滞期短。其原因可能是一个群体的每一微生物在代谢过程中能分泌代谢产物，如果一个群体密度很低，那么分泌的代谢产物很快就被稀释掉，这样，

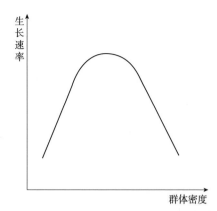

图 2-1　在正和负的相互作用中群体密度对生长速率的
综合影响（池振明，1999）

其他微生物细胞就不可能重新吸收这些浓度极低的代谢产物。当一个群体密度足够大时，分泌的代谢产物达到一定浓度时便可被邻近的细胞吸收，促进这些邻近细胞的生长繁殖。因此，一个群体的每一微生物个体能相互提供所需的代谢产物和生长因子，相互促进生长。

一个平板上或自然环境中，如土壤颗粒表面上菌落的形成，微生物对于不溶性底物（如几丁质、纤维素、淀粉、蛋白质、土壤和岩石中无机元素等）的利用、遗传物质的交换、病原微生物导致疾病和微生物群体抵抗不良环境等过程都存在协同作用。例如，在自然界中，对抗生素和重金属的抗性，对一些异常化合物的利用，等等，与这些特性有关的基因在一个微生物群体中通常可以传递的。这些遗传物质的交换需要高群体密度，细菌通过接合交换遗传物质时，要求群体密度高于每毫升 10 个细胞。有时虽然群体密度很低，但细胞可以形成凝集块也可以促进遗传物质的交换，粪肠球菌的受体细胞产生外激素（pheromones），外激素诱导带有质粒的供体合成凝集素，这样使供体和受体细胞形成结合凝集块，有利于遗传物质的交换。

微生物群体还可以通过信息的传递达到协同作用。如黏液霉菌的网柄菌属（*Dictyostelium*）生存在食物来源有限的环境中时，这种霉菌的阿米巴细胞开始聚集到其中一个中心微生物细胞上，这种聚集现象是由于 cAMP 作用的结果。cAMP 可以从邻近细胞传递到远距离的细胞上，起着一种脉冲波的作用，使所有细胞聚集在一起，形成一个子实体，通过这种聚集作用使某些细胞到达食物比较充足的地方，以便它们共同寻找和利用环境中的食物。同样，当它们遇到有毒物质时，也可以通过这种聚集作用避开毒物对它们的伤害。

微生物群体中负的相互作用叫作竞争（competition）。竞争包括对食物的竞争和通过产生有毒物质进行竞争。在一个营养物浓度非常低的自然环境中，群体密度的增加就会加剧对营养物的竞争。同样，捕食者可以竞争利用被捕食者作为食物。寄生物可以竞争利用相应的宿主。光能自养微生物需要竞争光，一个群体中某些微生物可以隐蔽其他微生物，使它们无法吸收光能，结果生长速率下降，是一个竞争空间的问题。同样，病毒和蛭弧菌也要互相竞争相应受体上的空间。

在一个高密度的群体中，某些代谢产物累积到一定浓度时，便可以导致产生抑制效应。上面谈过，代谢产物的累积可以起协同作用，然而，有毒物质的累积如低分子量脂肪酸的累积却起负反馈效应，结果有效地限制了这一环境中微生物群体进一步生长。例如，在土壤亚表面中，有机酸的累积会使葡萄糖代谢受到抑制，尽管这些微生物群体还具有代谢活力。

在微生物细胞的遗传基础上也存在负的相互作用。在大肠埃希氏菌（*Escherichia coli*）通常被称为大肠杆菌的许多菌株中有 *hok*（hostkilling 杀死宿主）基因，该基因表达时编码一种多肽（Hok），可以破坏跨膜电位并导致细胞死亡。这些 *E. coli* 还含有另一基因，叫作 *sok*（suppression of killing 杀伤抑制作用）基因，该基因表达时编码一种反义 mRNA（an antisense mRNA），阻断 *hok* 基因的表达，只要细胞合成这种反义 mRNA，细胞便受到保护。然而，如果细胞终止合成越不稳定的由 *sok* 编码的 mRNA，那么越稳定的 *hok* 编码的 mRNA 得到表达，细胞便被杀死。如果把 *sok* 和 *hok* 这两个基因克隆到同一质粒上，然后把该质粒转化到受体细胞中去，只要细胞保持这个质粒，这一群体的细胞就会生存。一旦该质粒丢失，这一群体的细胞就会自我毁灭。

第二节　不同微生物群体之间的相互作用

不同的微生物群体之间存在许多种不同的相互作用，但基本上也可以分为负的相互作用和正的相互作用，或对一个群体是正的相互作用，对另一个群体来说却是负的相互作用。在一个生态系统中，如果其中的群落比较简单，那么相互关系也就比较简单。如果是一个复杂的自然生物群落，不同微生物群体之间可能存在各种各样的相互关系。正的相互作用使得微生物能更有效地利用现有的资源并占据这个生境，否则就不能在这一生境中存在下去。微生物群体之间的互惠共生关系使得这些微生物共同占据这一生境，而不是被其中之一的群体占据。正的相互作用使得有关微生物群体的生长速率加快，增加群体密度。负的相互作用使群体密度受到限制，这是一种自我调节机制。从长远角度来看，通过抑制过度生长、破坏生境和灭绝作用使有些种得到好处，这些相互作用对于群落结构的进化是一种推动力。

根据参与相互作用的两个群体受到影响的程度，可以把这些相互作用分为 8 种，如表 2-1 所示。

表 2-1　微生物群体之间的相互作用（池振明，1999）

作用名称	作用结果	
	群体 A	群体 B
中立关系	0	0
偏利共生关系	0	+
协作关系	+	+
互惠共生关系	+	+
竞争关系	−	−
拮抗关系	0 或+	−
捕食关系	+	−
寄生关系	+	−

注：0 表示无影响；+表示正效应；−表示负效应。

一、中立关系

顾名思义，中立关系（neutralism）是指两个微生物群体不存在任何关系。如果两个群体不处在同一或邻近的环境中，一般情况下，就不存在相互关系。有时两个群体虽然各居一方，但它们却有相互关系，例如，土壤中病原微生物群体侵入某一植物根中，导致植物死亡，结果这一株植物叶面上或树干上的微生物也无法生存。有时两个群体虽然相隔很近，但它们的代谢能力差别极大，结果互不影响。如果两个群体密度非常小，如海洋和营养贫乏的湖泊中生长的不同微生物群体，那么这两个群体的存在就可能互不影响。如果两个微生物群体原先就不在同一环境中生长，当它们在一起生长时，便可能出现中立关系。当一个微生物群体处在休眠状态时，与其他微生物群体的关系便是中立关系。但是，有时其他群体可以产生某些酶来破坏休眠状态，使它们重新进入生长状态，从而这两个群体又有了相互作用。不利于微生物进行旺盛生长的环境条件也有利于造成两个群体之间互无关系，例如，在冰块中受到冻结的微生物群体便处于中立关系。

二、偏利共生关系

偏利共生关系（commensalism）是指两种微生物群体生活在一起时，其中一个微生物群体受益，而另一个微生物群体不受影响。根据定义，未受影响的微生物群体虽然不受益，但是也不受另一群体的不利影响；对于获利的群体来说，由另一群体提供的好处是它所必需的。这种现象在自然界中是很普遍存在的，例如，一个微生物群体在它正常生长和代谢过程中，能使其生活环境发生改变，从而为另一微生物群体创造更有利的生活环境。如一个微生物群体在岩石表面上生长时，结果使不溶性的无机盐溶解出来，从而给其他微生物群体提供可溶性的无机盐。某些微生物群体可以产生其他微生物群体所必需的生长因子，结果这些微生物群体便建立起偏利共生关系。有时可以看到成链状的偏利共生关系，例如，污泥中的某一微生物群体可以厌氧降解多聚物而产生有机酸，有机酸可以作为第一个微生物群体的营养物代谢，结果产生甲烷，甲烷有利于甲烷氧化菌的生长，甲烷氧化菌氧化甲烷产生甲醇，甲醇有利于甲醇菌的生长。

另外，某些微生物群体通过结合环境中的毒物，或产生一些化合物来螯合环境中的毒物，或分解环境中的毒物，或产生酸性物质溶解出不溶性的化合物，为其他微生物群体创造有利的生活环境。例如，在某些生境中，纤发菌属（*Leptothrix*）能降低锰的浓度，可以让其他微生物群体生长；如果没有纤发菌的作用，在这些生境中的锰浓度将会抑制其他微生物群体的生长。

在环境中，共代谢（cometabolism）对于建立两个群体之间偏利共生关系起着很重要的作用。所谓的共代谢是指这么一种现象：在某种特殊底物上生长的一种群体能顺便地氧化第二种底物，而第二种底物不能作为这一种微生物群体的碳源和能源，但是，被这种微生物群体氧化过的产物却能被另一种微生物群体利用。例如，牝牛分枝杆菌生长在丙烷上时，能使环己烷发生共代谢，结果环己烷被氧化成环己醇，环己醇便可被其他细菌群体所利用，给这些细菌群体带来好处，而牝牛分枝杆菌不受影响。污染环境中的污染物降解过程不少是共代谢反应，所以，共代谢在污染物降解方面起着很大的作用。

三、协作关系

协作关系（synergism）是指两个微生物群体生活在一起时互相获利，但这两者之间的关系没有专一性，它们分开时，能单独生活在各自的自然环境中。但它们形成协作关系时能各自获得一些好处。由于两者之间的关系不密切，其中的任何一个群体可以被其他群体所代替。协作关系的重要意义在于使有关的微生物群体共同参与某一种物质的代谢过程。如某一种物质的合成，当有关的两个微生物群体单独存在时，便不能完成这种物质的整个合成过程；只有这两个微生物群体生活在一起时，才能完成这种物质的整个合成过程。

2个或2个以上的微生物群体相互提供所需的营养，像这样的群体之间的相互作用叫作互营关系（syntrophism）。例如，诺卡氏菌和假单胞菌混合生活在一起时，能降解环己烷，而各自单独存在时，便无此能力。诺卡氏菌能代谢环己烷，形成的产物作为假单胞菌的底物，假单胞菌在生长过程中则向诺卡氏菌提供必需的生物素和其他生长因子。

在环境中存在有 H_2S 和 CO_2 时，绿菌属（Chlorobium）能利用太阳光能产生有机物。如果一个环境存在元素硫和甲酸，螺旋菌能产生 H_2S 和 CO_2。如果这两类微生物生活在一起便相互提供营养，螺旋菌代谢元素硫和甲酸产生 H_2S 和 CO_2，而绿硫细菌在光合作用过程中把 H_2S 转化成元素硫，这是一步解毒步骤，因为 H_2S 对螺旋菌有毒。

在氮循环中，细菌群体之间也有类似的互营关系。类颤鱼腥藻（Anabaena oscillariodes）的异形胞（heterocysts）能分泌有机物，这些有机物对行异养生活的假单胞菌有趋化吸引作用。这些细菌围绕着异形胞形成很厚的凝集块，结果是假单胞菌氧化由类颤鱼腥藻分泌的有机物，同时刺激类颤鱼腥藻异形细胞的固氮酶活力，因为细菌围绕着对氧气敏感的固氮酶生长大幅降低了氧气浓度。这种相互关系在地球生物化学循环中是很重要的。

有时协作关系能导致两个微生物群体在空间上更加接近。如藻类和细菌，其中细菌就附生在藻类细胞表面上。

另外，具有协作关系的某两个群体能共同产生一种酶代谢某种底物，而单独生活时，就不能合成这种酶。

在某些协作关系中，第二种微生物群体能加快第一种微生物群体的生长速率。例如，某些假单胞菌能生长在地衣酚（orcinol）上，但是在有其他细菌群体存在的情况下，这些假单胞菌对这种底物有更高的亲和力，并且生长更快。第二个群体单独生活时不会利用地衣酚，但可以利用假单胞菌分泌的有机物，从而解除了这些分泌的有机物对假单胞菌的负反馈抑制，使假单胞菌加快了生长。

某些农用杀虫剂降解途径也与协作关系有关。从土壤中分离的节杆菌和链霉菌菌株生活在一起时，能完全降解有机磷杀虫剂地亚农（diazinon），并能利用这种化合物作为唯一的碳源和能源。单独生活时，谁也不会矿化地亚农的嘧啶环，也不能生长在这种化合物上。在恒化富集培养物中，施氏假单胞菌（Pseudomonas stutzeri）仅能把对硫磷裂解成对硝基苯酚和二乙基硫磷酸，而不能进一步代谢这两种中间产物。铜绿色假单胞菌（P. aeruginosa）能矿化对硝基苯酚但不能分解对硫磷。当这两种细菌生活在一起时，便可以很有效地降解对硫磷。

更为复杂的协作共生关系是在去除有毒物质的同时还可以产生有用的产物。例如，两种真菌，鱼肝油青霉（Penicillium piscarium）和白地霉（Geotrichum candidum)通过协作关系共生在一起时，能降解农用除草剂敌稗(propanil)，并去除其毒性。鱼肝油青霉能把敌稗裂解成丙酸和3，4-二氯苯胺，能利用丙酸作为碳源和能源，但不能进一步分解有毒的3，4-二氯苯胺。白地霉不能分解敌稗，但能通过过氧缩合反应把3，4-二氯苯胺分解成3，3′，4，4′-四氯偶氮苯和其他的偶氮产物。与3，4-二氯苯胺和敌稗相比，这些分解产物的毒性要小得多，这样在有其他碳源存在的情况下，这两种真菌生长量明显增加。仅有这种杀虫剂存在的情况下，这种互利的协作关系才会刺激生长，在没有这种杀虫剂存在的情况下，这两种真菌就要争夺有限的营养资源，最终使这两个群体的生长量都下降。

四、互惠共生关系

互惠共生关系(mutualism)与上述的协作关系所不同的是：两个群体关系比较密切，互不可分离，并且两者之间的结合具有专一性和选择性，其中任何一个群体不能被其他群体所代替，建立起这种关系的两个群体其代谢和生理功能通常不同于它们各自单独生活的情况，所以必须要求两者互相接触，共同生活。相同之处在于两个群体能同时获利。互惠共生关系的一个最有名的例子是藻类或蓝细菌与真菌共生在一起所形成的地衣，其中的真菌有子囊菌或担子菌，最常见的藻类是绿藻(Chlorophyta)，蓝细菌是念珠藻(Nostoc)。地衣的形成具有特异性，但不是绝对的，给定的一种藻类可以与许多种真菌之一形成地衣，反之则相同。在地衣中，藻类和蓝细菌能进行光合作用合成有机物，真菌则利用这些有机物作为碳源，而真菌则起保护光合微生物的作用，在某些情况下，真菌还能向光合微生物提供生长因子和运输无机营养物。地衣具有许多生理功能：①在地衣生活的环境中，可以阻止其他微生物的生长。②地衣可以抵抗不良环境，如高温、干燥、阳光直接辐射，所以它们可以生活在不良环境中，如岩石表面。③通过产生有机酸溶解岩石中的无机盐。④某些地衣可以固氮，因为其中含有能固氮的蓝细菌，在某些生境中它们是复合氮的重要提供者。雨水可以把地衣合成的含氮化合物冲到森林区，然后便被植物根吸收利用。⑤某些环境条件的变化能破坏地衣中的互惠共生关系，如地衣对于工业废气中的污染物特别敏感，这是由于大气中的SO_2对地衣的生长有抑制作用，SO_2可以使叶绿素变色，从而抑制光合微生物的生长。结果是真菌过量生长，地衣之间的互惠共生关系便消失；或者真菌无法单独生活，它们便从这一生境中消失。所以，可以利用地衣监测大气中SO_2的污染状况。

另外，藻类与原生动物群体之间，藻类与蓝细菌之间，某些原生动物与细菌之间都可以建立互惠共生关系。例如，有些藻类通过光合作用能向原生动物提供氧气和光合产品，而原生动物则起保护藻类的作用，以免被其他原生动物吞噬。在正常环境条件下，这种互惠共生关系能维持很长时间，但是，如果环境条件往不利的方向发展，如长期缺少阳光，那么原生动物便可能消化藻类群体。

在厌氧沼气发酵期间，某些细菌群体之间也存在互惠共生关系，它们之间可以通过电子传递建立这种相互关系。例如，一种"S"菌利用乙酸，并向奥氏甲烷杆菌（*Methanobacterium omelianskii*）提供电子，奥氏甲烷杆菌利用这些电子还原 CO_2，形成甲烷。有时甚至可以观察到 3 种与产甲烷有关的细菌形成凝集块，通过电子传递建立互惠共生关系。普通脱硫弧菌（*Desulfovibrio vulgaris*，简称 DV），能利用乙醇和 HCO_3^- 产生乙酸和甲酸，甲酸作为一种中间电子传递物，在甲酸甲烷杆菌（*M. formicicum*，简称 MF）作用下产生甲烷，并重新产生 HCO_3^-，使甲酸继续受到还原。在乙醇氧化过程中产生的乙酸被乙酸产甲烷细菌——巴氏甲烷八叠球菌（*Methanosarcina barkeri*，简称 MB）裂解成甲烷和 CO。溶原噬菌体和细菌群体之间的相互关系也可以被认为是互惠共生关系，噬菌体的遗传信息插入细菌群体的基因组中，这样噬菌体就以休眠的状态生存下去。在正常条件下，溶原噬菌体不会导致细菌群体的裂解，细菌群体得到噬菌体 DNA 后有更大的毒性，并能产生一些特有的酶，而这些酶在未感染的细菌群体中是不会产生的。通过这种关系，噬菌体和溶原性细菌的生存能力都得到加强。

五、竞争关系

竞争关系（competition）是生物之间通过对食物、溶解氧、空间和其他共同要求的互相竞争，互相受到不利的影响，竞争的胜负取决于它们各自的生理特性及对所处环境的适应性，也是生物之间存在最广泛的一种关系。自然界普遍存在的这种为生存而进行竞争的关系，是推动微生物进化、发展的动力。

在微生物群落内部，种内和种间微生物都常常存在着对营养和空间的竞争，特别在一些亲缘关系相近的微生物之间。竞争的结果对两个群体均产生不利的影响，使两个群体的密度下降，生长速率下降，使两个关系比较近的群体各自分开，不再占据同一生态环境，这就是竞争排斥原理（competitive exclusion principle）。如果两个群体试图力争占据同一环境，竞争的结果，一方获胜，而另一方被排斥。例如，从理论上说，一些生存范围很广的能降解糖类的细菌应该能在含有糖分的发酵厂废液中生长繁殖，但实际上并非如此，往往只有极少数的细菌能繁殖，这是营养竞争的结果。在水域中，柄杆菌属（*Caulobacter*）之所以能在比它生长得快得多的细菌存在的情况下很好地生长，就是通过充分利用有效的空间来达到的。这些细菌包括生金菌属（*Metallogenium*）、生丝微菌属（*Hyphomicrobi-*

um)和柄杆菌属。它们先以尾柄附着在物体的表面上生长，像海绵一样活动，逐渐形成柄，一面游动，一面慢慢地把营养物质吸入柄内。由于它们在物体表面竞争空间与营养的能力强，所以常常能在营养贫乏的水体中生长。

参与竞争的两个群体的内在生长速率在不同环境条件下可以发生变化，从而可以解释为什么在同一生境中两个群体竞争同一食物时还会继续生存下去的原因。例如，在海洋生境中，嗜冷菌和低温细菌能长期生活在一起，尽管在这些环境中它们都在争夺低浓度的有机物。在低温下，嗜冷菌表现出较大的内在生长速率，这时可以排挤低温细菌。在较高温度下，低温细菌表现出较大的内在生长速率，这时嗜冷菌便被排挤。这样，在一个温度可变的有水环境中，随着温度的变化，这两类微生物的数量就会发生周期性的交替变化。

六、拮抗关系

拮抗关系（antagonism）是指两个微生物群体生长在一起时，其中一个群体产生一些对另一群体有抑制作用或有毒的物质，结果造成另一个群体生长受抑制或被杀死，而产生抑制物或有毒物质的群体不受影响，或者可以获得更有利的生长条件。

微生物间的拮抗作用是通过其代谢产物的作用而产生的。根据拮抗作用的选择性，可将生物间拮抗关系分为非特异性拮抗关系和特异性拮抗关系两类。非特异性拮抗是指微生物产生的代谢物对一般微生物，甚至包括其自身生长都有一定的抑制和毒害作用。例如，在乳酸发酵中，由于乳酸细菌的生命活动产生大量乳酸，有阻碍许多腐败细菌生长的作用。另外，微生物的拮抗作用有时是特异性的，其代谢具有选择性地抑制或杀灭其他一定类群的微生物。为人类战胜疾病作出巨大贡献的抗生素，其原理就是通过微生物产生抗菌物质，对其他种类微生物产生专一性的抑制和致死作用。

某些微生物群体可以通过产生乳酸或类似的低分子量有机酸、氧化 S 产生 H_2SO_4、消耗 O_2 或产生 O_2、产生 NH_4^+、产生高浓度的 CO_2、产生醇类化合物、产生抗生素和异株克生物质等等，来抑制或杀死其他微生物群体。例如，在有机物矿化过程中，某些异养菌可以产生高浓度的 CO_2，消耗大量 O_2，结果某些真菌如立枯丝核菌的生长和分布就受到不利的影响。

由微生物产生的抑制物可以保存自然环境的有机化合物。例如，在土壤中的纤维素降解过程中所产生的有机酸能抑制土壤亚表层中纤维素受到进一步降解。

土壤中微生物之间的拮抗关系是一个比较普遍的现象。抗生素产生菌广泛分布于土壤中，其中，链霉菌属中的一些种，以及真菌中的青霉属、木霉属的一些种，都能分泌抗菌性物质。土壤中微生物产生的抗菌素是防治植物病原菌的生物制剂，已广泛应用于农业生产。

在自然环境中存在的条件通常不利于抗生素的产生。抗生素是一种次级代谢产物，仅当培养基中存在过量的底物浓度时，有关微生物才能合成抗生素。而大多数土壤和有水环境中的有机物浓度很低，这样抗生素不可能得到累积。在自然环境中，许多微生物群体对抗生素具有抗性或能降解它们。在有水环境中产生的抗生素很快被稀释。在土壤中产生的抗生素可以被吸附在黏土或其他颗粒上，而失去活性。同样，在自然土壤和有水生境中产抗生素的微生物通常也不会占优势，在发现有产抗生素微生物的地方，对抗生素具有抗性的微生物菌株比例不是很高。从另一个角度来看，如果在自然界中抗生素是没有用的，在生物进化过程中它们就不可能被选择下来。然而，实际的情况是，在微环境中和某些环境条件下，抗生素对于建立拮抗关系起着很重要的作用。这是因为在一些微环境中有机物浓度很高，在这样微环境中生长的某些微生物便会产生抗生素，产生抗生素的结果是阻止其他微生物群体的生长。在一些植物残体上也有大量的有机物，这也可以为某些微生物合成抗生素创造条件，例如，头孢霉菌（*Cephalosporium gmmineum*）是小麦的致病菌，它可以在死亡的小麦组织中生长并分泌抗真菌物质，从而阻止其他真菌在这种组织中生长。

七、寄生关系

一种生物需要在另一种生物体内生活，从中摄取营养才能得以生长繁殖，这种关系称为寄生关系（parasitism）。寄生者通过宿主的细胞物质或宿主生命过程中合成的中间物得到生长繁殖，而使宿主受害。寄生物有外寄生物和内寄生物之分。寄生物包括病毒、细菌、真菌和原生动物，它们的宿主包括细菌、真菌、原生动物和藻类。寄生物和宿主之间的关系具有种属特异性，有的甚至有菌株特异性。在某些情况下，这种特异性还取决于宿主细胞表面的物理化学特性，因为宿主细胞表面的特性可以影响寄生物吸附到宿主细胞的表面上。

不同的病毒可以侵染细菌、真菌、藻类和原生动物。例如，某些病毒可以侵染担子菌，影响蘑菇的产量。有一属细菌，即蛭弧菌可以定位在其他细菌宿主细胞表面上，然后蛭弧菌侵入宿主细胞的周质空间中进行生长繁殖，最终裂解宿主。

有许多外寄生物不需要直接接触宿主细胞就可以裂解宿主，例如，黏细菌不需要直接接触就能裂解土壤中的 G^+ 和 G^- 细菌；噬纤维菌能产生胞外酶裂解藻类和蓝细菌；某些真菌也能产生某些酶裂解藻类；假单胞菌产生的酶能裂解原生动物变形虫(*amoeba*);许多细菌能产生几丁质酶来裂解含有几丁质的真菌细胞壁;另外一些细菌能产生昆布糖酶(Iaminarinase)或纤维素酶来破坏某些藻类和真菌的细胞壁。这些宿主细胞被裂解之后,释放出营养物,被外寄生物所利用。但是,某些微生物群体形成休眠体、孢囊或孢子之后,可以抵抗这种裂解作用。

大量的真菌、细菌和其他原生动物能寄生在原生动物上。某些藻类也能受真菌感染,如卵菌纲、细长腐霉、噬藻丝水霉和星状水霉等真菌能感染水绵属的藻类,导致大批藻类死亡。

某些真菌群体能受到其他真菌的寄生,如木霉能寄生在蘑菇属上,从而减少栽培蘑菇的产量。

某些微生物本身是寄生物,但它们自己也可以受到其他微生物的感染,如寄生在细菌中的蛭弧菌可以受到相应噬菌体的感染。

寄生物对于控制宿主群体的大小和节省自然界微生物所需的营养物起着很大的作用,因为宿主群体密度增大,受到寄生物攻击的可能性也增大,寄生物在宿主群体中繁殖的结果,导致宿主群体密度下降,从而使自然界中许多营养物不会被利用而节省下来。由于宿主群体密度下降,反过来也导致许多寄生物死亡或处于休眠状态。

微生物间的寄生作用最典型的是噬菌体与宿主细菌间的寄生关系。噬菌体本身不具有生理代谢作用,当它们侵入宿主细胞后,即将自己的核酸整合在宿主核酸中,并指导合成自己的核酸和蛋白质,形成大量子代噬菌体,并且引起宿主细胞的裂解死亡。

八、捕食关系

捕食关系(predation)是指一种生物直接捕食另一种生物的现象。捕食者可以从被捕食者中获取营养物,并降低被捕食者的群体密度。在微生物中,捕食者常是个体较大的原生动物,被捕食者常是细菌、藻类、真菌和其他较小的原生动物。如自然环境中的纤毛虫常以细菌为食,所以纤毛虫的数量常取决于环境中的细菌数量。在废水生物处理中,原生动物对细菌的捕食作用,对减少出水中游离细菌的数量,提高出水水质和减少剩余污泥量具有重要作用。在土壤中,捕食性真菌被认为是一些由土壤动物引起的植物病害的生物控制剂。线虫和原生动物都可以被真菌的各种网状的菌丝、黏性的表面和陷阱所捕捉。动物被捕捉后,菌丝侵入这些动物体内,消化和吸收其细胞和养分。

但也有许多微生物可以抵抗吞噬作用。例如,细菌形成芽孢之后可以抵抗土壤中变形虫的吞噬；某些微生物产生色素或荚膜之后可以抵抗吞噬。但奇特的是，某些被捕食者可以产生趋化物质来吸引捕食者的吞噬。纤毛原生动物通过拍打纤毛把细菌群体吸引到自己的细胞上，然后吞噬这些细菌；变形虫通过形成伪足包围并吞噬被捕食者。

当然，本节讨论的仅为两种微生物之间的相互关系。而对于实际的土壤生态系统来说，一般包括微生物、植物和动物，单单微生物就常有成千上万种。微生物种群始终发生动态变化，有时随着环境的改变，微生物之间的相互作用和优势种群也发生改变。

第三章

微生物同植物的相互关系

自然界中部分微生物存在于植物和动物体内外各个部位，关系密切，许多种类相互构成共生关系。广义上，共生分为互利和偏利两个不同的范畴，后者包括寄生关系。本章重点是阐述微生物和植物之间的互利共生关系。

第一节　微生物和植物共生关系的类型

典型的共生关系由微生物和植物二者形成特定的组织形态。研究得最多的是细菌和植物形成固氮器官（根瘤和茎瘤），以及真菌同植物形成的菌根。

一、细菌和植物的共生

（一）根瘤菌和豆科植物共生体系

1. 豆科植物的结瘤情况

豆科（Leguminosae）植物是种子植物的第三大科，包括 3 个亚科，即蝶形花亚科（Papilionoideae）、含羞草亚科（Mimosoideae）和苏木亚科（Caesalpinioideae），也称云实亚科。全世界豆科植物近 2 万种，调查过结瘤情况的还只是少部分。其中，蝶形花亚科和含羞草亚科中 90% 以上的种类结瘤，苏木亚科中结瘤的种类还不到 1/3（表 3-1）。随着调查种类增多，结瘤豆科植物的分布情况会更清楚。中国豆科植物资源丰富，20 世纪 80 年代以来，我国研究者在新疆等地发现了大量新的结瘤豆科植物种类。

在结瘤的豆科植物中过去研究的种类主要属于蝶形花亚科，大多是食用和饲料草本植物。木本豆科植物结瘤固氮的研究现在也受到了重视，有些种类具有重要经济价值。已研究过的结瘤木本豆科植物也多属蝶形花亚科。

表 3-1　结瘤豆科植物（Allen 和 Allen，1981）

亚科	属数	报道属数				估计种数	报道种数				按种计算结瘤率（%）
		+	+/-	-	总数		+	+/-	-	总数	
蝶形花	505	241	14	14	269	14000	2416	-	46	2462	98.0
含羞草	66	18	8	5	31	2900	351	-	37	388	90.5
苏木	177	13	13	39	65	2800	72	6	180	258	27.9
合计	748	272	35	58	365	19700	2839	6	263	3108	91.0

注：+表示结瘤；-表示不结瘤；+/-表示有些结瘤，有些不结瘤。

2. 根瘤菌和豆科植物共生关系的专一性

同豆科植物共生的是根瘤菌，作为共生伙伴，它的突出特点之一是能够进入豆科植物根内，在其中繁殖，并形成根瘤，即具有感染性。根瘤菌的各个种和菌株又都只能感染一定的豆科植物种类，所以它们的结瘤能力表现不同程度的专一性。根瘤菌的另一重要特性是具有固氮能力，就是它的有效性。但并不是能够结瘤的菌株就都能固氮，根据它们在根瘤中是否固氮而分为有效菌株和无效菌株，它们形成的根瘤分别称为有效根瘤和无效根瘤。这些特性都是相对的，是特定的菌株和特定的豆科植物品系的相互关系，在某种豆科植物品种上结瘤固氮的菌株，可能在另外的品种上仅形成无效根瘤，而没有固氮作用，甚至也不能结瘤。

3. 根瘤菌

根瘤菌在分类上归属于变形杆菌门的根瘤菌目（Rhizobiales）。根瘤菌的学名不代表它们的寄主专一性，例如，豌豆根瘤菌豌豆生物型能够在豌豆、蚕豆、兵豆和鹰嘴豆等不同属的豆科植物上结瘤固氮。从一个属植物根瘤中分离的根瘤菌能够在其他属植物上结瘤，人们将这些能够相互利用同一根瘤菌菌株形成共生体系的豆科植物称为"互接种族（cross inoculation group）"。常见的主要豆科植物互接种族有大豆族、豌豆族、菜豆族、苜蓿族、三叶草族、豇豆族等。大豆族只有大豆一属植物，豇豆族包括豇豆、花生、绿豆、赤豆、猪屎豆和胡枝子等许多植物。各互接种族之间的界线是相对的，某个互接种族内的菌株有可能感染其他互接种族的植物。个别菌株具有非常广泛的寄主范围，甚至使非豆科植物结瘤。有的菌株寄主范围很窄。专一性是由根瘤菌和豆科植物两者的遗传性决定的。

热带豆科植物具喙（毛萼）田菁（Sesbania rostrata）既有根瘤又有茎瘤，但从根瘤中分离的菌株不能形成茎瘤，而从茎瘤中分离的菌株在茎上和根上都能结瘤。形成根瘤的菌株属于根瘤菌属，茎瘤菌在分类上为固氮根瘤菌属（Azorhizobium）。能够结茎瘤的植物还有蝶形花亚科的合萌属（Aeschynomene）等豆科种类。

（二）根瘤菌和榆科植物共生体系

特立尼克（Trinick，1973）最先在巴布亚新几内亚发现榆科（Ulmaceae）植物中的 *Parasponia rogosa* 的根瘤是由典型的根瘤菌形成的共生体系，以后陆续发现了更多的种（*P. parviflora* 和 *P. andersonil*）也能结瘤固氮。它们都是木本植物，包括小灌木和高达 20m 的大树，是新垦荒地的速生先锋植物，在各种土壤上均能生长，甚至在火山灰和石灰石上发育的贫瘠土壤上也能繁衍。

同拟山黄麻属（*Parasponia*）有效共生的菌种一般是慢生型根瘤菌，也有一些从热带豆科植物根瘤分离的快生型根瘤菌能够在拟山黄麻属上结瘤，包括从紫花扁豆上分离的 NGR234 菌株，该菌株能在 110 个属豆科植物上结瘤，但有的根瘤不表现固氮活性。

（三）弗兰克氏放线菌和植物共生体系

弗兰克氏菌（Frankia）和高等植物共生固氮的研究也有很长历史，但直到1978 年从根瘤中分离获得了纯培养体后，才加速了研究进展。和弗兰克氏菌共生的都是非豆科植物，许多种有重要经济价值。

1. 放线菌结瘤植物

能够同弗兰克氏放线菌形成根瘤的植物分布在 7 个目的 8 个科中，已知有 24属植物（表 3-2），称为放线菌结瘤植物（actinorhizal plants）。

2. 弗兰克氏菌

弗兰克氏菌在分类上属于放线菌纲弗兰克氏菌科。第一个内生菌纯培养体是从香蕨木（*Comptonia peregrina*）根瘤中分离出来的（Callaham 等，1978）。木麻黄属中有的种还在枝干上形成茎瘤。

表 3-2　和弗兰克氏菌共生的植物科属（Becker 和 Mullin，1992）

科名	属名	已知结瘤种数
桦木科（Betulaceae）	桤木属（*Alnus*）	42
木麻黄科（Casuarinaceae）	木麻黄属（Casuarina）	18
	异木麻黄属（*Allocasuarina*）	58
	裸孔木麻黄属（*Gymnostoma*）	18
	隐孔木麻黄属（*Ceuthostoma*）	2
马桑科（Coriariaceae）	马桑属（*Coriaria*）	16
四数木科（Tetramelaceae）	野麻属（*Datisca*）	2
胡颓子科（Elaeagnaceae）	胡颓子属（*Elaeagnus*）	35
	沙棘属（*Hippophae*）	2

（续）

科名	属名	已知结瘤种数
杨梅科（Myricaceae）	水牛果属（*Shepherdia*）	2
	香蕨木属（*Comptonia*）	1
	杨梅属（*Myrica*）	28
鼠李科（Rhamnaceae）	美洲茶属（*Ceanothus*）	31
	栲来特属（*Colletia*）	3
	连叶棘属（*Discaria*）	5
	落被棘属（*Kentrothamnus*）	1
	小桃棘属（*Retanilla*）	1
	五脉棘属（*Talguenea*）	1
	三脉小桃棘属（*Trevoa*）	2
蔷薇科（Rosaceae）	角质果属（*Cercocarpus*）	4
	蕨叶属（*Chamaebatia*）	1
	铁线梅属（*Cowania*）	1
	仙女木属（*Dryas*）	3
	浦氏木属（*Purshia*）	2

（四）蓝细菌和其他生物的共生体系

蓝细菌（蓝绿藻）中有许多固氮种类，不过能够同其他生物形成共生固氮体系的只限于少数类群，主要是鱼腥藻属（*Anabaena*）和念珠藻属（*Nostoc*）。但是能够和蓝细菌共生固氮的生物类群则很广泛，包括真菌、苔藓植物、蕨类植物、裸子植物和被子植物的种类。

1. 蓝细菌同真菌和苔藓植物的共生

（1）蓝细菌和真菌的共生

地衣是蓝细菌和真菌的共生体，在 1700～1800 种地衣中，约 8% 含有蓝细菌，主要是念珠藻，有些共生体则是眉藻（*Calothria*）、伪枝藻（*Scytonema*）和飞氏藻（*Fischerella*），它们都具有异形胞。

地衣生长缓慢，地卷属（*Peltigera*）地衣的最快生长量每年只有 2～3cm。但是它们在自然界分布广泛，能够在极端环境中生长，在表面温度为 0℃ 的极地可以固氮。地衣也能忍受长期干旱，干燥后再吸水时固氮酶活性可迅速恢复。在绿皮地卷（*Peltigera aphthosa*）中，念珠藻将所固定氮量的 95% 以氨的形态分泌出来，供共生伙伴吸收。

（2）蓝细菌和苔藓植物的共生　和苔藓植物共生固氮的蓝细菌主要也是鱼腥藻和念珠藻。已知有 5 属苔藓植物含有蓝细菌，对其中角苔属（*Anthoceros*）、壶苞苔属（*Blasia*）和勺苔属（*Cavicularia*）属研究较多。

2. 蓝细菌同水生蕨类植物的共生

满江红（*Azolla*）是水生蕨类植物的一个属，俗称红萍或绿萍。红萍在地球上分布非常广泛，在热带和亚热带地区尤为繁茂。它们在稻田和池塘等水面上生长迅速，在我国南方是一种很好的水田绿肥。红萍实际上是蓝细菌和蕨类植物的共生体，有一种固氮的红萍鱼腥藻（*Anabaeg azollae*）生活在小叶鳞片腹面充满黏质的小腔中。

满江红属包括 6 个种，尼罗满江红（*A. nilotica*）、羽叶满江红（*A. pinnata*）、长州满江红（*A. caroliniana*）、细叶满江红（*A. filicidoides*）、*A. maxicana* 和 *A. mkrophuylla*，它们的共生菌都是红萍鱼腥藻，固氮作用可以提供植物的全部氮素营养。它们吸收化合态氮，并同时保持固氮酶活性，红萍干物质含氮 3% ~ 6%，所以其肥料价值高。尽管如此，红萍并未充分地被利用，在养殖和管理上存在许多问题，风浪对繁殖中的红萍起破坏作用，温度过低或过高都不利于红萍生长，红萍也容易发生虫害。养殖红萍虽很费劳力，但有应用价值。

3. 蓝细菌和高等植物的共生

（1）蓝细菌和裸子植物的共生　苏铁的珊瑚状根是蓝细菌同裸子植物的共生体系。在我国四川省发现的攀枝花苏铁，其共生根瘤由粗棒状瘤瓣组成。这种特殊形态的共生根常常出现在接近土壤表面处，并伸出地面，也能向下发展。这种根发生于根的中柱鞘，它们是变态的侧根。共生菌也是念珠藻或鱼腥藻，使共生根呈绿色。

从共生根的幼嫩部分到老熟部分，异形胞的数量逐渐增加，在中部平均出现频率为 30%，但是乙炔还原活性则在异形胞频率为 20% 区段大于 40% 的区段。内生菌的纯培养能够固氮，既能进行异养生长，也能进行自养生长。

（2）蓝细菌和被子植物的共生　小二仙草科（Halorgidaceae）的根乃拉草属（*Gunnera*）植物叶片基部的腺体中有念珠藻生活着，并能固氮。这是被子植物中已知的唯一能和蓝细菌共生的属。这个属的植物种类很多，包括小型匍匐植物至长叶草本植物。

在大根乃拉草（*Gunnera manicata*）的幼苗期，念珠藻在茎内形成密集的瘤，这些瘤三个一组，与茎上叶柄的着生有关联。念珠藻生活在寄主细胞内，固氮量可达 72kg/（$hm^2 \cdot a$）。念珠藻的固氮酶活性在共生条件下比自生状态下大。固氮酶活性在光照下比黑暗中大 10 倍以上，可以提供寄主植物所需的全部氮素。共生时尽管内生菌保持了叶绿素，但失去了固碳和放 O_2 的能力，靠寄主植物提供光合产物作为碳源和能源。

共生体系不是专一性的，从苏铁、苔藓、不同根乃拉草（*Gunnera* sp.）中分离的念珠藻，甚至土壤中分离的普通念珠藻，即地木耳（*Nostoc commune*）对许多根乃拉草均能感染，形成共生关系。但是自生和共生鱼腥藻及某些念珠藻则不能和根乃拉草建立共生关系。

二、真菌和植物的共生

细菌和植物的共生关系在自然界广泛存在，真菌和植物的共生关系则更为普遍。1881 年，俄国学者卡门斯基（M. KaMeHCKHH）在研究水晶兰（*Monotropa uni-flora*）根的解剖结构后，首次指出真菌和水晶兰根之间存在共生关系。德国学者弗兰克（Frank）于 1885 年证实真菌菌丝存在于一些树木根的活性部分，明确指出这是真菌和植物根的共生联合体，并且首次采用了菌根（mycorrhiza）这一术语，这类真菌也就被称为菌根真菌。

植物形成菌根是普遍现象，自然界大部分植物都具有菌根，菌根对于改善植物营养、调节植物代谢、增强植物抗逆性都有一定作用。根据菌根的形态结构和菌根真菌共生时的其他性状，菌根可划分为如下类型（表 3-3）。

表 3-3　菌根的类型（李阜棣等，2000）

主要类型	亚型	特殊结构	真菌类别	寄主植物
外生菌根		有包围根的菌套和哈蒂氏网	担子菌、子囊菌、藻状菌	裸子植物和被子植物的乔木和灌木
内生菌根	内外生菌根	可形成菌套，但不一定形成哈蒂氏网，在根细胞内有菌丝圈	担子菌、子囊菌	裸子植物和被子植物的乔木和灌木
	浆果鹃菌根	有菌套、哈蒂氏网，细胞中有菌丝圈	担子菌	仅杜鹃花目
	水晶兰菌根	有菌套、哈蒂氏网，细胞中有菌丝圈	担子菌	仅水晶兰科
	杜鹃菌根	无菌套和哈帝氏网，细胞中有菌丝圈	子囊菌、担子菌	仅杜鹃花目
	兰科菌根	无菌套和哈蒂氏网，细胞中有菌丝圈，可能有不分枝的吸器	担子菌	仅兰科
	丛枝菌根	无菌套和哈蒂氏网，细胞中有菌丝圈和细小分枝的吸器（丛枝）	内囊霉科	裸子植物和被子植物中的乔木、灌木和草本植物，苔藓植物和蕨类植物等低等植物

菌根是具有特定形态结构和功能的共生体系，还有一些真菌生活在植物体

内，由于无外观特征，过去常被忽视，或者把它看成是植物病原菌，生活在植物体内的真菌也是共生关系的一种类型。

第二节　菌根的形态和功能

菌根是指某些真菌侵染植物根系形成的共生体。菌根真菌菌丝从根部伸向土壤中，扩大了根对土壤养分的吸收；菌根真菌分泌维生素、酶类和抗生素物质，促进了植物根系的生长。同时，真菌直接从植物获得碳水化合物，因而植物与真菌两者进行互惠的共同生活。

已发现有菌根的植物有 2000 多种，其中，木本植物数量最多。根据菌根菌与植物的共栖特点，把菌根分成三类：外生菌根（Ectomycorrhiza）、内生菌根（Endomycorrhiza）和内外生菌根（Ectendomycorrhiza）。

一、外生菌根

外生菌根多形成于木本植物，主要为乔木和灌木树种，分布广泛，存在于 30 余科植物的许多属种中。松科植物可以看作是专性外生菌根植物，如果不形成菌根，它们就不能生长或生长不好。形成菌根的真菌主要是担子菌，其次是子囊菌，个别为接合菌和半知菌。大多数外生菌根真菌是广谱性寄主真菌，能同很多种植物形成外生菌根；少数为专性寄主真菌，只能同几种植物形成菌根。例如，小牛肝菌（*Boletinus phulloides*）只同落叶松属树种形成菌根，毒鹅膏菌（*Amanita phalloides*）只在麻栋上形成菌根。

（一）形态和结构

外生菌根的主要特征是在根外形成菌套（mantle），菌根真菌的菌丝在植物营养根的表面生长繁殖，并交织成套状结构包在根外。菌套的形成使营养根变得短而粗壮，前端膨大，替代了根毛的地位和作用。由于真菌和寄主种类的不同，以及不同环境条件产生影响的差异，菌套厚度的变化很大，大多数为 $30 \sim 40 \mu m$，其干重约占小根干重的 25%~40%。薄的菌套只有几层菌丝松散地包围在根的表面，厚度仅 $20 \mu m$ 左右。厚的菌套由几十层菌丝组成，厚度可达 $60 \sim 100 \mu m$，其内层菌丝变成拟薄壁组织。由于菌套在菌根组织中占有较大比重，因此它不仅被看作是吸收器官，而且被看作是贮藏养分的器官。菌套表面通常还形成外延菌丝，形态可能因菌根真菌不同而有差异，使菌套表现不同特征，如光滑菌套、网状菌套、颗粒状菌套、绒毛状菌套、棉絮状菌套、纤毛状菌套、短刺状和长刺状菌套等。

形成哈蒂氏网（Hartig net）是外生菌根的另一重要结构特征。在菌套内层有许多菌丝透过根的表皮进入皮层组织，在外皮层细胞间蔓延，将细胞逐个包围起来，形成一种特殊结构，称为哈蒂氏网。哈蒂氏网内的细胞仍具有活性，含有线粒体、高尔基体、内质网和质体，细胞核不扩大。哈蒂氏网的形成构成了真菌和寄主间的巨大接触面，有利于双方进行物质交换。菌丝透过表皮进入皮层细胞间隙的机制还不清楚，但一般认为，一方面是菌丝本身延伸时产生的机械压力使菌丝进入皮层细胞间；另一方面是真菌产生的果胶酶分解了细胞间质中的果胶物质，为菌丝的进入打开了通道。

（二）外生菌根的形成过程

在自然条件下，植物外生菌根的形成是从幼苗阶段开始的。植物生长时幼苗根部不断延伸，当菌丝达到营养根表面时，生长加速，菌丝在根表面蔓延的速度比营养根的速度快些，所以很快将营养根的前端包围起来，在根表面形成菌套，菌套的后部没有被菌丝包围的地方又长出新的幼嫩营养根，这些根不久又被菌丝包围。因菌种和树种的不同，外生菌根呈现各种形态。菌套内层的菌丝穿过营养根表皮进入根的皮层，在外皮层组织的细胞间隙迅速蔓延形成哈蒂氏网，这样就形成了完整的外生菌根。对树木幼苗进行人工接种的试验表明，一般接种 2 周后就可形成菌根。在已形成菌根的母根上，新发生的营养根并不一定需要再受土壤中菌丝的感染才能形成菌套，母根上原有菌套的菌丝可继续感染新长出的营养根，形成新菌套。

土壤条件对菌根的形成有明显影响。一般说来，下述土壤条件最有利于菌根的形成和自由发展。①土壤含有丰富的有机质，为菌根真菌的生长繁殖提供基质。因此，在森林土壤的枯枝落叶层中菌根发育最旺盛，缺乏有机质的土壤中施加有机肥也可促进菌根发育。②土壤通气状况良好。积水和还原条件抑制菌根真菌发展，沙质土通常比黏土或泥炭沼泽土更有利于菌根形成。翻耕黏重土壤或疏干沼泽土均有利于菌根发育。③土壤有效养分的供应要适度，一般以中等偏下的肥力状况较合适。有效养分偏高，菌根明显减少；土壤过度贫瘠也不利于菌根的形成。

（三）外生菌根的作用

外生菌根对寄主植物的有益作用，主要有如下两个方面。

1. 对植物营养和生长的作用

①扩大寄主植物的吸收面。外生菌根都有菌套，其直径比未形成菌根的营养根大得多，加上菌套上存在的一些外延菌丝，使菌根同土壤的接触面大幅增加，这也就是扩大了根系的吸收面，能将更多的水分和养分吸收进来供寄主植物利用。②菌根真菌能产生生长刺激素。外生菌根真菌绝大部分都能产生某种生长刺

激素。对松树、落叶松、云杉、桦树、山毛榉等树种的菌根上分离培养的 23 种外生菌根真菌的测定发现，它们都能产生某种吲哚类化合物，其中最多的是吲哚乙酸。这些物质能促进植物生长。

2. 对防御林木根部病害的作用

早在 20 世纪 40 年代就有些研究者观察到，外生菌根可以减轻植物根部病害，近 30 年来又有很多学者对这一作用给予了进一步的证实。概括起来，外生菌根之所以能保护寄主植物免受病菌危害的原因有以下几个方面：①外生菌根根际的微生物群落起着防御病菌侵袭的作用。外生菌根根际的微生物数量要比非菌根根际的数量高得多，例如，在松苗外生菌根根际的真菌数量约为非菌根根际的 10 倍。在微生物群落的组成上，两种不同条件下也有明显的区别。正是由于外生菌根根际的这种生态效应，带来了防御病害的作用。②外生菌根的菌套和哈蒂氏网的机械屏障作用。病原菌通常只能侵染没有木质化的幼嫩小根。如果病原菌要侵染已形成的外生菌根，首先必须通过由菌丝紧密交织而成的菌套，然后通过皮层组织内的哈蒂氏网，才能进入根的细胞组织。试验证明，病原菌不能通过这两道屏障，这说明菌套和哈蒂氏网起了机械保护作用。③寄主细胞产生抑制病菌的物质。当植物受到病原菌侵袭时，植物会产生保护反应，分泌出一些有抑菌作用的植物毒素，如酚类化合物、醌类化合物等。外生菌根真菌进入植物根部时，根部细胞也会产生一些抑菌物质。例如，牛肝菌科的一些真菌形成的外生菌根都含萜烯。萜烯和半萜烯类化合物是抑霉物质，具有抑制病原菌的作用。④外生菌根真菌产生抗生素。许多外生菌根真菌能产生抗生素。例如，云杉白桩菇（*Leucopaxillus candidus*）能产生穿孔蕈炔素，对樟疫霉有拮抗作用，在云杉白桩菇形成的外生菌根附近，由于穿孔蕈炔素的作用，樟疫霉引起的病害发病率大为降低。试验证明，大部分外生菌根真菌都具有抗菌活性，这与它们产生抗生素是密切相关的。

二、丛枝菌根

丛枝菌根（arbuscular myconhiza，简称 AM 菌根）是内生菌根中最普遍和最重要的类型，是内囊霉科（Endogonaceae）的部分真菌与植物根形成的共生体系。这种菌根在自然界的分布极为普遍和广泛。陆生植物 80% 都有丛枝菌根。重要的栽培植物如小麦、玉米、棉花、烟草、大豆、菜豆、甘蔗、马铃薯、番茄、苹果、柑橘、葡萄、草莓、咖啡、可可、橡胶树等都能形成 AM，不能形成或很少形成 AM 的只有十字花科、藜科、石竹科、莎草科、蓼科、灯心草科、荨麻科等十余科植物。形成 AM 最普遍、最广泛的是豆科和禾本科植物。

（一）丛枝菌根的结构

判断植物根是否为丛枝菌根，通常将根段进行染色处理，经显微镜检查，确认皮层内有丛枝和无隔菌丝等结构后，即可予以肯定。丛枝菌根由下述几部分组成。

1. 菌丝

丛枝菌根的菌丝有外生菌丝和内生菌丝之分，外生菌丝在根的外面扩散，发达时可在根的外围形成一松散的菌丝网，甚至将根遮掩，但不会像外生菌根那样形成菌套。根外菌丝又可分为两种类型，一种是厚壁菌丝，它粗糙、壁厚、细胞质稠密、菌丝直径可达 $20\sim27\mu m$，有双叉分枝；另一种是薄壁菌丝，多从厚壁菌丝上长出，较细，直径为 $2\sim7\mu m$，穿透力强，能行吸收功能，当吸收的营养物质耗尽后，菌丝中的细胞质可回缩至厚壁菌丝内，并长出横隔，随后凋萎。与厚壁菌丝相比，薄壁菌丝是短命的。两种菌丝都有入侵根部的能力，它们与土壤密切接触，有助于扩大根的吸收范围和摄取土壤养分。外生菌丝的发展受土壤条件，尤其是通气条件的影响很大。

外生菌丝穿透根的表皮进入皮层细胞间或细胞内即成内生菌丝。内生菌丝可在皮层组织内纵向或横向延伸，也可盘曲于皮层细胞内。

2. 丛枝

丛枝形成于皮层细胞内，进入细胞内的菌丝经过连续的双叉分枝成为灌木状结构，即为丛枝。寄主细胞内形成丛枝时，细胞中发生如下现象：①细胞质活性明显增强；②形成新的细胞器（线粒体、内质网、核糖体和其他）；③核增大，直径增加 $2\sim3$ 倍；④储藏的淀粉物质被利用，淀粉粒消失；⑤呼吸作用和酶活性增强，丛枝分解后，细胞质和细胞恢复原状，并恢复其功能。

3. 泡囊

有的丛枝菌根菌还能产生泡囊，也称泡囊丛枝菌根（vesicular arbuscular mycorrhiza，简称 VA 真菌）。泡囊是由侵入细胞内或细胞间的菌丝的末端膨大而成，一般呈圆形或椭圆形。泡囊通常有一泡囊壁使它与菌丝隔开，有时与菌丝相通。泡囊内有很多油状内含物，它们是贮存的养分。泡囊的形成迟于丛枝，但它不像丛枝那样短命，并且具有繁殖功能。当根的初生皮层脱落时，少数泡囊可从根组织中释放出来进入土壤，在土壤中它们可以萌发并感染植物。通常在植物成熟的季节泡囊的数量最多，不同种的菌根真菌，其泡囊的形状、壁的结构、内含物及其数量均有不同。

4. 孢子和孢子果

丛枝菌根真菌在外生菌丝的顶端常常形成厚垣孢子，其大小、形状、颜色和壁的构造均因种而异，一般为圆形或卵圆形，内含油滴。最大的孢子直径可达 $500\mu m$ 左右，多数在 $100\sim200\mu m$ 之间。有些种的孢子是长在孢子果内，孢子果的直径约 1mm。丛枝菌根真菌的孢子结构和各种形态特征都是分类上的重要依据。孢子在土壤中可存活数年。

(二)形成过程

丛枝菌根的形成在形态和结构方面研究较多，可以划分为几个阶段(图 3-1)，但生物化学过程如分子生物学机理尚了解不多，落后于豆科植物和根瘤菌相互作用的研究，新近的研究已开始察觉真菌和植物相互作用形成丛枝菌根过程中也有信号物质的交换和基因对基因的关系。

1. 感染前

菌根真菌的孢子和菌丝都是繁殖体。孢子在土壤中遇适宜水分和温度条件可以萌发，但只有在靠近相应植物的根系的菌丝才能生长。寄主植物根系分泌的可溶性物质对菌丝生长有明显的刺激作用，包括类黄酮化合物；在培养条件下当加入浓度 $0.15\sim1.5\mu mol$ 类黄酮时，菌根真菌 *Glomus margarita* 菌丝生长增加 $2\sim10$ 倍。类黄酮可能起信号分子的作用，在真菌和植物根紧密接触之前就开始了信息的交流。

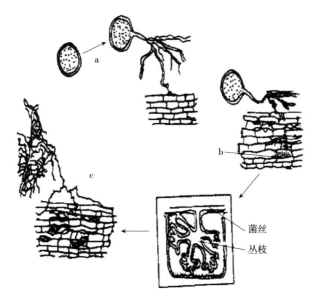

图 3-1 丛枝菌根形成过程示意图(李阜棣等，2000)

注：a. 孢子萌发产生菌丝同植物根接触；b. 感染进入根内形成丛枝；c. 形成泡囊，产生根外菌丝。

2. 接触和感染

真菌菌丝同根接触后长出分支沿根表面生长，这时形成扁平和鼓胀的附着胞

（appressorium），长度可达 20~40μm，固着在根上。附着胞产生粗的和钉钩状感染菌丝，经由表皮细胞间隙穿过表皮层进入皮层细胞。侵入根皮层细胞内的菌丝仍被寄主细胞向内凹陷的壁和细胞膜所包围，在侵染的全过程中保持这种状态，类似于根瘤菌感染豆科植物根时形成的侵入线结构。真菌菌丝还可经由根毛或薄的表皮细胞进入根内，不通过表皮细胞间隙。木本植物的根常形成厚而角质化的根被皮（ihizodemis），在脱落中的这层细胞下生长的真菌菌丝可以穿过皮层细胞。一般认为真菌的侵染途径和方式主要决定于植物表皮细胞的生理生化特性。豌豆能够被根瘤菌和丛枝菌根真菌双重感染，经诱变失去结瘤能力的豌豆突变体也不再形成菌根，说明豌豆同这两种微生物共生关系的前提是由相同的基因决定的。

3. 丛枝和泡囊的形成

菌丝穿过细胞壁后开始分叉，经过多次分叉即形成丛枝，它充满细胞腔内的大部分空间。不管丛枝在细胞腔内如何扩展，细胞的原生质膜仍紧紧地包围在丛枝周围而不破裂，所以仍能保持着细胞的活性。

丛枝的菌丝很细，尖端直径不过 0.5~1.0μm，但分枝很多，所以它在细胞内同细胞质接触面可增大 1~2 倍。丛枝一般仅存活 1~2 周。丛枝形成或崩解时，有些菌根真菌在细胞内或细胞间形成泡囊，它是由菌丝的顶部或中部膨大而成，内含有脂类，是真菌的贮藏器官。当来自寄主的代谢产物很少时，这些贮藏物则被真菌利用，然后泡囊消退。巨孢霉属和盾孢霉属的种不能形成泡囊。

4. 感染扩展和根表菌丝的形成

菌根真菌进入根内后，在根中的扩展划分为 3 个时期：①真菌扩展开始发生；②真菌快速生长和扩散；③根和真菌的生长以相同的速率进行。因根的生长而延伸的根表菌丝，随时可侵入新根内。根表菌丝对感染的菌丝在根中的扩展也有作用，影响根和真菌相对生长速率的因素都可改变根和真菌之间的发展平衡，因此，严格区分菌根真菌在根中发展的不同阶段是困难的。

（三）丛枝菌根真菌的分类

科学家们虽然在 100 多年前已观察到这类菌根，但由于其中的共生真菌不能在培养基上进行纯培养，影响了对这类真菌分类地位的研究。现在一般用活植物体进行丛枝菌根真菌的组织培养。莫顿（Morton，1990）根据一些已知的丛枝菌根真菌的菌丝、丛枝、泡囊、无性孢子等结构的存在形式、形态特征和组织化学反应等 27 个指标，采用数值分类法对能形成丛枝菌根的 6 个属，共计 57 个种进行了聚类分析，在此基础上对原有分类体系进行了修改，提出了新的分类系统（图 3-2）。

根据这一分类系统，把能与植物互惠共生和在根内形成丛枝的真菌归属于同一单源系统群——球孢霉目。内囊霉属不具备这些结构特征而被分开，仍属内囊霉目。丛枝菌根真菌各个属的分布都是世界性的，其中以球孢霉属真菌分布最广，无柄孢霉属的分布也很普遍，巨孢霉属、盾孢霉属、硬果孢霉属在热带地区分布较多。

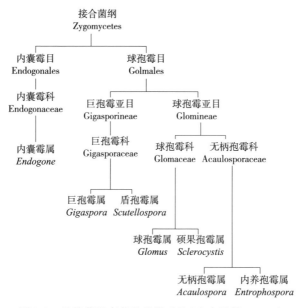

图 3-2　丛枝菌根真菌的分类系统(李阜棣等，2000)

(四)丛枝菌根同植物代谢和生长的关系

丛枝菌根是植物和真菌的共生体系。植物为菌根真菌的生长发育提供碳源和能量，真菌促进植物对养料和水分的吸收，产生植物生长素，对土传病害的防治也有作用。因此，丛枝菌根同植物的代谢和生长有着密切的关系和重要影响。

1. 丛枝菌根对碳水化合物的需求

植物和丛枝菌根真菌之间的共生是互惠性的。菌根形成后，菌根真菌必须从植物获得光合产物才能维持其结构并发挥其功能。在幼嫩植物根上初形成菌根时，双方都竞争植物生产的少量碳水化合物，这时菌根真菌对植物的生长有一定的抑制影响。随着植物的生长，碳水化合物增多，互惠共生的效益则可得到发挥。据估算，丛枝菌根内，菌丝的鲜重约占根重量的10%，外生菌丝的重量约占根重的0.9%；在每厘米长的菌根表面，外生菌丝的干重约3.6μg；每株植物上的菌根真菌还要产生几千个孢子，这些生物物质都需要寄主植物提供碳水化合物来组成。丛枝菌根真菌能吸收转运至根部的光合产物，特别是丛枝，因为与根细胞间有很大的接触面，更能发挥其吸收功能。

2. 丛枝菌根增加了根际的范围

丛枝菌根虽然不像外生菌根那样形成菌套，但它的外生菌丝仍可在根外形成一松散的菌丝网。菌丝的稠密度和在土壤中的生长范围与真菌种类密切相关，并且受植物和土壤因素的影响。一般说来，外生菌丝自根面向外延伸的距离可达8cm，菌丝的稠密度在离根1~2cm的距离内最高。通过菌丝的向外延伸，扩大了根际范围。据计算，1cm无菌根的根段在根毛的协助下，能控制的土壤体积是1~2cm³；形成菌根后，1cm根段在菌丝的协助下，可控制的土壤体积增加5~200倍，一般是增加到12~15cm³/cm菌根。根际范围的扩增给植物带来了很多的好处。例如，增加根系对水分的吸收，提高植物的抗旱能力，也改善了植物的营养条件。

3. 丛枝菌根在植物吸收养料中的作用

丛枝菌根能改善植物营养的主要原因在于扩大了根系吸收范围和提高了从土壤溶液中吸收养料的效率，特别是对 P、Zn、Mo 等扩散速度低的营养元素的吸收利用更为有效。

（1）对元素的吸收

丛枝菌根最显著的作用是在低磷土壤中提高植物吸磷能力，这是由于：能够利用较大土壤范围内的磷素；促进磷素向根内的转运；提高了土壤磷素的可溶性。植物根周围数毫米距离内的磷酸根离子很快被植物的根毛吸收。由于磷的扩散速度极慢，这个区域因得不到磷的补充，也就成了无磷区。丛枝菌根根外菌丝的生长远远超出这个范围，从而改善了植物的磷素营养。据计算，磷从菌丝转移到根的速率是 1×10^{-9}~2×10^{-9}mol/cm² 根·s。磷从真菌转移至根内主要发生在含有丛枝的根细胞中，不过根内菌丝也能释放磷给寄主植物。通常认为，磷从真菌转运至寄主是发生在碳素代谢产物从寄主转运给真菌的交换过程中。寄主植物似乎是通过调节转运给真菌的碳水化合物来控制真菌的发展和活性。

丛枝菌根在改善植物营养中的作用，并不是它能吸收非菌根不能吸收的元素或单纯扩大了吸收范围，重要的作用是提高了从土壤中吸收磷素营养的效率，因为，土壤中有机磷、可给性磷和不溶性无机磷保持一定关系。菌根和非菌根都是从土壤溶液的可给性磷库中吸收相同的磷酸离子，可给性磷库中磷的贮量与不溶性无机磷之间也有一定的转换关系，施用磷肥以及土壤—化学和土壤—微生物学过程都影响到可给性磷库的贮量。菌根真菌通过对土壤微生物的影响间接地影响养分的固结作用、溶解作用和有机质矿化作用，从而达到提高摄取磷素的效果。

（2）对其他营养元素的吸收

丛枝菌根真菌对其他营养元素也有明显的吸收和输送效果，其菌丝通过吸收 NH_4^+ 和 NO_3^- 而获得氮素营养。菌根植物中钾和镁的浓度常比非菌根植物高，在缺钾的土壤中丛枝菌根真菌可运送钾给植物。

丛枝菌根真菌的菌丝能吸收 Zn、Cu、B、Mo 等微量元素并输送给寄主植物，在菌根植物中，其他必需元素如 Fe、Mn 和 Cl 的浓度也都比非菌根植物高。对吸收 Zn 和 Cu 的作用和对 P 的作用一样，效果是很显著的。已知某些有毒的重金属（Cd、Ni、Sr、Cs）和非营养元素的阴离子（Br^-、I^-）也可被丛枝菌根真菌吸收并输送给寄主植物，由于增加元素的吸收所带来的对植物的毒性是波动起伏的，它常常可通过增加对大量元素的吸收和更为平衡的吸收而得到补偿。

4. 丛枝菌根真菌与其他微生物的关系

（1）共生固氮微生物

菌根的形成有助于改善豆科植物的营养，特别是磷素营养，促进植物的生长。有很多材料证明，能行真菌共生营养作用的豆科植物在未形成菌根时不能充分发挥根瘤菌共生固氮作用的效果，因为在根瘤菌—豆科植物—丛枝菌根真菌三者之间存在着密切的共同协作关系。丛枝菌根真菌对放线菌结瘤植物的某些种（桤木、木麻黄等）之间的共生固氮作用也有良好影响。

（2）真菌的共生细菌

人们早已观察到了丛枝菌根真菌的细胞质中存在细菌状生物（bacterialike organisms，BLOs），采用分子生物学技术证明在 *G. margarta* 等真菌细胞中的 BLOs 为洋葱伯克氏菌（*Burkholderia cepacia*）。每个真菌孢子囊含量约 250000 个细菌细胞，但不能进行分离培养，为了区别于纯培养的洋葱伯克氏菌，仍称为 BLOs，它们的作用可能与真菌的氮素代谢活性有关。

（3）根际微生物

据报道，丛枝菌根真菌能促进固氮菌（Azotobacter）和所谓的"溶磷微生物"的生长和繁殖，它们在菌根根际的数量多于一般的根际。普遍认为细菌对植物和丛枝菌根真菌产生的促生作用是通过合成激素和维生素来实现的，而丛枝菌根真菌对根际微生物的有益影响完全可能是一种间接作用，即通过改善植物的生长，增强了植物的光合作用，根系分泌也随之增加，根际微生物因此而受益。

5. 丛枝菌根真菌与植物病害的关系

关于丛枝菌根真菌与植物病害的关系存在着相互矛盾的报道，有加重病害的，有减轻病害的，也有无任何影响的。这种差异的出现主要是因为不同的研究者采用的病原微生物、寄主植物和丛枝菌根真菌各不相同，而且是在不同的环境和土壤条件下进行研究的，因而获得不同结果不足为奇。不过，根据对有关研究报告的统计，丛枝菌根与土传病害的关系是以减轻病害为主，约占所统计的数据的 65%。至于丛枝菌根为什么能防病，它的机理如何，现在还不清楚。许多研究者已在这方面做了不少工作，并且提出了一些假说，其内容包括：①结构上的变化带来的影响。

菌根的形成增强了木质化程度和其他多糖的产生,使根细胞壁增厚,从而提高了抗御病菌入侵的能力;其次是加强了植物的维管束系统,使维管束具有较大的机械强度,因而可减轻危害维管束的病害。②生理上的变化带来的影响。菌根形成后某些氨基酸(精氨酸、苯丙氨酸、丝氨酸)、一种类异黄酮(植保素)、儿茶酚、还原糖和酶(如几丁质酶)在植物体内的含量均增高了,这些物质具有抑制病原菌的作用。③生态上的变化带来的影响。菌根形成后根面上的抗生菌(如荧光假单胞菌群的菌株)增加了,使根部的拮抗作用增强,这对抑制病原菌或防御病菌的入侵是会有效果的。这是值得深入研究的一个领域。④菌根真菌同叶部病原菌致病有关的基因表达也可能有影响,这是一个待发展的研究领域。

三、内外生菌根

内外生菌根是外生型菌根和内生型菌根的中间类型。它们和外生菌根相同之处在于根表面有明显的菌丝鞘,菌丝具分隔,在根的皮层细胞间充满由菌丝构成的哈蒂氏网。所不同的是它们的菌丝又可穿入根细胞内。

此类菌根已报道的有浆果鹃菌根和水晶兰菌根,浆果鹃菌根的菌丝穿入根表皮或皮层细胞内形成菌丝圈,而水晶兰菌根则在根细胞内菌丝的顶端形成枝状吸器。这类菌根可发育在许多林木的根部,如松、云杉、落叶松等。

第三节　烟草丛枝菌根

一、丛枝菌根(AM)对烟草的作用

目前已知60%以上的陆生植物都能与AM真菌形成菌根,其对植物的生长发育、营养状况、水分吸收与利用、抗病性、耐盐性以及产量和品质等均具有重要作用。研究表明,AM与烟草具有较好的共生性,能与烟草共生形成菌根的真菌种类较多。据统计,烟草AM真菌有5属23种,主要为球囊霉属,其他4属(无梗囊霉属、巨孢囊霉属、盾巨孢囊霉属和硬囊霉属)较少。研究认为,在烟草育苗过程中接种AM真菌有利于培育壮苗,使其具有较强的生理活性和抗逆性。

(一)育苗期接种烟草AM真菌对烟苗的影响

在漂浮育苗中,AM真菌可以和烤烟形成菌根,即使根系生长环境中的水分含量很高,AM真菌仍能侵染烟苗根系形成菌根,说明烤烟幼苗与AM真菌有较高的亲和力。在漂浮育苗中播种期接种适宜的AM真菌显著增加烟苗干重、磷含量、叶绿素含量以及根系硝酸还原酶、超氧化物歧化酶和几丁质酶活性。在低浓度的营养液条件下接种 AM 真菌，接种越早侵染率越高，无论烟苗生物量，氮、磷、钾和叶绿素含量，还是硝酸还原酶和 SOD 活性都达到了生产中使用高浓度营养液培育的壮苗的水平，且有较强的生理活性和抗逆性。漂浮育苗接种菌根不仅有以上优点，而且烟苗移栽大田后可使 AM 真菌在与土著真菌竞争的过程中处于优势地位，能充分发挥菌根效应。移栽菌根烟苗使 AM 真菌二次侵染发生时间短，并形成大量根外菌丝，植株营养状况和生物量均显著高于移栽时接种的烟苗和不接种烟苗，较好地解决了移栽后真菌生长与侧根生长之间的矛盾，迅速发挥菌根效应，达到互惠共生状态并缩短缓苗期。

（二）大田期接种 AM 真菌对烟草矿质营养吸收的影响

AM 真菌促进作物生长的效应主要是作物矿质营养得到改善的结果。刘延荣等研究表明，烟草对 AM 真菌的依赖性很强，侵染率可达 70% 以上，对矿质养分的吸收有重要作用。

1. 烟草 AM 真菌与磷

磷是烟草体内一系列重要物质化合物的组成成分，在碳水化合物代谢等方面发挥作用。在不同磷水平下接种菌根对烤烟后期生长影响的研究表明，AM 真菌处理对烤烟烟叶中超氧化物歧化酶活性、脂类过氧化产物丙二醛和可溶性蛋白含量的影响显著，此外还有助于叶绿素含量提高，减缓叶绿素降解。在含磷量低的土壤中接种 AM 真菌，可改善烟草磷素营养条件，充分发挥土壤中磷的利用率，是提高烟草品质和增加产量的一项有效措施。研究表明，丛枝菌根增加磷的吸收主要是因为增加了根系有效吸收范围和吸收表面积，扩展了土壤供磷区域，提高了根际磷的有效性，同时也加快了磷在菌丝内的运输速率。

2. 烟草 AM 真菌与钾

研究认为，施钾量与 AM 真菌对烤烟钾累积量与分配有明显的影响，对烤烟不同生长时期、不同部位的含钾量影响显著（$P<0.01$）。在不同施钾肥水平下 AM 真菌对烤烟伸根期、旺长期、成熟期烟叶含钾量的影响极显著，提高了上、中、下位叶的含钾量，进而提高了整株烟叶的含钾量及在叶中的分配比例。钾素在土壤中的移动性虽比磷素强，但仍能在根际很快形成一个钾素亏缺区，限制了根系对钾的吸收，不利于植物的正常生长。通过盆栽实验研究缺钾条件下 AM 真菌对烟草生长和叶片保护酶系统的影响，结果表明，在未接种条件下缺钾使烟株生长量、生物产量、叶片内叶绿素和可溶性蛋白质含量、保护

酶系统活性显著下降，植株生长发育不良导致早衰；而接种 AM 真菌后，明显缓解了缺钾对烟株生长造成的代谢紊乱，使得烟株生长量和生物产量提高，叶绿素和可溶性蛋白质含量、保护酶系统活性都有不同程度的提高，有的还明显超过施 K 的正常烟株。贺学礼等（2003）认为其原因是在低钾土壤或施钾量较低时，AM 真菌的外生菌丝扩大了寄主根系的吸收范围，促进了根系对根际以外 K 素的吸收，提高宿主体内钾含量。研究表明，在土壤有效钾含量低或不施钾肥时，菌根侵染率低，对烟株体内钾含量和植株生长发育贡献小甚至无促进作用，因为烤烟生长需要充足的钾营养，与之共生的菌根菌也需要一定的钾维持其生长发育；同时，过高施 K 量也不利于 AM 真菌对烤烟根系的侵染，甚至对烤烟的生长有抑制作用。

3. 烟草 AM 真菌与氮

氮是影响烟草生长的快慢、叶片的大小以及产量的关键因素，同时是烟碱的重要组成成分，对烟叶香气组成、吸味及刺激性均有重要作用。

研究表明，AM 真菌可以吸收氮素并向宿主植物传递，而传递的这部分氮素对宿主植物体内氮素营养的影响却报道不一。试验发现，AM 菌丝吸收并传递给宿主植物的氮素最高可达植物总吸收氮量的 30%，AM 真菌与植物形成共生体后能从土壤中获取无机氮、简单的氨基酸，还能利用一些复杂的有机态氮。有研究表明，AM 真菌可以促进烤烟对土壤氮、磷、钾、镁、铁等矿质元素的吸收，但各种矿质元素在各叶位的分配比例及累积量因 AM 真菌与氮肥的不同组合而有差异。贺学礼等（2003）研究表明，在低氮水平下，接种 AM 真菌提高了烟叶中氮、钾、铁含量，在下位叶表现尤为显著，可以提高烟叶产量，但随着施氮量增加到一定程度，烟叶产量开始下降，因为 AM 真菌使烟草吸收了额外的通常是非菌根烟株不可利用的氮肥，出现了报酬递减规律。

（三）AM 真菌对烟草产量和品质的影响

研究表明，接种 AM 真菌在有助于烟株吸收氮、磷、钾等矿质养分的同时，对烟草产量和品质也有影响。接种 AM 真菌、不施磷肥处理能提高烟叶产量；在晒烟上接种 AM 真菌，无论单施 AM 真菌或 AM 真菌喷施稀土的处理，烟叶面积和干重均有明显的增长，对提高晒烟产量有明显的效果。接种 AM 真菌同时可提高烟草品质，研究表明，烟草接种 AM 真菌后上等烟比例提高，且能使烟碱含量有所提高。进一步研究认为，接种 AM 真菌增加了烟叶总糖、烟碱、钾和磷含量，提高了施木克值，但却降低了烟叶铁、锌含量，以及氮碱比、糖碱比。研究认为，接种 AM 真菌提高烟叶产量和品质的原因是它促进了烟草对矿质元素（尤其磷、钾含量）的吸收，使烟草更接近于优质烤烟所要求的指标，从而产量、品质及经济效益能得到提高。

(四)AM真菌与烟草病虫害及对重金属的抗逆性

具有最佳养分状态的植物具有最大抗病性，过高过低都会导致抗性降低，菌根促进烟草矿质元素的平衡吸收，本身对提高烟株抗病性有促进作用。内生菌根AM真菌能改善植物营养、加固植物根系细胞壁、改变菌根根围内微生物区系的组成、与病原菌竞争侵染位点和诱导植物产生次生代谢产物。可推迟青枯病发病时间，降低发病率和病情指数，提高烤烟抗病能力。AM真菌不仅自身有耐重金属毒害的能力，而且可以提高宿主植物对重金属的耐性、影响宿主对重金属的吸收和运输。在接种AM真菌处理的烟草根际土壤pH、土壤水溶性As含量、烟草体内的As含量以及吸收量都低于不接种处理。AM真菌可以通过调节根际pH来影响植物对As的吸收。但土著AM真菌和外源AM真菌对基质中同一As水平有着不同的影响。

总之，在烟草育苗期接种AM真菌有助于培育壮苗，增加烟苗生物量及氮、磷、钾和叶绿素含量，同时促进侧根发达，有利于大田期缓苗。在烟草大田期接种AM真菌也有利于对矿质元素的吸收，提高烟草产量及品质，增加烟株抗病性及烟草对土壤重金属的耐性。烟草AM真菌研究对烟草现代农业中减少肥料、农药投入，保护生态农业环境，提高烟叶品质及安全性有重要意义。

二、泡囊丛枝菌根(VA)对烟草的作用

烟草能与自然界中的一些泡囊丛枝菌根(vesicule arbuscular mycorrhiza，VA)真菌形成共生体，在增强烟株抗逆性和加强烟株对养分的吸收等方面有明显作用。

(一)烟草VA真菌资源

能与烟草共生形成VA真菌的种类较多，据统计，烟草VA真菌有5属23种，主要为球囊霉属，其他4属(无梗囊霉属、巨孢囊霉属、盾巨孢囊霉属、硬囊霉属)较少(表3-4)。

不同国家和地区的烟草VA真菌种类及其优势种是有差异的。Hayman D S等(1979)在新南威尔州烟区发现8种VA真菌，*Acaulospora laevis* 和 *Glomus mosseae* 为优势种；Rich J R(1979)调查结果表明，北佛罗里达烟田的 *Gigaspora margarita* 和 *Acaulospora trappei* 最普遍；刘延荣等(2001)认为，*Glomus mosseae* 和 *Glomus claroideum* 是山东烟区的优良菌种；刘江等(1999)在云南烟区应用 *Scutellospora helerogama* 的效果最好。

表 3-4　烟草 VA 真菌资源分类（湛方栋等，2004）

菌种属名	菌种学名	文献来源
Acaulospora Gerd. & Trappe（无梗囊霉属）	*A. gerdememann* Ⅱ Schenck & Nicol.	刘延荣等，2001
	A. laevis Gerd. & Trappe	Hayman D S 等，1979
	A. Scrobiculata Trappe	Modjo 等，1987
	A. trappei Ames & Linderman	Rich J R 等，1979
Gigaspora Gerd. & Trappe（巨孢囊霉属）	*G. gigantea*（Nicol. & Gerd.）Gerd. & Trappe	Kannwischer M E 等，1978
	G. margarita Becker & Hall	Rich J R 等，1979
Glomus Tul. & Tul.（球囊霉属）	*G. caledonium*（Nicol. & Gerd.）Trappe & Gerd.	刘延荣等，2001
	G. claroideum Schenck & Smith	刘延荣等，2001
	G. constrictum Trappe	方宇澄等，198
	G. delhiense Mukerji et al.	刘延荣等，2001
	G. diaphanum Morton & Walk.	刘延荣等，2001
	G. etunicatum Becker & Gerd.	刘延荣等，2001
	G. fassciculatum（Thaxt）Gerd. & Trappe	Hayman D. S 等，1979
	G. glomerulatum Sieverding	刘延荣等，2001
	G. intraradices Schenck & Smith	方宇澄等，1987
	G. macrococrpum Tul. & Tul.	Modji 等，1986
	G. microcarpum Tul. & Tul.	Hayman D S 等，1979
	G. monosporum Gerd. & Trappe	Giovannetti M 等，1991
	G. mosseae（Nicol. & Ger）Gerd. & Trappe	Hayman D S 等，1979 方宇澄等，1986
	G. reticalutum Bhattah & Mukerji	刘延荣等，2001
	G. versiforme（Karsten）Berch	Dumas Gaudot E 等，1992
Sclerocystis Gerd. & Trappe（硬囊霉属）	*S. sinuosa* Gerdemann & Bakhi	殷锡圣等，1997
Scutellospora Walker & Sanders（盾巨孢囊霉属）	*S. heterogama*（Nicol. & Gerd.）Walker & Sanders	刘江等，1999

（二）烟草 VA 真菌与烟草病虫害的关系及其作用机理

　　对烟草 VA 真菌与烟草病虫害的关系及其作用机理进行了较多研究，其结论有差异，这表明并不是所有 VA 真菌都对烟草有利。由于 VA 真菌菌种的不同，由其形成的 VA 真菌与烟草病虫害的关系也不同。

1. 烟草 VA 真菌的防病作用及其机理

大多数的观察和试验结果都证实，烟草 VA 真菌具有防病作用，尤其是对烟田土传病原真菌具有防御能力。烟草接种 VA 真菌、形成烟草 VA 真菌之后，可提高烟株对根黑腐病的抵抗力，降低腐霉属、疫霉属真菌的侵染，控制烟草猝倒病和黑胫病的发病率。对其作用机理，有的认为，烟草 VA 真菌的形成促使精氨酸在根部累积，达到防病效果；有些认为，烟草形成 VA 真菌诱导合成与防病相关的物质，如新合成的同工型几丁质酶，新合成的真菌源或宿主源的蛋白质，甚至诱导出不具 VA 真菌的烟株所不能产生的物质——环己烯酮及其糖基化衍生物，这些物质均可增强烟草的抗病力。

2. 烟草 VA 真菌的防线虫作用及其机理

烟草接种 VA 真菌形成烟草 VA 真菌后，烟株能减少线虫的侵染率。一般认为，这是由于烟草 VA 真菌根际土壤中精氨酸和瓜氨酸浓度高，可影响线虫的存活，VA 真菌还能延迟线虫巨形细胞和巨形细胞内结构的形成，使线虫虫瘿数量、内生寄生虫数和虫卵数下降，从而减少线虫侵染，增强烟株抗性。

3. 少数烟草 VA 真菌促进病虫害的发生及其原因

一些试验结果表明，大果球囊霉(*Glomus macrocarpum*)是引起烟草矮化病的主要病因，因为大果球囊霉形成的烟草 VA 真菌抑制了烟草根系的发育，从而影响烟草地上部分的生长。有试验表明，丛枝菌根真菌根内球囊霉(*Glomus intraradices*)与烟株形成 VA 真菌后，出现了由病原真菌或病毒引起的叶部病害发病率上升和病情加重的现象，对其病理生理学研究认为：烟草 VA 真菌的形成，尤其是在 VA 真菌入侵早期形成附着胞时，会引起烟株病程相关蛋白(PRs)的几丁质酶在 mRNA 水平的减量调节，导致烟株防御机制受到抑制，从而有利于病原菌的侵染。

4. 烟草 VA 真菌的应用研究

众多对有益的烟草 VA 真菌应用的研究结论基本一致，即烟草形成 VA 真菌后，能增进烟株对矿物质养分和水分的吸收，增强烟草抗逆性，提高烟苗素质，促进烟株生长，增加烟叶产量，改善烟叶品质，特别是能提高烟叶中钾的含量，从而获得较好的经济效益。

VA 真菌促进烟株生长，主要是由于烟株形成 VA 真菌后，其抗逆性增强和对养分的吸收加强。特别在低肥力条件下，VA 真菌促进烟株对一些元素的吸收加强，尤其是对磷元素的吸收能力增强，提高了烟草对磷肥的利用率。其机理是 VA 真菌可诱发产生真菌源碱性磷酸酶，在真菌菌丝吸收磷后，这种酶促使磷元素穿透真菌细胞膜，将磷元素运送给烟株的根，从而有利于烟株生长。

总之，烟草的 VA 真菌资源丰富，大多数 VA 真菌可增强烟草对根黑腐病、猝倒病、黑胫病和线虫等病害的抗性，其作用机理主要是形成了一些具有生物化学作用的化合物。

第四节　植物内生微生物

微生物和植物的密切关系除前述几类典型的互惠共生体系外，有许多真菌和细菌只生活在植物组织中，或生活周期大部分是在植物体内，称为内生菌（endophytes），与植物构成共生关系，但不形成特殊结构。植物和内生菌共生体系的形成有两种类型。一种是永久性的（或称组成型），内生菌存在于种子内，从种子萌发至开花结实，周而复始；另一种是周期性的（或称诱导型），微生物在植物生长的一定阶段感染寄主。这类微生物很多，情况比较复杂，有的同植物互利共生，有的则可能是偏利共生，成为寄生微生物。

一、内生真菌

植物内生真菌（endophytic fungi）是指在其生活史的部分阶段或全部阶段寄生于健康的植物组织或器官内，且对植物不表现出明显病害症状的一类真菌（Strobel 等，1993）。大多数内生真菌寄生在宿主体内中不会使宿主呈现病态，而是与宿主在一定程度上达到微调的动态平衡（Kogel 等，2006），从而形成内生真菌与宿主互利共生的关系。内生真菌一方面在其生长过程中产生的次生代谢产物能够有效提高宿主的抗逆性，另一方面可以从宿主的体内汲取用于自身生长所需的营养物质。1898 年，Guerin 从黑麦草中分离出第一株植物内生真菌，但在当时并未受到关注，直至 1993 年，Stroble 等（1993）从太平洋红豆杉的韧皮组织中分离出一株能够产紫杉醇的内生真菌，人们才逐渐把视线转移到植物内生真菌的次生代谢产物。随后的几十年中，研究人员逐渐发现内生真菌本身以及其次生代谢产物具有促进植物生长、抑制病原菌、降低病虫害威胁、降解污染物等作用，能够广泛应用于农业生产、医学研究、环境保护等方面。

1. 植物内生真菌的多样性

植物内生真菌资源广阔，种类繁多，有研究表明，大部分植物体内都含有 1 种或者多种内生真菌（Tan & Zou，2011）。研究人员从众多重要的经济林木，如杉科和松科植物的树皮和枝叶中分离鉴定出多种植物内生真菌。Xiong et al.（2013）在红豆杉中分离鉴定出 81 株内生真菌，分属于 8 个属，且在其中提取出紫杉醇高产菌属赤霉属（*Gibberella*）和小丛壳属（*Glomerella*）。内生真菌也存在于多种草本植物、经济作物和绝大部分低等植物中。Dalal 等（2014）在研究不同时期大豆植株内生真菌种群的变化关系时，共分离了 630 株内生真菌，分别属于枝顶孢属（*Acremonium*）、青霉属（*Penicillium*）和丝核菌属（*Rhizoctonia*）等 7 个菌属。国内对于植物内生真菌的研究普遍倾向于药用植物，谭小明等（2015）从 212 种药用植物中分离得到 376 属以上的内生真菌，其中，镰刀菌属（*Fusarium*）、链格孢属（*Alternaria*）、青霉菌属（*Penicillium*）、曲霉菌属（*Aspergillus*）、刺盘孢属（*Colletotrichum*）、毛壳菌属（*Chaetomium*）普遍存在，属于优势菌属。目前，已研究的植物内生真菌大多数为子囊菌类（Ascomycetes）的核菌纲（Pyrenamycetes）、盘菌纲（Discomycetes）和腔菌纲（Loculoascomycetes），无孢菌群的多种真菌及少量担子菌、结核菌和半知菌中常见的镰刀菌属（*Fusarium*）、青霉属（*Penicillium*）、链格孢属（*Alternaria*）等，主要分布于植物的叶鞘、种子、花、茎、叶片和根等细胞间隙，多数以叶鞘和种子中分布最广泛，叶片和根的内生真菌数量极少。根据内生真菌和宿主之间的专一性分析，目前自然界至少有 100 万种内生真菌（Petrini，1991）。植物内生真菌和其宿主的生物多样性及存在的普遍性也为其研究提供了基本的保障。

2. 植物内生真菌在农业方面的应用

（1）对植物的促生作用

大多数植物内生真菌及其代谢产物都具有促进植物生长的功效，若能将一些促生长作用明显的菌株应用在农业方面，将对作物产量的提高有较大作用。王维（2010）利用从半夏中分离出的 5 株内生真菌的发酵液对 4 种常见蔬菜进行了种子萌发试验，发现 PI-Z01 对 4 种蔬菜的种子萌发普遍具有促进作用，产生代谢产物 IAA 的最高浓度可达 $9.86\mu g/mL$，且被处理过的植株长势普遍较好。从铁皮石斛中分离出的内生真菌 Tj2，对铁皮石斛的地上根系生长、株高增加、新芽和新叶的萌发等具有明显的促进作用，有效缓解了铁皮石斛生长缓慢、自身繁殖率低等问题（黎勇等，2011）。内生真菌促生长的作用机制除了产生 IAA 外，还可以作用于植物的叶绿体或其他的代谢途径，起到间接促进生长的作用。从碱蓬中分离提取的内生真菌 JP3，菌株自身及其发酵液可显著提高水稻幼苗叶片中的叶绿素含量，促进植物体内有机物的积累，对水稻幼苗株高和干重有显著影响（赵颖等，2015）。

（2）提高宿主植物对生物胁迫的抗性

①抑制致病菌侵染　内生真菌提高寄主抗病性主要表现在两个方面：一是内生真菌在植物叶片、叶鞘等部位形成菌丝防护网，占据一定的空间和生态位，从而抵抗病原菌的侵入和定殖；二是宿主的抗病性表现为减少病害介体的传播以及

改变植物的营养,从而促进植物的生长并增强抗性。用带有与不带有内生真菌的野大麦(*Hordeum brevisubulatum*)、醉马草(*Achnatherum inebrians*)和披碱草(*Elymus dahuricus*)的草粉浸提液,并以不带有*Neotyphodium*属内生真菌的草粉浸提液作为对照,对绿色木霉(*Trichoderma viride*)、根腐离蠕孢(*Bipolaris sorokiniana*)和细交链孢(*Alternaria alternata*)等致病菌进行了抑菌活性研究。结果表明,带有*Neotyphodium*属内生真菌的野大麦、披碱草和醉马草草粉浸提液一定程度上抑制了绿色木霉、根腐离蠕孢霉、细交链孢霉等致病菌的菌落生长、芽管长度和孢子萌发率。通过采用平板培养、菌落生长及孢子萌发等方法,用从不同多年生黑麦草(*Lolium perenne*)品种中分离到的4株内生真菌菌株对德氏霉(*Drechslera* sp.)、新月弯孢霉(*Curvularia lunata*)、小麦根腐离蠕孢(*Bipolaris sorokiniana*)和细交链孢(*Alternaria alternata*)等病原真菌进行室内生物测定。结果表明,4株内生真菌菌株均能抑制病原菌的生长,但不同内生真菌抑菌效果不同,尤其对小麦根腐离蠕孢的菌落生长和孢子萌发表现出较强的抑制作用。

②抗虫性 内生真菌感染的植物可以产生超胺、麦角胺、麦角肽生物碱、黑麦草碱B、吡咯碱等生物碱和毒素,这些生物碱和毒素对植食性昆虫和寄生性线虫有毒性或降低植物的适口性,从而提高宿主植物对植食性昆虫和寄生性线虫的抗性(Pinkerton等,1990)。感染内生真菌的羊茅(*Festuca ovina*)和黑麦草(*Lolium perenne*)能对阿根廷象鼻虫、麦长管蚜等重要害虫产生拒食作用,使宿主植物表现出对这些重要害虫的高度抗性。感染香柱菌属内生真菌的植物对根斑线虫、根结线虫以及同翅目、鞘翅目、鳞翅目等6目昆虫中显示出明显的抗性。Yazdani等(2018)研究发现,感染内生真菌的黑麦草能减轻阿根廷茎象甲(*Listronotus bonariensis*)对黑麦草危害,同时能很好地对草地螟(*Loxostege sticticalis*)进行控制。从黑麦草和芦苇(*Phragmites australis*)中分离出枝顶孢属等6个属的内生真菌,其中,枝顶孢属菌类对蚜虫具有很好的控制作用。

(3)提高宿主植物对非生物胁迫的抗性

①抗旱性 内生真菌提高植物抗旱性的机理主要包括生理生化适应、形态适应和干旱恢复。

生理生化适应是内生真菌提高寄主体内同化物的积累和转移、渗透调节、细胞壁弹性的维持。研究发现,水分胁迫下感染内生真菌的菊花中可溶性蛋白含量、超氧化物歧化酶(SOD)、过氧化物酶(POD)以及苯丙氨酸解氨酶(PAL)活性高于未感染植株;Malinowski等(2000)研究发现,内生真菌侵染的高羊茅植株叶片和叶鞘中葡萄糖和果糖含量比未受侵染植株高。在干旱条件下,受内生真菌侵染的小麦的可溶性糖和脯氨酸的含量升高,丙二醛含量降低,从而促进小麦对水分的吸收，缓解了干旱对小麦生长的抑制（强晓晶，2019）。另外，Xu等（2017）研究发现，内生真菌侵染的玉米植株的脯氨酸积累降低，抗氧化酶活性升高。

形态适应是内生真菌促使寄主植物通过扩大其根系范围而提高水分的吸收，降低呼吸损耗，进而在植物组织中储存水分抵御干旱。李苗苗（2019）和Nagabhyru等（2013）的研究结果发现，在重度水分胁迫并经过恢复期后，侵染内生真菌的黑麦草分蘖数、生物量显著高于未侵染植株，侵染内生真菌的水稻根系生物量的比例增大，在面临多次的严重干旱胁迫下，发达的根系对于植物的抗旱能力具有重要意义。在干旱胁迫下，侵染内生真菌的高羊茅的气孔关闭比未被侵染植株的更迅速，从而降低呼吸损耗的水分，侵染内生真菌的高羊茅水分含量比未被侵染植株高（Hume，2014）。这可能是由于角质层较厚或叶片导度降低，减慢了呼吸流速度，或者是侵染内生真菌的植株中积累的可溶物高于未被侵染的植株。Malinowski等（2000）研究指出，侵染内生真菌的植株叶片卷曲、更窄更厚现象比未侵染内生真菌的高羊茅植株更普遍，这些现象均有助于植物对水分的吸收、减少水分丧失，从而提高植物的抗旱能力。以上寄主植物比未受侵染的植物更早地表现出干旱反应，可能是寄主植物的激素水平改变使叶片对水分缺失做出快速应答，诱导寄主植物产生持续的内部胁迫，使植物预先适应或感受到干旱和其他胁迫，或内生真菌作为植物的外来生物组分而产生的生化信号使植物产生适应反应的变化。

干旱恢复是内生真菌促使寄主植物在干旱胁迫缓解后通过根系快速吸收水分和组织快速恢复功能，恢复生长。韦巧等（2018）对旱稻的研究结果表明，干旱条件下未受侵染植株的生物量和根长以及水分利用效率明显高于内生真菌侵染的植株，叶片卷曲程度也高于内生真菌侵染的植株。这表明内生真菌间接影响干旱胁迫下植株对水分的利用效率，内生真菌可能以减少自身生长来帮助干旱条件下的植株维持正常的生理生化过程，并且促进寄主植物在土壤水分恢复后迅速恢复生长。

②耐盐碱性　盐碱导致植株生长缓慢，甚至抑制其正常发育，给农业生产带来了很大的威胁。内生真菌通过调节膜透性、提高光合作用、增加水分利用效率、改善营养代谢和植物激素代谢、减少离子毒害等一系列生理生化反应诱导宿主植物适应盐碱环境。因此，为了降低盐碱对植物的不利影响，鉴定筛选耐盐碱内生真菌并运用到植物中提高寄主植物的耐盐碱性成了许多研究者的目标。

③耐重金属性　重金属不仅影响植物种子萌发、根系活力和生物量，还影响植物一系列的生物化学和生理代谢过程。内生真菌的侵染不仅能改善重金属在寄主根部和地上部的运输，缓解重金属的胁迫，而且能增强宿主植物对重金属的耐

受性。

二、内生细菌

Kloepper 和 Beauchamp(1992)首次提出了植物内生细菌(endophytic bacteria)的概念,认为植物内生细菌可以定殖在健康的植物组织内部,并且能够与植物本身呈和谐共处的关系。最初了解到的植物内生细菌来源于禾本科植物牧草内部。随着对植物内生细菌研究的深入,目前已从多种植物的不同器官分离得到了植物内生细菌,并对植物内生细菌的侵染途径以及生物学作用做了深入研究。内生细菌通过一段时间或者长时间寄生在植物体内与寄主形成了一种和谐共处的关系,双方协同进化表现在内生细菌可以通过产生代谢产物如植物生长激素、赤霉素、细胞激动素或者提高作物的固氮能力进而影响植物的生长发育以及对植物病害的抗性,寄主植物也为内生细菌提供所需的能量和营养,为其营造一个良好的微生物环境。

1. 植物内生细菌的多样性

内生细菌几乎在所有高等植物中都能检测到,这些内生细菌的群落结构取决于影响细菌存活的土壤生物和非生物因素、允许定殖的宿主因子以及影响内生菌在植物宿主组织内存活和竞争的能力。微生物可通过多种途径进入植物体内,例如土壤、降水或灌溉水、大气尘埃或风的沉降作用、携带微生物的动物、种子、不同地域的植物迁移以及植物残体等。此外,种子内生菌能在植物繁殖过程中一代一代地垂直传代。应用新一代测序技术等研究植物内生菌群落的组成让我们对植物内生菌的群落结构有了更加深入的了解。研究结果表明,目前所有属于内生细菌的 16SrDNA 序列数据库,包括可培养和不可培养的微生物,虽然这些序列属于 23 个不同的细菌门,但是其中变形菌门(Proteobacteria)、放线菌门(Actinobacteria)、厚壁菌门(Firmicutes)和拟杆菌门(Bacteroidetes)占了内生原核细菌序列的 96%,而其中变形菌门的序列数据占了 50%以上。从 γ-变形菌亚纲分离出来的细菌是最常见的内生菌,包括假单胞菌属(*Pseudomonas*)、肠杆菌属(*Enterobacter*)、泛菌属(*Pantoea*)、寡养单胞菌属(*Stenotrophomonas*)、不动杆菌属(*Acinetobacter*)和沙雷氏菌属(*Serratia*)。另外,链霉菌属(*Streptomyces*)、微杆细菌属(*Microbacterium*)、分枝杆菌属(*Mycobacterium*)、节杆菌属(*Arthrobacter*)、芽孢杆菌属(*Bacillus*)、类芽孢杆菌属(*Paenibacillus*)和葡萄球菌属(*Staphylococcus*)在内生微生物中也占有主要作用。由于所有这些属的物种在土壤中都很常见,因此,内生细菌可以看成是根际细菌的一个亚种群。

在豆科植物根瘤中,除了根瘤菌定殖外,还会发生一种特殊的内生细菌定殖。起初，根瘤内的这种内生细菌被认为是根瘤表面消毒不完全的产物，后来发现，它们能够有效地定殖在根瘤菌菌株诱导的根瘤内部。

随着研究扩展到新的地理区域和更多的豆科植物，越来越多的定殖在根瘤内的内生菌群被发现，包含革兰氏阴性或革兰氏阳性细菌，包括在门水平上系统发育多样的变形菌门、厚壁菌门、放线菌门。在变形菌门中，内生细菌主要分布在 α、β 和 γ 变形菌亚纲。在厚壁菌门中，根瘤内的非根瘤菌内生菌主要以芽孢杆菌属和类芽孢杆菌属为主。在放线菌门中，微杆细菌属(*Microbacterium*)、分枝杆菌属(*Mycobacterium*)、壤霉菌属(*Agromyces*)、鸟氨酸球菌属(*Ornithinicoccus*)、诺卡氏菌属(*Nocardia*)、链霉菌属(*Streptomyces*)和小单孢菌属(*Micromonospora*)是主要的根瘤内生菌。

2. 植物内生细菌对寄主植物的生物学效应

(1)对寄主植物的促生作用

内生细菌本身产生或者协助寄主植物产生植物激素来促进植物的生长，不同的植物激素作用于植物不同的生长阶段，促进植物细胞的分裂、伸长、分化，进而促进植物根部的延伸和植株的生长，如荧光假单胞菌产赤霉酸、青霉素，部分产吲哚乙酸、维生素，恶臭假单胞菌产吲哚-3-乙酸、吲哚-3-乳酸、赤霉素等。

(2)对病原物的抑制作用

内生细菌对病原物的抑制作用主要表现在：通过产生具有拮抗活性的抑菌物质，如抗生素类、酶类等来抑制病原菌；通过争夺病原菌增殖生长所需的营养物质，破坏病菌的生长环境，进而病原菌生长受到抑制甚至死亡，如假单胞菌株 JKD-2 和水稻内生放线菌 OsiLf-2 分泌铁载体抑制稻瘟病菌。内生细菌大都是从植物体中分离得到，对植物有较好的亲和性，接种在植物上更容易被植物接收，可以长时间甚至永久定殖在植物内部发挥生防作用。

① 产生抗菌活性物质　很多的植物内生细菌在生长增殖的过程中会产生多种代谢产物，一些次级代谢产物对人类的致病菌与植物病原菌有抑制作用。研究发现，在 1 株辣椒中的内生枯草芽孢杆菌能够产生一种抗菌多肽，并且对多种植物致病菌均具有不同程度的抗菌活性。邱服斌(2010)在人参根内分离到 1 株内生细菌，对其抑菌活性作进一步研究，确定其对尖孢镰刀菌、寄生疫霉菌、剑麻炭疽病菌、烟草赤星病菌、稻瘟病菌、人参立枯病菌、人参疫病菌和人参菌核病菌均有一定的抑菌活性。另从大叶冬青的茎中分离得到芽孢杆菌 ZZ185，在芽孢杆菌 ZZ185 的正丁醇提取物中得到芽孢菌霉素的混合物，对植物病原菌链格孢菌、稻纹枯病菌、栗疫病菌和疫霉菌等 5 种病原真菌有超强的抑制作用。魏少鹏等(2015)在 1 株内生放线菌发酵产物中的活性成分分离得到

了 3 种抗菌物质。到目前为止，已经从藏红花、木榄、银杏、网石莼等多种植物内生细菌及其代谢产物中分离得到了生物碱、肽类化合物、酯类化合物、酮类化合物等抗菌活性物质。

②产生铁载体　植物和病菌的生长都需要一定量的铁离子。由于地球的富氧环境，铁以溶解度很低的氧化物形式存在，这种形式的铁很难被植物体直接吸收，而噬铁素的存在，通过合成分泌与 3 价铁离子有高特异螯合能力的小分子化合物，使得铁离子被转移到植物体内，当植物把铁离子吸收到体内，减少了环境中铁离子的浓度，使得病菌因缺乏铁离子而死亡。杨合同等（1994）报道了荧光假单胞菌 P32 产生嗜铁素的特性，并且推测出了细菌对复合物中的铁的利用方式。方涛等（2007）在海洋微生物铁载体的研究中指出了有 5000 多种细菌、酵母、真菌经研究发现能产生铁载体。陈佳亮（2017）在烟草根际促生菌中也分离出来了能产生铁载体的促生菌株。

（3）产生抗线虫类物质

彭双等（2011）从草莓、番茄、黄瓜、辣椒、香蕉、柿子 6 种植物中分离筛选出 13 株对松材线虫具有较高杀线虫活性的植物内生细菌菌株，这些菌株的发酵上清液对松材线虫处理 24h 杀线虫率均达到了 100%。在红树林内生放线菌 I07A-01824 的次级代谢产物中发现了具有超强杀线虫活性的不饱和脂肪酸 5，8-二烯十四酸，并且在此菌株的次级产物中稳定存在。从马尾松内生细菌中筛选出 6 株对松材线虫具有杀线虫活性的细菌。通过多年的研究已经确定，植物内部可以稳定存在产生抗虫类物质的内生细菌，提高寄主植物的抗性。

（4）溶磷解钾

土壤中的钾含量很高，但是在植物的整个生长过程中很多都是无效钾，不能被植物所利用。植物内生细菌一方面可以改变土壤中的微生物环境，使土壤中的钾释放出来供植物使用，另一方面定殖在植物根部促进植物对钾元素的吸收。磷肥施入土壤，很容易形成难溶性的磷酸盐，植物内生细菌使这些难溶性的磷酸盐转化为可溶性磷酸盐，供植物吸收利用。

（5）提高重金属抗性

超积累植物一般只能在少类重金属存在的情况下产生抗性，植物内生细菌相对于超积累植物可以对多种重金属产生抗性，例如，根瘤菌土壤杆菌 CCNWRS33-2 耐重金属铅、铜、铬、锌的毒性，还可以富集重金属。稻甲基杆菌株 CBMB20（*Methylobacte-riumoryzae*）与伯克氏菌株 CBMB40（*Burkholderia* sp.）可降低镍、镉对番茄等其他植物的毒性，减少重金属吸收，并帮助重金属增加转移至茎叶中。

第五节　烟草内生菌多样性及其生物学功能

一、烟草内生菌多样性

烟草内生菌的种类、分布及数量受到植物类型、植物生长期及环境因素等多种因素的共同影响。

(一)烟草内生真菌

随着研究的深入，内生真菌的物种多样性也在不断丰富。目前从不同地区、不同品种的烟草中已分离鉴定内生真菌 2986 株，分属于 57 个属。其中，链格孢属(*Alternaria*)、镰孢霉属(*Fusarium*)、毛壳菌属(*Chaetomium*)和茎点霉属(*Phoma*)为优势属，其优势度分别为 32.15%、13.60%、8.61% 和 4.72%，已报道的烟草内生真菌属还有小丛壳属(*Glomerella*)、黑孢属(*Nigrospora*)、拟盘多毛孢属(*Pestalotiopsis*)、黑痣菌属(*Phyllachora*)、曲霉属(*Aspergillus*)、平脐蠕孢属(*Bipolaris*)、炭疽菌属(*Colletotrichum*)、弯孢属(*Curvularia*)、凸脐蠕孢属(*Exserohilum*)、青霉属(*Penicillium*)、木霉菌属(*Trichoderma*)、单端孢属(*Trichothecium*)、尾柄孢壳属(*Cercophora*)、枝孢属(*Cladosporium*)、拟茎点霉属(*Phomopsis*)、叶点霉属(*Phyllosticta*)、光黑壳属(*Preussia*)、炭角菌属(*Xylaria*)、枝顶孢属(*Acremonium*)、土赤壳属(*Ilyonectria*)、根盘菌属(*Rhizina*)、半壳霉属(*Leptostroma*)、拟隐孢霉属(*Cryptosporipsis*)等。

烟草的不同部位内生真菌的数量和种群均存在差异。从整个生育期来看，从烟草苗期到成熟期，内生真菌的种类和数量都呈上升趋势。烟草不同部位中，叶带菌量最多，茎次之，根最少(黄晓辉等，2009)。

裴洲洋(2009)以河南省主栽烟草品种的根、茎、叶为试验材料，对 9 个品种不同生育期烟草中内生真菌的多样性及变化规律进行了研究，并建立了烟草内生真菌资源库，共获得 977 个菌株，其中，943 株产孢，分属于 15 个属，准确鉴定到种的有 23 种，其中，链格孢菌属(*Alternaria*)和毛壳属(*Chaetomium*)是烟草内生真菌的优势属。烟草内生真菌在烟草中的分布表现为：叶片带菌量最多、茎次之、根最少的规律，其中，叶部内生真菌涉及 14 个属，茎部和根部分别涉及 11 个属和 7 个属。对 4 个烟草品种的种子、根、茎、叶进行了内生菌的分离计数后发现，K326 和红花大金元内生菌数量较多，而净叶黄和 G-80 内生菌数量较少。

(二)烟草内生细菌

内生细菌在烟草植株中的定殖具有普遍性、多样性，而某些内生细菌对烟草植株的定殖具有选择性。这可能是由于不同品种宿主的基因型不同，引起宿主具有不同的表型和生理特征，导致内生细菌的生存环境条件不同，从而使得内生细菌菌群呈现出差异。随着宿主生长期的变化，其群落组成呈现动态差异，内生细菌的种类从苗期到成熟期一直在增加。目前，分离到的植物内生细菌大约有120多种，隶属于54个属，其中，较为常见的是假单胞菌属(*Pseudomonas*)、芽孢杆菌属(*Bacillus*)、肠杆菌属(*Enterobacter*)、农杆菌属(*Agrobacterium*)、芽球菌属(*Blastococcus*)、鞘氨醇单胞菌属(*Sphingomonas*)、类诺卡氏菌属(*Nocardioides*)、链霉菌属(*Streptomyces*)、壤红杆菌属(*Solirubrobacter*)、泛菌属(*Pantoea*)、寡养单胞菌属(*Stenotrophomonas*)、贪铜菌属(*Cupriavidus*)、土壤杆菌属(*Agrobacterium*)、根瘤菌属(*Rhizobium*)、细杆菌属(*Microbacterium*)、芽单胞菌属(*Gemmatimonas*)、微球菌属(*Micrococcus*)、不动杆菌属(*Acinetobacter*)、产碱杆菌属(*Alcaligenes*)、葡萄球菌属(*Staphylococcus*)、芽孢八叠球菌属(*Sporosarcina*)、纳西杆菌属(*Naxibacter*)等。

谢红炼等(2020)报道，在属水平，品种K326和'云烟85'的种子样品内生细菌群落结构较为相似，均与'云烟87'种子样品内生细菌群落结构存在差异。3个品种种子检测出的共有菌属为：假单胞菌属(*Pseudomonas*)、非脱羧勒克菌属(*Leclercia*)、细杆菌属(*Microbacterium*)、鞘氨醇杆菌属(*Sphingobacterium*)、糖芽孢杆菌属(*Saccharibacillus*)、白色杆菌属(*Leucobacter*)、寡养单胞菌属(*Stenotrophomonas*)、苍白杆菌属(*Ochrobactrum*)、埃希氏菌属(*Escherichia*)、志贺菌属(*Shigella*)、类芽孢杆菌属(*Paenibacillus*)、根瘤菌属(*Rhizobium*)、马赛菌属(*Massilia*)、短状杆菌属(*Brachybacterium*)、血杆菌属(*Sanguibacter*)、代尔夫特菌属(*Delftia*)、金黄杆菌属(*Chryseobacterium*)、无色菌属(*Achromobacter*)、肠球菌属(*Enterococcus*)、甲基杆菌属(*Methylobacterium*)、黄杆菌属(*Flavobacterium*)、萨拉纳菌属(*Salana*)、藤黄单胞菌属(*Luteimonas*)、短小杆菌属(*Curtobacterium*)、果胶杆菌属(*Pectobacterium*)、芽孢杆菌属(*Bacillus*)、葡萄球菌属(*Staphylococcus*)。

二、内生菌对烟草的生物学功能

在烟草上可以直接或间接利用内生菌资源。直接利用内生菌资源是指将内生菌植入烟草内部发挥作用，以提高烟草的抗逆性、促生性，降低烟碱、重金属含量等(Schlaeppi等，2013)；体外利用内生菌资源是指将内生菌产生的代谢物用于生产具有药用价值的抗生素、增香剂、免疫抑制剂等，还可用于生产工程菌株(Maldonado等，2003)。

(一)促进烟株生长

内生菌可促进烟草吸收矿质养分，并通过生物固氮、联合固氮或诱导烟草产生激素等方式促进烟草生长。陈泽斌等（2013）通过漂浮育苗试验发现，与对照相比，促生作用最好的 wy2 内生菌株，可使烟苗的发芽率提高 18.4%，茎围增加 33.3%，根长增加 49.2%。用内生细菌 TB1、TB2 菌液对烟草种子进行浸种，播种 40d 后烟苗的百株鲜重达到 450.7g 和 519.2g，百株干重达到 29.6g 和 35.9g。Spaepen 等（2008）发现内生巴西固氮螺菌（*Azospirillum brasilense*）产生的植物生长调节剂可促进烟草的生长。金慧清等（2017）研究表明，盆栽烟草施用内生真菌 YCEF005 菌剂处理后，其叶片数、叶长、叶宽、地上部鲜质量和干质量比对照分别提高 25.8%、28.7%、25.7%、69.2% 和 75.7%。

（二）提高烟株抗性

内生菌不仅可增强烟草耐盐、耐热、耐旱等非生物抗性，而且还能增强烟草抗病原菌、虫害等生物抗性，是一项绿色、安全的生物防控技术（姚领爱，2010）。惠非琼（2014）将内生真菌印度梨形孢（*Piriformospora indica*）接种于烟草发现，盐胁迫下烟草枯叶数比对照组降低 46.7%，株高、根长分别增加 19.1% 和 5.3%。进一步研究表明，接种印度梨形孢的处理，在盐胁迫下其体内丙二醛含量和相对电导率分别降低 70% 和 160%，脯氨酸含量增加 120%，渗透胁迫相关基因 OPBR1 和病程相关蛋白基因 PR-1a、PR2 的表达量分别是对照组的 9.8、12.9 和 2.9 倍。从烟草组织中分离出对烟草疫霉病菌（*Phytophthora nicotianae*）有抑制作用的菌株 13 个，通过盆栽试验表明，内生细菌 118 对烟草黑胫病的防治效果高达 69.23%。

（三）降低烟草中的烟碱含量

内生菌能降解烟草维管束内的有毒物质，尤其是烟草特有亚硝胺（TSNA）。张天栋等（2011）从云南烤烟 B2F 烟叶中分离出一株内生粗糙脉孢霉菌（*Neurospora crassa*）HBBB201，其发酵液添加到玉溪上部烟叶中，经恒温恒湿处理 5d 后，玉溪上部烟叶中的烟碱和亚硝酸盐含量分别降低 33.9% 和 19.2%。目前已经证实节杆菌属（*Arthrobacter*）、假单胞菌属（*Pseudomonas*）细菌中存在的吡啶途径（Pyridine pathway）以及真菌中存在的脱甲基化途径（Me pathway）等在降低烟草烟碱含量中起到重要作用（陈晨，2012）。

（四）降低重金属污染

在抽吸过程中，烟草中的重金属以气溶胶的形式被人体吸收后难以排出体外，易引发疾病（陈曦等，2016），因此，降低烟草中重金属含量已成为提高我国烟草品质的关键因素之一。刘宏玉（2014）在 Cd^{2+} 胁迫下将 4 株内生菌与烟草共培养 60d 后，烟叶中 Cd^{2+} 含量相比对照组分别降低 25.3%、14.3%、27.1% 和 23.5%。李信军（2015）在研究砷、镉和铅 3 种重金属混合胁迫时发现，施有内生真菌菌肥制剂的处理可使烟草内镉、铅、砷的含量分别降低 50.56%、53.86%、36.07%。彭兵(2015)将内生威廉斯梨形孢菌(*Piriformospora Williamsii*)接种于烟草根部后,其茎、叶中砷的含量分别下降 50.26% 和 71.21%。

(五)增加烟叶香气

香气是评价卷烟产品品质的一个重要指标。利用内生菌的发酵产物发酵烟丝,可增加烟丝中的致香成分。秦颖(2015)将内生真菌杂色曲霉(*Aspergillus versicolor*)的固体发酵产物(异香豆素类化合物、生物碱类化合物)与烟丝混合发酵后,烟丝中的致香成分醛、酮类化合物的含量提高了一倍。

第六节　土壤生物与植物化感作用

一、化感作用的概念

化感作用(allelopathy)也被称为生化他感、化学交(互)感、相生相克或者异株克生效应,是广泛发生在林业、农业、园艺系统中的一种生态现象。将其用于生物防治、防止生物入侵及克服连作障碍是化感古老而又新颖的话题(Duke S O,2015)。

早在两千多年前的秦汉时期,我国就有了关于化感现象的记载,并有意识地应用于传统农业生产。西晋时期,杨泉的《物理论》中"芝麻之于草木,犹铅锡之于五金也,性可制耳"的记载就是关于植物之间抑制作用的直接证明。北魏贾思勰《齐民要术·胡麻》中"胡麻宜白地种"的描述就是利用芝麻抑草的特性。明代《本草乘雅半偈》首次记载了种植地黄不能重茬的现象,"种植之后,其土便苦,次年止,可种牛膝。再二年,可种山药。足十年,土味转甜,始可复种地黄。否则味苦形瘦,不堪入药也"(肖忠湘,2020)。

无独有偶,公元前 5 世纪和 3 世纪,国外学者德漠克里特斯(Democritus)和提奥弗拉斯特(Theo Phrastus)也先后发现并报道植物之间能够通过化学物质相互作用(Rice. E L,1984)。1937 年,奥地利科学家莫利希(Molisch)首次提出了"allelopathy"一词,它是希腊语"allelon(相互)"和"pathos(损害、妨碍)"的组合,并将之定义为:所有类型植物(含微生物)之间生物化学物质的相互作用。国内关于"allelopathy"有诸多的翻译版本,例如,"他感""互感""相生相克"及"化感效应",1992 年国家自然科学名词审定委员会公布"allelopathy"的中文解释为"化感作用"(唐文等,2016)。

20 世纪 70 年代中期,Rice(1984)根据 Molisch 的定义和对化感作用的研究，对其进行了修订：化感作用的物质是由植物所释放的化学物质，并强调了化感作用的结果对其他植物或微生物是有害的。1984 年，里瑟（Rice）进一步将"allelopathy"意义定为：植物或微生物的代谢分泌物对环境中其他植物或微生物有利或不利的作用。1996 年，国际化感作用协会（International Alleopathy Society，IAS）对其进行了修正，并将之定义为："植物、藻类、细菌和真菌产生的次级代谢物影响农业和生物系统的生长和发展的任何过程"，新的定义包括了抑制作用和促进作用两个方面。孔垂华等通过系统地归纳和总结后，将化感作用解释为：活体或死的植物通过向环境释放特定的物质直接或间接影响临近或下茬（后续）同种或异种植物萌发和生长的效应，而且这种效应绝大多数情况下是抑制作用（胡飞等，2016）。

尽管国际化感作用协会对"alleopathy"的新定义包括了抑制和促进两方面的作用，但是在实际研究层面，国内外关于化感的研究均以化感的"抑制作用"为主，即化感偏害（amensalism），传统上的化感研究也因此常常饱受争议。事实上，植物活体分泌或者残体腐解后产生的物质既有营养物质又有化感物质，一方面能成为提供营养的渠道（nutrient availability），另一方面又能起到化感抑制的作用（allelopathy availability）。当具有化感效应的植物有机体进入土壤中，势必同时具有有利作用和不利作用。因此，刘增文等人进行了进一步的阐述，他们将植物有机体腐解物质分为具有富养作用的养分物质和有化感作用的化感物质两大类，认为传统的化感作用仅指化感物质产生的结果，在土壤中进行的化感过程采用"化感效应（alleopathic effects）"来综合表述养分物质和化感物质共同的结果更为合适，即：化感（综合）效应＝富养作用−化感作用。当有利的富养作用大于不利的化感作用时，化感效应综合表现为促进效应，反之则为抑制效应（田楠等，2013）。

自 20 世纪 70 年代以来，化感研究迅速成为了国内外的研究热点，并发展成为一门独立的学科。1994 年，国际植物化感作用学会成立，并创办专注于化感研究的《Allelopathy Journal》，标志着植物化感研究已形成独立的学科体系。中国关于化感效应的研究起步稍晚，2004 年召开了首届中国植物化感效应学术研讨会暨中国植物保护学会植物化感作用分会筹备大会。近年来，国内化感效应研究发展迅猛，研究队伍逐渐壮大，引起了国际同行和相关组织的广泛关注。由于化感作用在种间关系、作物增产、植物保护、森林培育等方面的潜在应用价值，各国学者对其进行了多方面的研究。时至今日，化感研究已发展成为一门多学科综合的、日臻成熟的学科。化感效应的理论在农作物轮作、间作和套作等耕作制度的合理安排，以及生物防治、克服连作障碍等方面具有重要的指导意义。化感效应已成为生物防治、农业作物增产、园艺植物搭配、森林保护、克服连作障碍和促进农业可持续性发展的重要途径之一。

二、化感物质

化感作用的媒介化学物质是"化感物质"(allelochemical)。它是指植物所产生的影响其他生物生长、行为和种群生物学的化学物质，不仅包括植物间的化学作用物质，也包括植物和其他生物间的化学作用物质，同时这些化学物质并没有要求必须进入环境，也可以在体内进行。化感物质往往是植物在长期的进化过程中经自然选择保留下来用于防御及在生存竞争中取胜的武器。

1. 化感物质的产生途径

化感物质存在于植物的根、茎、叶、花、果实和种子中，其存在部位不同，释放方式也不同。常见的释放方式有下列4种。

①根系分泌物。根系分泌物中的次生代谢产物有很大一部分是化感物质。如黑胡桃(*Juglans nigra*)树能分泌具有毒性的胡桃醌(Juglone)，当胡桃醌的浓度为20g/mL时就能抑制其他植物种子的发芽。由于水稻根部分泌大量酚酸类物质，抑制水稻根系的正常生长，造成连作障碍。

②植物体内由茎叶等部位产生的挥发性化学物质。它们可以经植物体表直接进入环境中而产生作用，如桉属植物产生的挥发性物质能抑制附近杂草生长；柠檬桉(*Eucalyptus citriodora*)树叶中挥发出莰烯等化感物质能强烈抑制萝卜(*Raphanus sativus*)种子的发芽。

③植物地上部分受雨、雾和露水淋洗的化学物质。如桉树(*Eucalyptus*)叶经雨水冲洗下来的溶液中，含有大量酚类，这些化感物质对亚麻(*Linum* spp.)的生长有明显的抑制作用。

④微生物分解植物残体并释放到土壤里的化学物质。如蕨类(*Pteridium aquilinum*)植物的化感物质就是由枯死的枝叶释放出的；大麦秸秆投入水中，腐烂后，抑制藻类生长的化学物质释放出来，显示出抑藻活性。

由于化感物质的浓度是极低的，因此，用人工配制的高浓度化感物质提取液来研究化感现象是不科学的。

2. 化感物质的化学成分

目前，已分离鉴定的化感物质几乎都是植物的次生代谢物质，一般分子量较小，结构较简单，大致分为：水溶性有机酸、直链醇、脂肪族醛和酮、简单不饱和内酯、长链脂肪酸和多炔、醌类、苯甲酸及其衍生物、肉桂酸及其衍生物、香豆素类、黄酮类、单宁、萜类、生物碱和氰醇等。其中，最常见的是低分子量有机酸、酚和萜类化合物。根系分泌物是化感物质在土壤中存在的主要方式，下面以根系分泌物为例介绍化感物质。

根系分泌物所含的化学物质种类很多，常见的主要有三大类：一类为生长激素、黄酮和甾类等；另一类为大分子有机物，包括糖、蛋白质、酶和凝胶等；第三类为小分子酸、酚和酮。但其中具有化感作用的物质种类是有限的（梁文举等，2005）。表3-5归纳了一些作物由根分泌的化感物质以及它们所产生的不同化感效用，这种调控作用在土壤生态系统中占据重要位置。

表3-5　作物根分泌的化感物质（梁文举等，2005）

作物	根分泌的化感物质	化感效应
水稻（*Oryza sativa*）	糖苷类黄酮、长链烯基间苯二烯、激动素、对香豆酸、1-H-吲哚-羟酸、壬酸、1-H-吲哚-5-羟酸、1, 2-苯二羧基酸-二乙基己酯、羟基肟酸、二萜内酯、糖苷间羟基苯二酚	抑制稗草等伴生杂草，高浓度的对香豆酸抑制稗草根的生长
玉米（*Zea mays*）	异羟肟酸	通过分泌物影响周围植物生长
大豆（*Glycine max*）	异黄酮和黄豆苷原酚酸类化感物质，邻苯二甲酸、丙二酸	抑制植物生长，对豆科根瘤菌的根瘤基因起诱导作用；对下茬大豆苗生长及某些生理活性产生抑制作用；高浓度化感物质对土壤病原真菌具有抑制作用
小麦（*Triticum aestivum*）	异羟脂酸、酚类物质（阿魏酸、对香豆酸、丁香酸、香草酸、对羟基苯甲酸）	抑制白茅生长
大麦（*Hordeum vulgare*）	有机酸和芳香类物质	对其他根系的生长发育及根际微生物产生显著的影响
高粱（*Sorghum bicolor*）	高粱酮内酯、5-乙氧基高粱雨内酯、2, 5-二甲基高粱用酮内酯	对二色高粱、石茅两种杂草具有化感抑制作用
柴苜蓿（*Medicago sativa*）	皂苷、酚类物质	自毒作用，抑制后茬作物生长

3. 化感物质作用的机理

化感作用的机制包括以下几个方面（李寿田等，2002）。

①影响细胞膜透性，抑制植物对养分的吸收。黄瓜根系分泌物和根提取物能增加根中离子的渗透及黄瓜根中 MDA（丙二醛）的含量。

②抑制细胞分裂、伸长和亚纤维结构。1, 8-桉叶素能抑制有丝分裂的整个过程，而1, 4-桉叶素只对有丝分裂前期有抑制作用。

③改变植物激素活性，抑制植物生长。阿魏酸能引起生长素、赤霉素和细胞分裂素含量的积累，并造成脱落酸含量的升高。黄瓜苗经阿魏酸处理后 7h 内 ABA 水平急剧升高。

④抑制根对 K、Ca、P 等离子的吸收。抑制程度受物质浓度和 pH 影响，且抑制离子吸收的程度与根同酚酸类物质的接触面大小相关。

⑤改变酶系对受体植物生长的影响。酚酸类物质可影响黄瓜根系中苯丙氨酸解氨酶的活性，用化感物质处理能明显增加 POD 和 SOD 的活性。

⑥对光合作用和呼吸作用过程，以及脂肪酸、有机酸代谢途径的影响。胜红蓟化感物质能显著降低萝卜中叶绿素的含量，进而影响植物的光合作用或叶绿素合成的酶系。大豆化感作用能使根细胞呼吸作用降低，影响大豆对营养物质的吸收。

⑦对氨基酸的运输、基因表达及蛋白质合成的影响。$1\mu mol/L$ 的阿魏酸就能影响细胞悬浮体中氨基酸合成蛋白质的过程。

⑧对土壤中硝化过程的影响。抑制土壤中亚硝化单胞菌属和硝化菌属，减弱硝化过程，影响喜氮植物对氮素的吸收。

综上所述（李寿田等，2002），植物化感作用首先是对膜的伤害，通过细胞膜上的靶位点，将化感物质胁迫的信息传送到细胞内，造成细胞生理生化过程的改变，从而对激素、离子吸收等产生影响，而激素、离子吸收以及水分状况等变化必然引起植物细胞分裂、光合作用、呼吸作用以及多种生理代谢过程的进一步变化，从而对植物的生长产生抑制作用。

4. 化感物质的作用特点

化感物质的主要特点如下（和丽忠等，2001）。

①具有选择性和专一性。黑胡桃产生的胡桃醌抑制苹果树（*Malus pumila*），但不抑制梨（*Pyrus sp.*）、桃（*Amygdalus persica*）、李（*Prunus salicina*）树生长。

②不同植物对同种化感物质敏感度不同。柠檬桉水抽提物对萝卜等 6 种受体种子发芽和幼苗生长的影响程度不同，其中 6 种受体对水抽提物抑制敏感性由强到弱的顺序是：萝卜>玉米>水稻>柱花草>黄瓜>豆角。

③同种植物对不同浓度的化感物质反应不同。高浓度时产生抑制作用，低浓度时产生促进作用。柠檬桉挥发油在 0.005% 低浓度下对萝卜幼苗生长起促进作用，当浓度超过 0.08% 又表现出显著的抑制作用。

④构成化感物质的多种成分间具有复合效应。混合物分离提纯后，各个成分的活性反而不如混合物强。

⑤除对植物产生作用外，还对其他生物产生影响。如冬麦产生的异羟脂酸、

酚类化合物和吲哚生物碱等具有抗蚜虫作用。

5. 影响化感物质作用的因素

化感作用存在与否以及化感作用的强弱会受到非生物因子、生物因子等因素的影响，可从内外两个方面进行讨论。

（1）影响化感作用的内在因素

植物的遗传因子会对化感作用产生影响。具有不同的遗传背景的植物品种，其化感作用不同。一般而言，同种作物，原始野生的化感能力总比驯化品种强。同一种植物的不同品种化感作用差异也很大。研究表明，不同品种的甘薯（*Ipomoea batatas*）对黄香附（*Cyperus esculentus*）块茎的抑制作用有较大差异。植物在生长发育的不同时期，其化感作用的潜力是不同的。部分化感品种（组合）的化感作用随发育进程呈规律性的变化趋势。如水稻在生长发育的 3 ~ 5 叶期对受体植物的抑制作用较强，之后抑制作用有所下降，到 8 叶期又有所增强。

（2）影响化感作用的外在因素

无机环境条件包括温度、光照、水、土壤性质等，这些因素均对植物的化感作用产生影响。例如，在适温和中等光强下生长的杂草残体对玉米的抑制效果小于低温、低辐射环境下生长的杂草。干旱诱导植株中具有化感作用的物质（如绿原酸、酚类、单萜和羟肟酸）含量增加，受水分胁迫的玉米幼苗中总的异羟肟酸浓度是未受胁迫植株的 2 ~ 3 倍。土壤质地和理化性质影响化感物质的产生、运输以及在土壤胶体中的存留时间。相同的植物品系，在高水肥条件下，化感潜力强，而在低水肥条件下，化感潜力下降，同时出现新的次生物质，这是植物在长期进化过程中对环境适应的结果。

环境中的生物因素也会对化感作用产生影响，如水稻和稗草间可能存在着识别机制，稗草能诱导水稻的化感抑制作用，在稗草存在的情况下，水稻能产生和释放更多的抑制物质。动物、微生物的作用也会影响化感作用，特别是土壤中的微生物对植物化感作用有直接或间接的影响。因此，植物根系分泌物在土壤中的化感作用是十分复杂的，常常伴随着微生物的作用。虫害也会对小麦的化感作用产生影响，当蚜虫侵食小麦时，小麦体内的羟基肟酸的浓度急剧减少，导致小麦幼苗化感能力减弱。

植物物种类型、群落结构、种群密度等对化感物质的敏感性差异很大。植物密度过低时，化感物质的有效性增大，化感作用的影响会增大。这是因为平均每株植物所接受的化感物质的量比较多，受到的影响大。

三、土壤中存在的化感现象

就高等植物来说，在化感作用方面已被研究过的有上百种之多，其中被证实有化感作用的有杂草类、木本植物类、作物和牧草类、水生植物类，还有一些地衣、藻类、真菌和蕨类植物被研究过。根系分泌物是植物直接输入根际环境最多的一类化学物质，因此根分泌物也是土壤环境中化感物质的主要来源。根系可通过根分泌物数量和种类的变化，以及对土壤酶及土壤微生物的影响而影响化感物质的生物学效应。

1. 植物间的化感作用

无论粮食作物、园艺作物还是经济作物以及饲料作物，都能表现出一定程度的化感作用，这说明化感作用在作物中是广泛存在的。在对作物的化感作用研究中还发现，作物种间的化感作用表现在有利和有害两个方面，但有害的抑制作用为大多数。比如，黑胡桃木是最有名的一种化感树种，其化感物质胡桃醌（5-羟-1,4-萘醌）是一种呼吸抑制剂，茄属（*Solanum*）植物如番茄、辣椒、茄子对胡桃醌都非常敏感，一旦接触，就会出现萎蔫、黄萎甚至枯死等症状。高粱属（*Sorghum*）植物、香漆（*Rhus aromaticus*）、烟草（*Nicotiana tabacum*）、水稻（*Oryza sativa*）、豌豆（*Pisum sativum*）等根内都存在有较强的化感物质。周志红等（1997）采用室内生测、室外盆栽和水培相结合的研究方法，以多种受体品种来探讨番茄的化感作用。结果表明，番茄植株的水提液对黄瓜、萝卜、生菜、白菜、包心菜的幼苗生长均有显著的抑制作用；番茄植株的挥发物对黄瓜的生长具有明显的抑制作用，但对绿豆、白菜、生菜及番茄自身的幼苗生长则无明显的影响；番茄移苗后40d之内，其根分泌物对黄瓜生长有明显抑制作用，但对生菜作用不明显。绝大多数能表达种间化感作用的作物同样具有种内化感作用，即自毒作用。

作物种内的自毒作用在农业生产中广泛存在，如大豆连作障碍、人工林的退化等。西瓜（*Citrullus lanatus*）连作后由于根系分泌物水杨酸的富集，几乎无产量形成，是典型的化感作用实例。自毒作用是造成番茄连作障碍的原因之一，周志红等（1997）指出番茄种植应采用轮作方式，水培或大棚种植番茄时，应避免与黄瓜间种。自毒作用是作物化感作用的一个显著特点，几乎每一个化感作物都产生不同程度的自毒效应。在自然生态系统中，植物种内的化感作用可能是为了竞争的需要，调节种群的空间和保存强势植株的生长。

2. 根系分泌物对土壤生物的影响

植物分泌的化感物质要通过土壤媒介对目标植物根部发生作用，必然经历不同类型的迁移和生物降解（biodegradation），在此过程中势必对土壤生物（soil biota）产生直接或间接的影响。

（1）根分泌的化感物质对土壤生物的直接影响

不同植物根分泌物能够对根际微生物种类、种属、品种以及其生理特性产生影响。表3-6列出了一些作物根系分泌的化感物质对土壤生物的影响。

表3-6 作物根系分泌的化感物质对土壤生物的直接影响（梁文举等，2005）

作物	化感物质	化感效应
大豆	香草酸、对(间)羟基苯乙酸	对大豆胞囊线虫的密度产生显著影响，促进胞囊线虫的繁殖；青霉菌、镰刀菌和立枯丝核菌增加
水稻	黄酮、双萜、异羟肟酸	影响甲烷菌的活性及排放
小麦	酚酸、异羟肟酸	促进了好气性纤维素黏菌和木霉的繁殖，通过对微生物的作用抑制土壤硝化
苜蓿	皂苷	对木霉具有抑制作用
白菜	精苷硫氰酸酯	对泡囊丛枝菌根(VA)萌发产生显著的抑制作用
韭菜	根分泌提取液	抑制番茄青枯假单胞菌

研究表明化感物质阿魏酸、4-叔丁基苯甲酸及苯甲醛进入土壤后，导致土壤微生物胞内酶与胞外酶比例失调或改变酶的构象，脲酶活性增强，微生物区系发生变化，同时土壤硝化作用受到抑制。据推测，化感物质可能通过对土壤微生物的影响抑制了土壤硝化作用，这为筛选新型土壤硝化抑制剂提供了参考。研究发现，三裂叶豚草水浸液中的化学物质抑制了大豆根瘤菌的生长，从而影响大豆根瘤的形成。轮、连作大豆根系分泌物对半裸镰孢菌（*Fusarium semitectum*）、粉红螺旋聚孢霉（*clonostachy rosea*）和尖镰孢菌（*Fusarium oxysporum*），尤其是对半裸镰孢菌的生长有明显的化感促进作用。低浓度时连作大豆根分泌物对半裸镰孢菌和粉红粘帚菌生长的化感促进作用显著大于轮作大豆；连作过程中大豆的根分泌物和植株残余物可产生香草酸、香草醛和对羟基苯甲酸等酚类化感物质，这些物质对大豆根瘤菌的形成和P、K等矿质元素的吸收均有抑制作用。

根分泌的化感物质对土壤生物的影响是近些年来土壤生态学研究的一个新方向，它将植物和土壤生物联系起来，反映出植物体调节内部代谢过程和防御土壤生物侵害的机制，推动了土壤生态学的研究工作（梁文举，2005）。

（2）根分泌的化感物质对土壤生物的间接影响

根分泌的化感物质对土壤生物的间接影响是指根分泌的化感物质对群落组成和土壤环境产生的影响。群落组成和土壤环境的改变势必使土壤生物群落的结构和组成相应地发生一些变化，因此称其为间接影响（梁文举，2005）。

根分泌的化感物质在生物群落中起着至关重要的作用。一些杂草（如阔苞菊属杂草 *Pluchea lanceolata*）可以改变土壤化学性质，使下层土壤不适合有关物种生长。一种矮状欧石楠型灌木——北方岩高兰，通过产生 batatasin-Ⅲ（一种具有相对抗性的酚，和腐殖质混在一起）入侵了瑞典北部的北方森林。batatasin 和其他酚类物质的积累改变了土壤的碳氮比，影响土壤养分的有效性，长期以来对生态系统功能的发挥起着至关重要的作用。

根分泌的化感物质能对土壤微生态环境产生一定影响。有根系分泌物存在的根际常被称作"沙漠中的绿洲"。这是因为植物根系周围的土壤由于受到根系活动及其分泌物的影响，其物理、化学、生物学性质不同于原土体。如根际土壤的酸度比非根际土大10倍，这与根际的根分泌物密切相关。根分泌物是影响无机离子有效性的主要因素之一，经主体植物根分泌的化感物质改良后的土壤，其无机离子的状态也同样发生变化。研究表明，无机离子的变化是由于外施有机质、分泌物中的养分或由分泌物中不稳定性碳引起的微生物将养分固定的结果。

在许多情况下，土壤中植物释放的化感物质对细菌、真菌和其他微生物的影响远远超过邻近的植物。同时，微生物也可产生和释放次生物质，这些次生物质中许多是对高等植物的生长发育萌发产生效应的化感物质。目前，对化感作用的研究多集中在植物残体（residues）特别是秸秆分解所产生的化感物质向土壤中的释放，而土壤中活的植物根分泌的化感物质是研究的难点。

3. 植物毒素对根结线虫的化感作用

自然界中有许多植物都可以对线虫的行为产生影响，如趋避线虫、吸引线虫、刺激或限制线虫的卵孵化、毒害线虫等多种影响。这些影响有的是永久性的，有的则是在线虫出现时才表现。随着化学生态学的迅速发展，这些由化学物质所介导的植物线虫相互作用的研究在过去的20年里受到了很大的关注，越来越多的科学家加入了这项研究领域当中。杀线植物多为草本植物，也有木本植物，其中，万寿菊属植物（*Tagetes* spp.）研究报道最多，多以根结线虫为主要研究对象。46种植物中可防治的线虫约有14种，有的植物能防治多种线虫；有的线虫能被多种植物防治，如南方根结线虫。在线虫防治方法上，通常利用具有杀线虫作用的植物根、茎、叶、花、果实、树皮或整株植物的提取液防治线虫（如采用灌根、浸根、浸种等措施），也有用植物的切细叶子与土混合防治线虫，还有的用具有杀线虫作用的植物与线虫寄主植物并种，以减少线虫对寄主作物的危害。

早在1936年，戈夫（Goff）就发现，在受试的7种植物中，只有法国万寿菊（*Tagetes patula*）和非洲万寿菊（*Tagdes erecta*）可以降低根结线虫的危害；线虫侵入万寿菊的根内后，只有少量的线虫可以发育成熟。其中，聚噻吩（Polythienyles）和聚乙炔（Polyacetylenes）被发现是万寿菊中控制线虫的活性物质；芸苔属（*Brassica* sp.）植物内的异代硫氰酸盐（酯）（Isothiocyanates）和硫代葡萄糖苷（Glucosinolates），苏丹草（*Sorghum sudanense*）和木薯（*Manihot esculenta*）根内的氰化糖苷类化合物（Cyanogenic glycosides），西伯利亚松鼠豆（*Physostigma penenosum*）和黄皮桉（*Sophora flavescens*）等植物中所含有的生物碱（Alkaloids）类等都被发现是对线虫有一定作用的生物活性物质；日本鸢尾（*Iris japonica*）和花生（*Arachis hypogaea*）等植物中的脂肪酸及脂肪酸类衍生物、薄荷属植物胡椒薄荷（*Mentha piperita*）和蒲桃属植物丁香（*Syzygium aromaticum*）中的萜类化合物（Terpenoids）、棉花中的倍半萜类化合物（Sesquiterpenoids）、瑞香属（*Daphne odora*）植物中的双萜类化合物（Diterpenoids）等都被发现对线虫的行为有显著的影响。另外，植物中的类固醇（Steroids）、三萜类化合物（Triterpenoids）、酚类物质（Phenolics）等也都对线虫有一定的影响。

目前，尽管在植物中发现了多种对线虫有控制作用的植物毒素，但将这些次生代谢产物应用到田间试验时，它们对线虫的化感控制作用大多都有所降低，有的甚至观察不到作用，这可能是由以下几种原因引起的：①化感物质容易降解，它们发生作用的时间极短，无法在田间试验中观察到明显的结果；②土壤中存在大量的水解酶和能够降解这些化感物质的微生物；③土壤中的物理和化学环境与实验室内进行试验时有很大的差别，不利于化感物质发挥作用。

4. 微生物与植物之间的化感作用

微生物与植物之间的化感作用研究的还比较少。研究发现，大型真菌彩色豆马勃与植物的化感作用，发现彩色豆马勃子实体的水、乙醇和丙酮抽提物对稗草和水稻幼苗生长有极显著的抑制作用，并分离得到2种化感物质：豆马勃内酯和麦角甾醇。

第四章

土壤微生物的生存环境

第一节　土壤与土壤重要性

一、土壤的概念

什么是土壤？虽然土壤对每一个人都并不陌生，但回答这个问题，不同学科的科学家常有不同的认识。生态学家从生物地球化学观点出发，认为土壤是地球表层系统中生物多样性最丰富，能量交换、物质循环(转化)最活跃的生命层。环境科学家认为，土壤是重要的环境因素，是环境污染物的缓冲带和过滤器。工程专家则把土壤看作承受高强度压力的基地或作为工程材料的来源。对于农业科学工作者和广大农民，土壤是植物生长的介质，更关心影响植物生长的土壤条件，土壤肥力供给、培肥及持续性。

由于不同学科对土壤的概念存在着种种不同认识，要想给土壤一个严格的定义几乎是困难的。土壤学家和农学家传统地把土壤定义为："发育于地球陆地表面能生长绿色植物的疏松多孔结构表层"。在这一概念中重点阐述了土壤主要功能是能生长绿色植物，具有生物多样性，所处的位置在地球陆地的表面层，它的物理状态是由矿物质、有机质、水和空气组成的具有孔隙结构的介质。了解下面几点，对于加深土壤概念的理解是必要的。

1. 独立的历史自然体

土壤是生物、气候、母质、地形、时间等自然因素和人类活动综合作用的产物。它不仅具有自己发生发展的历史，而且是一个形态、组成、结构和功能上可以剖析的物质实体。地球表面土壤所以存在着性质的变异，就是由在不同时间和空间位置上述成土因子的变异所造成的。例如，土壤的厚度，可以有从几厘米到几米的差异，这取决于风化强度和成土时间的长短，取决于沉积、侵蚀过程的强度，也与自然景观的演化过程有密切的关系。

2. 土壤剖面

由成土作用形成的层次称为土层（土壤发生层），而完整的垂直土层序列被称为土壤剖面。土壤剖面的形成具体反映在土壤的成土过程，从而与地球表面其他物质形成区别。道库恰耶夫（B. B. ДокуцаеB）把土壤剖面划为 3 个基本层：A 层，地表最上端，腐殖质在这一层聚积；紧接其下是 B 层，其特征是黏粒在这里淀积，称为淀积层或过渡层；B 层之下是 C 层，该层以不同程度的风化物构成，可以是相对未风化体或深度风化物，常常是 A、B 层发育的母质。后来有的研究者把土层划分得更细，但结论总的来说仍未脱离 A、B、C 三层。

3. 土壤物质组成

自然界土壤由矿物质、有机质（土壤固相）、土壤水分（液相）和土壤空气（气相）三相物质组成，这决定了土壤具有孔隙结构的特性。土壤水分含有可溶性有机物和无机物，又称土壤溶液。土壤空气主要由氮气（N_2）和氧气（O_2）组成，并含有比大气中高得多的二氧化碳（CO_2）和某些微量气体。土壤三相之间是相互联系、相互制约、相互作用的有机整体，矿质土壤中固相容积与液相和气相容积一般各占一半，由于液相和气相经常处于彼此消长状态，即当液相容积增大时，气相占容积就减少，反之亦然，两者之间的消长幅度在 15%～35% 之间。按重量计，矿物质可占固相部分的 95% 以上，有机质占 3% 左右。

4. 土壤肥力

土壤肥力概念和土壤的概念一样，迄今也尚未有完全统一的看法。西方土壤学家传统地把土壤供应养分的能力看作肥力。美国土壤学会 1989 年出版的《土壤科学名词汇编》上把肥力定义为：土壤供应植物生长所必需养料的能力。苏联土壤学家对土壤肥力的定义是："土壤在植物生活的全过程中，同时不断地供给植物以最大数量的有效养料和水分的能力"。我国土壤科学工作者，在《中国土壤学》第二版中（1987），对肥力作了以下的阐述："肥力是土壤的基本属性和质的特征，是土壤从营养条件和环境条件方面，供应和协调植物生长的能力。土壤肥力是土壤物理、化学和生物学性质的综合反映"。

对土壤肥力这样一个复杂问题，在概念的叙述上有一元论（养分）、二元论（养分和水分）、四元论（水、肥、气、热）之别是完全可以理解的。也不能简单地认为"一元论"或"二元论"是不完整的，一元论抓住"养分"这个主要因素，并没有减少对水、气、热的注意。

二、土壤在自然环境中的重要性

土壤不仅是人类赖以生存的物质基础和宝贵财富的源泉，又是人类最早开发利用的生产资料。在人类历史上，土壤质量衰退曾给人类文明和社会发展留下了惨痛的教训。但是，长期以来居住在我们这个地球上的人们，对土壤在维持地球上多种生命的生息繁衍、保持生物多样性的重要性并不在意。直到 20 世纪中期以来，随着全球人口的增长和耕地锐减，资源耗竭，人类活动对自然系统的影响迅速扩大，人们对土壤的认识才不断加深。土壤与水、空气一样，既是生产食物、纤维及林产品不可替代或缺乏的自然资源，又是保持地球系统的生命活性、维护整个人类社会和生物圈共同繁荣的基础。

1. 土壤是地球陆地生态系统的基础

土壤在陆地生态系统中起着极重要作用。主要包括：①保持生物活性、多样性和生产性；②对水体和溶质流动起调节作用；③对有机、无机污染物具有过滤、缓冲、降解、固定和解毒作用；④具有贮存并循环生物圈及地表的养分和其他元素的功能。

2. 土壤是地球表层系统自然地理环境的重要组成部分

在地球陆地表面，人类或生物生存的环境称为自然环境。通常把地球表层系统中的大气圈、生物圈、岩石圈、水圈和土壤圈作为构成自然地理环境的五大要素。其中，土壤圈覆盖于地球陆地的表面，处于其他圈层的交接面上，成为它们连接的纽带，构成了结合无机界和有机界即生命和非生命联系的中心环境(图 4-1)。

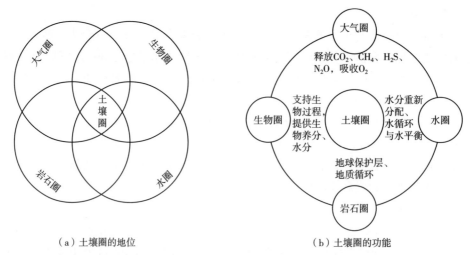

（a）土壤圈的地位　　　　　　　（b）土壤圈的功能

图 4-1　土壤圈在地球表层系统中的地位与作用(曹志平，2007)

在地球表层系统中，土壤圈与各圈层间存在着错综复杂而又十分密切的相互联系、相互制约关系。早在 1938 年，S. Matson 根据物质循环的观点，提出土壤是岩石圈、水圈、生物圈及大气圈相互作用的产物，并对土壤圈(pedosphere)的涵义做了概括。反过来，土壤又是这些圈层的支撑者，对它们的形成、演化有深刻的影响。

3. 土壤是人类农业生产的基础

农业生产最基本的任务是生产人类赖以生存的食物。绿色植物生长发育的五个基本要素为日光(光能)、热量(热能)、空气(氧及二氧化碳)、水分和养分，其中，养分和水分通过根系从土壤中吸取。植物能立足自然界，能经受风雨的袭击不倒伏，是由于根系伸展在土壤中，获得土壤的机械支撑之故。这一切都说明，在自然界，植物的生长繁育必须以土壤为基地。良好的土壤应该使植物能吃得饱(养料供应充分)、喝得足(水分充分供应)、住得好(空气流通、温度适宜)、站得稳(根系伸展开、机械支撑牢固)。归纳起来，土壤在植物生长繁育中有下列不可取代的特殊作用。

(1)营养库的作用

植物需要的营养元素除 CO_2 主要来自空气外，氮、磷、钾及其他微量营养元素和水分则主要来自土壤。从全球氮磷营养库的储备和分布看，虽然海洋的面积占去地球陆地表面的 2/3，但陆地土壤和生物系统储备的氮磷总量要比水生生物和水体中的储量高得多，无论从数量和分配上，土壤营养库都十分重要。土壤是陆地生物所必需的营养物质的重要来源。

(2)养分转化和循环作用

土壤中存在一系列的物理、化学、生物过程，在养分元素的转化中，既包括无机物的有机化，又包含有机物质的矿质化。既有营养元素的释放和散失，又有元素的结合、固定和归还。在地球表层系统中通过土壤养分元素的复杂转化过程，实现着营养元素与生物之间的循环周转，保持了生物生命周期的生息与繁衍。

(3)雨水涵养作用

土壤是地球陆地表面具有生物活性和多孔结构的介质，具有很强的吸水和持水能力。据统计，地球上的淡水总储量约为 0.39 亿立方千米，其中，被冰雪封存和埋藏在地壳深层的水有 0.349 亿立方千米。可供人类生活和生产的循环淡水总储量只有 0.041 亿立方千米，仅占总淡水量的 10.5%。在 0.041 亿立方千米的循环淡水中，除循环地下水(占 95.12%)和湖泊水(占 2.95%)超过土壤水(1.59%)外，土壤储水量明显大于江河水(0.03%)和大气水(0.34%)的储量。土壤的雨水涵养功能与土壤的总孔隙度、有机质含量等土壤理化性质和植被覆盖度有密切的关系。植物枝叶对雨水的截留和对地表径流的阻滞、根系的穿插和腐殖质层形成，能大幅增加雨水涵养、防止水土流失的能力。

(4)生物的支撑作用

土壤不仅是陆地植物的基础营养库，还使绿色植物在土壤中生根发芽，根系在土壤中伸展和穿插，获得土壤的机械支撑，保证绿色植物地上部分能稳定地站立于大自然之中。在土壤中还拥有种类繁多、数量巨大的生物群，地下微生物在这里生活和繁育。

(5)稳定和缓冲环境变化的作用

土壤处于大气圈、水圈、岩石圈及生物圈的交界面，是地球表面各种物理、化学、生物化学过程、物质与能量交换、迁移过程等最复杂、最频繁的地带。这种特殊的空间位置，使得土壤具有抗外界温度、湿度、酸碱性、氧化还原性变化的缓冲能力。对进入土壤的污染物能通过土壤生物进行代谢、降解、转化、清除或降低毒性，起着"过滤器"和"净化器"的作用，为地上部分的植物和地下部分的微生物的生长繁衍提供一个相对稳定的环境。

狭义的农业生产包括植物生产(种植业)和动物生产(养殖业)两部分(两个生产车间)。从能量和有机质来源看，植物生产是由绿色植物通过光合作用，把太阳辐射能转变为有机质化学能，是动物及人类维持其生命活动所需能量和某些营养物质的唯一来源。动物生产则是对植物生产产品的进一步加工及增值，在更大程度上满足人类的需求。因此，人们把植物生产称为初级生产(也叫一级生产、基础生产)，而把动物生产称为次级生产。从食物链的关系看，次级生产中又可再分为若干级，如二级、三级等。每后一级的生产都以其前一级生产的有机物质作为其食料，整个动物界就是通过食物链繁育、衍生而来的。由此可见，土壤不仅是植物生产的基地，也是动物生产的基地。如果没有植物生产的繁茂，就不可能有动物生产和整个农业生产。

第二节　土壤质地和结构

土壤是由固、液、气三相构成的分散系。众多的土粒堆聚成一个多孔的松散体，称为土壤固相骨架，也称土壤基质(或基模)，水、空气、土壤生物都在骨架内部的孔隙中移动、生活。所以，土壤固相骨架内的大小土粒组成和土粒排列方式如何，对土壤水、肥、气、热状况以及土壤生物有着重要影响和制约作用。

一、土壤三相组成

土壤中固、液、气三相的容积比，可粗略地反映土壤持水、透水和通气的情况。三相组成与容重、孔隙度等土壤参数一起，可评价农业土壤的松紧程度和宜耕状况。

1. 土壤的密度和容重

土壤的密度和容重是两个常用的基本参数，两者都是计算土壤的孔隙度和三相组成的因素，土壤容重值有更多方面的用途。

（1）土壤密度

单位容积固体土粒（不包括粒间孔隙的容积）的质量（实际上多以重量代替，g/cm^3）称为土壤密度。过去曾称为土壤比重或土壤真比重。密度值的大小，是土壤中各种成分的含量和密度的综合反映。多数土壤的有机质含量低，密度值的大小主要取决于矿物组成，例如，氧化铁等重矿物的含量多，则土壤密度大，反之则密度小。多数土壤的密度为 $2.6 \sim 2.7 kg/cm^3$。

（2）土壤容重

田间自然垒结状态下单位容积土体（包括土粒和孔隙）的质量或重量（g/cm^3 或 t/m^3），称为土壤容重，曾称土壤假比重。它的数值总小于土壤密度，两者的质量均以 $105 \sim 110℃$ 下烘干土计。容重的数值大小，受密度和孔隙两方面的影响，而后者的影响更大，土壤疏松多孔的容重小，反之则大。

土壤容重值多介于 $1.0 \sim 1.5 g/cm^3$ 范围内，自然沉实后的表土的容重约为 $1.25 \sim 1.35 g/cm^3$，刚翻耕的农田表层和泡水软糊的农田耕层的容重可降至 $1.0 g/cm^3$ 以下。水流下自然沉积紧实的底土容重增大至 $1.4 \sim 1.6 g/cm^3$。

2. 土壤的三相和空隙

在土壤固、液、气三相中，固相和液相两者的容积合称为实容积。而液相和气相两者的容积之和即为土壤孔隙容积，以孔隙度或孔隙比表示。这几个互相关联的概念构成了一套反映土壤三相组成及土壤其他特征的评价参数。

（1）三相组成和孔隙度

①三相组成指标　土壤固、液、气三相的容积分别占土体容积的百分率，称为固相率、液相率（即容积含水量或容积含水率，可与质量含水量换算）和气相率。三者之比即是土壤三相组成（或称三相比）。它们的计算如下：

固相率＝（固相容积／土体容积）×100%

液相率＝（水容积／土体容积）×100%

气相率＝（空气容积／土体容积）×100%

②土壤孔隙度(土壤孔度)　土壤中各种形状的粗细土粒集合和排列成固相骨架。骨架内部有宽狭和形状不同的孔隙,构成复杂的孔隙系统,全部孔隙容积与土体容积的百分率称为土壤孔隙度。水和空气共存并充满于土壤孔隙系统中。所以:

孔隙度=1-固相率=液相率+气相率

土壤的孔隙度、液相率、气相率和三相比数值,可反映土壤的松紧程度、充水和充气程度及水、气容量等,是农田管理中常用的土壤参数,各种植物对土壤三相比均有一定的要求。

③孔隙比　土壤孔隙的数量也可用孔隙比表示:

孔隙比=孔隙容积/土粒容积

(2)三相组成和孔度的测定及计算

先测定土壤的固相率、液相率,再用差减法计算其气相率。

①固相率　由实测的土壤密度和土壤容重计算:

固相率=容重/密度

②液相率(容积含水率)由烘箱法或其他方法测定土壤含水量(以干土质量为基础计算),再通过实测的土壤容重值换算得来:

土壤含水量(质量分数)=土壤水质量/干土质量×100%

土壤含水量(容积分数)=土壤水容积/土壤总容积×100%

③气相率　由土壤孔隙度减去容积含水率得到,而前者则由土壤容重和密度的实测值计算得来:

孔隙度=1-固相率=1-容重/密度

气相率=孔隙度-容积含水率

④实容积率　土壤的固、液(水)两相的容积合称为实容积。用实容积仪可测定土壤实容积率和容积含水率,由此再计算固相率和气相率。

固相率=实容积率-容积含水率

气相率=1-实容积率

土壤三相比=固相率∶容积含水率∶气相率

(3)三相组成的适宜范围和表示方法

对多数旱地农作物来说,适宜的土壤三相组成为:固相率50%左右,容积含水率25%~30%,气相率15%~25%。如气相率低于5%~8%,会妨碍土壤通气而抑制植物根系和好气微生物活动。

二、土壤质地

1. 土粒和粒级

土壤颗粒(土粒)是构成土壤固相骨架的基本颗粒,它们的数目众多,大小

(粗细)和形状迥异，矿物组成和理化性质变化甚大，尤其是粗土粒与细土粒的成分和性质几乎完全不同。

根据土粒的成分，可分为矿物质土粒和有机质土粒两种。前者的数目占绝对优势，而且在土壤中长期稳定存在，构成土壤固相骨架；后者或者是有机残体的碎屑，极易被小动物吞噬和微生物分解掉，或者是与矿质土粒结合而形成复粒，因而很少单独地存在。所以，通常所指土粒，是专指矿质土粒。

固相骨架中的矿质土粒可以单个地存在，称为单粒。在质地轻而缺少有机质的土壤中，单粒在数量上占优势。在质地黏重及有机质含量较多的土壤中，许多单粒相互聚集成复粒。也称单粒为原生土粒，称复粒为次生土粒。从不同角度来看，根据复粒的形成机制也可分别称它为黏团、有机—矿质复合体或初级微团聚体，它们都是形成更大的(二、三级)微团聚体以至大团聚体的第一步。通常所说的土粒，均指矿质土粒中的单粒。

2. 土壤质地

土壤质地的类别和特点主要继承了成土母质的类型和特点，又受人们耕作、施肥、灌排、平整土地等的影响，一般分为砂土、壤土和黏土三类。它们的基本性质不同，因而在农田种植上有很大差别。质地是土壤的一种十分稳定的自然属性，反映母质来源及成土过程的某些特征，对肥力有很大影响，因而常被用作土壤分类系统中基层分类的依据之一。

三、土壤结构

土壤质地和土壤结构是土壤的两项基本物理性质，两者密切相关，并有互补性。例如，土壤质地过砂、过黏和板结性强等缺点极难在农田耕作管理中改变，但可通过土壤培肥、改善土壤结构来克服。土壤结构的监测、管理和调节，常常是农田土壤管理的主要内容。

1. 土壤结构体

(1)土壤结构的概念

土壤结构是土粒(单粒和复粒)的排列、组合形式。这个定义包含着两重含义：结构体和结构性。通常所说的土壤结构多指结构性(structurality)。

土壤结构体或称结构单位，是土粒(单粒和复粒)互相排列和团聚成为一定形状和大小的土块或土团。他们具有不同程度的稳定性，以抵抗机械破坏(力稳性)或泡水时不致分散(水稳性)。自然土壤的结构体种类对每一类型土壤或土层是特征性的，可以作为土壤鉴定的依据。例如，黑钙土表层的团粒结构，生草灰化土 A2 层的片状结构，碱土 B1 层的柱状结构，红壤心土层的核状结构等。耕作土壤的结构体种类也可以反映土壤的培肥熟化程度和水文条件等。如太湖地区的高产水稻土具有"鳝血蚕沙"特征，其中"蚕沙"是形如蚕粪粒大小的结构体，它的含量多则肥力水平高。华北平原耕层土壤中形如蒜瓣的结构体多，肥力水平低；形如蚂蚁蛋的结构体多，则肥力水平高。

在农学上，通常以直径为 0.25~10mm 水稳性团聚体含量判别结构好坏，多的好，少的差，并据此鉴别某种改良措施的效果。适宜的土壤团聚体直径和含量与土壤肥力的关系因所处生物气候条件不同而异。在多雨和易渍水的地区，为了易于排除土壤过多的渍水，水稳性团聚体的适宜直径可偏大些，数量可多些；而在少雨和易受干旱地区，为了增加土壤的保水性能，团聚体适宜的直径可偏小些，数量也可多些；在降雨量较少和雨强不大的地区，非水稳性团聚体对提高土壤保水性亦能起到重要作用。所以，要讨论土壤结构性的肥力意义是离不开结构体的。

把上述定义展开，可以说，土壤结构性是由土壤结构体的种类、数量（尤其是团粒结构的数量）及结构体外的孔隙状况等产生的综合性质。良好的土壤结构性，实质上是具有良好的孔隙性，即孔隙的数量（总孔隙度）大而且大小孔隙的分配和分布适当，有利于土壤水、肥、气、热状况调节和植物根系活动。

对土壤生物来说，最适宜的土壤是团粒结构土壤，含有大量的团粒结构。

（2）土壤结构体分类

土壤结构体分类是依据它的形态、大小和特性等。最常用的是根据形态和大小等外部性状来分类，较为精细的是外部性状与内部特性（主要是稳定性、多孔性）的结合。在野外土壤调查中观察土壤剖面中的结构，应用最广的是形态分类。1951 年，美国农业部土壤调查局在前人研究的基础上，提出了一个较为完整的土壤结构形态分类制。先按结构体的形态分为三大类：①板状（片状）；②柱状和棱柱状；③块状和球状。

2. 团粒结构的发生

团粒结构是多级（多次）团聚的产物。下面介绍团粒结构的形成机制。

（1）团粒的形成过程

关于团粒的形成过程，人们提出了许多机制和假设，但均可归纳为一种"多级团聚说"。与其他结构体的形成不同，团粒是在腐殖质（或其他有机胶体）参与下发生的多级团聚过程，这是形成团粒内部的多级结构并产生多级孔性的基础，与此同时发生或接着发生的还有一个切割造型的过程。

①黏结团聚过程　这是黏结过程和团聚过程的综合，后者是团粒形成所特有的。土壤团粒的多级团聚过程包括各种化学作用和物理化学作用，如胶体凝聚作

用和黏结作用以及有机—矿质胶体的复合作用等，并有生物(植物根系、微生物和一些小动物)的参与。

②切割造型过程　所有结构体的形成均有一个切割造型的过程，对于经过多次团聚的土体来说，这一过程就会产生大量团粒。

a. 根系的切割　植物根系把土体切割成小团，在根系生长过程中对土团产生压力，把土团压紧。因此，在根系发达的表土中容易产生较好的团粒结构。

b. 干湿交替　湿润土块在干燥的过程中，由于胶体失水而收缩，使土体出现裂缝而破碎，产生各种结构体。在缺少根系的土壤下层，由于干湿交替产生裂隙，则形成垂直的棱柱结构。

c. 冻融交替　土壤孔隙中的水结冰时，体积增大，因而对土体产生压力，使它崩碎，这有助于团粒形成。秋冬季翻起的土垡，经过一冬的冻融交替后，土壤结构状况得到改善。

d. 耕作　合理的耕作和施肥(有机肥)可促进团粒结构形成。耕作把大土块破碎成块状或粒状，中耕松土可把板结的土壤变得细碎疏松。当然，不合理的耕作反而会破坏土壤团粒结构。

(2)团粒的多级孔性

在土壤结构体形成的两大步骤中，对于团粒结构的形成来说，黏结团聚过程是其基础，否则，单纯的切割造型过程就只产生块状、核状、棱柱状等非团聚化结构体。而团粒结构是经过多次(多级)的复合、团聚而形成的，可概括为如下几步：单粒→复粒(初级微团聚体)→微团粒(二级、三级微团聚体)→团粒(大团聚体)。每一级复合和团聚，就产生相应大小的一级孔隙，因此，团粒内部有从小到大的多级(3~5级)孔隙。

由上述可见，在有机胶体参与下发生的多级团聚作用及由此产生的多级孔性是微团粒和团粒区别于其他非团聚化结构体的主要机制和特点，而通常所说的微团聚体和团聚体可分别看作是微团粒和团粒的同义词。

(3)团粒结构

①团粒结构土壤的大小孔隙兼备。团粒具有多级孔性，总的孔度大，即水、气总容量大，又在各级(复粒、微团粒、团粒)结构体之间产生了不同大小的孔隙通道，大小孔隙兼备，蓄水(毛管孔隙)与透水、通气(非毛管孔隙)同时进行，土壤孔隙状况较为理想。团粒愈大，则总孔度和非毛管孔度也同步增加，尤其是后者，因而调蓄能力随之加强。不过，在不同的生物气候带，对适宜的土壤团粒大小要求稍有不同，在湿润地区以10mm(直径)左右的团粒为好，而干旱地区则以0.5~3mm的为好。在发生土壤侵蚀的地方，大于2mm的团粒抗蚀性强，1~

2mm 的抗蚀性弱，而小于 1mm 的几乎没有抗蚀作用。

②团粒结构土壤中水、气矛盾。在团粒结构土壤中，团粒与团粒之间是通气孔隙(非毛管孔)，可以透水通气，把大量雨水甚至暴雨迅速吸入土壤。在单粒或大块状结构的黏质土壤中，非毛管孔很少，透水性差，降雨量稍多即沿地表流走，造成水土流失，而土壤内部仍不能吸足水分，在天晴后很快发生土壤干旱。团粒结构土壤又有大量毛管孔隙(在团粒内部)，可以保存水分。这种土壤中的毛管水运动较快，可以源源供应植物根系吸收的需要。在"无结构"黏质土壤中，虽可保存大量水分，但其孔隙过细，常常被束缚水充塞而阻止毛管水运动。在砂质土中难以形成团粒结构，土壤通气透水性极好，但缺乏毛管孔以保存水分，容易漏水漏肥。"无结构"的黏质土则通气不良。

③团粒结构土壤的保肥与供肥协调。在团粒结构土壤中的生物活动强烈，因而生物活性强，土壤养分供应较多，有效肥力较高。而且，土壤养分的保存与供应得到较好的协调。

在团粒结构土壤中，团粒的表面(大孔隙)和空气接触，有好气性微生物活动，有机质迅速分解，供应有效养分。在团粒内部(毛管孔隙)，贮存毛管水而通气不良，只有厌气微生物活动，有利于养分的贮藏。所以，每一个团粒既像是一个小水库，又像是一个小肥料库，起着保存、调节和供应水分和养分的作用。在单粒和块状结构土壤中，孔隙比较单纯，缺少多级孔隙，上述保肥和供肥的矛盾不易解决。

第三节　土壤矿物质和有机质

土壤矿物是土壤的主要组成物质，构成了土壤的"骨骼"。一般占土壤固相部分重量的 95%~98%。固相的其余部分为有机质、土壤微生物体，但所占比例小，一般在固相重量的 5% 以下。土壤矿物质的组成、结构和性质如何，对土壤物理性质(结构性、水分性质、通气性、热学性质、力学性质和耕性)、化学性质(吸附性能、表面活性、酸碱性、氧化还原电位、缓冲作用等)以及生物与生物化学性质(土壤微生物、生物多样性、酶活性等)均有深刻的影响。坚硬的岩石矿物演化成具有生物活性和疏松多孔的土壤，要经过极其复杂的风化、成土过程。因此，土壤矿物组成也是鉴定土壤类型、识别土壤形成过程的基础。

有机质是土壤的重要组成部分。尽管土壤有机质只占土壤重量的很小一部分，但它在土壤肥力、环境保护、农业可持续发展等方面都有着很重要的作用和意义。一方面它含有植物生长所需要的各种营养元素，是土壤生物生命活动的能源，对土壤物理、化学和生物学性质都有着深刻的影响。另一方面，土壤有机质对重金属、农药等各种有机、无机污染物的行为都有显著的影响，而且土壤有机质对全球碳平衡起着重要作用，被认为是影响全球"温室效应"的主要因素。

一、土壤矿物质

矿物是天然产生于地壳中具有一定化学组成、物理性质和内在结构的物体，是组成岩石的基本单位。矿物的种类很多，共3300种以上。

1. 土壤矿物质的主要元素组成

土壤中矿物质主要由岩石中矿物变化而来。为此，讨论土壤矿物的化学组成，必须知道地壳的化学组成。土壤矿物部分的元素组成很复杂，元素周期表中的全部元素几乎都能从土壤中发现，但主要的有10余种，包括氧、硅、铝、铁、钙、镁、铁、钛、钾、磷、硫以及一些微量元素如锰、锌、铜、钼等。①氧和硅是地壳中含量最多的两种元素，分别占了47%和29%，两者合计占地壳质量的76.0%；铁、铝次之，四者相加共占88.7%。也就是说，地壳中其余90多种元素合在一起，也不过占地壳重量的11.3%。所以，在组成地壳的化合物中，极大多数是含氧化合物，其中以硅酸盐最多。②在地壳中，植物生长必需的营养元素含量很低，其中，如磷、硫均不到0.1%，氮只有0.01%，而且分布很不平衡。由此可见，地壳所含的营养元素远远不能满足植物和土壤生物营养的需要。③土壤矿物的化学组成，一方面继承了地壳化学组成的遗传特点，另一方面有的化学元素是在成土过程中增加的，如氧、硅、碳、氮等；有的显著下降了，如钙、镁、钾、钠。这反映了成土过程中元素的分散、富集特性和生物积聚作用。

2. 土壤的矿物组成

土壤矿物按来源，可分为原生矿物和次生矿物。原生矿物是直接来源于母岩的矿物，岩浆岩是其主要来源。而次生矿物，则是由原生矿物分解转化而成的。

土壤原生矿物是指那些经过不同程度的物理风化，未改变化学组成和结晶结构的原始成岩矿物。它们主要分布在土壤的砂粒和粉砂粒中。①土壤原生矿物以硅酸盐和铝硅酸盐占绝对优势。常见的有石英、长石、云母、辉石、角闪石和橄榄石以及其他硅酸盐类和非硅酸盐类。②土壤中原生矿物类型和数量的多少在很大程度上取决于矿物的稳定性，石英是极稳定的矿物，具有很强的抗风化能力，因而土壤的粗颗粒中，其含量就高。长石类矿物占地壳质量的50%~60%，同时亦具有一定的抗风化稳定性，所以土壤粗颗粒中的含量也较高。③土壤原生矿物是植物养分的重要来源，原生矿物中含有丰富的钙、镁、钾、钠、磷、硫等常量元素和多种微量元素，经过风化作用释放供植物和微生物吸收利用。

二、土壤有机质

1. 土壤有机质的来源

在风化和成土过程中，最早出现于母质中的有机体是微生物，所以对原始土壤来说，微生物是土壤有机质的最早来源。随着生物的进化和成土过程的发展，动、植物残体就成为土壤有机质的基本来源。在通常的自然植被条件下，土壤中的有机物质绝大部分直接来源于土壤上生长的植物残体和根系分泌物。我国不同自然植被下进入土壤的植物残体量差异很大，热带雨林最高，仅凋落物干物质量即达 16700kg/(hm^2·a)，其次依次为亚热带常绿阔叶和落叶阔叶林、暖温带落叶阔叶林、温带针叶阔叶混交林和寒温带针叶林，而荒漠植物群落最少，凋落物干物质量仅为 530kg/(hm^2·a)。自然土壤一旦经包括耕作在内的人为影响后，其有机物质来源还包括作物根茬、各种有机肥料(绿肥、堆肥、沤肥等)、工农业和生活废水、废渣、微生物制品、有机农药等有机物质。

进入土壤的有机物质的组成相当复杂。作为土壤有机质最主要来源的各种植物残体，其化学组成和各种成分的含量，因植物种类、器官、年龄等的不同而有很大差异。植物残体干物质中碳、氧、氢和氮，占元素总量的 90% 以上，其中，大多数植物中碳占 40% 左右，此外还含有植物和土壤生物必不可少的营养元素磷、钾、钙、镁、铁、锌、铜、硼、铝、锰等。植物残体中主要的有机化合物有碳水化合物、木质素、蛋白质、树脂、蜡质等。其中，碳水化合物是植物残体中最主要的有机化合物，包括单糖、淀粉、纤维素、半纤维素等。木质素是一类带环结构的复杂有机化合物，存在于成熟的植物组织尤其是木本植物组织中，在土壤中很难分解。蛋白质含 6% 左右的氮以及少量的硫、锰、铜、铁等元素，较简单的蛋白质容易降解，但复杂的粗蛋白质则相对难降解。树脂和蜡质比碳水化合物复杂，但比木质素简单，它们主要存在于植物种子中。进入土壤的动物残体，其化学组成变异更大，和植物残体的主要不同在于它不含木质素和树脂等物质，脂肪和含氮化合物却较丰富。

2. 土壤有机质的含量及其组成

有机质的含量在不同土壤中差异很大，高的可达 20% 或 30% 以上(如泥炭土、一些森林土壤等)，低的不足 0.5%(如一些荒漠土和沙质土壤)。在土壤学中，一般把耕层含有机质 20% 以上的土壤，称为有机质土壤，含有机质在 20% 以下的土壤称为矿质土壤，但耕作土壤中，表层有机质的含量通常在 5% 以下。不同土壤中有机质的含量与气候、植被、地形、土壤类型、耕作措施等影响因素密切相关。

土壤有机质的主要元素是碳、氧、氢、氮，分别占52%~58%、34%~39%、3.3%~4.8%和3.7%~4.1%，其次是磷和硫，碳氮比(C/N)比在10左右。土壤有机物质中主要的化合物组成是类木质素和蛋白质，其次是半纤维素、纤维素以及乙醚和乙醇可溶性化合物。与植物组织相比，土壤有机质中木质素和蛋白质含量显著增加，而纤维素和半纤维素含量则明显减少。大多数土壤有机质组成是水不溶性的，但强碱可溶。

土壤腐殖质(humus)是除未分解和半分解动、植物残体及微生物体以外的有机物质的总称。土壤腐殖质由非腐殖物质(non-humic substances)和腐殖物质(humic substances)组成，通常占土壤有机质的90%以上。非腐殖物质为有特定物理化学性质、结构已知的有机化合物，其中一些是经微生物改变的植物有机化合物，而另一些则是微生物合成的有机化合物。非腐殖物质约占土壤腐殖质的20%~30%，其中，碳水化合物占土壤有机质的5%~25%，平均为10%，它在增加土壤团聚体稳定性方面起着极重要的作用。此外，非腐殖物质还包括氨基糖、蛋白质和氨基酸、脂肪、蜡质、木质素、树脂、核酸、有机酸等，尽管这些化合物在土壤中的含量很低，但相对容易被降解和作为基质被微生物利用，在土壤中存在的时间较短，因此对氮、磷等一些植物养分的有效性来说，这些物质无疑是重要的。

腐殖物质是经土壤微生物作用后，由多酚和多醌类物质聚合而成的含芳香环结构的、新形成的黄色至棕黑色的非晶型高分子有机化合物。它是土壤有机质的主体，也是土壤有机质中最难降解的组分，一般占土壤有机质的60%~80%。

第四节　土壤水、空气和热量

土壤水、空气和热量是土壤生物生存的重要环境条件。

一、土壤水

土壤水是土壤最重要的组成部分之一。它在土壤形成过程中起着极其重要的作用，因为形成土壤剖面的土层内各种物质的运移主要是以溶液形式进行的，也就是说，这些物质同液态土壤水一起运移。同时，土壤水在很大程度上参与了土壤内进行的许多物质转化过程，如矿物质风化、有机化合物的合成和分解等。

土壤水是土壤生物生存的必要条件，是作物吸水的最主要来源，它也是自然界水循环的一个重要环节，处于不断的变化和运动中，势必影响到作物的生长和土壤中许多化学、物理和生物学过程。土壤水并非纯水，而是稀薄的溶液，不仅含有各种溶质，而且还有胶体颗粒悬浮或分散于其中。在盐碱土中，土壤水所含盐分的浓度相当高。我们通常所说的土壤水实际上是指在 105℃温度下从土壤中驱逐出来的水，而有关土壤水的溶液性质，则与土壤养分有关。

土壤水分含量是表征土壤水分状况的一个指标，又称为土壤含水量、土壤含水率、土壤湿度等。土壤含水量有多种表达方式，数学表达式也不同，常用的有以下几种。

(1)质量含水量

即土壤中水分的质量与干土质量的比值，因在同一地区重力加速度相同，所以又称为重量含水量，无量纲，常用符号 θ_m 表示。质量含水量可用小数形式表示，也可用百分数形式表示。若以百分数形式，可由下式表示：

$$土壤质量含水量(\%)= 土壤水质量/干土质量×100\%$$

用数学公式表示为：

$$\theta_m = (W_1-W_2)/W_2×100\%$$

式中：θ_m 为土壤质量含水量(%)；W_1 为湿土质量；W_2 为干土质量；W_1-W_2 为土壤水质量。

定义中的干土一词，一般是指在 105℃条件下烘干的土壤。而另一种意义的干土是含有吸湿水的土，通常叫"风干土"，即在当地大气中自然干燥的土壤，又称气干土，其质量含水量当然比 105℃烘干的土壤高(一般高几个百分点)。由于大气湿度是变化的，所以风干土的含水量不恒定，故一般不以此值作为计算 θ_m 的基础。

(2)容积含水量

即单位土壤总容积中水分所占的容积分数，又称容积湿度、土壤水的容积分数，无量纲，常用符号 θ_v 表示。θ_v 也可用小数或百分数形式表示。若以百分数形式，可由下式表示：

$$土壤容积含水量(\%)= 土壤水容积/土壤总容积×100\%$$

注意，θ_v 计算的基础是土壤的总容积。由于水的密度可近似等于 $1g/cm^3$，可以推知 θ_v 与 θ_m 的换算公式如下：

$$\theta_v = \theta_m \cdot \rho$$

式中：ρ 为土壤容重。一般地说，质量含水量多用于需计算干土重的工作中，如土壤农化分析等。但多数情况下，容积含水量被广泛使用，这是因为它也表示土壤水的深度比，即单位土壤深度内水的深度。

(3)相对含水量

指土壤含水量占田间持水量的百分数。它可以说明土壤毛管悬着水的饱和程度、有效性和水、气的比例等，是农业生产中常用的土壤含水量的表示方法。公式如下：

$$土壤相对含水量（\%）= 土壤含水量/田间持水量 \times 100\%$$

二、土壤空气

1. 土壤空气的组成

在土壤固、液、气三相体系中，土壤空气存在于土体内未被水分占据的空隙中，在一定容积的土体内，如果孔隙度不变，土壤含水量多了，空气含量必然减少，反之亦然。所以，土壤空气含量随土壤含水量而变化。对于通气良好的土壤，其空气组成接近于大气，若通气不良，则土壤空气组成与大气有明显的差异。一般愈接近地表的土壤空气与大气组成愈相近，土壤深度越大，土壤空气组成与大气差异也愈大。大气与土壤空气组成见表4-1。

表 4-1　大气与土壤空气组成的差异（曹志平，2007）　　　　　单位:%

气体	O_2	CO_2	N_2	其他气体
近地表的大气	20.94	0.03	78.05	0.98
土壤空气	18.0~20.03	0.15~0.65	78.8~80.24	0.98

土壤空气与近地表大气的组成，其差别主要有以下几点。

①土壤空气中的 CO_2 含量高于大气。由表4-1可以看出，大气中的 CO_2 平均含量为0.03%，而土壤空气中的 CO_2 比之可高出几倍甚至几十倍，其主要原因在于土壤中生物活动、有机质的分解和根的呼吸作用能释放出大量的 CO_2。

②土壤空气中的 O_2 含量低于大气中的 O_2 含量。近地表大气中的 O_2 含量为20.94%，而土壤空气中的 O_2 含量为18.0%~20.03%。其主要原因在于土壤生物和根系的呼吸作用必须消耗 O_2，土壤生物活动越旺盛则 O_2 被消耗得越多，O_2 含量越低，相应的 CO_2 含量越高。

③土壤空气中水汽含量一般高于大气，除了表层干燥土壤外，土壤空气的湿度一般均在99%以上，处于水汽饱和状态，而大气中只有下雨天才能达到如此高的值。

土壤空气中含有较多的还原性气体，当土壤通气不良时，土壤中 O_2 含量下降，微生物对有机质进行厌气性分解，产生大量的还原性气体，如 CH_4、H_2 等，而大气中一般还原性气体极少。

土壤空气的组成不是固定不变的，影响土壤空气变化的因素很多，如土壤水分、土壤生物活动、土壤深度、土壤温度、pH、季节变化及栽培措施等。

一般来说，随着土壤深度增加，土壤空气中 CO_2 含量增加，O_2 含量减少，其含量是相互消长的，两者之和总维持在 19%~22% 之间。随土壤温度升高，土壤空气中 CO_2 含量增加。从春到夏，土壤空气中 CO_2 逐渐增加，而冬季表土中 CO_2 含量最少。主要原因是因为土温升高，土壤生物和根系的呼吸作用加强而释放出更多 CO_2。覆膜田块的 CO_2 含量明显高于未覆盖的土壤，而 O_2 则反之。这是由于覆膜阻碍了土壤空气和大气的自由交换。

另外，还有少量的土壤空气溶解于土壤水中和吸附在胶体表面，溶于土壤水中的 O_2 对土壤的通气有较大的影响，是植物根系和土壤生物呼吸作用的直接的 O_2 源。

2. 土壤空气的运动

土壤是一个开放的耗散体系，时时刻刻与外界进行着物质和能量的交换。土壤空气并不是静止的，它在土体内部不停地运动，并不断地与大气进行交换。如果土壤空气和大气不进行交换，土壤空气中的氧气可能会在 12~40h 消耗殆尽。土壤空气运动的方式有两种：对流和扩散。影响土壤空气运动的因素有气象因素、土壤性质及农业措施，气象因素主要有气温、气压、风力和降雨。

三、土壤热量

土壤热量的来源有如下几方面。

（1）太阳的辐射能

土壤热量的最基本来源是太阳的辐射能。农业就是在充分供应水肥的条件下植物对太阳能的利用。当地球与太阳为日地平均距离时，在地球大气圈顶部所测得的太阳辐射的强度（以垂直于太阳光下 $1cm^2$ 的黑体表面在 1min 内吸收的辐射能测得），称作太阳常数，一般为 $8.24J/(cm^2 \cdot min)$。其中，99% 的太阳能包含在 $0.3~4.0\mu m$ 的波长内，这一范围的波长通常称为短波辐射。当太阳辐射通过大气层时，其热量一部分被大气吸收散射，一部分被云层和地面反射，土壤吸收其中的一少部分。

（2）生物热

土壤生物分解有机质的过程是放热的过程。释放的热量一部分被土壤生物自身利用，而大部分可用来提高土温。进入土壤的植物组织，每千克植物含有 $16.74~20.93kJ$ 的热量。据估算，含有机质 4% 的土壤，每英亩（1 英亩 $\approx$ $4047m^2$）耕层有机质的潜能为 $6.28\times10^9~6.99\times10^9kJ$，相当于 20~50t 无烟煤的热量。据洛桑实验站研究，不施肥的低产土壤，每英亩每年损失 4.19×10^6kJ 热量，施用厩肥的较高产土壤大约损失 6.28×10^7kJ 热量，可见土壤有机质每年产生的热量是巨大的。在蔬菜的栽培或早春育秧时，施用有机肥，并添加热性物质，如半腐熟的马粪等，就是利用有机质分解释放出的热量以提高土温，促进植物生长或幼苗早发快长。

（3）地球内热

由于地壳的传热能力很差，每平方厘米地面全年从地球内部获得的热量不高于226J，地热对土壤温度的影响极小，但在地热异常地区，如温泉、火山口附近，这一因素对土壤温度的影响就不可忽略。

四、土壤温度

土壤温度是太阳辐射平衡、土壤热量平衡和土壤热学性质共同作用的结果。不同地区(生物气候带)、不同时间（季节变化等）和土壤不同组成、性质及利用状况，都不同程度地影响土壤热量的收支平衡。因此，土壤温度具有明显的时空特点。

1. 土壤温度的季节变化

图 4-2 是不同深度土壤温度的月变化，土壤表层温度随气温的变化而变化。全年表层 15cm 土层的平均温度较气温高；心土则秋冬比气温高，而春夏比气温低。这是由于心土处于被掩蔽状态和热传导的滞后性所造成的。心土温度变化的滞后性，特别值得注意。土温的全年变化是在晚秋—冬天—早春，表土层温度低于心土层，故热流是由土壤深处向地表运动；而在晚春—夏天—早秋，则表土层温度高于心土层，热流由表土层向心土层运动。一般来说，温度随季节变化的变幅随深度的增加而减小。在高纬度消失于25m 深处，在中纬度消失于15~20m 深处，在低纬度则消失于5~10m 深处。

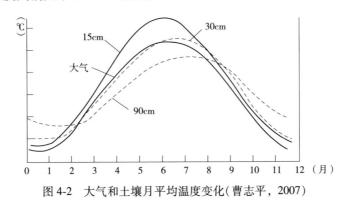

图 4-2 大气和土壤月平均温度变化(曹志平，2007)

2. 土壤温度的日变化

因为土壤热量主要来自太阳辐射，在温带地区太阳辐射使气温从早晨开始上升，到下午 2 时左右达到最高温，表土温度也随之上升。但由于土温的滞后现象，通常要在下午 2 时后或更迟的时间才达到最高温度。在晚间，土表温度常比亚表层或心土层低，则热运动朝向地表方向。如果大气温度比表土温度低，则热运动进一步朝向大气。

3. 地形地貌和土壤性质对土温的影响

(1)海拔高度对土壤温度的影响

这主要是通过辐射平衡来体现，海拔增高，大气层的密度逐渐稀薄，透明度不断增加，散热快，土壤从太阳辐射吸收的热量增多，所以高山上的土温比气温高。由于高山气温低，当地面裸露时，地面辐射增强，所以在山区随着高度的增加，土温比平地的土温低。

(2)坡向与坡度对土壤温度的影响

这种影响极为显著，主要是由于：①坡地接受的太阳辐射因坡向和坡度而不同；②不同的坡向和坡度上，土壤蒸发强度不一样，土壤水和植物覆盖度有差异，土温高低及变幅也就迥然不同。大体上北半球的南坡为阳坡，太阳光的入射角大，接受的太阳辐射和热量较多，蒸发也较强，土壤较干燥，致使南坡的土壤的温度比平地要高。北坡是阴坡，情况与南坡刚好相反，所以土温较平地低。在农业上选择适当的坡地进行农作物、果树和林木的种植与育苗极为重要。南坡的土壤温度和水分状况可以促进早发、早熟。

(3)土壤的组成和性质对土壤温度的影响

这主要是由于土壤的结构、质地、松紧度、孔性、含水量等影响了土壤的热容量和导热率以及土壤水蒸发所消耗的热量。土壤颜色深的，吸收的辐射热量多，红色、黄色的次之，浅色的土壤吸收的辐射热量小而反射率较高。在极端情况下，土壤颜色的差异可以使不同土壤在同一时间的土表温度相差 $2 \sim 4 \, ^{\circ}\text{C}$，园艺栽培中或农作物的苗床中，有的在表面覆盖一层炉渣、草木灰或土杂肥等深色物质以提高土温。

第五节　土壤养分

土壤养分循环是"土壤圈"物质循环的主要组成部分，也是陆地生态系统中维持生物生命周期的必要条件。土壤植物营养的研究证实，生物体中含有的 90 余种元素，其中已被肯定的植物生长发育的必要元素有 16 种，即碳、氢、氧、氮、磷、钾、钙、镁、硫、硼、铁、锰、铜、锌、钼、氯。其中，碳、氢和氧主要来自大气和水，其余元素则主要来自土壤。来自土壤的元素通常可以反复地再循环和利用，典型的再循环过程包括：①生物从土壤中吸收养分；②生物的残体归还土壤；③在土壤生物的作用下，分解生物残体，释放养分；④养分再次被生物吸收。可见土壤养分循环是在生物参与下，营养元素从土壤到生物，再从生物回到土壤的循环，是一个复杂的生物地球化学过程。

一、土壤氮素

氮素是构成一切生命体的重要元素。在作物生产中，作物对氮的需要量较大，土壤供氮不足是引起农产品产量降低和品质下降的主要因素。同时，氮素肥料施用过剩会造成江湖水体富营养化、地下水硝态氮(NO_3-N)积累及毒害等。了解氮素循环及其土壤氮的来源、形态、转化特性是现代农业和环境保护面临的有挑战性的问题。

(一)土壤中氮的获得和转化

1. 土壤中氮的获得

(1)大气中分子氮的生物固定

大气和土壤空气中的分子态氮不能被植物直接吸收、同化，必须经生物固定为有机氮化合物后直接或间接地进入土壤。有固氮作用的微生物可分为三大类，非共生(自生)、共生和联合固氮菌。自生固氮菌类主要有两种：一种为好气性固氮细菌(aerobic azotobacter)，另一种为厌气性固氮细菌(anaerobic azotobacter)，都需要有机质作为能源。另外，具有光合作用能力的蓝绿藻也能自生固氮。自生固氮菌的固氮能力不高。好气性自生固氮菌在温带耕地土壤中，即使补充足够的能源，其固氮能力每年每公顷也只有 7.5~45kg，在热带森林地的固氮能力有所增加，为每年每公顷 75~225kg，草地为 45~150kg。厌气性自生固氮菌的固氮能力要小得多，可能不及好气性的一半，但它们对土壤的氮素补给有重要意义。共生固氮菌类包括根瘤菌和一些放线菌、蓝藻等，以和豆科共生为主，固氮能力比自生固氮菌大得多。

(2)雨水和灌溉水带入的氮

大气层发生的自然雷电现象，可使氮氧化成 NO_2 及 NO 等氮氧化物。散发在空气中的气态氮如烟道排气、含氮有机质燃烧的废气、由铵化物挥发出来的气体等，通过降水的溶解，最后随雨水带入土壤。全球由大气降水进入土壤的氮，据估计为每年每公顷 2~22kg，对作物生产来说意义不大。随灌溉水带入土壤的氮主要是硝态氮形态，其数量因地区、季节和降雨量而异。

(3)施用有机肥和化学肥料

持续施有机肥料对提高土壤的氮贮量、改善土壤的供氮能力有重要作用，但仅以有机肥料形式返回土壤氮素难以满足作物生长的需要。20世纪初氮化肥问世后，氮肥的工业成了现代农业中氮的重要来源。

2. 土壤中氮的转化

大气中的惰性氮（N_2）经过生物和非生物固定进入土壤后，其主要形态是无机态氮和有机态氮两大类。对存在于土壤空气中的气态氮（N_2）（土壤固氮微生物的直接氮源），一般不计算在土壤含氮量之内。土壤无机态氮主要为铵态氮（NH_4^+）和硝态氮（NO_3^-），是植物能直接吸收利用的生物有效态氮。有机态氮是土壤氮的主要存在形态，一般占土壤全氮的95%以上，按其溶解度的大小及水解的难易分为水溶性有机氮、水解性有机氮和非水解性有机氮三类。土壤中各种形态的氮素处在动态的转化之中。

（1）有机氮的矿化

占土壤全氮量95%以上的有机氮，必须经微生物的矿化作用，才能转化为无机氮（NH_4^+和NO_3^-），矿化过程主要分两个阶段，第一阶段先把复杂的含氮化合物，如蛋白质、核酸、氨基糖及其多聚体等，经过微生物酶的系列作用，逐级分解而形成简单的氨基化合物，被称为氨基化阶段（氨基化作用）。其过程表示为：

$$蛋白质 \rightarrow RCHNH_2COOH（或 RNH_2）+CO_2+中间产物+能量$$

然后，在微生物作用下，各种简单的氨基化合物分解成氨，称为氨化阶段（氨化作用），氨化作用可在不同条件下进行。

在充分通气条件下：

$$RCHNH_2COOH+O_2 \rightarrow RCOOH+NH_3+CO_2+能量$$

在厌气条件下：

$$RCHNH_2COOH+2H^+ \rightarrow RCH_2COOH+NH_3+能量$$

或

$$RCHNH_2COOH+2H^+ \rightarrow RCH_3+NH_3+CO_2+能量$$

一般水解作用：

$$RCHNH_2COOH+H_2O \xrightarrow{酶} RCH_2OH+NH_3+CO_2+能量$$

或

$$RCHNH_2COOH+H_2O \xrightarrow{酶} RCHOHCOOH+NH_3+能量$$

有机氮的矿化是在多种微生物作用下完成的，包括细菌、真菌和放线菌等，它们都以有机质中的碳素作为能源，可以在好气或厌气条件下进行。在通气良好，温度、湿度和酸碱度适中的沙质土壤上，矿化速率较大，且积累的中间产物有机酸较少；而通气较差的黏质土壤上，矿化速率较小，中间产物有机酸的积累较多。对多数矿质土壤而言，有机氮的年矿化率一般为1%~3%。假如，某土壤的有机质含量为4%，有机质的含氮量为5%，若以矿化率为1.5%计算，则每年每公顷耕层土壤有机质中释放的氮约为 70kg。

（2）铵的硝化

有机氮矿化释放的氨在土壤中转化为铵离子（NH_4^+），部分被带负电荷的土壤黏粒表面和有机质表面功能基吸附，另一部分被植物直接吸收。最后，土壤中大部分铵离子通过微生物的作用氧化成亚硝酸盐和硝酸盐。反应式为：

$$2NH_4^+ + 3O_2 \xrightarrow[\text{（以亚硝化单胞菌为主）}]{\text{亚硝化微生物}} 2NO_2^- + 2H_2O + 4H^+ + 660kJ$$

第二步再把亚硝态氮转化成为硝态氮，这一作用称硝化作用。每氧化一个 NH_4^+ 转化为 NO_3^- 要释放 2 个 H^+，是引起土壤酸化的重要来源。

$$2NO_2^- + O_2 \xrightarrow[\text{（以硝化菌属为主）}]{\text{硝化微生物}} 2NO_3^- + 167kJ$$

（3）无机态氮的生物固定

矿化作用生成的铵态氮、硝态氮和某些简单的氨基态氮（$-NH_2$），通过微生物和植物的吸收同化，成为生物有机体组成部分，称为无机氮的生物固定（又称生物固持，immobilization）。形成的新的有机态氮化合物，一部分被作为产品从农田中输出，而另一部分和微生物的同化产物一样，再一次经过有机氮氨化和硝化作用，进行新一轮的土壤氮循环。植物和微生物在吸收同化土壤中的 NH_4^+-N 和 NO_3^--N 过程中存在着一定的竞争，但从土壤氮素循环的总体来看，微生物对速效氮的吸收同化，有利于土壤氮素的保存和周转。

（4）铵离子的矿物固定

土壤中产生的另一个无机态氮固氮反应叫铵态氮的矿物固定作用（ammonium fixation），指的是离子直径大小与 2∶1 型黏粒矿物晶架表面孔穴大小接近的铵离子（NH_4^+），陷入晶架表面的孔穴内，暂时失去了它的生物有效性，转变为固定态铵的过程。这种固定作用在蛭石、半风化的伊利石和蒙脱石黏粒为主的土壤中尤其多见，矿物固定态铵离子的含量与土壤中其他交换性阳离子的种类与含量有关，尤其与钾离子的含量关系密切。土壤的干湿交替、酸碱度等对铵的矿物固定或固定态铵的释放也有直接的影响。

（二）土壤氮的损失

1. 淋洗损失

铵（NH_4^+）和硝酸盐（NO_3^-）在水中溶解度很大，NH_4^+ 因带正电荷，易被带负电的土壤胶体表面所吸附，硝酸盐（NO_3^-）带负电荷，是最易被淋洗的氮形态，随着渗漏水的增加，硝酸盐的淋失增大。

2. 气体损失

土壤氮可通过反硝化作用和氨挥发两个机制形成气体氮逸出进入大气。

（1）反硝化作用

在厌氧条件下，硝酸盐（NO_3^-）在反硝化微生物作用下，还原为 N_2、N_2O 或 NO 的过程称为反硝化作用。

（2）氨挥发

氨挥发易发生在石灰性土壤上，特别是施铵态氮和尿素等化学氮肥时，氨挥发损失可高达施肥氮量的 30% 以上，这是因为土壤中的氨（NH_3）和铵（NH_4^+）存在下列平衡：

$$NH_3 + H^+ = NH_4^+$$

反应形成的 NH_4^+ 易溶于水，易被土壤吸附，而 NH_3 分子易挥发。这个反应平衡取决于土壤的 pH。若土壤 pH 接近或低于 6 时，NH_3 被质子化几乎全部以 NH_4^+ 形态存在；在 pH=7 时，NH_3 约占 6%；pH=9.2~9.3 时，则 NH_3 和 NH_4^+ 约各占一半。

（三）土壤氮的调控

在土壤氮转化过程中，矿化作用和硝化作用是使土壤有机氮转化为有效氮的过程。反硝化作用和化学脱氮是使土壤有效氮遭受损失的过程。黏粒矿物对氮的矿物固定是使土壤有效氮转化为无效或迟效态氮的过程。下面讨论的土壤氮素调控是指人为活动的调节管理，即通过科学合理施肥、耕作、灌溉等措施，发挥土壤氮素的潜在作物营养功能，以满足作物高产量、高效益和优良品质的需要。在作物生产过程中，最富有实际意义的是有机氮矿化作用过程中的纯矿化量，所谓矿质氮素的纯矿化量等于有机氮的矿化量与矿质氮固定量之差。这是因为在土壤中，有机氮的矿化作用与矿质氮的固定作用同时进行且处于平衡状态，纯矿化量高低受许多因素的影响。

$$有机态氮 \xrightarrow[\text{固定作用}]{\text{矿化作用}} 矿质氮（NH_4^+，NO_3^-）$$

1. 碳氮比影响

土壤氮的纯矿化量与有机质本身的碳氮比（C/N）有关。这是因为有机营养型生物在分解有机质使之矿化过程中，需要以有机质中所含的碳作为能源，并利用碳源作为细胞体的构成物质，同时在营养上还需氮的供应，以保持细胞体构成中 C/N 比例的平衡。氮的来源除由有机质供应外，还可吸取利用土壤中的铵态或硝态氮，以补其不足。如果有机质本身所含 C/N 比值超过某一定数值，土壤生物在有机质矿化过程中就会产生氮素营养不足的现象，其结果使土壤中原有矿质态有效氮也被土壤生物吸收而被同化，这样植物不仅不能从有机质矿化过程中获得有效氮的供应，而相反地会使土壤中原来所含的有效氮也暂时失去了植物的有效性，结果产生了土壤有效氮素的所谓土壤生物同化固定现象。另一方面，如果有机质的 C/N 比值小于某一值，则情况就恰恰相反。这时，矿化作用结果产生的纯矿化氮较高，除满足微生物自身在营养上的同化需要外，还可提供给植物吸收利用。一般认为，如有机质 C/N 比值大于 30∶1，则在其矿化作用的最初阶段就不可能对植物产生供氮的效果，反而有可能使植物的缺氮现象更为严重。但如有机质的 C/N 比值小于 15∶1 时，在其矿化作用一开始，它所提供的有效氮量就会超过土壤生物同化量，使植物有可能从有机质矿化过程中获得有效氮的供应。

这里应该指出：由于土壤生物区系及其土壤性质的不同，矿化释氮量和同化固氮量达到平衡时的 C/N 比值，不可能是一个不变的定值，文献报道中有的定为 17，有的定为 20，甚至 25。鉴于一般谷类作物的茎秆的 C/N 比值达到 50 以上，甚至达 70~80 或更高，所以在实施秸秆还田时，应同时注意速效氮肥的补充。试验提出，如果有机残体的 C/N 比值达到了 40 以上，则即使在合适的温度条件下，让它们在旱地土壤中进行分解，大约也需要经 2~4 周的时间才能发挥其供氮的作用。而另一方面，很多豆科绿肥如紫云英、苜蓿等，由于它们的 C/N 比值一般都在 20 以下，一旦分解，就能收到供氮的效果。

2. 施肥的影响

施肥促使土壤有机质的矿化作用表现在施用新鲜有机物质如秸秆、绿肥等，能激发土壤原来有机质的分解，这被称为激发效应（又称起爆效应）。一是加入新鲜有机能源物质，引发了原来腐殖质的分解，增强了它的矿化作用。产生这种现象的原因还没有完全一致的看法，可能由于新鲜的有机能源物质促进了微生物的繁殖和活动，或改变了微生物区系，或由微生物产生的酶作用于腐殖质所致。二是施用矿质氮肥也能促进原来土壤有机氮的分解、释放。对于这一现象的机理不十分清楚，可能有：①施入的无机氮被微生物固定，促使原来有机质氮矿化、释放。施入的氮越多，原来有机氮矿化释放氮也越多。②施入无机氮后促进植物根系发育，从而通过根系的生物作用促进氮吸收。③施入无机氮后，由于盐效应引起化学和物理性质变化如渗透压、pH 等变化造成的。

二、土壤磷

磷是生物圈的重要生命元素，在陆地生态系统中的循环及在土壤中的转化比氮素简单。在作物生产中，每年从土壤移走一定数量的磷。它们在土壤—植物系统为主体的循环中，其输入与输出平衡的特点不同。

土壤磷含量主要决定于母质类型和磷矿石肥料。地壳含磷量约 0.12%，我国土壤全磷量一般变化在 0.02%~0.11%，有明显的地域分布趋向，即从南向北逐渐增加，砖红壤全磷量最低，广东的硅质砖红壤全磷量小于 0.004%。东北地区土壤和黄土母质发育的土壤，全磷量一般较高，东北黑土高达 0.17%。长期受耕作施肥等人为因素的影响，耕地土壤全磷量的局部变异很大。通常将土壤磷划分为无机态磷和有机态磷两大类。

1. 无机磷化合物

土壤中无机态磷种类较多，成分较复杂，大致可分为 3 种形态，即水溶态、吸附态和矿物态。

（1）水溶态磷

土壤溶液中磷浓度依土壤 pH、磷肥施用量及土壤固相磷的数量和结合状态而定，含量一般在 0.003~0.3mg/L 之间。在土壤溶液 pH 范围内，磷酸根离子有 3 种解离方式。

$$H_3PO_4 \rightarrow H^+ + H_2PO_4^-，\quad pK_1 = 2.12$$
$$H_2PO_4^- \rightarrow H^+ + HPO_4^{2-}，\quad pK_2 = 7.20$$
$$HPO_4^{2-} \rightarrow H^+ + PO_4^{3-}，\quad pK_3 = 12.36$$

在一般土壤 pH 范围内，以 $H_2PO_4^-$ 和 HPO_4^{2-} 为主。pH 中性，两种离子浓度约各占一半；pH<7.2，以 $H_2PO_4^-$ 为主；pH>7.2，以 HPO_4^{2-} 为主。由于植物根际微域内的土壤 pH 呈酸性较多，故植物对磷素的吸收以 $H_2PO_4^-$ 形式为主。水溶态磷除解离或络合的磷酸盐外，还有部分聚合态磷酸盐以及某些有机磷化合物。各种成分的含量受其稳定常数、pH 及相应的溶液浓度的支配。

（2）吸附态磷

吸附态磷指的是那些通过各种作用力（库仑力、分子引力、化学键能等）被土壤固相表面吸附的磷酸根或磷酸阴离子。其中，对磷酸根的吸附以交换性吸附和配位体交换较为重要。

土壤黏粒矿物对磷酸阴离子交换吸附是指磷酸阴离子（主要是 $H_2PO_4^-$ 和 HPO_4^{2-}）与黏土矿物上吸附的其他阴离子如 OH^-、SO_3^{2-}、F^- 等的互相交换。

2. 有机磷化合物

土壤有机磷的变幅很大，可占表土壤全磷的 20%~80%。我国有机质含量 2%~3% 的耕地土壤中，有机磷占全磷的 25%~50%。受严重侵蚀的南方红壤有机质含量常不足 1%，有机磷占全磷的 10% 以下。东北地区的黑土有机质含量高达 3%~5%，有机磷可占全磷的 2/3。黏质土的有机磷含量要比轻质土多。对于土壤中有机磷化合物形态组成，目前大部分还是未知的，在已知的有机磷化合物中主要包括以下 3 种。

（1）植素类

植素即植酸盐，由植酸（又称环已六醇磷酸）与钙、镁、铁、铝等离子结合而成，普遍存在于植物体中，在植物种子中特别丰富。中性或碱性钙质土中，以形成植酸钙、镁居多，酸性土壤中以形成植酸铁、铝为主。它们在植素酶和磷酸酶作用下，分解脱去部分磷酸离子，为植物提供有效磷。植酸钙、镁的溶解度较大，可直接被植物吸收。而植酸铁、铝的溶解度较小，脱磷困难，生物有效性较低。土壤中的植素类有机磷含量由于分离方法不同，所得结果不一致，一般占有机磷总量的 20%～50%。

（2）核酸类

核酸类是一类含磷、氮的复杂有机化合物。土壤中的核酸与动植物和微生物中的核酸组成和性质基本类似。多数人认为土壤核酸直接由动植物残体，特别是微生物中的核蛋白分解而来。核酸磷占土壤有机磷的比例众说不一，多数报道为1%～10%。

（3）磷酯类

磷酯类是一类醇、醚溶性的有机磷化合物，普遍存在于动植物及微生物组织中。在土壤中的含量不高，一般约占有机磷总量的 1%。磷脂类容易分解，有的甚至可通过自然界纯化学反应分解，简单磷脂类水解后可产生甘油、脂肪酸和磷酸。复杂的如卵磷脂和脑磷脂在微生物作用下酶解也产生磷酸、甘油和脂肪酸。

土壤中有机磷的分解是生物作用过程，决定于土壤生物的活性。环境适宜时，尤其温度条件适合微生物生长时，有机磷的分解矿化较快。春天土温低时植物的缺磷现象较常见，而随天气转暖，植物缺磷消失，这可能与随土温上升，土壤微生物活性加大而提高有机磷的分解有关。与此相反，在土壤的生物转化中无机磷可重新被微生物吸收组成其细胞体，转化为有机磷，称为无机磷的生物固定，在土壤中这两个过程同时存在。

三、土壤养分平衡及有效性

从上述讨论知道，土壤养分是可以反复循环再利用的，土壤养分的总量（全量）只能看作土壤的潜在供应能力和贮量的指标。植物能直接吸收利用的仅仅是土壤溶液中的一小部分。因此，在维持生物体生命周期中，土壤养分的生物有效性更有实际意义。

土壤溶液是植物吸取养分的主要介质，而且以吸收离子态养分为主。土壤溶液与固相土壤胶体（包括无机、有机和无机—有机复合胶体）表面吸附的离子或分子、土壤有机质及生物有机体，以及土壤空气间相互影响、相互依存，土壤养分始终处在动态的平衡中(图 4-3)。

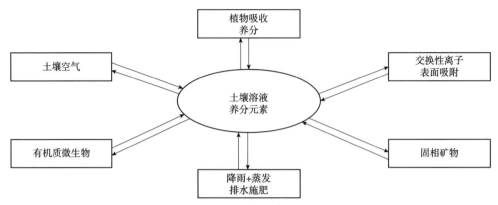

图 4-3　土壤中养分的动态平衡(曹志平，2007)

　　土壤溶液中养分元素与土壤固相矿物处于平衡状态。土壤矿物经风化、分解、释放的养分元素进入土壤溶液。如果与某种矿物有关的养分浓度变成过饱和时，那么该矿物就会沉淀，直到保持平衡，否则该矿物就会溶解，直到保持平衡。土壤矿物的种类繁多，有的是结晶型的，有的是非晶型的，它们风化和分解释放养分的难易是不同的。

　　土壤溶液中的养分元素与土壤胶体表面也保持着平衡。溶液中的养分元素与土壤胶体的相互作用对于养分保持和利用有特殊重要性。土壤胶体表面有吸附、吸持、吸收、解释、交换等不同反应类型，由于吸附机理很复杂，吸附态养分的有效性也有较大的区别。例如，由静电引力吸附的交换态离子与溶液中离子保持平衡，并受质量作用定律的支配，有效性较高。由静电引力结合的表面络合物(外圈)，有效性较高；由共价键结合的表面络合物(内圈)，属于专性吸附，有效性就低。

　　土壤溶液的养分元素与有机质、微生物体之间保持着平衡。归结起来是，有机态养分的矿化和矿化产物的生物同化固定为可逆过程。但矿化与固定两个过程的强度一般是不等的。当矿化大于固定时，土壤有效养分高；反之，土壤的有效养分低。

　　土壤气体也趋向于同土壤溶液保持平衡。土壤中的植物和生物一般都利用土壤空气中的氧(O)作为电子受体，并通过代谢作用释放 CO_2。

　　土壤溶液中养分元素与植物生长也趋向保持某种平衡关系。在作物生产中，植物从土壤溶液中吸取矿质营养，养分元素随着农产品源源不断地从土壤中输出，这就需要对土壤溶液补给"缺乏"的元素，以维持它们之间的某种平衡。养分补给途径有二，一是依靠土壤各组分间相互转化、移动，即依靠土壤本身的调节。二是对耕层土壤施肥补给。根据作物的养分需要量及作物的需肥规律、土壤有效养分的数量及潜在有效养分供应能力，确定某种养分的补给数量及方法是平衡施肥的核心内容。

最后值得指出的是，土壤溶液中养分元素与土壤本身的其他组分、植物吸收养分间的平衡机理是非常复杂的，它们各自有不同的平衡常数和不同的反应动力学参数。所以，事实上在土壤中不可能存在真正的养分平衡。

第五章

农作措施对土壤微生物的影响

第一节　耕作制度对土壤微生物的影响

　　农田生态系统中，耕作等管理措施会对土壤系统产生一系列的扰动，可造成土壤团聚体的分裂和表层土壤中有机质的损耗，造成土壤养分的流失、土壤侵蚀、土壤生物多样性降低等许多环境问题。它会引起植物残留物和土壤有机质的重新分布，随之改变土壤微生物的群落结构等生物学特性。

　　保护性耕作技术泛指保土保水的耕作措施，目的是减少农田土壤侵蚀，保护农田生态环境的综合技术体系，其技术关键是通过土壤少（免）耕、地表微地形改造技术及地表覆盖技术，达到"少动土""少裸露""少污染"并保持"适度湿润"和"适度粗糙"的土壤状态，从而保护土地可持续生产力。保护性耕作措施也可以改变土壤的微生态环境，从而影响土壤微生物群落的结构和大小。目前，主要的保护性耕作措施有秸秆还田和免耕。

一、秸秆还田

　　报道秸秆还田配施发酵肥，土壤微生物活性明显提高，作物获得持续丰产。单一秸秆还田也能够提高微生物的活性，但当年无增产效果。秸秆还田喷施木霉和固氮菌，当年获得增产。胡诚等（2006）研究了华北农田生态系统不同秸秆还田等培肥措施对土壤微生物生物量碳的影响，发现不同秸秆还田方式对微生物生物量碳的影响是不同的，季节变异较大。秸秆还田在整个试验阶段都使微生物生物量增加。而且，秸秆还田量越高，微生物生物量越高。总体来看，小麦秸秆＋玉米秸秆还田处理的微生物量碳高于麦秆还田处理。小麦秸秆＋玉米秸秆还田处理的微生物量碳高于双倍麦秆还田处理。双倍麦秆还田处理的微生物量碳略高于单倍麦秆还田处理。比较 DGGE(denaturing gradient gel electrophoresis，变性梯度凝胶电泳)图谱也发现，秸秆还田显著改变了土壤微生物结构，通过测序 DGGE 条带发现土壤中的 β-proteobacteria 类群细菌的组成在发生变化。田间试验表明，秸秆还田促进溶磷微生物的增长，有利于土壤有机碳的积累。无论是玉米秸秆还是小麦秸秆还田后都可以增加土壤的微生物生物量碳，因为秸秆增加了土壤的有机质，改善了土壤的理化性质，为微生物的生长繁殖提供了良好的环境。

二、少耕和免耕

少耕和免耕增强了土壤表层与表层附近的生物活性。一般来说，在土壤表层，免耕土壤中的好气菌、专性厌气菌及真菌的总数要比耕作土壤高，而在深层，免耕土壤中的好气菌、厌气菌和硝化菌都明显减少。关于耕作措施对土壤微生物影响的研究如今主要集中在常规耕作与免耕措施之间的比较。有较多的报道认为，免耕土壤中微生物生物量和细菌功能多样性高于常规耕作土壤，同常规耕作相比，保护性耕作，特别是免耕能明显提高表层土壤微生物数量及活性。研究表明，免耕少耕法推行以后，土壤表层 0~5cm 土层有机质富集，提高了微生物的活性，并影响近地表层土壤的酸度和氧化还原状况。多年连续秸秆覆盖免耕田，0~20cm 土层土壤有机质、全氮、全磷、有效氮、有效磷含量和土壤蔗糖酶、磷酸酶活性明显提高，0~7.5cm 土层土壤微生物生物量比翻耕处理平均增高 51.7%。李华兴等(2001)研究了不同耕作方法对水稻生长和土壤生态的影响，发现免耕土壤中细菌数量增加，酶活性增强，放线菌和真菌数量减少；免耕 0~5cm 土层的酸性磷酸酶和过氧化氢酶活性较高，而 5~15cm 则与轻耕和常规耕作土壤相当；除蔗糖酶外，轻耕和常规耕作土壤中微生物数量以及土壤酶活性相差不大。高明等(2004)研究了不同耕作方式对稻田土壤动物、微生物及酶活性的影响，发现土壤酶活性表现为表层高、底层低；土壤微生物数量、土壤微生物生物量氮及土壤酶活性是垄作免耕>水旱轮作>冬水免耕>常规耕作。

长期免耕比常规耕作的表土层微生物生物量碳、氮含量分别增加了 25.4% 和 45.4%，而生物量磷变化不明显。免耕不仅影响微生物生物量，还增加了微生物群落多样性。免耕处理的微生物生长条件较稳定，季节性不明显，自生固氮菌与纤维素分解菌之间相互促进，有利于有机质的积累。旱作时，免耕土壤真菌和放线菌数量高于常规耕作，而水作时，免耕土壤真菌和放线菌数量则低于常规耕作，水旱轮作免耕条件下土壤微生物数量的变化主要受土壤有机质、pH 和容重的影响。

三、秸秆覆盖

作物覆盖提高了土壤食物网的活性，作物覆盖有潜在的改善土壤的结构、固定氮、增加土壤食物网的有机质、减少淋溶、增加冬季保水量及抑制杂草的作用。实验室条件下利用稀释涂布平板培养法研究秸秆覆盖对微生物影响的研究发现，土壤微生物总数增加，其中，细菌、真菌、功能群落（例如，固氮菌、好气性纤维素菌和嫌气性纤维素菌）的数量随秸秆覆盖量的增加而增加，而放线菌数量则无显著变化。但对玉米秸秆覆盖的研究发现，玉米秸秆对土壤真菌的影响大于对细菌的影响，细菌与真菌的数量比（B/F）由 1.42 降低到 1.25；微生物种群丰富度下降表明，土壤微生物区系由细菌型向真菌型转化，这可能是土壤有机质下降的一个主要原因。覆盖秸秆后，带来了大量的 C 源，改善了土壤中的 C/N 比，促进了土壤有机质的矿化和微生物的繁殖。免耕与覆盖的结合，具有了二者的优点，能更好地改变土壤微生物组成，增加微生物数量，改善土壤肥力状况。

目前，保护性耕作发展了多种形式，例如，冬季种植黑麦草比冬闲田增加了土壤有机质含量，从而为微生物活动提供了大量能源和碳源，有利于提高微生物多样性和后茬作物养分的高效性。另外，宽窄行种植玉米的保护性耕作对土壤微生物的影响会随种植作物的生长变化而变化。

保护性耕作是目前发达国家可持续农业的主导技术之一，土壤微生物是衡量土壤健康的重要指标之一，研究保护性耕作技术下土壤微生物特性，有利于揭示保护性耕作优势的机理，为建立中国特色的保护性耕作技术体系提供一定的科学依据。

第二节　种植制度对土壤微生物的影响

一、连作对土壤微生物的影响

连作常导致作物生长发育不良，品质及产量下降，抗病能力降低。连作障碍发生的原因很多，主要原因之一是土壤中根际微生态平衡失调，微生物种群结构失衡。通过传统的稀释涂布平板培养微生物发现，与轮作相比，田间的辣椒（*Capsicum annuum* L.）连作可导致根际土壤细菌数量显著减少，降幅达到 30%左右，真菌数量明显增加，连作比轮作增加了 69.6%，而放线菌的变化不明显，根际土壤由高肥的"细菌型"向低肥的"真菌型"转化。盆栽种植花生和田间种植大豆等的连作中也得到相似的结果。盆栽条件下，对不同种植茬数的黄瓜研究发现，根际和根外的可培养微生物数量随着连作茬次增加而减少。与根外相比，根际细菌减幅最大，第三茬比头茬减少 5 倍多。木霉属（*Trichoderma*）、青霉属（*Penicillium*）和曲霉属（*Aspergillus*）等多种根际真菌类群数量随连作茬次增加而减少，而链格孢属（*Alternaria*）与镰孢属（*Fusarium*）等根际真菌种群数量在连作条件下不断增加。总体来说，连作导致微生物群落多样性水平降低，种群趋于单一化。利用 Biolog 和 RAPD（random amplified polymorphic DNA，随机扩增多态性 DNA）对塑料温室中的黄瓜研究进一步表明，相比轮作，连作能引起土壤中微生物功能群落和物种多样性降低。利用 DGGE 也发现，相比正茬，黄瓜连作引起了根际微生物发生较大变化，根际 *Bacteriovorax* sp.（序列同源性为 93%）、假单胞菌（*Pseudomonas* sp.）（序列同源性达 97%）和另两种未培养细菌种群数量减少，同时引起鞘氨醇单胞菌（*Sphingomonas* sp.）（序列同源性达 100%）和另一未培养细菌种群数量增加，而对真菌影响较小。连作导致了微生物的变化不仅表现在微生物数量和种类方面，有研究人员发现，相比天然草原，连续种植黑穗醋栗（*Ribes nigrum* L.）导致土壤微生物量碳显著降低。有学者认为，连作引起的根际微生物数量的变化可能与根系分泌物在根部累积有关，例如，鞘氨醇单胞菌属（*Sphingomonas*）在根际数量的增加可能与根分泌物中芳香族化合物在土壤中的累积有关。

二、轮作对土壤微生物的影响

连作障碍导致了轮作的产生，轮作使有益微生物增加，有害微生物减少，土壤微生物活性增强。传统的稀释涂布平板培养法研究发现，稻田水旱轮作微生物的数量明显大于连作，细菌和放线菌数量增多，真菌减少。轮作对土壤微生物的影响还表现在微生物量碳、氮上。例如，通过苜蓿与作物的轮作和常规耕作比较发现，轮作的土壤微生物量碳氮比高，产生的原因可能是苜蓿地上部分产量提高后会促进较多的苜蓿根系残留物以及苜蓿根系分泌物进入土壤从而有利于微生物的生长。对小麦进行多种轮作后也发现土壤微生物量碳、氮明显高于连作，花生与棉花的轮作也具有类似的结果。"冬季作物-双季稻"轮作土壤发现，稻田土壤微生物量碳、氮也得到提高。轮作还能改善土壤微生态环境，增加微生物群落多样性。例如，利用 RAPD 研究发现，与空地相比，黄瓜与小麦和大豆的轮作显著提高了土壤微生物多样性指数、丰富度指数和均匀度指数。目前，大多数研究表明，轮作增加了微生物的总量、群落多样性和微生物量碳、氮，但也有研究发现，在小麦的休耕轮作过程中，土壤微生物群落能够适应较宽范围的土壤环境，土壤微生物活性由一些突发重大事件决定，例如，久旱后的暴雨。但对玉米与木豆、象草、抛荒空闲等多种轮作措施下土壤微生物的研究发现，不同的轮作措施并没有显著影响到微生物多样性。同时，有研究表明，与未干扰的原始草原比较，长期高强度轮作的耕地上具有某些特异功能的土壤生物会减少或消失，土壤真菌群落和酶活性显著降低。

三、间作对土壤微生物的影响

据研究报道，间作可以提高土地利用当量比，增加土壤生产力，但间作对土壤微生物影响的研究较少。最近，Song 等（2007）通过对小麦/蚕豆、小麦/玉米、玉米/蚕豆的三种间作模式连续 2 年研究发现，相比于小麦单作，间作玉米或蚕豆两年都增加根际土微生物量碳氮比，表明间作可能促进了氮从微生物生物量中释放。蚕豆单作的根际土微生物量碳氮比在第二年比间作玉米或小麦高，虽然第一年的根际土微生物量碳氮比没有显著差异，但是单作蚕豆的根际土微生物量碳显著高于间作玉米或小麦，说明蚕豆的根系分泌物可能显著影响了根际土壤微生物。玉米不同的种植模式间的根际土微生物碳氮比没有显著差异。通过 DGGE 图谱发现，间作模式的根际细菌群落多样性普遍比单作时高，说明间作模式可能影响了土壤微生物群落。利用 Biolog 微孔板鉴定系统研究发现，茶园间作三叶草的AWCD（average well color development，平均吸光值）的变化速度和最大值均大于单种茶树，说明间作提高了土壤微生物的丰富度。茶园间作三叶草还有利于微生物量碳的提高。

由此可见，在连作、轮作和间作种植制度中，连作由于影响土壤质量而导致作物产量降低和品质下降，而轮作或间作大部分能提高土壤微生物的数量和多样性，有利于维持和改善土壤质量，维持农业的可持续发展。现行的轮作或间作也有些不够合理，过高强度的复种或不合理的间作也会对土壤产生负效应，对于间作模式下土壤微生物的研究相对较少，应进一步加强这方面的研究，揭示土壤微生物在不同的种植制度下的变化规律，为设计更加合理的种植制度提供科学依据。

第三节　施肥对土壤微生物的影响

不同的施肥措施对土壤微生物数量会产生一定的影响。长期单施化肥与长期不施肥相比，土壤微生物数量有一定程度的增加，硝化细菌、反硝化菌和纤维分解菌等生理菌群数量显著增加。施用有机肥比施用化肥更有利于微生物数量的增加。化肥与有机肥的长期配合施用与单施有机肥或化肥相比，显著增加了土壤微生物数量，土壤中微生物数量也高于长期撂荒土壤。也有研究发现，过多有机肥的施用，并没有提高土壤微生物数量，长期施肥的土壤有机质含量与细菌总数及放线菌总数之间无直接相关性。

微生物量碳、氮和磷被认为是土壤活性养分的动态储存库，它调配着植物生长对养分的吸收活动，同时微生物量能灵敏地反映环境因子的变化。研究表明，不同的施肥措施对微生物生物量产生了不同的影响。与不施肥相比，施用有机肥料可以显著提高土壤微生物量碳含量，并且随着有机肥用量的增加，土壤微生物量碳提高。而单施化肥区土壤微生物量碳含量在玉米整个生长季节都处于一种波动变化。当氮肥用量超过 $225kg \cdot hm^{-2}$ 时，会降低微生物量氮，当磷肥用量达 $225kg \cdot hm^{-2}$ 时对微生物量则产生明显的抑制作用。施用有机肥或者有机肥和无机肥配施都能提高土壤微生物量碳、氮。在作物轮作的耕地上，与单施化肥相比，长期化肥与有机肥配施的土壤中微生物量碳、氮升高。水稻、玉米、小麦和大豆等单作研究中也得到相似结果，化肥与有机肥配施使土壤微生物量显著增长，土壤养分容量的供应强度增强，有利于培肥土壤。

土壤微生物群落是土壤生态系统变化的预警及敏感指标，能指示土壤质量的变化。利用 Biolog 技术在水稻长期定位肥料试验中发现，与缺肥区相比较，氮、磷、钾配施促进了土壤微生物的功能多样性，特别是一些功能微生物菌群，例如，氮循环相关的菌群（固氮菌和硝化菌等）。长期化肥与有机肥配施比长期单施化肥（氮、磷、钾）的土壤中微生物代谢功能多样性指数（Shannon 和 Simpson 指数）显著增加。配方施肥下塑料大棚番茄土壤微生物的 AWCD 也始终大于无肥处理及传统施肥处理。施肥对土壤微生物功能多样性的影响不仅表现在可培养微生物方面，还表现在可用生化分子生物学方法检测到不可培养的微生物方面。例如，利用 FAME 和 PCR-DGGE 等研究发现，化肥与有机肥配施或生态有机肥都有利于增加土壤微生物群落多样性。综合利用平板法和分子生物学的方法对红壤长期施肥处理研究发现，真菌群落和细菌群落的多样性表现不一致，有机肥处理的细菌菌落数最少，但多样性最高，而粪肥处理的真菌菌落数最多，多样性却最低，说明真菌群落比细菌群落对土壤肥力更敏感。

综上所述，施肥能改善土壤微生态环境，改变土壤微生物群落结构，提高土壤质量，但过量施用化肥会抑制土壤微生物活性，过量施用有机肥也不能促进微生物活性。化肥与有机肥配施能促进土壤微生物多样性的增加。因此，要加强化肥与有机肥配施对土壤微生物影响的研究，建立科学的有机无机相结合的施肥制度，不仅可以保持和提高农田的生产力，同时还可以保持和改善土壤的生物学特性，提高土壤的生物肥力，符合可持续农业的发展要求。

第四节　农药对土壤微生物的影响

随着农业经济的发展，农药的施用量也逐渐增大。农药在施用过程中绝大部分散落在土壤中，势必会对土壤中的微生物产生影响，一般来说，农药对微生物生长的直接影响主要有两种：一是对微生物生长的阻抑作用；二是作为营养物质的一部分被土壤微生物吸收利用。农药的种类有很多，主要可分为除草剂、杀菌剂和杀虫剂等。不同的农药对土壤微生物有不同的影响，可能对土壤微生物产生不同程度的抑制作用，或者使土壤微生物多样性和生物量减少，或者使土壤微生物群落结构和功能发生改变，或者对土壤微生物的活性产生很大影响。由于微生物的变化又会对有关的物质分解过程（主要是碳、氮循环）、植物的生长发育以及植物病理等产生影响，所以关于农药对微生物影响的研究也变得日益重要。

农药污染会破坏土壤功能，影响土壤生态系统的稳定，进而威胁到微生物多样性，并可最终通过食物链影响人体健康。微生物多样性是指微生物在遗传、种类和生态系统层次上的变化，在本质上它源于遗传的多样性，即主要由碱基排列顺序的多样性和碱基数量的巨大性所决定。微生物物种多样性是微生物多样性研究中的最基本内容，而微生物多样性对于生态系统稳定具有重要功能。

一、农药污染对土壤微生物遗传多样性的影响

农药污染能够影响土壤微生物的多样性，这是由微生物多样性的本质所决定的。通过提取土壤微生物总 DNA，利用聚合酶链式反应（PCR）与变性梯度凝胶电泳（DGGE）等技术分析土壤微生物基因序列（碱基）的变化，从而明确土壤微生物遗传多样性的变化。研究表明，农药污染会引起土壤微生物 DNA 序列发生变化。旱地使用正常田间浓度的杀虫剂啶虫脒不会对微生物群落造成较大的影响，高浓度啶虫脒对土壤微生物群落基因多样性有一定的影响，但是影响时间不长。除草剂地乐酚可以减少土壤微生物的生物量，抑制微生物碳源代谢途径，促进氮矿化，降低微生物的遗传多样性。在长期施用苯基脲类除草剂的果园土壤中，土壤微生物种群数量、功能多样性和遗传多样性都受到敌草隆和利谷隆的明显影响。在杀菌剂泰乐菌素污染的土壤中，DGGE 分析发现微生物遗传多样性与对照稍有差异。与对照相比，受多种农药污染的土壤中可培养的微生物多样性存在差异，PCR 技术基因指纹分析表明，2 个荧光假单胞菌种群的优势菌系不同。

二、农药污染对土壤微生物物种多样性的影响

农药污染影响土壤微生物物种多样性，其影响常常表现有直接的或间接的、

抑制的或促进的、暂时的或持久的等多种类型。

一般来说，低量施用杀虫剂或除草剂对土壤微生物多样性的影响不大；但是，如果大量施用，则会抑制甚至消灭某些敏感微生物，从而对微生物群落的组成起到选择作用。低浓度甲基对硫磷对土壤微生物数量影响不大，添加 100mg/L 和 500mg/L 甲基对硫磷能明显增加土壤细菌的数量；甲基对硫磷通过抑制或者杀灭某些种类土壤细菌，大幅促进了土壤生态系统中部分细菌的增殖。土壤经不同浓度甲胺磷处理后，细菌、放线菌和固氮菌群的生长均受到不同程度的抑制。磺酰脲类除草剂可以抑制某些微生物体内乙酰乳酸合成酶的活性，从而影响这些微生物的正常生长。在田间施用溴苯腈，低浓度时可以使细菌和放线菌的数量增加，而在高浓度时会抑制细菌和放线菌的活性，并且降低真菌的数量，使土壤纤维素酶的活性也受到抑制。利谷隆和西玛津对微生物量、微生物物种多样性和群落结构没有明显影响。土壤中结合态甲磺隆残留物对土壤细菌、真菌具有明显的刺激作用，而对土壤放线菌有强烈的抑制作用。苯噻草胺能促使好氧细菌数量的增加，但不利于真菌和放线菌的生长。阿特拉津和甲磺隆在初始阶段明显降低土壤微生物生物量碳和微生物生物量氮，但随着时间的推移，土壤微生物生物量碳和生物量氮都有所恢复。

杀菌剂、杀真菌剂和熏蒸剂等可以直接杀灭微生物，也可以剧烈地改变微生物在土壤中的生态平衡，即使较低浓度也能引起微生物群落的明显变化。在施加泰乐菌素的土壤中，细菌群落往往向以革兰氏阴性菌为主体的群落转移。土壤中施加泰乐菌素，降低了细菌菌落数，但抗性菌落比例增加，说明泰乐菌素对土壤微生物形成选择压力。杀真菌剂丁苯吗啉没有影响细菌的多样性，但对腐生真菌作用明显。施用土壤熏蒸剂 3-溴丙炔和 1，3-二氯丙烷，可以降低微生物群落的多样性。施用甲基溴也可以降低土壤微生物的多样性，而且对革兰氏阴性菌的影响要大于革兰氏阳性菌。施用熏蒸剂威百亩后微生物的异养性活性和脂肪酸成分发生改变，从而改变微生物的功能如营养循环和污染物降解，但放线菌和其他革兰氏阳性菌更容易恢复。

三、农药污染对土壤微生物生态系统多样性的影响

农药污染通过改变微生物群落结构、影响微生物在农田生态系统物质循环、破坏生态系统稳定等方面最终影响微生物生态系统多样性。

微生物群落是指由一定种类的微生物在一定的生境条件下所构成的有机整体，土壤中包含有四种比较重要的微生物类群：细菌、真菌、放线菌和藻类。土壤受到农药污染后，会扰乱微生物类群的正常秩序，主要表现在微生物生物量、

群落结构、群落的物种多样性等方面的影响。微生物群落结构是指群落内各种微生物在时间和空间上的配置状况，优化的配置能增加群落的稳定性，表现为良性发展。但是，农药污染会影响这种良性发展，对群落的结构产生破坏影响。微生物是土壤酶形成与积累的主要动力，在微生物生命活动过程中，向土壤分泌大量的胞外酶，在其死亡后，由于细胞的自溶作用把胞内酶也释放到土壤中，因而在土壤生态系统中发挥至关重要的作用。土壤微生物的组成和土壤酶活性可以作为污染的重要指标，土壤受到污染后，土壤微生物组成发生变化，土壤酶活性受到抑制，进而影响微生物在物质循环中的功能。

总之，农药污染可以影响土壤微生物的多样性。通过对农药污染影响土壤微生物多样性的研究，可以尽量减少或者避免农药污染对环境的影响，保持微生物的多样性，从而为农业耕作和农业生产提供科学依据。

第六章

植物病害微生态调控

第一节 微生态调控的概念

微生态调控(microecological control)是在植物微生态学基本原理指导下产生的植物病害防治的新方法,是微生态学在植物病害防治实践中的具体应用。它通过调节、控制寄主组织和生理、寄主个体微环境、微生物种群三者与目标微生物(病原物、次病原物、无症状病原物)种群的微生态平衡关系来防治病害,以达到最佳的经济、社会和生态效益。

从植物微生态学的理论来分析植物病害,可以认为植物病害的发生是其微生态平衡失调引起的。植物的微生态学关系可以用图 6-1 表示。病害发生的基本要

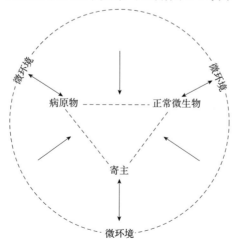

图 6-1 植物体微生态学关系(梅汝鸿和徐维敏,1998)

素有寄主、病原物、正常微生物群和微环境。在正常的植物体上，病原物的种类和数量被压低在一定水平，不被引起发病。一旦其他因素改变，病原物种群和数量增加一定程度便导致发病，亦即微生态失调（dysbiosis）。大连医学院康白教授认为："微生态失调是正常微生物群之间和正常微生物群与其宿主之间的微生态平衡，在外环境影响下，由生理性组合转变为病理性组合的状态"。这一概念包括了菌与菌之间、菌与宿主之间及外环境之间相互作用的动态变化过程，其中，研究最多的是菌群失调（dysbacteriosis）。菌群失调指在一定微环境中正常微生物菌群发生的定性或定量的改变，这种变化主要是量的变化，亦即正常微生物群与病原物的比例变化。按其失调程度，可以将微生态失调分为三种类型。①一度失调：在外环境因子作用下，微生态平衡受到影响，病原菌的数量有一定程度上升，但一旦消除外环境影响，这种平衡又会得以恢复，呈现一种可逆变化。②二度失调：外环境因子持续作用，菌群比例改变甚大，一旦去除外因，尚不能恢复到平衡状态，呈现不可逆变化。③三度失调：在外因子作用下，病原菌的数量占绝对优势，正常菌群大部分被抑制，正常的生理变化被病理变化所替代，更难恢复其平衡状态，植物病害的发生亦是这样一种变化过程。在使用苯并咪唑类杀菌剂防治草莓病害时灰霉病却日益严重，主要原因是化学药剂抑制了一部分正常微生物，使得灰霉病菌的数量大幅增加。这一类病害被称为"医源性病害（introgenic disease）"。草莓根霉病、柑梢黑腐病、梨果毛霉病、仙客来灰霉病都是一些医源性病害。因此，可以认为病害的发生是由微生态平衡失调所引起的，下面的一些实例更加说明了这一点。通过调节、控制微生态环境，使正常微生物菌群与病原物之间的比例趋向平衡，从而控制植物病害的发生和发展，我们称为"微生态调控"。

植物病害防治，从 100 多年前法国人利用波尔多液防治葡萄霜霉病开始，从观念上和行为上都有较大的发展，用表 6-1 所示可以简单地表达。

表 6-1 植物病理学发展历程（参考梅汝鸿等，1998，修订）

历史的演化	概念的发展	时光延伸	行为的进步	措施的特征
传统植物病理学	病原学	1974 年止	防治结合	已病治病
近代植物病理学	生物学	1975 年始	综合防治	未病防病
现代植物病理学	生态学	1990 年始	生态保健	无病保健
21 世纪植物病理学	生态学	2006 年始	绿色防控	绿色植保

表 6-1 中描述的这四个历史发展阶段，绝非是截然可以分开的，它们是在长期历史演化中，随着人类农事活动中逐渐发展、逐渐成熟，并且是交错在一起，

相互渗透，相互推动的。"无病保健"也绝不是从 1990 年才有的，"已病治病"当前也在应用，并在发展还不停赋予它新的内涵。

微生态防治的出现，标志植物病害防治进入一个新的发展时期，是人类对植物病害认识产生的新飞跃。

微生态调控的出现，它不是生物防治，更不是生物化学防治。微生态调控是调控生态环境与有害微生物（病原菌）的平衡：调节寄主细胞组织同有害微生物的平衡。协调植物体内的内生共生菌，包括寄生和腐生的微生物同病原物微生物的平衡，因此，微生态调控的措施可以用生物（微生物）的，同生物防治是一致的，也可用物理、化学的措施来控制、调节微生态系统，达到防病的目的。

调控微生态来防治板栗干腐病就是一个很好的微生态防治的实例。

板栗干腐病系由许多真菌类病原菌复合侵染所致。它们分为两种类型，一类是寄生性比较高的病原菌，主要指茎点菌、大茎点菌、拟茎点菌、小穴壳菌、炭疽菌、壳囊菌等，这些菌是主要致病菌；另一类是寄生较弱、腐生性强的致病菌，如丝核菌、镰刀菌、交链孢菌、单端孢菌、青霉菌等。这些寄生性较强的菌首先发难，使种仁致病产生小病斑，然后，寄生性较弱的菌在小病斑基础上大肆扩展危害，造成整个种仁霉烂。

板栗干腐菌在果园内到处存在，板栗树体就带有以上危害栗仁的病菌，从芽、花、栗蓬、栗种到枝条、树干构成一个完整的生态系统，延续不断，因此，树体带菌是板栗干腐病主要的菌源。

板栗干腐病菌系从花期侵染板栗。这些病菌侵入栗果后，以潜伏状态长期存在种仁内。在生长期，栗蓬、栗仁很少发病，只有少数在树上发展，发病率在1%左右，多数在采摘时才可发病。但是，把生长中后期的栗蓬进行分离或诱发后，均可见到典型病状并分离到各种病原菌。

板栗干腐病病菌从潜伏状态转为活动状态，主要的诱病因素为失水，在缓慢失水的情况下病情最重。当板栗失去它自身含水量的10%，病情开始迅速发展，到30%时病情发展达到高峰，如果继续失水，病情发展速度反而下降。高温高湿发病严重，先失水然后浸泡水发病更为严重。

板栗干腐病的防治，代表了微生态调控的一种类型，即促使板栗干腐病菌处于潜伏状态，不易转为活动状态，即便转为活动状态，也是一种低水平的活动状态，病情指数不至于很高，危害不严重。

苹果霉心病是一种特殊类型的果实病害，病菌为链格孢菌（*Alternaria* sp.）、单端孢菌（*Trichothecium ruseam*）、镰刀菌（*Fusarium* sp.）等复合侵染。病菌一般在花期侵入，随果实生长发育而进入心室。从健康的果实和发病的果实心室微生物区系分析，健康和发病的果实的微生物基本相同，只是病果病菌数量多一些。苹果采收后，果实逐渐走向衰老，温度、湿度等条件适合病菌的生长，病菌则由潜伏状态变为活跃状态，危害苹果果实。霉心病的发生是果实与病原菌的微生态关系失调引起的。对于霉心病，采后采取低温贮藏，既可保持果品的生活力又可抑制病菌的活动。霉心病菌系采前侵入心室，化学药剂难以奏效。将从苹果枝条上分离得到的芽孢杆菌制成 $5×10^6$ 个细菌/mL 的菌悬液在萌芽期、初花期、盛花期、落花期喷雾于树体上，对霉心病的防效可达 50%~60%。

对于苹果青霉病，有人用 $NaHCO_3$ 浸果来防治，效果很好。其原因是 $NaHCO_3$ 提高了果实表面的 pH，而青霉菌适宜于低 pH 的条件下生长，这是改变果实表面的微环境来防病的例证。

在采后病害防治中，化学防腐保鲜剂是最为常用的方法。防腐剂可以抑制或杀死果实表面或浅层的病菌，保鲜剂多为一些激素类物质如赤霉素、青鲜素、2,4-D等，可以保持果实生活力，延缓衰老，提高抗性。这些也是对果实微环境及果实、病原物微生态关系的调节方式。

苹果斑点落叶病之所以成为目前果树生产上的重要病害，是因为病菌产生抗药性的原因。防治斑点落叶病主要应用扑海因和多氧霉素，但一般 3~5 年病菌便会产生抗药性，产生抗药性的病菌的生长会更加强盛，病害便会越来越重。从苹果叶部分离得到芽孢杆菌，应用于防治斑点落叶病，防效可达 60%~70%。利用有益微生物调节叶部微生态环境，抑制病原菌生长，可达到防治病害的目的。

利用有益微生物进行微生态调控时，不但可以防治病害，同时还可提高果实品质，如硬度、含糖量、着色程度，果实本身的抗性也得以加强。

对于土传病害，通过微生态系统的调节也得到了一定程度的防治。大白菜根肿病造成白菜的大量减产，通过增加一定量的石灰改良土壤，提高土壤和根围的pH，可以防治此病。对于不同类型的病害，微生态防治都将会成为有效的防治方法。

通过以上实例分析可以看到，微生态调控不同于生物防治，它还包括生物防治以外的其他方法，生物防治比较科学的概念是：在农业生态系中，调节植物的微生态环境，使其有利于寄主而不利于病原物，或其影响寄主与病原物的相互作用关系中有利于寄主而不利于病原物，从而达到防治病害的目的。生物防治利用的是活的微生物或其代谢产物，其作用方式有竞争、拮抗、占领、重寄生、人工免疫、捕食等，直接或间接地防治病原微生物。生物防治可以作用于体内也可作用体外。微生态调控除了利用生物手段以外，还包括物理、化学等方法，调节微环境、正常微生物种群、寄主组织同病原微生物的平衡，即生物防治是一项单一措施，微生态调控是多种措施的综合使用。

第二节　微生态调控的产生与发展

微生态防治的提出不是凭空臆造的，它是在人们对植物病害的不断深入认识和防治实践的基础上产生的。

对于植物病害的认识，人们经历了自生论、外因论、唯病原论和生态病原论的历史过程。其中，唯病原论的影响最大，至今还在一些人思想中存在。19 世纪中叶，欧洲暴发了马铃薯晚疫病，数十万人死于饥荒，数百万人逃亡，病害与人类的矛盾日渐激化。Anton de Bary（1861）系统研究了此病，确定了病原菌，通过防治这种病原菌控制了病害进一步发生，从此便形成了研究病原微生物的热潮。在防治实践中，各种方法都是以消灭病原菌为目标。抗病育种针对某一个病原菌，化学方法的高效杀菌作用使之成为病害防治的法宝，就连生物防治也是针对单一的病原菌；抗病育种导致了生理小种的产生，使之进入了困境；生物防治也因效果不稳定而难以推行。尤为甚者，化学药剂产生了一系列负效应，如病菌抗性越来越强，病菌变异周期缩短，药剂杀菌难以奏效，其对环境的污染更为严重，给人类生存带来了威胁，研究人与环境的相互关系的科学——生态学应运而生。生态学观点向植物病理学领域渗透，人们开始对植物病害重新认识，提出了"预防为主、综合防治"的指导思想，之后产生了生态病理学，进而发展为植物微生态学，微生态调控就成了一项新的防治病害的方法。

从我们国家植物保护方针的演变也可以看出微生态调控的发展趋势。1950—1954 年，植保方针为"防重于治"；1955—1974 年，则以消灭有害生物个体为目标，"有虫必治，重点消灭""全面防治，重点肃清"；1975 年以后，提出了"预防为主，综合防治"的指导方针，由单一作物上单一措施对付单一病原物进入（充分发挥自然因素的作用）以多种作物为主体，多种有害生物为对象的综合治理；20 世纪 90 年代，产生了微生态调控，着眼于植物的"无病保健"；进入 21 世纪，提出了"公共植保、绿色植保"的概念。

农作物病虫害绿色防控是在 2006 年全国植保工作会议上提出"公共植保、绿色植保"理念的基础上，根据"预防为主、综合防治"的植保方针，结合现阶段植物保护的现实需要和可采用的技术措施，形成的一个技术性概念。其内涵就是按照"绿色植保"理念，通过生态调控、生物防治、物理防治和科学用药等多种技术措施的综合利用来开展防治，提高作物自身抗病性，恶化病虫生存条件，促进标准化生产，降低农药使用频率和风险，从而确保农作物生产安全、农产品质量安全和农业生态环境安全，从而达到农业增产、增收的目的。

生态调控技术是一种通过调节农作物的生态种植环境，不断为农作物创造良好的生长环境来提高其抗病性的方法，主要以选取优质的抗病虫品种、改善农作物种植结构、培育健康种苗等几种措施为主，同时运用多种生物多样性调控与自然天敌保护利用等技术进行综合治理，从源头降低病虫害发生概率，属于一种在自然环境状态下人为增强农作物抗病虫能力和环境抗害能力的方式。

生物防治技术是综合运用以虫治虫、以螨治螨、以菌治虫、以菌治菌等生物防治关键措施，同时应用牧鸡牧鸭、稻鸭共育等成熟技术，研究开发生物生化制剂应用技术。

理化诱控防治技术是通过一系列物理与化学措施实施防控，重点运用昆虫信息素、杀虫灯、诱虫板进行害虫的控制，集成应用植物诱控、食饵诱杀、防虫网阻隔和银灰膜驱避害虫等理化诱控技术。

科学用药技术是利用化学农药这种见效快的方法来消除病虫害，现阶段推广安全科学用药，使用高效、低毒、低残留、环境友好型农药，不断提高用药水平，使用前积极推广优质农药和配套技术，从使用上严格遵守农药使用的各项注意事项，使用后加强对抗药性监测与治理。

第三节　植物病害微生态调控的指导思想

调节植物微生态系统的指导思想是"保健为主，综合调控"。"保健为主"是指植物生长的全过程中都要贯彻有益微生物（益微）保健和栽培保健措施，以促进植物生长，增强植物对有害微生物的抗性。"综合调控"是指在充分发挥自然调控作用的基础上综合协调应用生物、栽培、物理和化学等措施调控植物的微生态系统，使益微成为微生物群落内的优势种群，而有害微生物被控制在一个低的允许水平，寄主植物处于健壮生长、抗逆性最佳状态，以获得高的产量、优良的品质，从而得到最佳的经济和社会效益以及良好的生态效应，

"保健为主，综合调控"的指导思想不同于我国的"预防为主，综合防治"的植保方针。第一，对象不完全相同，"保健为主，综合调控"的对象是植物体的微生物群落和寄主植物，微生物群落由益微种群和害菌种群组成。而"预防为主，综合防治"的对象仅仅是有害生物，这些有害生物包括有害微生物、杂草和有害昆虫等。第二，保健为主不同于预防为主。保健为主是在植物的一生中即采用保健措施，使植物生长健壮，提高植物的抗病和耐病能力，充分发挥寄主植物对有害微生物自然免疫力。而预防为主是在有害生物危害前采用各种预防措施，创造

不利于有害生物而对寄主无害的环境条件，达到控制有害生物的目的。第三，保健为主突出通过利用益微调控植物体内（或根围、叶围）的微生物群落，使益微成为群落中的优势种群，充分发挥对植物体的促进同化作用，提高产量和品质，增强寄主对不良环境因素和有害微生物的抗逆性，使寄主植物健康生长。这是在以前的预防措施中没有的。第四，综合调控是在贯彻保健措施和充分利用自然控制因素的基础上，根据实际情况，配合应用生物、物理和栽培等措施，当有害微生物上升到一定数量达到经济阈值的关健时期使用化学措施控制。综合防治是指在充分发挥自然控制的基础上，应用综合措施控制有害生物。

"保健为主，综合调控"的指导思想是在"预防为主，综合防治"植保方针基础上的发展，是人们认识客观世界的又一次飞跃，使我国植保工作步入一个新的发展阶段，是对农业生产的重大贡献。调控植物体的微生态系统是国外近来正在发展的保护生态环境的"持续农业"的重要组成部分，是农业生产（包含动物、植物生产）的新途径，它是同种子、土肥、水利、栽培、植保并列的重要生产措施。因此，研究和应用调控植物微生态系统的技术前景美好，是符合农业发展方向的。

第四节　植物病害微生态调控的目标和措施

一、调节植物体内微生物群落中的益微成为优势种群

在植物体内的微生物群落中益微种群和有害微生物种群往往是同时存在的。当益微成为微生物群落中的优势种群时，有害微生物被益微分泌的抗生素抑制，益微在植物体内的作用就可充分发挥出来。它分泌有植物生长调节剂促进作物生长，提高坐果率和结实率，提高产品质量，使果实提早成熟。它分泌的超氧化物歧化酶（SOD 酶）提高作物的抗逆性，使植物健康地生长。而当有害微生物逐渐发展成为微生物群落中的优势种群时，这时植物的正常生理受到干扰和破坏，植物进入病理过程，一般情况下植物的产量和品质下降，严重时植物死亡，植物微生物系统崩溃。因此，必须人工干扰植物微生态系统，调节植物体内的益微种群，使它成为微生物群落中的优势种群，并保持以益微为优势种群的微生态系统的相对稳定性，才能使植物整个生长过程处于最佳的状态。

为了使益微成为微生物群落中优势种群，首先采取益菌保健措施，即人工接种益微措施，这是目前主要的方法。接种益微的要求按以下原则进行。

①接种益微宜早用。通常一年生作物从种子处理开始应用，效果多数是明显

的。这样，种子萌动发芽开始生命活动后，益微就能马上进入植物成为优势种群，表现出明显的促进生长效应。如果有害微生物早在益微之前进入寄主植物，这时就需要用对益微无害而对有害微生物有抑制作用的农药和益微混合应用，常先用热处理或化学农药处理种子来控制有害微生物，再用益微拌种或浸种处理，才能使益微进入寄主植物而成为优势种群，与有害微生物竞争，发挥出益微对寄主植物的作用。多年生果树作物应从萌动时开始第一次使用，可结合喷洒杀菌剂多菌灵或托布津时混合应用，这一次应用可使叶片长得大，叶色深，光能利用率明显提高，对减少生理落果起重要作用。

②不同作物种类选用相匹配的益微种类。如水稻和小麦等禾本科作物用稻麦增产菌，油菜、蔬菜和果树选用广谱增产菌，苹果和梨等仁果类果树宜用苹果增产菌，西瓜宜用西瓜增产菌，烟草宜用烟草增产菌等。

③在植物的不同发育阶段，使用益微的方法和剂量不同。如以种子播种的，在播种期拌种或浸种；以块根和块茎为繁殖体的，可采用浸种法，移栽期用蘸根方法，花期用点花或喷雾方法，其他阶段用喷雾方法。使用剂量拌种一般每亩用20克粉剂，小粒蔬菜种子每亩用10克粉剂，蘸根每亩用20~30克粉剂，喷雾苗期每亩用20克粉剂，中后期增加到每亩30克粉剂。

④根据益微在植物微生态系统中的作用特点，以促进生长为目的时一般应隔20~30天施用一次。

⑤根据不同的目的选用相应的益微种类。如在水稻上以促进水稻生长为主要目的，可选用稻麦增产菌；以控制纹枯病为主要目的，可选用益微工程菌，也可选用井冈霉素和稻麦增产菌的混合制剂。如果以提高坐果率和结实率为目标，应在作物初花期使用；如果以鲜嫩为目标，应选用拌种措施。

⑥依据植物不同发育阶段的生长特点，在不同阶段将益微与植物生长调节剂和微肥配合使用，促进寄主植物生长和提高抗性的效果更为显著。如油菜在不同阶段使用广谱增产菌、多效唑和微肥配合施用，增产效果比单用多效唑处理增产8%~10%，比常规不处理对照油菜菌核病减轻40%~50%。

⑦如果以控制植物病害为目标，当达到防治指标时，益微应与对有害微生物有抑制作用而对益微无害的化学农药或抗菌素混合应用，这样具有明显提高防治效果的作用，如井冈霉素与稻麦增产菌混剂防治水稻纹枯病比单用井冈霉素提高防效40%~50%。

⑧应用对益微无影响而对有害微生物有抑制作用的杀菌剂控制有害微生物种群，使重寄生物能寄生到有害微生物上。如用甲基溴处理土壤后，引起柑橘根腐病的蜜环菌停止分泌抗菌物质，而耐甲基溴的木霉菌进入柑橘根中，重寄生到密

环菌上使蜜环菌死亡，从而使柑橘根病得到控制。

⑨充分利用自然抑制因素，通过调整播种期，使作物感病正处在拮抗菌适生时期，使有害微生物的危害得到控制。如海南岛西部地区的早稻适当推迟播种期，使水稻秧苗正好处在有利于绿色木霉生长的温度，这样就可明显减轻水稻小球菌核病的危害。这是因为小球菌核病菌受到绿色木霉菌的重寄生而得到控制。

二、控制有害微生物的数量在一个允许的经济阈值以下

控制有害微生物的数量并不是要消灭有害微生物，只是把有害微生物的数量控制在一个允许的经济阈值以下，即当有害微生物达到这个数量时进行防治，这时防治的收益大于防治的支出和有害微生物造成损失的总和，防治的经济效益最好，对农产品污染最小。通过控制有害微生物的数量，使植物微生态系统中的益微保持优势种群的地位，从而使植物微生态系统维持生态平衡。

为了有效地控制有害微生物种群的数量，目前主要实施以下措施。

1. 对转移性有害微生物的控制

第一，有些有害微生物不是寄主植物本身携带的，而是在植物生长过程中从外界转移到植物微生态系统内的，对这类有害微生物的控制首先要根据它的转移途径，切断其转移途径，尽可能地减少转移进植物微生态系统的数量，以保持微生态系统的平衡。针对这一目标，主要采取以下措施。

(1)调节植物体的物理环境因素，降低侵染位点的温度，造成一个不利于有害微生物侵染的环境条件。例如，橡胶割面的条溃疡病。在病害流行季节割胶时，割面由低线转高线，并雨天停割，降低侵染部位的温度，从而明显减少条溃疡病菌的侵染。

(2)侵染前接种益微，利用益微消耗侵染位点外渗的营养物质，使有害微生物不能利用寄主植物外渗的营养而减弱侵染势，并利用益微对有害微生物的拮抗作用，抑制有害微生物对寄主植物的侵染。如在胡椒叶片上接种绿色木霉菌，24小时后再接种胡椒瘟病菌，胡椒叶片不感染胡椒瘟病，反之，先接种胡椒瘟病菌，24小时后再接种绿色木霉菌，胡椒瘟病菌仍在叶片扩展。这说明只有拮抗菌先占领植物体才能起控制有害微生物危害的作用。

或在致病微生物侵染寄主前，先接种生物制剂占领寄主植物，使致病微生物不能侵染寄主植物。如英国研制的大隔孢伏革菌接种松林中砍伐的活残桩，使大隔孢伏革菌在褐根病菌侵染前先占领残根，从而防止褐根病菌侵染残根，使整个林地中未砍伐的林木免遭褐根病菌的侵染。

(3)提高寄主植物对有害微生物的抗侵入能力。这主要是通过栽培措施来调

节植物体的环境，达到提高抗侵入的目标。如白菜和菜心的伤口处施石灰或喷洒75%酒精，可促进形成伤愈组织，从而提高其对软腐细菌的抗病能力。

(4)通过栽培措施，破坏有害微生物的传播途径，从而减少传染概率。例如，对胡椒瘟病的控制。在病害流行季节前胡椒园里开挖好探沟，使流行季节的雨水顺沟排出园外，不让携带病菌游动孢子的水流接触到植株的根颈部，减少了传病概率而减轻病害。

(5)在病害始发期应用农药将有害微生物杀死在扩展之前。如在葡萄霜霉病刚出现时及时喷洒波尔多液，以控制葡萄霜霉对植株的侵染。

第二，对转移进入植物微生态系统的有害微生物，应用生物、物理、化学和栽培等措施控制其数量增长和危害程度的扩展。

(1)应用生物措施控制有害微生物在植物体内扩展，如防治水稻纹枯病用井冈霉素与稻麦增产菌混合喷雾。尽管发病率与单用井冈霉素处理差异不明显，但严重度却减轻约50%，3~4级重病植株明显减少，说明稻麦增产菌有明显的抑制病菌扩展的作用。

(2)通过栽培措施提高寄主植物对有害微生物的抗性。如水稻施用钾肥后，水稻胡麻叶斑病的发病率为7.8%~24.3%，对照为22.0%~57.3%，同时还有减轻水稻纹枯病的作用。

(3)应用内吸杀菌剂控制寄主植物内的有害微生物。如喷洒粉锈宁防治梨锈病，可有效地控制寄生于树体内的梨锈病菌。但应用这项技术时要注意防止有害微生物产生抗性，必须要2种以上农药交替使用；要尽量减少对拮抗微生物的伤害，防止因用农药伤害拮抗微生物，使有害微生物因失去拮抗微生物的抑制而导致危害更为猖獗的情况发生。

(4)用对有害微生物有抑制作用而对益微无害的杀菌剂与益微混合施用，杀菌剂控制在寄主上的有害微生物，帮助益微在寄主植物上定植，益微定植后就可提高寄生抗性，并与有害微生物产生拮抗作用。如用杀毒矾与广谱增产菌混合喷雾控制黄瓜霜霉病，比单用杀毒矾处理病情指数低一倍多。

(5)利用重寄生物控制有害微生物。如栗疫病的生物防治，是通过在患病树的病斑上引入一种低致病力菌系，使疫病斑上强致病力菌系变为低致病力菌系，便于溃疡愈合。

(6)变温处理携带有害微生物的种子或块根，杀死已侵入寄主的有害微生物，如甘薯的温汤浸种等。

2. 对种子或其他植物材料携带的系统侵染的有害微生物的控制

排除在植物体内的有害微生物，培育无有害微生物的种苗，建立无有害微生物种苗的生产供应基地。

（1）通过对种苗或其他繁殖材料的热处理，杀死携带的有害微生物

热空气处理：热空气处理患病毒的块茎或种苗，可消灭患病植物体内的病毒，如感染马铃薯病毒病的块茎用37℃热空气处理3~6周，可除去其中的苜蓿花叶病毒、马铃薯卷叶病毒和番茄黑环病毒。草莓患病苗在38℃热风条件下处理12天，可铲除草莓中的草莓叶斑病毒。热空气处理类菌质体引起的植物病害也有一定效果，植物在37~40℃生长可使体内类菌质体大幅减少。甘薯小叶病病株在38~39℃热处理7天，可以取得疗效。

热水处理：热水处理种子、枝条，可消灭这些种质材料携带的有害微生物，甘蔗患病毒插条用52℃热水处理1小时，能消灭插条内的甘蔗尖顶病毒和草芽病毒，而对插条发芽无影响。50℃处理2小时，能减少种梢材料上的黑粉病菌。

热空气与热水综合处理，防治病毒病害可以获得较好效果。如柑橘衰退病毒带毒苗木在白天40℃、夜间35℃热风处理14周后，再将春枝在50℃温度中浸1~3小时后芽接到实生苗上，得到了无毒植株。

（2）应用组织培养技术，培养和繁殖无病种苗

分生组织尖端细胞培养是组织培养生产无病毒植株最重要和最有效的方法。从1952年开始应用分生组织尖端细胞培养技术消灭大丽花属病毒以来，已经生产出许多作物的大量无病毒的健康种苗，此法比培养其他组织生长更迅速，而且再生植株遗传性比较稳定，因此得到广泛应用。采用分生组织尖端细胞培养获得无病毒苗的机会常常决定于最初切割分生组织尖端的大小，通常和培养的分生组织尖端的大小成反比。因为分生组织顶端细胞繁殖速度常比病毒复制速度快，因此在顶端细胞内出现无病毒区，这样通过切割顶端分生组织可获得无病毒苗，切割的分生组织尖端越小，得到无病毒苗的概率越大。Mellor和Stacesmith（1977）等研究人员认为，即使在切割时分生组织尖端可能已被病毒侵染，在组织培养期间也可以从分生组织尖端消除病毒。这些病毒在植株内钝化是切割分生组织造成细胞损伤的结果。我们认为细胞的损伤破坏了病毒粒体核糖核酸再生所需要的酶的产生。在此期间，原有病毒的核糖核酸减少，把分生组织尖端切割得越小，对产生酶的损害和由此产生的破坏作用越大，因此培养小的分生组织尖端可以避免病毒侵染或留下少量在植株体内已钝化的病毒。在必须培养较大的带有病毒的分生组织尖端时，如马铃薯病毒和樱桃卷叶病毒，常带有很大浓度的病毒，通过在培养分生组织尖端时与高温处理结合起来或通过这些组织的化学疗法，获得在植株体内病毒的钝化而培育出健康苗木。

第五节　微生态调控与其他防治措施的关系

植物病害的防治措施包括植物检疫、抗病品种、栽培防治、物理防治、化学防治、生物防治，除植物检疫措施以外，其他防治方法都与微生态调控有着密切联系，这种联系有两个方面，一种是作用于微观环境，可以称为微生态调控方法；另一种情形是虽不直接作用于微观环境，但却间接地影响了微环境，这是因为宏观环境与微观环境相互影响、相互作用，宏观效果往往是通过微观环境起作用的。

抗病品种的利用是植物病害防治的有效措施。品种的抗病性基本是在微环境中发挥作用的。植物的抗病性包括形成结构抗病性和化学抗病性，这些都是在植物体表、体内的微环境中对病原菌起抵抗作用。品种抗病性的遗传学规律（基因对基因学说）是病原菌与植物在分子水平的生态学关系，以此为指导培育的抗病品种多为垂直抗性，随之产生了病原菌生理小种，植物本身具有的水平抗性基因逐渐被淘汰掉。目前，抗病育种带来的病原菌变异也是在分子水平的生态学关系失调的结果。植物在不同时期抗病性发生变异，亦是植物体内微生态环境变化所致。如许多果品越到后期越感病，主要原因是其内部发生了许多生理生化变化，使得果品内环境适宜于病原菌生长。

栽培防治通过加强水肥管理、合理轮作、整株除病残体等来进行的，苹果树腐烂发生的原因是树势的衰退，使得潜伏在树体内的苹果树腐烂病菌（*Valsa mali*）变得活跃起来，这也是在果树体内的微环境中发生的，通过水肥管理为主要措施调节果树体的微生态平衡达到了防治效果。

物理防治的方法通过控制温度、调节气体等来改变植物和病原菌生长的环境，尤以果品的贮藏应用最多。低温、低氧、高二氧化碳的目的为保持果品生活力，延缓衰老，同时使病原菌的活动受到抑制。这些方法虽是在果库中进行的，但最终仍作用于果品的微环境。近年来，发展的果树热力处理防病不但杀死表面的病原菌，同时对侵入树苗内的病原菌、病毒也一并杀死。传统的温汤浸种也是为了杀死体内的病原菌。

化学防治应用化学药剂来防治病害。杀菌剂分保护性杀菌剂和内吸性杀菌剂，保护性杀菌剂杀死植物体表的病原菌，内吸性杀菌剂既可内吸，又可内导杀死体内的病原菌。这种方法压低植物体内病原菌的数量，使得植物体的微生态环境保持在一定的平衡状态。

生物防治是微生态调控的一个重要手段。

以上关系可以用图6-2来表示。通过以上论述，可以认为微生态调控是一种全新的农业生产措施，更重要的是一个新的指导思想，是多种措施的有机结合，是在微环境中的综合防治。

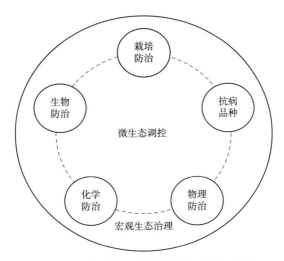

图6-2　微生态调控与其他防治措施的关系（梅汝鸿等，1998）

为了更好地理解微生态调控，还可以把它与植病流行学加以比较。流行学研究群体中病害发生发展的规律，微生态调控则着重于个体的病害发生发展的防治。微生态调控还可以通过侵染循环和侵染过程来比较。宏观生态治理以侵染循环为基础，微生态调控则以侵染过程为依据。

第七章

微生态制剂及其生态效应

第一节　微生态制剂的概念与发展历程

一、微生态制剂的概念

微生态学(microecology)一词最早由德国学者沃尔克·拉什(Volker Rush)于1977年提出，是一门在细胞或分子水平上研究微生物之间及其与环境和宿主之间相互依存和相互制衡关系的学科。根据微生态学原理，为了调控微生态平衡(microeubiosis)，利用有益的微生物群成员或其促进物质制成的微生物制剂，统称为微生态制剂(microecologics)。

微生态制剂又被称为微生态调节剂(microecological modifier)，是指作用于生物体表或体内，能够保持生物体固有微生物的比重和平衡，调节微生态失调，提高宿主健康水平，达到保健、增产、改良品质等作用的益生菌及其代谢产物或促进物质制成的制剂。目前，动物和医用微生态制剂成功应用的例子很多，农业上应用的微生态制剂以其多功能、无副作用、无残留等特性而成为农用抗生素的理想替代品，备受人们青睐。

微生态制剂都是活的菌剂，无残留、无污染、有利于人畜安全，具有可调控生态平衡、促进植物生长、防病抗病、保护环境和农业可持续发展的多种生态效应。

农用微生态制剂具有以下优点：①抑制病虫害。微生态制剂都是来自植物、土壤内的微生物，不管是真菌、细菌，加工生产的都是活的菌剂，应用到植物或土壤中以后，都可以在植物的根系周围及叶面定殖、繁殖、运转，形成优势种群，抑制其他有害菌群。②改良土壤。能够快速分解土壤有机物质，促进土壤团粒的形成，分解土壤中的残留农药。③固氮、解磷、解钾。有益菌在生长代谢过程中利用空气中的氮产生相应的酶和酸，可分解土壤中难溶性的磷、钾，成为容易吸收的磷肥、钾肥，能够大幅提高作物对肥料的利用率。④提高作物品质。有益菌代谢过程中能产生多种植物所需的物质，如小分子氨基酸、生长刺激物质、维生素等。⑤促进作物早熟和延长采收期。土壤理化性质得到改善，养分丰富且平衡，土壤中肥料能够更好地被作物吸收。⑥微生态制剂使用量少，节省大量的人力物力，适用于各种农作物，包括蔬菜、果树、花卉、粮油作物、烟草、牧草等。

二、微生态制剂的发展历程

微生态制剂，历史悠久，我国早在西汉年间，也就是在公元前一世纪《氾胜之书》就记载了"浸种法"。该法就把一些动物骨头研碎，用水煮开，存放数天，然后将动物的粪与之混合捣烂成稠糊状，把种子拌入，晾干。天气暖和，再次拌种，等种子外面附上一层厚厚的骨粪层，晒干，然后播种。种子经过选择处理后，长出的庄稼能获得十倍于平常的产量。这是微生态制剂和生物防治制剂的古老典范。

在国外，通常追溯到 1910 年，梅奇尼科夫提倡饮用的酸牛奶，作为微生态学制剂最初进入实际应用的实例。酸牛奶是乳酸杆菌发酵产物，对人体消化道具有保健作用，进而产生防病祛病作用。近年来，欧美国家也开始从人、畜正常微生物，也就是"生物体自然生态系"成员中，选育具有保健防病的有益微生物，经过人工繁殖，或者经过工业化生产，制成活菌制剂，然后再使其回到本来的生境，也就是回到生物个体内，发挥其控制、调节微生态系作用，实现防病保健作用。

微生态制剂是在人们不断认识微生态学的基础上诞生的，它的出现是历史的必然，并随着科学技术的进步不断发展。

1974 年，美国学者帕克(Parker)首次提出与抗生素相对的概念——微生态制剂，它是指有益微生物(beneficial microorganisms)经过特殊工艺制成的活菌及其代谢产物的制剂。1977 年，德国 Volker Rush 博士根据微生物学基础和生物学思想，首次提出微生态学概念，他指出微生态学主要研究功能性微生物菌群与环境、宿主之间相互作用，是一门分类于细胞水平或者分子水平的生态学科。随着微生态学的不断发展，关于微生态的定义也在不断被人们扩展、延伸。1994 年，在德国的一个会议上，人们将微生态制剂定义为："微生态制剂包括含活菌和/或死菌及其组分和产物的制剂，可经口或其他黏膜途径投放，旨在改善黏膜表面微生物或酶的动态平衡，或用于刺激特异性或非特异性免疫机能"。我国最早研发使用的微生态制剂是医学界于 80 年代初推出的乳酸杆菌活菌制剂，该制剂具有抑制大肠内腐败菌繁殖和减少大肠内蛋白质发酵与产气的作用。1991 年，中国农业大学植物生态工程研究所的梅汝鸿教授、唐文华教授等科研人员研制出第一个植物微生态制剂——增产菌（promoting bacteria），标志着我国植物微生态学确立。随着微生态学研究越来越深入，众多专门研究微生态制剂的科研机构也相继成立。例如，佳木斯大学的杨景云教授将微生态制剂和中草药相结合，研发相关的医疗保健制剂；四川农业大学的何明清教授等从事乳酸杆菌和芽孢杆菌等分子生物学方面的研究，且研发出针对不同家禽的微生态饲料添加剂等。近年来，随着土壤微生物作用机理的逐步明确及基因工程技术的不断成熟，人们对微生态学的理论研究与认识也越来越深入和完善，微生态制剂在农业上的推广和使用也取得了显著效益。

第二节　微生态制剂的作用机理

微生态制剂与以往应用的生物及化学制剂（农药、兽药、医药）在作用机理上有本质的不同，其效用多是与寄主相互作用的结果。已病治病，未病防病，无病保健。微生态制剂的重心是无病保健。这就是说，即使是健康的植物、动物、人，也可以用微生态制剂增进健康素质，提高健康水平，对植物与动物来讲，还有增加产重的作用，当然也同时有治疗和防病的作用。

有益微生物菌群定殖于植物或土壤后，往往表现出共生、栖生、竞争或吞噬等复杂关系。其作用机理主要有。

（1）保持微生态平衡。正常微生态菌群的种类和数量在长期进化过程中形成了一种相对稳定的状态，很多植物病害尤其是土传病害都是由于菌群失衡导致的，因此保持微生物菌群的相对平衡，对植物生长发育和病害防治具有十分重要的意义。微生态制剂可以补充有益菌，建立新的微生态平衡，从而达到抑制病原菌的目的。

（2）产生拮抗作用。在阻止病原菌侵染和定殖方面发挥着重要的作用。有益微生物通过营养竞争、空间占领或重寄生作用抑制病原菌的生长；有些还可通过合成抗生素、有机酸等抗菌物质抑制病原菌生长；一些微生物可以产生几丁质酶、葡聚糖酶和卵磷脂酶等，对病原物细胞起到溶解作用，从而达到防病目的。

（3）促进植物体生长。有益微生物通过解磷、解钾作用，释放土壤中的磷、钾等，为植物提供营养元素，增加微环境营养含量；有些微生物能够促使植物产生激素、维生素、酚类等物质从而促进植物生长。

（4）刺激机体产生免疫反应。微生态制剂中的某些微生物及物质可以提高宿主的抗旱性，抗盐碱性，抗极端温度、湿度和 pH，抗金属毒害等能力，诱导植物产生抗病性，从而提高寄主植物的抗逆性。

第三节　农用微生态制剂的种类

微生态制剂的发展迅猛异常，随着微生态学的发展，越来越多的微生态制剂种类和品种已经应用或将要应用到人、动物和植物。根据用途，微生态制剂可分为医学微生态制剂、兽医微生态制剂、饲料、饮料、化妆品及农用微生态制剂等几大类。随着人们的进一步研究，还会有更多种类的微生态制剂出现。

目前，并没有对农用微生态制剂进行种类划分的相关规定，所以说农业上使用的微生态制剂种类繁多，作用也不尽相同。一般而言，农用微生态制剂根据形态可分为固体型和液体型；根据用途和防治对象可以分为微生物杀菌剂、微生物除草剂及微生物植物生长调节剂等；根据所含微生物种类数量也可分为单一微生态制剂和复合微生态制剂。总体上来说，农业上应用的微生态制剂可主要分为三种类型：第一类是生物防治微生态制剂（microecological preparations for biological control），主要用于植物病虫害的生物防治；第二类是土壤微生态制剂（soil micro-ecological preparations），可用于改善土壤物理、化学和生物特性；第三类是植物微生态制剂（plant microecological preparations），主要用于植物增产增收。近年来，出现了许多综合性的微生态制剂，它们兼具植物微生态制剂、土壤微生态制剂和生物防治用微生态制剂三种功能，有的还具消除土壤化学毒素、净化土壤环境的功效。

一、生物防治微生态制剂

利用有益微生物防治作物病害的研究较多，最早是从土传病害开始的。台莲梅（2002）报道：1931 年，桑夫德（Sanford）和布罗德福特（Broadfoot）首次报道可以直接利用腐生真菌防治植物土传病害。迄今为止，研究和应用较多的是木霉属的种（*Trichoderma* spp.）。木霉分布较广泛，易分离和培养，而且对许多病原真菌和病原细菌有拮抗作用。其机制有重寄生、抗生和竞争作用。勒本（Leben）等利用黄瓜叶面分离的细菌明显降低了温室黄瓜炭疽病的发生，叶面腐生物可以抑制和杀灭洋葱上的灰葡萄孢（*Botrytis cinerea*）、甜菜上的蛇眼病菌（*Phoma betae*）。许多病原真菌常被其他真菌所寄生，如白粉菌重寄生菌（*Ampelomyces quisqualis*）用于防治温室黄瓜白粉病已在欧洲一些地区应用。锈菌重寄生菌也较多，如锈寄生孢（*Darluca filum*）对禾谷锈菌及菜豆锈病的控制，效果很好。Kerr 和 New 等在

20 世纪 70 年代用放射土壤杆菌（*Agrobacterium radiobacter*）K84 菌株来防治由 *Agrobacterium tumefaciens* 引起的许多植物的根癌病，并在许多国家推广。

关于土传病害生物防治的研究表明，许多能在根际生长的微生物是理想的生防因子。在种类繁多的根际有益微生物中，以荧光假单孢菌（*Pseudomonas fluorescens*）、洋葱假单孢菌（*P. cepacia*）、普迪塔假单孢菌（*P. pudita*）为主的植物促生菌，由于具有营养要求简单、繁殖速度快以及根际定殖能力强等独特优点，成为 20 多年来研究报道最多、最具防病潜力和应用价值的一类生防菌。已报道经 PGPR 处理能增产的作物有十几种之多，其中包括马铃薯、小麦、黄瓜、甜菜等；其还能有效地防治小麦全蚀病、马铃薯软腐病及棉苗猝倒病等多种顽固性土传病害。PGPR 的防治机理来自其对病原菌的拮抗作用以及对其他根际微生物的直接或间接的综合作用效果。一般认为，PGPR 由于具有良好的根际定殖能力并能长时间维持较高的种群水平，能有效地占领根表；此外，它还能在根际产生铁载体（siderophore）、抗生素、胞外水解酶和 HCN 等抑菌性代谢产物，能有效地保护根系统免受主效病原和微效病原的侵害，从而达到防病、增产效果。

利用生防微生物对植物土传病害进行防治已经在许多植物上取得成功。生防微生物的寄生作用表现为拮抗寄生物与目标病原菌进行特异性识别，并诱导产生细胞壁裂解酶降解病原菌的细胞壁使寄生物能进入病原菌的菌丝内以发挥抑菌和灭杀作用。生防微生物通过与病原菌争夺营养物质和生态位以调节微生物的种群动态从而达到生物防治的目的。研究表明，发生在叶片表面的营养竞争有利于降低病原菌孢子的萌发和侵染能力。在贫瘠土壤中生防微生物与病原菌对碳源的竞争较为普遍，生防微生物对土壤中病原菌孢子的萌发有较强的抑制作用。植物根际促生菌可通过各种代谢途径来促进植物生长并抑制有害微生物的生长。菌株单独接种和混合接种均能促进植物生长和产量增加，但混合接种的效果更好。

生防微生物的抗生作用表现为微生物产生一些挥发性物质、细胞裂解酶和次级代谢产物，这些物质能有效抑制和抵抗病原菌的活性，一般分为两类：一类抵抗细菌的生长，另一类抵抗真菌和放线菌的生长。

二、土壤微生态制剂

将经过筛选驯化诱变或工程化的微生物大量繁殖后施用到土壤中，使其在土壤中定居和繁殖，从而改变了土壤生态系统的结构，使得土壤环境朝着有利于植物生长发育的方向发展，以达到提高农作物产量和质量的目的。这种制剂就称为土壤微生态制剂（soil microecological preparation）。

土壤微生态制剂有细菌、放线菌、霉菌、酵母菌和藻类等各类微生物，包括光能和化能、自养和异养、好气和厌气等各种生理类型。土壤微生态制剂的作用表现在以下几个方面。

（1）改良土壤，促进土壤团粒结构，保水保肥，有利于作物的生长发育。

（2）促进植物生长，加速植物根系发育，防止植物组织衰老。

（3）通过与病原菌的竞争，抑制病原菌的生长，提高农作物抗病性，减少作物病害尤其是土传病害的发生。

常见的土壤微生态制剂有以下 6 种。

（1）含黏细菌的土壤调理剂。这种土壤调理剂至少含有 1 种黏细菌。用常规方法培养，培养基中含碳源（如葡萄糖、果糖、麦芽精、蔗糖、淀粉、乙醇、乙酸等）、氮源（如铵盐、蛋白质、酵母膏或酪蛋白水解物）和无机盐（如钾、钙、镁、铜、铁、磷酸盐等）。在好氧条件下发酵，pH 为 4~9，温度 25~38℃。培养的黏细菌和抗菌素与草碳、粪肥混合，可促进土壤团粒，抑制镰孢菌（*Fusarium*）、丝核菌（*Rhizoctonia*）、刺盘孢（*Colletotrichum*）、核盘菌（*Sclerotinia*）、欧氏杆菌（*Erwinia*）、假单胞菌（*Pseudomonas*）和黄单胞菌（*Xanthomonas*）引起的植物病害。

（2）含酵母菌和放线菌的土壤改良剂。这种土壤改良剂是将酵母菌在谷物或麦上发酵，然后干燥，放线菌也以同样发酵处理，两种培养物混合粉碎，加入油渣粉，即可施用到土壤里，可促进植物根系生长，抑制组织衰老和提高抗病虫能力。

（3）含嗜热放线菌的土壤调理剂。将细菌接种到含有草炭、人畜粪尿的混合物中，或用禽粪和蛋白胨代替，在 70℃保温 1 周，或在小于 70℃保温 7~10 天，发酵过程中细菌吸附到炭粒上。此制剂可促进植物生长，抑制植物病原真菌的生长。

（4）含有芽孢杆菌和假单胞的土壤改良剂。使用硬质粉末状多孔硅酸钙（0.1~5mm）和金属铝粉为载体，载体上含有细菌及水解酶（如纤维素酶），可加入污水以补充有机物质。该制剂含有多种营养物质和生物活性，可用于改进各种类型土壤。

（5）含有氨氧化菌、硝化细菌、硫细菌和纤维素分解菌的肥料制剂。所述细菌在米糠培养基中培养，发酵温度为 20~30℃，发酵时间为 24~48 小时，将培养菌掺入饲料中，饲喂牛、马、猪（每天 30~40 克）和鸡（每天 2~5 克），将禽畜粪便和锯末、谷壳、稻草混合后肥田。该产品可促进作物生长和增加产量，且培养菌有益于动物健康。

（6）厌氧细菌类型的土壤调理剂。使用含糖类、蛋白质、纤维素和木质素等营养物质的培养基发酵，将发酵液均质后用黏土（蒙脱石）吸附。这种调理剂含有大量微生物，施到田中可以加速土壤团粒结构形成并供给优质腐殖质。

三、植物微生态制剂

植物的根、茎、叶的正常微生物群的生态平衡与失调也必将与植物的生长发育有密切关系。从微生态原理出发，从植物体体内、体表分离筛选对植物生长发育有促进作用、防病增产的一类微生物，加以人工扩大繁殖，再使用到作物体上面，从而促使其生长发育良好，改进品质，提高抗病性，这类菌剂就是植物微生态制剂。北京农业大学陈延熙教授等人开发研制的以芽孢杆菌（*Bacillus*）为主的一类细菌，商品名称增产菌（yield increasing bacteria，YIB），是植物微生态制剂中典型的成功例子。

植物微生态制剂和土壤微生态制剂有许多共同之处，它们都是运用微生态学原理，利用微生态工程技术，使用微生物菌剂，改善植物的微生态环境（包括物理的、化学的和生物的环境），以达到增产和改良品质的目的。所不同的是，它们从不同的角度和不同的途径来解决问题，土壤微生态制剂以土壤为主要对象，起到改良土壤、增加营养供给和控制土传病害发生的作用。植物微生态制剂的主要对象是植物体自然生态系，调节控制植物生态系统中的微生物环境起到防治病害、促进生长的作用。两者的侧重面不同，但相辅相成，使植物体处于最佳的生活环境和状况。但就一种具体的制剂来说，它的作用可能有两方面，既起到土壤微生态制剂的作用，又起到植物微生态制剂的作用。

第八章

土壤病原物及其微生态控制

第一节 土壤病原微生物

土传病害主要是指那些初次侵入土壤，其传播体一般可在土壤中长时间存活的病原物所致的病害，通常侵入根部引起作物的根病乃至全株性病害。土传病原种类繁多，其中以土传真菌病原占据最大的比例和重要的经济地位。其他如病原细菌、植物线虫以及植物病毒等，虽也有一些是重要土传病害的代表，但多是局部地区的病害。根据各类土壤病害的地理分布，可将其分普遍性和局部性两大类。

一、世界性分布的土传病原物

病原物几乎遍及世界各地的一切土壤，包括耕作土和非耕作土，而且寄主范围广，可侵染各种栽培和野生植物。其中重要的土传真菌病原及其所致病害见表8-1。

表 8-1 世界性分布的重要土传真菌病原及所致病害(鲁素云，1992)

病原物	病害	作物
Rhizoctonia spp.	苗立枯、根腐、叶枯	禾谷类、蔬菜、烟草、棉、豆类、树苗、药用植物、花卉、牧草和杂草
Pythium spp.	苗猝倒病、根腐、果腐病等	多种大田作物、烟草等经济作物、树木、花卉等
Fusarium spp.	根腐、茎腐、穗腐	多种作物和杂草
Phytophthora spp.	根腐、苗枯、叶枯、果腐	烟草、棉花、蔬菜、果林等多种作物和杂草
Sclerotium rolfsii	苗枯、根腐	蔬菜、油料、牧草等
Sclerotinin spp.	茎腐、冠腐、根腐	多种蔬菜、油料、牧草、花卉、禾谷类
Drechslera spp.	根腐、基腐	禾谷类等作物

表 8-1 所列土传真菌病原在世界各地引起农、林、菜、果等大田作物和经济作物的病害，每年都会造成严重经济损失。病原物在不同地区均有各自不同的代表种群，并且由于各种生态环境以及作物特点等使病害的发生和危害更为复杂。这些病原物所引起的病害包括以下类型。

一类是幼苗立枯或猝倒病。主要致病菌有丝核菌属（*Rhizoctonia*）的种及立枯丝核菌（*R. solani*）中的不同菌丝融合群。腐霉属（*Pythium*）的不同种如德巴利腐霉（*P. debaryanum*）、瓜果腐霉（*P. aphanidermatum*）、终极腐霉（*P. ultimum*），镰刀菌属（*Fusarium*）的种包括串珠镰刀菌（*F. moniliforme*）、茄病镰刀菌（*F. solani*）、禾谷镰刀菌（*F. gramineanum*）、半裸镰刀菌（*F. semitectum*）等。病原物主要侵染刚出芽或出土的幼芽和幼苗。

一类是成株植物的根腐病。致病菌除上面提到的种群外，还有齐整小核菌（*Sclerotium rolfsii*）、致病疫霉（*Phytopnhora infestance*）、樟疫霉（*P. cinnamomi*）、寄生疫霉（*P. parasitica*）、蜜环菌（*Armillaria mellea*）、根串珠霉（*Thielaviopsis basicola*）等。它们引致禾谷类、棉花、蔬菜、果树等作物的根腐病，病势一般比苗病缓慢，通常导致生长发育不良，对一年生植物造成减产，多年生植物常根据长势和条件，可能恢复或局部侧根死亡，也可能整株死亡。

二、局部地区分布的病原物

病原物主要受气候或土壤环境条件的限制而只局部性发生。这类病原物一般寄主范围较窄。例如，全株型萎蔫病。这类病原物包括真菌、细菌、线虫和少数的病毒，其重要代表见表 8-2。

表 8-2　局部地区分布的重要土传病原物与病害（鲁素云，1992）

类群	病原物	病害类型	受害寄主
真	*Fusarium oxysporum*	全株性萎蔫	棉花、西瓜、黄瓜、香蕉等
菌	*Verticillium dahliae*	全株性萎蔫	棉花、茄科、蔬菜、树木、啤酒花等
	V. albo-atrum	全株性萎蔫	棉花、茄科等
	Geaumannonyces graminis var. *tritici*	根腐、茎基腐	麦类
	Cephalosporiam sp.	全株性萎蔫	小麦等
	Ceratocystis fagacearum	全株性萎蔫	榆树、橡树、栋树、板栗
	Phymatatrichum omnivorum	根腐	棉花、苜蓿、豆科等多种
	Sclerotinia sclerotiorum	茎基腐、茎腐	十字花科植物
	Plasmodiophora brassicae	根肿	以十字花科蔬菜为主
	Synchytrium endobioticum	块茎癌肿	马铃薯

（续）

类群	病原物	病害类型	受害寄主
细菌	*Agrobacterium tumefaciens*	根癌	蔷薇科多年生果树等
	Corynebacterium sepedonicum	萎蔫、局部坏死	马铃薯等
	Pseudomonas solanacearum	青枯	茄科蔬菜
	Xanthomonas stewartii	萎蔫	玉米
线虫	*Meloidogne* sp.	根结	花生、大豆、棉花、烟、芝麻、萝卜等
	Heterodera sp.	根系及全株不发	大豆、小豆及杂草
	Ditylenchus dipsaci	育块根干腐	甘薯
病毒	*Nepovirus*（蠕传病毒属）	局部坏死或全株花叶症状	烟草、黄瓜、东方百合、八仙花、鸢尾、冬小麦和大麦
	Tobacco ring sport virus（烟草环斑病毒）		
	Furovirus（真菌传杆状病毒属）		
	Wheat soil-borne mosaic virus（小麦土传花叶病毒）		

第二节　烟草土传菌物

一、腐霉菌

腐霉菌属于鞭毛菌亚门（Mastigomycotina）卵菌纲（Oomycetes）霜霉目（Peronosporales）腐霉科（Pythiaceae）腐霉属（*Pythium*）。

腐霉属：菌丝无色无隔膜，生长茂盛菌丝体在培养基上或瓜果上集生，呈白绒毛状，很像棉花。在显微镜下无色透明、无隔多核、有分枝。无性繁殖产生孢子囊及游动孢子，孢子囊有管状或膨大的管状及球状两类，没有孢囊梗的分化，孢子囊成熟后产生游动孢子或芽管。在条件适合时，孢子囊上很快生出一个球形的泡囊，孢子囊里的内含物迅速流入泡囊，然后在泡囊内分化成游动孢子。游动孢子常为肾形，侧面凹处生2根鞭毛，成熟时泡囊破裂，孢子四散。

有性繁殖产生特殊形状的雄器和藏卵器，二者交配形成厚壁的卵孢子。藏卵器分化为卵球与卵周质，藏卵器原来是多核的，在分化时除留一核于卵球内，其余的均转移到卵周质层逐渐分解。雄器最初也是多核的，除一核外其余的逐渐解体。配合时雄器的细胞核和细胞由受精管转入藏卵器内，两核结合形成卵孢子，外表光滑或有刺。卵孢子萌发通常生芽管，在芽管顶端生孢子囊（图8-1）。

腐霉属对于六碳糖中的甘露糖、葡萄糖、果糖、蔗糖及淀粉等都能较好地利

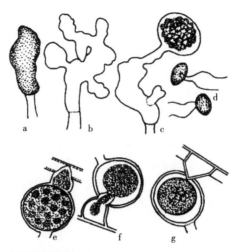

图 8-1　瓜果腐霉(*Pythium aphanidermatum*)(许志刚，2004)
注：a、b. 孢子囊；c. 孢子囊萌发形成的泡囊；d. 游动孢子；
e. 藏卵器和雄器；f. 交配；g. 卵孢子的形成。

用，而对五碳糖一般利用不好。除游离氨和亚硝酸盐外，其他的氮化物都可以作为氮源。它能以硝酸钠为氮源合成 15 种以上的氨基酸，其中以丙氨基和赖氨酸最为丰富。腐霉对无机硫和有机硫都能利用。

腐霉能合成生物素、叶酸、泛酸、核黄素、抗坏血酸等维生素；腐霉能分解果胶酶、纤维素酶等多种酶类；有的腐霉还能转换甾族化合物。

腐霉不仅对工农业生产有一定的意义，在生物学基础理论研究方面也意义重大。如从水生到陆生，从腐生到寄生的过渡，生理特性和系统发育的关系等各方面。

腐霉属的种类很多，我国已报道近 40 种。习性上有水生、两栖和陆生；有腐生和兼性寄生的类型。这类菌在富含有机质的潮湿的菜园和苗床温室土壤中特别丰富，它们在雨季中常引起各类作物的根腐、绵腐以及蔬菜、林木等幼苗的猝倒病、瓜果绵腐病等。

瓜果腐霉[*Pythium aphanidermatum*(Eds.) Fitzp.]能侵染瓜类、豆类、薯类、各类蔬菜以及棉、烟草、蔗、麻、甜菜、油桐等约 100 种栽培植物，引起各种腐烂和猝倒病，在我国分布很广。它们在各种土壤内，从地面至 15cm 深处都存在，在土壤中最少可存活 4 年。

1900 年，瑞斯伯斯克思(Raciborski M.)在印度尼西亚爪哇首次发现腐霉菌侵染烟草引起猝倒病。目前，世界各产烟国均有发布。我国各产烟区均有发生，通常在烟草幼苗期侵染茎部引起的病害称猝倒病；在烟草成株期侵染茎部引起的病害称茎黑腐病。

　　猝倒病在幼苗生长的任何时期都可发生，但在三叶期以前幼苗出土至大十字期最易发病。发病初期，幼苗基部呈褐色水渍状软腐，真叶局部发生褐色水渍状斑，茎部像开水烫过，呈暗绿色，四周病健交界处不明显。待病斑扩展至一周后，茎基部缢缩变细呈线状，地上部因缺乏支撑能力，病苗猝然萎蔫折倒、干枯、死亡。天气潮湿时，腐烂部分常产生白色菌丝。4~6 叶期的幼苗也可被害，发病植株停止生长，叶片呈苍黄色，病苗根部发生水渍状腐烂，皮层易自中柱剥离。如病菌从土面侵害烟株，则根不变色，但移栽后如环境条件有利，在茎的近土面处产生褐色水渍伤痕，进而茎部破碎或皱缩干瘪。

　　成株期受害也多从茎基部开始，病部表现污白色或褐色水腐状病斑，块斑上组织变黑，茎的木质部呈褐色，髓部褐色或黑色，常分裂呈碟片状，镜检可在病组织中发现卵孢子。病斑并沿土层向上、下发展，最后使茎基部组织腐烂，引起整株枯萎。特别是在涝害之后，有时在烟株中部也可产生大块褐色块斑。

　　目前，已报道能够侵染烟草的腐霉菌主要是瓜果腐霉（*P. aphanidermatum*），其次还有德巴利腐霉（*P. debaryanum*）、终极腐霉（*P. ultimun*）及钟器腐霉（*P. vexans*）。

　　（1）*P. aphanidermatum*，有膨胀呈分枝状或不分枝的孢子囊，孢子囊萌发时在顶端先产出一根管状物称排孢管，顶端膨大，形成一个球状体称泡囊，在泡囊内形成 8~50 个双鞭毛的游动孢子，最多可达 100 个。游动孢子肾形，侧生两根鞭毛，两鞭毛长短不一，前面的鞭毛上有 2 列细毛，后面的一根则无毛。游动孢子平均大小 7.5~12μm。藏卵器球形，顶生或间生，平均大小 9~11μm×10~15μm；雄器侧生，通过授精丝进行性结合后产生一卵孢子；卵孢子球形，表面较光滑，壁厚，大小 22~27μm。卵孢子萌发产生芽管或孢子囊及游动孢子。

　　（2）*P. debaryanum*，孢子囊为球形或卵形，顶生或间生，直径 16~26μm，萌发可产生芽管和游动孢子。雄器形成的部位与瓜果腐霉相同，每一藏卵器有 1~2 个雄器，藏卵器卵形，光滑，顶生或侧生于菌丝中间，大小 15~28μm。卵孢子光滑，直径 12~20μm，低温时发芽产生芽管，芽管可产生孢子囊，内生游动孢子。

　　（3）*P. ultimun*，它与德巴利腐霉相似，但终极腐霉膨大的雄器在同一菌丝上紧挨着。藏卵器长出，向上向后急转方向，附着于藏卵器上，一般每个藏卵器上只附有一个雄器。藏卵器大小平均为 20.6μm，内有一个卵孢子。

　　（4）*P. vexans*，在燕麦培养基上菌落圆形，白色，长势较快，呈放射型，并逐渐变为花瓣型，边缘整齐，气生菌丝稀薄。部分老熟菌丝有分隔，菌丝直径

1.8~3.9μm，平均2.7μm；孢子囊多球形，少数梨形，顶生或间生，直径7.7~19.4μm，平均14.0μm；雄器钟状或不规则，顶生，多同丝生；藏卵器球形，平滑，顶生，有时间生或切生，直径14~27μm，平均21.5μm，每个藏卵器有一个雄器；卵孢子球形，不满器。

腐霉菌除危害烟草外，还可侵染甘蔗、大豆、水稻、亚麻、马铃薯、甘蓝、大白菜、芹菜、花椰菜、黄瓜、番茄、辣椒、南瓜、茄子、豌豆、菜豆及多种杂草。

二、疫霉菌

疫霉菌属鞭毛菌亚门（Mastigomycotina）卵菌纲（Oomycetes）霜霉目（Peronosporales）腐霉科（Pythiaceae）疫霉属（*Phytophthora*）。该菌致病性存在生理小种的分化。

疫霉属：在燕麦培养基上，初期菌落圆形，无色，绒毛状。菌丝无色透明，无隔，直径3~11μm；孢子囊梨形或椭圆形，顶生或侧生，大小14~54μm×10~46μm，多数有乳突；适当低温可诱导产生游动孢子，游动孢子肾形或近圆形，无色，侧生双鞭毛；厚垣孢子圆形或卵圆形（图8-2）。孢子囊一般不形成泡囊，即使形成泡囊，游动孢子也先在孢子囊中形成，成熟的游动孢子进入泡囊中，泡囊壁破裂后释放出来，这是和腐霉属的主要区别。

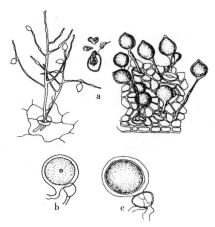

图8-2　疫霉属（*Phytophthora*）（许志刚，2004）

注：a. 孢子囊梗、孢子囊和游动孢子；b. 雄器侧生；c. 雄器包围在藏卵器基部。

有性生殖的过程与腐霉属基本一样，不过疫霉属内除有侧生的雄器以外，还有底部的雄器，包围藏卵器基部，配合后形成厚壁的卵孢子，休眠一个时期后萌发，生成芽管。

疫霉属种的鉴定，主要依据是：①寄主；②他们在某种培养基上的生长能力；③雄器的类型；④孢子囊的性状；⑤与温度的关系等。

寄生疫霉烟草变种[*Phytophthora parasitica* var. *nicotianae*（Breda de Hean）Tuker]在烟草整个生育期均可侵染，多发生于成株期烟株的茎基部和根部，发病初期，在茎基部发生黑斑，并逐渐向上、下及髓部扩展，茎秆变黑，剖开茎秆发病部位，可见髓部发黄并逐渐变为褐色，后期干瘪呈碟片状，碟片之间有白色的霉层。由于维管束系统受到破坏，水分运输受阻，叶片变黄萎垂，悬挂于茎上，即为"穿大褂"。

三、核盘菌

核盘菌属子囊菌亚门（Ascomycotina）盘菌纲（Discomycetes）柔膜菌目（Helotiales）核盘菌科（Sclerotiniaceae）核盘菌属（*Sclerotinia*）。

核盘菌属：菌丝白色，绵毛状。菌核近球形至豆瓣形，鼠粪状，直径 1~10μm，表皮黑色，内部灰白色，萌发产生子囊盘 4~5 个，多的可达 18 个。子囊盘初为淡黄色，后变为暗褐色，子囊盘表面为子实层，由无数子囊及杂生其间的侧丝组成，直径 0.5~11μm。子囊圆筒形，无色，大小 114~160×8.2~11μm，内含 8 个子囊孢子。子囊孢子无色，单胞，椭圆形或梭形，大小 8~13μm×4~8μm，在子囊内排为 1 列，两端各具 1 个油球（图 8-3）。

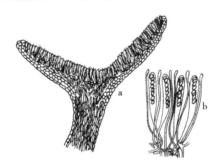

图 8-3　核盘菌属（*Sclerotinia*）（许志刚，2004）
注：a. 子囊盘；b. 子囊和侧丝。

核盘菌[*Sclerotinia sclerotiorum*（Li.）de Bary]危害多种植物，引发菌核病。除十字花科的油菜外，它还能侵害 32 科 160 多种植物。在寄主表面或内部先生白色菌丝后形成许多黑色、鼠粪状的菌核；或菌丝和寄主组织共同组成的假菌核。因此，又称菌核病菌。菌核在地表越冬，次年菌核萌发长出有柄的子囊盘。子囊棍棒状至圆筒形，顶端加厚，中央、孔道遇碘变蓝。

核盘菌侵染烟草引起菌核病，又名菌核疫病，在我国云南、广西、贵州、湖北、安徽、黑龙江等省均有报道。

菌核病菌可以侵染烟草幼苗，成株的茎、叶及蒴果。幼苗染病初期，茎部、脚叶及主脉呈现红褐色病变，随后变成水渍状软腐，病苗生长缓慢，重者全株凋萎枯死。大田期发病，病株茎部病斑呈椭圆形，浅褐色，随后扩展成深褐色软腐，病健交界处有较深色褐纹。叶上病斑不规则形，褐色。在湿度较大时，病部表面能产生白色棉絮状霉层（即菌丝体）。后期病株的蒴果和茎秆内部的菌丝，可进一步形成黑色、鼠粪状菌核，是诊断此病的依据。

四、根串珠霉

根串珠霉菌属于半知菌亚门（Deuteromycotina）丝孢纲（Hyphomycetales）丝孢目（Hyphpmycetales）暗色孢科（Dematiaceae）串珠霉属（*Thielaviopsis*）。

根串珠霉属：根串珠霉菌丝初透明无色后变褐色，有分隔，双叉分枝，直径 3~7μm。内生分生孢子梗单独或成簇产生于菌丝上，由基部的 1~2 个或几个短桶状细胞和末端的长而渐尖的抛掷管所构成，孢子梗基部细胞直径为 5~6μm，顶端细胞（即抛掷管）长 57~170μm，管口直径 3~5μm；内生分生孢子在抛掷管内形成，成熟的孢子被其后不断产生的分生孢子通过抛掷管成串地射放出来，这种分生孢子产生方式称为"枪式分生过程"。释放出的分生孢子圆柱状或杆状，两端钝圆，单细胞，薄壁，无色透明，大小 8~30μm×3~5μm（平均 15μm×4μm）。厚垣孢子产生于菌丝顶部或侧枝上，单生或簇生，最初透明，后变成青黑色至褐色，厚垣孢子 9 个细胞链状，大小为 25~65μm×10~524μm，孢子链基部的 1~3 个无色透明，中间有 4~5 个青褐色细胞，两端两个细胞常为半圆形、托盘状，中间细胞方形，成熟时分裂为单个细胞，可单独

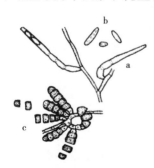

图 8-4　串珠霉属（*Thielaviopsis*）
（谈文，1995）

注：a. 分生孢子梗；b. 内生分生
孢子；c. 厚垣孢子。

发芽；厚垣孢子的产生迟于内生分生孢子的产生，在所有变黑的皮层组织内或根表均可发现数量丰富的厚垣孢子（图 8-4）。

1884 年于美国首次发现根串珠霉菌［*Thielaviopsis basicola*（Berk. and Br.）Ferraris］侵染烟草引起根黑腐病以来，世界主要产烟国家均有发病的报道。目前，根黑腐病在我国云南、贵州、湖北等省发生较重，严重地块发病率可达30%以上；山东、河南、安徽、吉林、福建等省也有发生，近年来有加重危害的趋势。

烟草根黑腐病在烟草的整个生长期均可发生，尤以幼苗期至现蕾期发病较重，主要侵染烟草根系，呈特异的黑色。病菌从土表部位侵入，向下侵入根系，

使支根尖端变黑腐烂，大根系上呈现黑斑，病部粗糙，感病植株生长缓慢，中下部叶片变黄，变黄矮化的病株易早花。重病株大部分根系变黑腐烂，植株严重矮化，茎基部的粗根极少，病株易拔起，断根留在土里难以拔出，仅能见到黑色茎基，病部着生青黑色至褐色的厚垣孢子。轻病株生长高度正常，但中午气温高时，因根系被破坏而供水不足，呈萎蔫状，夜间和清晨可恢复正常。天气转暖植株抗病性增强，一些病株可长出新根而恢复正常生长。此病在田间多为局部或零星发病，极少整田发病。

五、镰刀菌

镰刀菌均属于半知菌亚门（Deuteromycotina）丝孢纲（Hyphomycetes）瘤座孢目（Tuberculariales）瘤座孢科（Tuberculariaceae）镰刀菌属（*Fusarium*）。

镰刀菌属：产生大型分生孢子和小型分生孢子。小型分生孢子生于分枝或不分枝的分生孢子梗上，通常以假头状着生，较少链状着生。孢子形态多样，一般是单胞，少数有 1~2 隔，呈卵形、梨形、椭圆形等，通常小型分生孢子的量较大型分生孢子的多。大型分生孢子由气生菌丝或分生孢子座产生，或产生在黏孢团中；大型分生孢子形态多样，镰刀形、线形、纺锤形等，多细胞，多隔；顶端细胞形态多样，短喙状、锥形、钩状等，是分类的根据之一。气生菌丝、黏孢团、子座、菌核均呈各种颜色。菌丝与大型分生孢子上有时有厚垣孢子，厚垣孢子间生或顶生，单个或多个成串或成结节状。

有性阶段属于核菌纲的丛赤壳属（*Nectria*）、赤霉属（*Gibberella*）和菌寄生属（*Hypomyces*）等。

镰刀菌属的分类是较困难的，存在着几个分类系统，因此很不统一。概括起来，作为分种的依据是大型分生孢子的形态、小型分生孢子的形态、着生方式和厚垣孢子的有无；其次是分生孢子座、黏孢团、菌核的有无、大小型分生孢子的隔数和量度、孢壁的厚度及足细胞的有无等（图 8-5）。

镰刀菌属包括许多危害经济植物的种及一些工农医有用或有关的种，不仅能引起小麦、水稻、蔬菜、烟草等病害，而且有些种是人和动物的致病菌，常常引起谷物和饲料霉变并产生毒素，引起人及动物中毒。被广泛应用的而且有效的植物激素——赤霉素，就

图 8-5　镰孢菌属（*Fusarium*）

（许志刚，2004）

注：a. 分生孢子梗及大型分生孢子；
　　b. 小型分生孢子及分生孢子梗。

是串珠镰刀菌（*F. moniliforme*）产生的。镰刀菌的某些种还可以产生较强的纤维素酶、脂肪酶、果胶酶等，一些种还可产生抗生素和有机酸等。

尖孢镰孢菌烟草变种［*Fusarium oxysporium*（Schlecht）Wr. Var. *nicotiannae* Johnson］侵染烟草引起烟草镰刀菌枯萎病，又称枯萎病、弯头病。1916 年发现于美国，目前美国、加拿大、中国、荷兰、印度、意大利、日本、菲律宾、苏联、南非、和乌干达等均有分布。在中国湖南、云南、湖北、河南、陕西、辽宁、吉林、黑龙江等烟区均有发生，一般危害较轻，局部烟区有时也造成严重危害。近年来，由于连作年限的延长，此病常与其他根茎病害混合发生，有逐渐加重的趋势。

镰刀菌枯萎病在烟草整个生育期均可发生，但一般在烟株接近成熟时症状比较明显。初期病株全部叶片或一侧叶片从下向上逐渐发黄萎蔫，似缺水状，晴天中午更为明显，早晚尚能恢复，反复数日后，整株叶片或植株的一侧叶片枯萎下垂，不再恢复常态。雨后骤晴，病势发展迅速时，叶片常常由下而上突然全部萎蔫下垂。检视茎基部，茎皮常缢缩或纵裂。病株容易拔起，根系暗褐色，小根死亡，或小根与大根均死亡。剖视病株茎及根的外皮或做病茎横切，可见木质部变深褐色。环境潮湿时，病茎基部可长出粉红色或白色霉层，为病菌的菌丝、子座组织及分生孢子。

茄病镰刀菌［*Fusarium solani*（Mart.）Sacc.］侵染烟草引起烟草镰刀菌根腐病，在我国云南、贵州、福建、湖北、安徽、山东、河南等省均有发生。

田间病株较健株显著矮小，色黄，生长慢，茎杆纤细。病重植株上部枯死，根部腐烂。拔起病株，可见根系明显减少，根系皮层极易破碎脱落，仅剩木质部，且明显变黑，并伴有粉红色、紫色等，潮湿时可见有白色至粉红色霉层。接近地表部分，常出现新生根，极易与根黑腐病混淆。

除上述两种镰刀菌之外，目前已报道的能够侵染烟草的镰刀菌还有木贼镰刀菌［*F. equiseti*（Cord）Sacc］、藨草镰刀菌［*F. scirpi* Lambotte et Fautrey］、轮枝镰刀菌［*F. verticillioides*（Sacc.）Nirenberg］、层出镰刀菌［*F. proliferatum*（Matsushima）Nirenberg］。

（1）尖孢镰孢菌烟草变种。在 PDA 培养基上培养，气生菌丝生长茂密，呈疏松棉絮状，菌丝有分隔。菌落生长在酸性介质上，菌丝为白色、粉红色、淡紫色或玫瑰色；在碱性介质上呈紫色或蓝色。分生孢子梗短而多重分枝。小型分生孢子长椭圆形，无色透明，无隔或偶有 1 隔，平均大小 $5 \sim 12 \mu m \times 2.5 \sim 3 \mu m$；大型分生孢子镰刀形或纺锤形，无色透明，1~5 个分隔，以 3~5 个分隔为主，顶端细胞细长，末端尖锐，足细胞一般比较明显，大小为 $40 \sim 50 \mu m \times 2 \sim 4.5 \mu m$。厚垣孢子在菌丝顶端细胞或中间细胞产生，单细胞或双细胞，表面光滑，球形，颜色深褐色，直径 $6\sim10\mu m$。在一定条件下，大型分生孢子通过原生质浓缩也能转化成厚垣孢子。该菌可在培养基上形成大量青色或橙红色菌核。

（2）茄病镰刀菌。在 PDA 培养基上培养，气生菌丝羊绒状，白色至浅灰色，大多数菌株呈奶油色，中央有土黄色黏孢团，少数菌株菌落背面可产生蓝紫色色素；基物表面肉色，基物不变色。前期在气生菌丝上长出的产孢细胞为菌丝形的单瓶梗，产孢梗长，大于 $50\mu m$，长可达到 $200\mu m$，在成熟培养物上形成分生孢子座，其上可成簇产生短而多分枝的产孢梗，顶端领口明显。大型分生孢子马特型，即大型分生孢子最宽处在孢子中线上部，两端较钝，顶细胞稍弯；基细胞钝圆形或足细胞不明显，整个孢子形态较短、较胖，$2\sim7$ 个分隔，多数 $3\sim5$ 个分隔，大小为 $23.7\sim37.7\mu m\times3.7\sim6.4\mu m$，有大孢子融合现象。在初期培养中会产生大量假头生小型分生孢子，椭圆形、卵形或肾形，比较宽，$0\sim1$ 个分隔，多为 1 个分隔，大小为 $7.6\mu m\sim17.7\times2.1\sim5.4\mu m$，明显比其他种类镰刀菌的小型分生孢子粗胖。

（3）木贼镰刀菌。在 PDA 培养基上培养，菌落绒状，开始时下部呈粉红色，以后变米色，最后变为深黄棕色，菌落反面中央变为紫红色；分生孢子梗单瓶梗，少分支；小型分生孢子长圆形，$0\sim1$ 分隔，大小为 $4.2\sim8.3\mu m\times1.8\sim3.7\mu m$；大型分生孢子纺锤形或镰刀型，$4\sim6$ 分隔，大小为 $18.9\sim49\mu m\times3.7\sim5.1\mu m$。厚垣孢子间生，单生，成链或成节结状。

（4）藨草镰刀菌。在 PDA 培养基上培养，气生菌丝羊毛状，浓密，菌落背面米黄色、棕褐色、淡粉红色至褐色。分生孢子梗在气生菌丝上大量产生，瓶梗状，很短，具分隔，大小一般 $5\sim12.5\mu m\times2.0\sim3.0\mu m$。在 PDA 上气生菌丝产生的分生孢子丰富或稀有，如果存在，气生菌丝产生的分生孢子梭形，$0\sim3$ 分隔，一般 $0\sim1$ 分隔，大小 $10\sim15\mu m\times2.0\sim4.0\mu m$；分生孢子座少见，米黄色至橙色；大型分生孢子镰刀形，中间直，顶端弯曲，$5\sim7$ 分隔，$45\sim75\mu m\times2.5\sim4.0\mu m$，顶端细胞明显细长，足细胞明显；厚垣孢子链状或簇生，壁光滑至粗糙，黄色至褐色。

（5）轮枝镰刀菌。在 PDA 培养基上培养，气生菌丝羊毛状至粉状，粉色至紫色，后产生深紫色色素，基物表面及基物为暗紫色。产孢细胞单瓶梗，瓶形，分枝或不分枝。小型分生孢子多，呈链状，分生孢子链较长，一般都大于 $50\mu m$，有时聚集形成假头状。小孢子一端平截，为典型的棒槌形，没有或有 1 个分隔，大小为 $4.1\sim8.2\mu m\times1.7\sim3.9\mu m$。菌体培养后期可产生橘黄色分生孢子座。大型分生孢子细长、较直，孢子的背腹两侧近似平行，两端微收缩。顶细胞为渐细的

锥形，略弯曲，基细胞为不明显的足跟状，大孢子壁较薄，分隔明显，一般为
3~5 个分隔，大小为 24.3~41.4μm×3.7~4.9μm。

（6）层出镰刀菌。在 PDA 培养基上培养，菌落蛛网状，气生菌丝羊毛状，菌
落初期白色或淡紫色，基物紫色。气生菌丝上有分枝较多的产孢梗，单瓶梗或复
瓶梗（层出梗），产孢细胞瓶形。常见较长的产孢细胞旁边有一个很短的产孢点，
或形成"Z"字形，层生的复瓶梗，为典型的层出复瓶梗。小型分生孢子串生或假
头生，卵形、椭圆形或棒槌形，通常无分隔，大小为 6.9~19.9μm×2.3~4.7μm。
在气生菌丝的产孢细胞上形成大量较长的分生孢子链。有些菌株培养后期可产生
橘黄色分生孢子座。大型分生孢子镰刀形，较直而细长，细胞壁薄，且通常不易
产生，顶细胞尖而弯曲，足细胞明显，3~5 个分隔，大小为 27.3~49.2μm×
3.3~4.6μm。缺乏厚垣孢子。

六、丝核菌

丝核菌属于半知菌亚门（Deuteromycotina）丝孢纲（Hyphomycetes）无孢目（Ag-
onomycetales）无孢科（Agonomycetaceae）丝核菌属（*Rhizoctonia*）。

丝核菌属：菌丝有隔膜，初期无色，老熟时呈浅褐色至黄褐色，菌丝有分
枝，分枝处往往成直角，并在其基部有缢缩。老菌丝常呈一连串形细胞，菌核则
由桶形细胞菌丝交织而成。菌核质地疏松，无一定形状，浅褐色、棕褐色至黑褐
色，菌核间常有菌丝相连，抗逆力强，是病菌越冬的重要形态（图 8-6）。

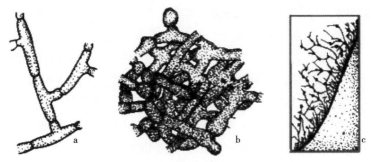

图 8-6 丝核菌属（*Rhizoctonia*）（许志刚，2004）
注：a. 直角状分枝的菌丝；b. 菌核纠结的菌组织；c. 菌核。

有性时期为瓜亡革菌［*Thanatephorus cucumeris*（Frank）Donk.］，属于担子菌亚
门（Basidiomycotina）层菌纲（Hymenomycetes）胶膜菌目（Tulasnellales）亡革菌属
（*Thanatephorus*）。在靶斑处经常能观察到该病菌的有性世代，其子实层扁平，奶
油色至灰白色，松散地贴在病斑上；担子 14μm×9μm，顶生 2~5 个小梗，担子
梗 5~25μm，每个小梗上着生一个担孢子；担孢子球形至椭圆形，透明光滑，平

均为 9μm×5.5μm。

本属真菌常引起萎蔫及根腐，可从病株的根及茎基部分离到。菌核无一定形状，一般扁平，常彼此联合，呈浅褐色至黑褐色，菌核组织是由大量桶形细胞的菌丝编织而成，菌核松散地分布在菌丝体中，靠绳状菌丝使之联结。菌丝蛛网状，有横隔，初期无色并多油点，老菌丝呈浅色至黄褐色。分枝呈钝角或几乎成直角，分枝与主干相接处稍缢缩，其上常有横隔。

塞尔比(Selby A. D.)于1904年在美国首次报道立枯丝核菌(*Rhizoctonia solani* Kuhn)侵染烟草引起立枯病，目前在世界上所有产烟国均有分布，我国主要产烟区亦有发生。该菌在大田期引起烟草靶斑病，主要分布在美国、巴西、意大利、津巴布韦、南非等，在河南省、辽宁省丹东烟区已有发生。

病菌侵染苗期烟草茎基部引起立枯病。初在患部表面产生褐色斑点，逐渐扩大成暗褐色椭圆形病斑，并逐渐下陷，边缘明显，扩大后绕茎一周，最后茎部干枯收缩，整株幼苗死亡，但不倒伏。根部被害，皮层变色腐烂。初期病株地上部叶片色泽较淡或褪绿，随后叶变黄枯死。在潮湿条件下，病部常有不明显的淡褐色蛛丝网状霉，并有灰色或淡褐色菌核，形状不规则。

病菌侵染大田期烟草叶片引起靶斑病。初为小的圆形水渍状斑点，随后迅速扩大，病斑不规则，直径可达2~10cm，病斑内的组织浅褐色，常有同心轮纹，病斑的坏死部分易碎且脱落形成穿孔，形似枪弹射击后留在靶子上的空洞，故称靶斑病。病斑周围有褪绿晕圈，病斑正反面周围绿色组织和病斑坏死部位常见白色的毡状物，为该菌菌丝及其有性世代的子实层。

七、小菌核菌

小菌核菌属半知菌亚门(Deuteromycotina)丝孢纲(Hyphomycetes)无孢目(Agonomycetales)无孢科(Agonomycetaceae)小菌核属(*Sclerotium*)；有性阶段为罗氏阿太菌[*Athelia rolfsii* (Curzi) Tu. & Kimbrough]，属担子菌亚门(Basidiomycotina)层菌纲(Hymenomycetes)非褶菌目(Aphyllophorales)伏革菌科(Corticiaceae)阿太氏菌属(*Athelia*)。异名为白绢薄膜革菌[*Pellicularia rolfsii*(Sacc.)West.]。

小菌核属：菌落初期为白色，菌丝直径5.5~8.5μm，无色透明，有隔膜，呈放射状生长，具有分枝，分枝基部缢缩，常有锁状联合。菌核呈球形、近球形或不规则形，直径3.0~5.0μm，开始为小白点，后逐渐变大，颜色也渐变为茶褐色，表面光滑具有光泽。担子棍棒状，单胞无色。大小15~57μm×4.4~7.3μm，担子顶端着生2~4个小梗，长2~8μm，其上着生担孢子。担孢子倒卵形，单胞无色，大小为5~12.5μm×3~8μm(图8-7)。

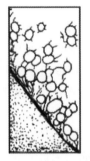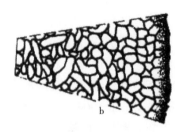

图 8-7　小菌核属（*Sclerotium*）（许志刚，2004）

注：a. 菌核；b. 部分菌核剖面。

　　整齐小菌核菌［*Sclerotium rolfsii* Sacc］也称罗氏白绢小菌核菌，侵染烟草引起白绢病，又称白腐病，常发生在热带和温带，如美国、印度尼西亚、菲律宾、日本和非洲。我国河南、贵州、湖南、湖北、广东、广西、浙江、安徽、山东和台湾等省（地区）的烟区已有报道，但危害不重。

　　大田期多发生于烟株接近地面的茎部。根和根冠部最初出现水浸状褐色病斑，病斑上覆盖白色绢丝状的菌丝，在土壤湿度大时，菌丝穿透土表，在病株茎基部和周围土面生长，大量绢丝状的菌丝包裹茎的基部，随后在菌丝中产生很多菜籽状的小菌核，菌核初为白色，后渐变黄色至茶褐色。早期病株叶色较淡，中午前后萎蔫，随着病害的发展，病部皮层腐烂，输导组织破坏，能在短期内造成整株死亡。在空气潮湿条件下，该病因腐烂部位易产生白色绢丝状物，故又称白腐病。

八、轮枝菌

　　轮枝菌属于半知菌亚门（Deuteromycotina）丝孢纲（Hyphomycetes）丝孢目（Hyphomycetales）丛梗孢科（Moniliaceae）轮枝菌属（*Verticillium*）。

　　轮枝菌属：菌丝体匍匐生长，分隔，多次分枝，初期无色，老熟时变褐色。分生孢子梗直立，有隔膜，初次分枝两出、三出或互生，第二次以后分枝轮生，轮状分枝 2~5 层，轮距 20~450μm，每一轮层通常分枝 2~4 根，枝基略粗于枝梢，枝长 10~35μm，枝顶生分生孢子，单生，分生孢子卵圆形，单胞，无色或微褐色，大小 3~9μm×1.5~3.0μm。有时菌丝层可形成黑色微菌核或厚垣孢子。（图 8-8）。

　　黄萎轮枝菌（*Verticillium albo-atrum* Reinke and Rerth）侵染烟草引起黄萎病，又称轮枝菌黄萎病。1964 年，新西兰约占种植面积 2% 的烟草发生轻度黄萎病；1985~1986 年，智利多次暴发此病，主要危害当地白肋烟，其次是烤烟，病株率

高达 25.6%，产量损失 9%～11%，质量严重下降。在我国
烟田，该病发生很少。除侵染烟草外，黄萎轮枝菌还可侵染
棉花、茄子、番茄与马铃薯等 270 多种植物。

图 8-8　轮枝菌属
（*Verticillium*）（许志
刚，2004）分生
孢子梗和分生孢子

　　黄萎病是一种系统侵染性病害，病菌从根部侵入，沿维
管束蔓延使叶片受害。发病初期植株下部叶片叶脉间或叶缘
部变为鲜橙色，并逐渐发展到半边叶或整叶，变色部位干枯
后变成褐色，在活组织与死亡组织之间有一条橙色边缘，最
后整个叶片干枯脱落。病害从烟株底部逐渐向上发展，下部
萎蔫叶片显橙色。发病初期，晴天植株萎蔫，早晚尚能恢
复，严重后不再恢复，植株枯死。染病叶的叶柄、中脉及病
株茎秆维管组织变淡褐色至深褐色坏死，木质部有菌丝。

　　病原菌在 23～32℃ 范围内，不同菌系具有不同的最适温
度，低于 8℃ 或高于 35℃ 几乎不生长。微菌核抗干热，在 40℃ 下可存活 2.5 年，
但在潮湿空气中 47℃ 下仅能存活 40min。菌丝和分生孢子对热敏感，1～2 天内即
可死亡。该菌可在较广泛的 pH 范围环境中生长，但大多数菌系在 pH 7 左右生长
最快。微菌核浸于水中有助于其萌发。有些菌株缺乏产生生物素的能力，而这些
生物素乃是形成微菌核的必需物质。

第三节　作物土传病原物的微生态调控

　　土壤中的植物病原菌在没有寄主时，通常被腐生菌拮抗或处于休眠状态，一
旦条件适合，这些病原菌可以打破休眠并侵入寄主体内。土传病原菌生态防治的
实质就是使病原菌赖以生存的条件失去平衡，从而有利于腐生性土壤微生物群落
的生活。微生物群落在控制植物病害的发生和病原菌的生长具有重要作用。显
然，如果减少非病原菌的数量和活性，病害就会更严重，传播速度就会更快。目
前，土传病原菌的生态防治方法包括：采用抗病品种、土壤熏蒸、合理耕作和施
肥、土壤淹水处理、轮作与间套作、调节土壤理化性质（如 pH、孔隙度、均衡供
应养分等）或直接施入拮抗微生物或生物控制剂等。采用这些措施的目的是形成
不利于病菌生存的生态环境，调动土壤中拮抗微生物的积极性，从而降低土传病
菌量和阻止病菌侵染。

　　改变土壤微生物群落最有效的方法是灭菌，常用的灭菌剂包括水蒸气、溴甲
烷等，灭菌要求能杀死病原菌，并尽可能地保留腐生性微生物区系。如果处理得
当，保留在土壤中的腐生菌就会大量繁殖，并利用已死亡的病原菌残体。但是，

在经过灭菌后的土壤中，微生物多样性可能在几个月后仍难恢复，故在使用前必须考虑灭菌剂的种类和用量。

对作物土传病原菌也可以通过作物或土壤的管理实践来调控。如作物轮作和土地耕作，都能减少潜在的病原体数量，这是因为减少了携带病原体的特定作物残体出现率所致。一般来说，植物根系某些特定分泌物会对病原微生物有强烈的影响。在农业生产中，通常发现前茬作物的根系分泌物能刺激某些病原微生物的生长和繁殖，这些微生物抑制下茬同一作物的生长，从而造成连作障碍。鉴于此，已有许多科学家提出利用作物异质性的生态防治理论。研究表明，多种作物间套作或同一作物不同品种混作能显著增加作物产量和减少病虫害。例如，与单作大豆相比，大豆和玉米间作能明显降低其病害。云南农业大学等单位通过大面积混播杂交稻和糯稻试验，发现作物异质性与水稻的抗稻瘟病能力密切相关，混播区的水稻抗病力大幅提高。吴凤芝等（2000）利用 RAPD 技术和 Biolog 碳素利用法研究了设施黄瓜种植年限及栽培方式对微生物群落多样性的影响（表 8-3）。结果表明，连作种植的土壤微生物群落多样性指数随着黄瓜种植年限的增加而降低。而对于黄瓜—番茄轮作的土壤，其土壤微生物群落多样性指数均高于连作土壤。

表 8-3　土壤微生物群落的 Shannon 指数（吴凤芝，2007）

土样	Shannon 指数（Bioiog 方法）	Shannon 指数（RAPD 方法）
露地土壤	3.27±0.11	1.50±0.09
设施连作土壤（3 年）	2.36±0.18	1.22±0.12
设施连作土壤（7 年）	1.75±0.23	0.86±0.07
设施轮作土壤（15 年）	2.71±0.12	1.33±0.08
设施轮作土壤（18 年）	3.43±0.15	1.42±0.07
设施轮作土壤（21 年）	2.65±0.22	1.26±0.11

在实际农业生产中，施肥通常可以改变微生物群落和控制土传病原菌，其原理可能是增加了土壤中拮抗生物的种群。蔡燕飞等（2003）曾研究了施入有机肥后番茄的青枯病发生率的变化。结果表明，施用各类腐熟有机物均可防治番茄青枯病，其中第一次番茄盆栽中，在对照发病率为 50% 的情况下，施用腐熟 10 天的酒糟、腐熟 10 天的畜粪和腐熟 20 天的畜粪处理的发病率分别为 12.5%、37.5% 和 33.3%。第二次番茄盆栽中，对照发病率为 75% 的情况下，单次施用腐熟 10 天的酒糟、单次施用腐熟 10 天的畜粪和连续施用腐熟 10 天的畜粪处理的发病率分别为 41.7%、50% 和 25.8%。这可能是由于腐熟有机物的施入改善了土壤微生

物群落，提高了土壤微生物群落多样性，同时诱导了土壤微生物群落向拮抗青枯菌繁殖的方向发展，从而降低了番茄青枯病发病率。然而，施用新鲜酒糟和新鲜畜粪处理的发病率分别为 66.7% 和 75%（对照为 50%），显著提高了番茄青枯病发病率，这可能是由于施入的新鲜有机物含有大量易分解的碳源，在诱导土壤微生物生长的同时也刺激了青枯菌大量繁殖，或新鲜有机物的施入对番茄根系具有一定伤害，因此番茄青枯病发病严重。

利用拮抗微生物也是生态防治的有效措施，它们是通过抗生、竞争或重寄生来降低病原体的数量或活性。当病原体受到抑制，或是受到拮抗菌产生的一些代谢产物，如酶、酸性物质或抗生素等的致命影响时，抗生作用就会产生。竞争作用则是对营养物、生长因子、氧气或空间的竞争。重寄生作用归因于侵入寄生物分泌出的裂解酶。所有的这些机制都会导致病原体活性的降低，但由于生物控制是通过改变土壤群落的生物平衡来实现的，所以如果生物控制方法成功了，它的作用时间会比化学控制要长。虽然这种方法的功效很难预料，但实践表明，当运用综合的病虫害治理方案时，生物控制方法通常是最成功的。

然而，由于土壤微生物间的竞争，实验室内筛选出的拮抗微生物一般很难在引入土壤中生存，比较可行的办法是在将要发生病害而实际上还没有发生病害的土壤中去分离拮抗菌。这些拮抗菌是自然土壤中的微生物或者是根际微生物。当它们重新被引入土壤时，就能在那里很好地存活下来。

第九章

烟草土传菌物病害研究实例

第一节　危害烟株根茎部的新病原

　　近年来，随着以"规模化种植、集约化经营、专业化分工、信息化管理"为特征的现代烟草农业的大力发展，烟水、烟路、烘烤设施的配套一方面促进了生产水平的提高，同时在一定程度上限制了土地流转与轮作，造成多年连作烟田比较普遍。多年连作除造成土壤生产力退化、养分不均衡、理化性状恶化外，更重要的是导致烟田病原菌积累的不断增加，特别是各类土传病害病原菌积累的增加（这类病原菌可以在土壤中存活多年，又可通过烟草的根部或茎基部侵入），常常导致烟草根部老病害的严重发生，新病原、新病害不断出现，造成烟草植株的大量死亡，已成为限制老烟区生存和发展的瓶颈。为了明确洛阳市烟草真菌性根茎病害的种类，笔者结合河南省烟草有害生物调查研究课题，自 2010 年至 2015 年烟草生长季节进行了系统的调查研究，结果报道如下。

一、材料与方法

（一）病害调查及标本采集

　　（1）根据《全国烟草有害生物调查研究（编号：110200902065）》项目要求，选择河南省三门峡、洛阳、平顶山、许昌、南阳等 15 个烟叶主产区，在烟草团棵期、旺长期、采收期分别进行 3 次普查。选择不同区域、不同品种、不同田块类型的烟田，调查田块数量不少于 10 块，每块烟田面积不少于 $667m^2$，普查总面积不少于当地种植面积的 1%。采用对角线 5 点取样方法，每点 50 株，共查 250 株。采集新鲜、具典型症状的植株，每块田 3~5 株，取茎基部与部分根系或发病部位，用牛皮纸包好，送至河南科技大学植物免疫学实验室。室内选取代表性样品，进行相关病原微生物分离、鉴定等研究工作。

（2）2011 年 4 月至 2015 年 10 月烟草生长季节，在洛阳市嵩县、宜阳县、洛宁县等烟叶主产区，通过田间调查、走访当地烟农与生产技术人员，了解病害类型、病害症状、发病时间、发病程度和往年病害发生情况等。在进行病害调查的同时，对于根茎部的疑似真菌病害进行拍照记录和症状描述，并采集具有典型症状的病茎、病根，带回实验室，以备病原菌分离鉴定使用。

（二）病原真菌的分离与形态学鉴定

1. 培养基制备

PDA 培养基：土豆 200g；琼脂条 17~20g；葡萄糖 20g；水 1000mL。

燕麦培养基：燕麦片 30g；琼脂条 17~20g；水 1000mL。

2. 病原真菌的分离与纯化

对采集的田间病株进行分类，对于具有明显病征的病根、病茎，直接挑取菌丝体、子实体、霉状物或菌核等，在无菌条件下转接至 PDA 平板上，25℃光/暗（12h/12h）培养；对于没有明显病征的病根、病茎，用清水清洗干净，切取发病部位与健康交界处，采用常规组织分离法分离，或剖开新鲜病茎，直接挑取变色的髓部，转接至 PDA 或燕麦培养基平板上 25℃光/暗（12h/12h）培养，3~5 天后切取菌落边缘部分进行纯化。

3. 分离物形态学鉴定

对于有病征的病根、病茎，挑取菌丝体、子实体等，制作徒手切片在光学显微镜下测视子实体的形态、大小和颜色，观察产生子实体（分生孢子梗、分生孢子座、分生孢子等）方式，并对典型特征进行数码拍照。

对于分离纯化获得的菌株，在对应培养基上 25℃光/暗（12h/12h）条件下培养，并观察和记录菌落特征、生长速度等；7~14 天后挑取菌丝体、子实体等制作徒手切片，在光学显微镜下测视菌丝、孢子、载孢体等的形态、大小，并进行数码拍照。

参照有关专著、文献等资料，根据观察到的形态特征及大小等，初步确定分离物的分类地位。

4. 分离物致病性测定

对于疑难复杂的病害或新发现的病害，需要用柯赫氏法则进行验证。从病组织上获得的分离物纯培养后，将所得的纯培养物接种到'中烟 100'健康的烟株上，进行致病性测定，方法如下。

（1）孢子悬浮液针刺接种法：制备孢子悬浮液，调整浓度至 $1×10^6$ 个/mL。选择健康的烟株，用灭菌的接种针刺伤茎部表皮，用脱脂棉蘸取孢子悬浮液并包裹在伤口处，25℃保湿培养，以无菌水接种作对照。5~7 天后，观察发病情况。

（2）菌丝块创伤接种法：选择健康的烟株，用灭菌的接种针刺伤茎部表皮，然后切取 1cm×1cm 的菌丝块贴于刺伤的茎部，用脱脂棉蘸取无菌水保湿。5~7 天后，观察发病情况。

接种后，可在发病的烟株上再次分离得到该病菌的纯培养，且形态特征与原病菌的形态特征完全相同，可以确定该病菌是引起这种病害的病原物。

5. 分离菌种保存

对于确定为病原菌的菌株进行菌种保存。用 5mm 打孔器打取菌饼，在无菌条件下转接至 PDA 或燕麦培养基试管斜面上，25℃光/暗（12h/12h）培养 5~7 天，待病菌长满斜面，放于 10~15℃冰箱内保存。

（三）病原菌的分子鉴定

1. 供试菌株

2011 年 4 月至 2012 年 10 月，从河南省 15 个烟叶主产区采集烟草根茎病害，通过培养特征观察及光学显微镜检验，对常发性病害进行鉴定，对未确定病原菌种名的菌株，分别在 PDA 或燕麦培养基上 25℃光照培养 5~7 天，获得病原菌的纯培养后，进行分子鉴定。

2. 工具酶、引物合成及其他试剂

Taq DNA 聚合酶、DNA 分子量标准 DL2000、PCR 缓冲液、dNTP 等试剂购于大连宝生物公司；通用引物 ITS1（5'-TCCGTAGGTGAACCTGCGCGG-3'）和 ITS4（5'-TCCTCCGCTTATTGATATGC-3'），由上海生工生物工程技术服务有限公司（以下简称上海生工）合成。

其他生化试剂均为国产试剂：1mol/L Tris-HCl（pH=8.0），3% CTAB 提取缓冲液，氯仿/异戊醇（V∶V=24∶1），3mol/L 醋酸钠，异丙醇，70% 酒精，0.5mol/L EDTA 溶液，10×TE 缓冲液（pH=8.0），50×TAE 储备液，1×TAE 电泳液，溴化乙锭，1% 琼脂糖凝胶。

3. CTAB 法提取真菌基因组 DNA

（1）刮取培养 5~7 天的病原菌纯培养物约 50mg，放入灭过菌的研钵中，加入 50mg 石英砂和 350μL 的 3% CTAB（60℃）提取缓冲液，快速研磨成糊状。

（2）将提取液转移至灭菌的 1.5mL 离心管中，再添加适量的 CTAB 提取液，轻轻摇匀，置于 60℃恒温水浴锅中，每 15min 适当轻摇，60min 后取出，冷却至 40℃左右，12000rpm 离心 10min。

（3）吸取上清液（切勿吸到中间白色沉积层）移至另一支 1.5mL 灭菌离心管中，加入等体积的氯仿/异戊醇，颠倒摇匀，静置 1~2min 后 12000rpm 离心 10min，若水相和有机相之间有杂质，重复前面的操作，直至两相间无杂质出现。

（4）吸取上清液，置于另一支 1.5mL 灭菌离心管中，加入 1/10 体积的 3mol/L 的醋酸钠和等体积的冰冻异丙醇，轻轻摇匀后放在冰上 15～30min，沉淀 DNA。

（5）12000rpm 离心 10min，弃上清液，加入 400μL 70%的酒精，轻轻摇匀，冲洗两遍，风干。

（6）加入 20μL 的 10×TE 缓冲液溶解 DNA，置于-20℃保存。

4. PCR 扩增及检测

PCR 扩增：以提取的 DNA 为模板，利用通用引物 ITS1 和 ITS4 对其 rDNA-ITS 区域进行 PCR 扩增，反应在 25μL 反应体系中进行，反应体系如表 9-1。PCR 反应程序为：94℃预变性 5min；进入循环，94℃变性 45s，55℃退火 45s，72℃延伸 105s，30 个循环；最后，72℃补平 10min。扩增产物在 4℃条件下保存。

检测：取 5μL 扩增产物，与 1μL 上样缓冲液混匀，加入 1%琼脂糖凝胶孔中，用 DNA 分子量标准作对照，接通电极，在 1×TAE 电泳缓冲液中电泳，使 DNA 向阳极移动。电泳结束后，将凝胶放入 EB 溶液中染色 10～15min，以凝胶成像系统检测 PCR 扩增产物大小，观察到合适的条带后进行拍照记录。

表 9-1　25μL PCR 反应体系

试剂	10×PCR 缓冲液	dNTP 预混液	ITS1	ITS4	Taq 酶	模版 DNA	ddH₂O
体积(μL)	2.5	0.5	0.5	0.5	0.5	1	20

5. 测序及序列分析

检测到合适的条带后，将其所对应的原始扩增产物（未纯化）40μL 寄往上海生工测序。测序所获得的序列用 Clustal X 程序进行 alignment 比较，然后将序列整合，并在 GeneBank 数据库中进行 BLAST 比对。根据比对结果，查找与分离物的物种或与其近缘的物种，根据国内外文献资料的描述，比较它们与分离物的形态特征，从而确定分离物的分类地位。

二、试验结果

（一）葡萄座腔菌侵染烟草引起溃疡病

1. 田间症状与病原形态

2012 年 9 月至 2013 年，在河南省洛阳市洛宁县烤烟上发现一种溃疡病。发病初期，烟株茎秆发病部位逐渐变褐并且出现水渍状斑点，后期症状表现为梭形或不规则病斑。在温暖湿润的条件下，病斑迅速扩展，之后受侵染组织干裂。发病组织常出现灰色霉层，其上产生黑色小点（彩版1a，b）。分生孢子器形成于病变的表皮层之下。分生孢子器是黑色、球状、有一个小孔；光学显微镜观察分生孢子器大小98.2~230.5μm×90.51~90.3μm；分生孢子单细胞，透明，纺锤形，大小为13.7~25.3μm×4.9~7.2μm。

2. 病原物的分离与培养性状观察

菌株从经过表面消毒的发病组织病斑边缘分离获得，表面消毒用75%的酒精处理30s，1%的次氯酸钠处理5min，再用无菌水冲洗3遍。分离得到的真菌接种于马铃薯葡萄糖琼脂培养基（PDA），并在25℃黑暗条件下进行培养。

在PDA上，菌株菌落的颜色最初呈白色，后逐渐由灰色变为深灰并且最终变为黑色（彩版1c）。分生孢子器黑色，埋生，球形，具孔，大小150~320μm×100~300μm。分生孢子透明，无柄，薄壁，纺锤形至椭圆形，先端近尖，基部截形，大小14.2~21.7μm×3.9~5.4μm（彩版1d~f）。所观测的形态特征都与葡萄座腔菌属特征相一致（彩版1）。

3. 致病性测定

在大田选择健康生长的烤烟品种（'豫烟6号'）6株，每株自下而上在6、7、8叶基部茎上选择3个接种点，人工创造伤口，将含有病原菌分生孢子器的PDA小圆饼接种在伤口处，以3株接种无菌的PDA圆饼为对照。在接种后，每一个接种点都要用一个湿棉球保湿并用胶带固定。接种7天后，在接种的茎秆上出现变褐病斑，逐渐延伸至1cm左右；接种后第20天，大部分接种点出现与田间观察一致的症状，而对照植株并没有表现出症状。从接种的发病组织中重新分离出相同的病原物，符合柯赫氏法则。

4. 病原菌ITS序列分析

用通用引物ITS1和ITS4进行PCR分析，扩增出分离物的内部转录间隔区ITS1-5.8S-ITS2序列。该序列（基因库登记号KC014613）与葡萄座腔菌（*Botryosphaeria dothidea*）（EU137876）的ITS序列具有99%的相似性。

5. 结论

根据分离物的培养性状及形态特征、DNA序列分析及致病性测定，对比国内外文献资料所述，可将烟草溃疡病菌的有性态鉴定为茶藨子葡萄座腔菌［*Botryosphaeria dothidea*（Moug，et Fr.）Ces. et de Not］，属子囊菌亚门（Ascomycotina）腔菌纲（Loculoascomycetes）格孢腔菌目（Pleosporales）葡萄座腔菌属（*Botryosphaeria*）。

（二）壳二孢茎枯病

在烟草生长后期，茎部出现不规则形灰白色病斑，边缘清晰，其上密布不规则排列的小黑点，即病原真菌的分生孢子器（彩版2a）。

1. 形态学鉴定

病菌在 PDA 培养基上菌落初期白色，绒毛状，边缘整齐，菌落中部逐渐变为青黑色，边缘白色。分生孢子器极少，分生孢子卵圆形至梭形，无色，双胞或单胞，双胞大小 13.2~18.1μm×2.6~7.7μm，平均 14.2μm×5.1μm，单胞大小 3.1~9.8μm×2.3~4.6μm，平均 6.6μm×2.9μm。培养 12~15 天产生子囊壳、子囊及子囊孢子，子囊壳极少，子囊棍棒状，基部收缩呈短柄，大小 51.6~98.0μm×7.7~11.6μm，平均 61.0×9.1μm，子囊内含 8 个子囊孢子，纺锤形，双胞，上大下小，隔膜处有缢缩，大小 15.5~18.1μm×5.2~8.3μm，平均 16.4×6.8μm(彩版 2)。

根据以上形态学特征，将其无性时期鉴定为壳二孢属真菌(*Ascochyta.* sp)，有性时期鉴定为 *Didymella.* sp。

2. 分子生物学鉴定

对 Ⅱ 号菌株进行 rDNA-ITS 序列测定，获得有效序列长度 475bp，在 GenBank 上进行 BLAST 比对，同上方法构建系统发育树(图 9-1)。结果表明，该序列与登录号为 AY157876.1 和 AY157883.1 等的 *Didymella ligulicola* 亲缘关系最近，ITS 序列同源性 100%。

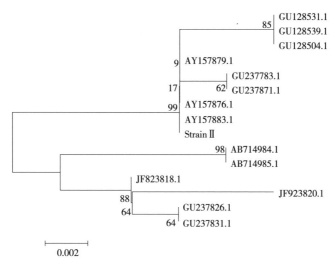

图 9-1　菌株与 GenBank 上相关序列的系统发育树

3. 致病性

菌株孢子悬浮液针刺接种 7 天后，在针刺周围可见突出于表皮的斑点，并逐渐突破表皮而外露，形成不规则排列的小黑点(彩版 2b，c)。挑取小黑点在 PDA 上培养，重新获得病原菌。

4. 结论

根据菌株的形态特征和 DNA 序列测定比对结果，并参考国内外文献资料，将 Ⅱ 号菌株有性时期鉴定为菊花疫病菌[*Didymella ligulicola*(K. F. Baker，Dimock&L. H. Davis) von Arx]，同物异名菊花花腐病菌(*Mycosphaerella ligulicola* K. F. Baker)，无性时期为菊花壳二孢(*Ascochyta chrysanthemi* F. L. Stev.)，该病菌引起烟草的一种新病害——壳二孢茎枯病。

（三） 烟草镰刀菌根腐病及其病原菌

烟草镰刀菌根腐病近几年在河南烟田普遍发生，病株较健株显著矮小，色黄，生长慢，茎秆纤细。重病植株上部枯死，根部腐烂。拔起病株，可见根系明显减少，根系皮层极易破碎脱落，仅剩木质部，且明显变黑，并伴有粉红色、紫色等，潮湿时可见有白色至粉红色霉层。接近地表部分，常出现新生根，极易与根黑腐病混淆(彩版 3a~c 与彩版 4a~d)。

1. 培养性状与形态特征

试验共获得镰刀菌菌株 22 个，这些菌株在 PDA 培养基上培养，菌落大多数为白色，但菌落上会有黄、红、黑、紫等色素产生，菌丝茂密，呈疏松棉絮状，菌落生长质地均匀(彩版 3d)。

菌株 1~11 号在光学显微镜下观察到两种类型的分生孢子，一种呈卵形至椭圆形，$6~13\mu m \times 2.5~5\mu m$；另一种大型分生孢子纺锤形至镰刀形，顶端钩状，基部有足细胞，$23~53\mu m \times 2.5~5.5\mu m$。符合尖孢镰刀菌(*Fusarium oxysporum*)的形态特征(彩版 3e)。

菌株 12~18 号在显微镜下观察小型分生孢子卵形，$7~11\mu m \times 2~4\mu m$；大型分生孢子弯筒形至近镰刀形，顶端钝圆，略呈喙状，3~5 个分隔，$27.5~48\mu m \times 3~5\mu m$。符合茄病镰刀菌(*F. solani*)的形态特征(彩版 4f)。

菌株 19~21 号在显微镜下观察小型分生孢子椭圆至卵形，串生，呈链状排列，大多数单胞，偶有 1 个隔膜，无色。符合轮枝镰刀菌(*F. verticillioides*)的形态特征。

菌株 22 号在显微镜下观察小型分生孢子长卵形或梨形，无隔或具 1 个隔膜，$4~11\mu m \times 2~4.5\mu m$。大型分生孢子细长，近直型，顶孢较尖，足细胞比较明显，3~7 个隔膜，以 3~5 个隔膜居多，6~7 隔膜的较少，$25~72.5\mu m \times 2.8~5.8\mu m$，符合已报道的层出镰刀菌(*F. proliferatum*)的形态特征(彩版 4h)。

2. ITS 序列分析

对 1~11 号菌株进行 rDNA-ITS 序列测定，获得有效序列长度在 382~664bp 之间，在 GenBank 上进行 BLAST 比对，结果表明，该序列与登录号为 KC304817.1、

KC304818.1 和 KC304821.1 等的尖孢镰刀菌(*F. oxysporum*) ITS 序列同源性达 100%。

对 12~18 号菌株进行 rDNA-ITS 序列测定，获得有效序列长度在 406~499bp 之间，在 GenBank 上进行 BLAST 比对，结果表明，该序列与登录号为 JN006807.1 和 JN006810.1 等的茄病镰刀菌(*F. solani*) ITS 序列同源性为 100%。

对 19~21 号菌株进行 rDNA-ITS 序列测定，获得有效序列长度在 369~490bp 之间，在 GenBank 上进行 BLAST 比对，结果表明，该序列与登录号为 JQ717335.1 和 JX045845.1 等的串珠赤霉菌(*Gibberella moniliformis*)的 ITS 序列同源性为 100%。而 *G. moniliformis* 的无性型镰刀菌种类为轮枝镰刀菌(*F. verticillioides*)。

对 22 号菌株进行 rDNA-ITS 序列测定，获得有效序列长度为 396bp，在 GenBank 上进行 BLAST 比对。结果表明，该序列与登录号为 KF013252.1 和 KF013253.1 等的层出镰刀菌(*F. proliferatum*) ITS 序列同源性为 100%。

系统发育树分析结果(图 9-2)表明 1~11 号菌株序列与登录号为 KC304817.1 等的 *F. oxysporum* 亲缘关系最近；12~18 号菌株序列与登录号为 JN006807.1 等的 *F. solani* 的亲缘关系最近；19~22 号菌株序列与登录号为 JQ717335.1 与 KF013252.1 等的 *F. verticillioides* 和 *F. proliferatum* 亲缘关系最近，串珠镰刀菌是一个复合种，而层出镰刀菌(*F. proliferatum*)是其复合种下所包含的一个种，所以在系统发育树中处于同一分支上。

依据形态特征，结合 rDNA-ITS 序列分析，将河南烟田危害烟草的镰刀菌鉴定为尖孢镰刀菌(*Fusarium oxysporum*)、茄病镰刀菌(*Fusarium solani*)、轮枝镰刀菌(*Fusarium verticillioides*)及层出镰刀菌(*Fusarium proliferatum*)。

3. 致病性

接种病原菌 4 天后，接种部位变褐色，病斑上下扩展；8 天后褐色部位加深，下部两片叶变黄；11 天后病基部呈软腐状，略缢缩，根系出现大小不等的黄褐色病斑。取病茎与病根进行组织分离，可重新获得病原菌，而对照植株无症状，证明这 4 种镰刀菌均能对烟苗致病，并表现出了根腐病的症状。

4. 结论

依据形态特征，结合 rDNA-ITS 序列分析及致病性测定结果，将河南烟田危害烟草的镰刀菌鉴定为尖孢镰刀菌(*F. oxysporum*)、茄病镰刀菌(*F. solani*)、轮枝镰刀菌(*F. verticillioides*)及层出镰刀菌(*F. proliferatum*)，其中 *F. proliferatum* 侵染烟草在河南为首次报道，而尖孢镰刀菌分离频率达 50.0%，茄病镰刀菌分离频率 31.8%，为河南省引起烟草枯萎病与根腐病的主要致病菌。

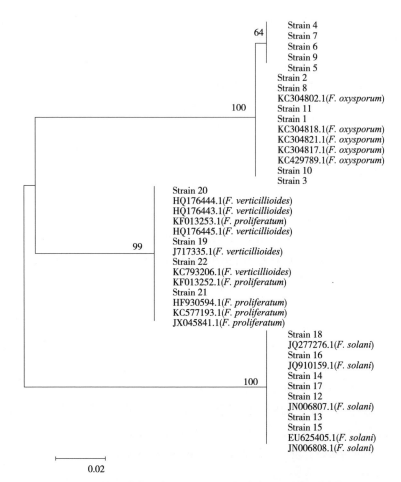

图 9-2　镰刀菌菌株与 GenBank 上相关序列的系统发育树

第二节　烟株根围土壤腐霉菌多样性分析鉴定

　　腐霉菌(*Pythium* spp.)是世界性分布的一类菌物，广泛分布于土壤和水中，能够引起一些重要的植物病害(茎基腐、根腐、种腐、果腐、苗期猝倒等病害)。在印度，1900 年 Raciborski M. 首次报道腐霉菌侵染烟草引起猝倒病，俗称"倒苗病""塌皮烂"等，成株期发病也称茎黑腐或茎烧伤病，目前世界上许多产烟国家均有报道。在我国各烟区均有发生和危害，其中，云南、贵州、湖北等省发生较普遍，严重地块发病率可达 30% 以上；河南、山东、安徽、吉林、福建等省也有发生，常造成大量减产，使烟草品质下降，影响商品价值。烟草苗期猝倒病曾经是我国烟草苗期的重要病害之一。近年来，随着烟草漂浮育苗技术的推广，该病害得到了有效的控制，但成株期茎黑腐病的危害却呈逐年上升趋势。田间调查发现，洛阳市烟草茎黑腐病常与黑胫病、根黑腐病等混合发生，笔者采集不同连作年限、不同生育期的烟田土样，研究烟田腐霉菌的种类及其对烟草的致病性，结果报道如下。

一、材料与方法

（一）试验材料

1. 烟株病样标本的采集

同第九章第一节。

2. 烟株根际土壤样品的采集

2014年5～9月，在河南省洛阳市宜阳县、洛宁县、汝阳县、嵩县植烟区，均选取1～2年、3～4年、5年以上的烟田各一块，在烟株团棵期、旺长期与采获期分别采集烟株根际土样和烟田土样各30份(表9-2)。

大田土样采集：采用五点取样法，取样时先将0～5cm的表层土壤去掉，再用取土器取出5～15cm的土壤样品，充分混匀后按照四分法保留样品，装入塑料袋中带回实验室，记录样品编号、采样地点、采样时间。

表9-2 分离洛阳烟田腐霉菌土样的基本信息

采样时间及地点		样品代号		连作年限	烟草品种	土壤类型	经度(E)	纬度(N)	海拔(m)
宜阳 6-23 7-25	莲庄镇养马村	YTG1 YWG1 YCG1	YTD1 YWD1 YCD1	3	'豫烟10号'	红黏土	112°00′55″	34°28′55″	340.63
9-24	莲庄镇草场村	YTG2 YWG2 YCG2	YTD2 YWD2 YCD2	4	'云烟87'	红黏土	112°01′32″	34°28′25″	373.38
嵩县 6-30 7-24	田湖镇南安村	STG1 SWG1 SCG1	STD1 SWD1 SCD1	2	'豫烟6号'	红黏土	112°00′55″	34°28′55″	340.63
9-25	田湖镇张庄	STG2 SWG2 SCG2	STD2 SWD2 SCD2	5	'豫烟10号'	红黏土	112°01′32″	34°28′25″	373.38
	田湖镇张庄	STG3 SWG3 SCG3	STD3 SWD3 SCD3	10	'豫烟10号'	红黏土	112°09′53″	34°18′13″	437.98

（续）

采样时间及地点		样品代号		连作年限	烟草品种	土壤类型	经度（E）	纬度（N）	海拔（m）
洛宁 6-24 7-25	小界乡 王窑村	LTG1 LWG1 LCG1	LTD1 LWD1 LCD1	2	'豫烟 10 号'	黄壤土	112°38'58"	34°25'53"	536.96
9-23	小界乡 祝家原村	LTG2 LWG2 LCG2	LTD2 LWD2 LCD2	4	'豫烟 6 号'	黄壤土	112°36'48"	34°26'50"	594.45
	小界乡 王村	LTG3 LWG3 LCG3	LTD3 LWD3 LCD3	6	'豫烟 6 号'	黄壤土	112°38'5"	34°26'14"	597.79
汝阳 7-04 8-13	城关镇 张河村	RTG1 RWG1 RCG1	RTD1 RWD1 RCD1	3	'中烟 100'	红黏土	112°26'08"	34°11'05"	467.91
9-24	城关镇 张河村	RTG2 RWG2 RCG2	RTG2 RWG2 RCG2	2	'中烟 100'	红黏土	112°26'09"	34°11'06"	475.65

注：G. 根际土样；D. 大田土样；T. 团棵期；W. 旺长期；C. 收获期；Y. 宜阳；L. 洛宁；S. 嵩县；R. 汝阳。

根际土样的采集：随机选取 20 株健壮烤烟，先将茎基附近 1～5cm 的表层土壤去掉，再用铁铲挖出烟株根系，将距根面 2mm 以上的土壤轻轻剥离，抖落其余土壤作为根际土样收集，并用小毛刷将不能抖落的黏附在根上的土轻轻刷下一并收集，装入纸袋带回实验室，记录样品编号、采样地点、采样时间。

将采回的土样，放在报纸上，摊成薄薄的一层，置于室内风干；在土样半干时，将大土块捏碎（尤其是黏性土壤），以免完全风干后结成硬块，难以磨细；风干后的土样，去除动植物残体如根、茎、叶、虫体、石块等；然后，用酒精消毒的玻璃研钵研磨，过 2mm 孔径的筛子（10 目），保存备用。

（二）试剂与培养基

次氯酸钠、无水乙醇、Tris 饱和酚、氯仿、醋酸钠、溴化乙锭、琼脂糖等生化试剂购自上海生工；苯酚：氯仿：异戊醇（25：24：1）、10% SDS、2% CTAB、1×TAE 缓冲液、3mol/L 醋酸钠、50mg/mL 硫酸链霉素溶液和 50mg/mL 氨苄青霉素溶液等试剂实验室配制；引物 ITS1、ITS4 由上海生工合成；10×PCR 缓冲液、dNTP（25mM），$MgCl_2$（25mM），rTaq 聚合酶（5U/μL）购自大连宝生物公司。

PS 液：$MgSO_4·7H_2O$ 150mg，$K_2HPO_4·3H_2O$ 150mg，KCl 60mg，$Ca(NO_3)_2$ 400mg，蒸馏水 1000mL。

燕麦片琼脂培养基（OA）：燕麦片 30g，琼脂粉 16g，蒸馏水 1000mL。

玉米粉琼脂培养基（CMA）：玉米粒 60g，琼脂粉 16g，蒸馏水 1000mL 或者玉米粉 30g，琼脂粉 16g，蒸馏水 1000mL。

马铃薯胡萝卜琼脂培养基（PCA）：去皮马铃薯 100g，去皮胡萝卜 100g，葡萄糖 20g，琼脂粉 16g，蒸馏水 1000mL。

胡萝卜琼脂培养基（CA）：去皮胡萝卜 200g，葡萄糖 20g，琼脂粉 16g，蒸馏水 1000mL。

马铃薯琼脂培养基（PDA）：去皮马铃薯 200g，葡萄糖 20g，琼脂粉 16g，蒸馏水 1000mL。

（三）腐霉菌的分离

1. 烟株病样标本腐霉菌的分离方法

常规组织分离法：在病样茎基腐烂或须根病健交界处切取适当大小的组织块，用浓度为75%的酒精消毒 30s 后，用浓度为 0.1%的升汞消毒 1~2min，再用无菌水换洗 3 次，用无菌吸水纸吸干，接种于含硫酸链霉素（50μL/mL）和青霉素（50μL/mL）的 OA 培养基平板上。25℃条件下，恒温培养 2 天，挑取组织边缘长出的菌丝，转接至 OA 平板上进行纯化。

直接分离法：用清水将发病烟株根茎部冲洗干净，吸水纸吸干组织表面水分，用75%的酒精进行表面消毒，在超净工作台上用解剖刀将茎部病斑表层皮削去，再切取病、健交界处组织，置于盛有无菌水的灭菌培养皿中，剪成约 5mm× 5mm 大小的组织块，并用无菌水清洗 3 次，置于灭菌的滤纸上吸干水分后转接于加乳酸的 OA（1000∶1）平板上。25℃黑暗条件下培养，待长出菌落后，挑取边缘菌丝接种于 OA 平板上进行纯化，获得纯菌株。

2. 烟田土样腐霉菌的分离方法

平皿分离法：采用 CMA 培养基，待培养基冷却到50℃左右时，加入硫酸链霉素和青霉素使其终浓度为50μL/mL，倒平板。待培养基冷却凝固，挑取 0.1~ 0.25mg 土粒放置于培养基表面，放置 3 处呈三角形。每份土样处理重复 3 次，每次重复 6 个平板，在25℃恒温培养箱里培养。待有菌丝长出切取菌落边缘的菌丝，转接到 CMA 平板中进一步纯化。

诱饵分离法：将新鲜无病害的月季花瓣清洗干净，用直径为 7mm 的打孔器，将其打成圆片，并用青霉素溶液（50μL/mL）浸泡 1h；在灭菌的培养皿中放入约 5g 的土样，加无菌水混合均匀，在水面上放置 20~30 片月季花圆片作为诱饵，

25℃保湿 3~4 天。等到花瓣被侵染后,在超净作台中用 75%酒精消毒 30s,无菌水冲洗 3 次,将其转接到含青霉素(50μL/mL)的 OA 培养基上。25℃恒温培养 2~3 天,挑取花瓣病斑边缘长出的菌丝,转接至 OA 平板上纯化。

(四)腐霉菌的形态鉴定方法

将培养于 OA 上的腐霉菌用灭菌打孔器打成菌饼,分别接种于 PDA、CMA、PCA、OA 培养基上,25℃黑暗条件培养。每天记录菌落形态、颜色,气生菌丝状况,并测量生长速率,当菌落长满平板时进行拍照。参考 van der Plaats-Niterink(1981)和余永年(1990)的方法,观察记录菌丝、孢子囊、雄器、藏卵器、卵孢子等显微形态特征,并进行拍照记录。对于不易产生性器官的腐霉,采用诱导法诱导其产生有性器官,将马唐草叶和胡萝卜一起煮沸 5~10min,切取 2~3 条在 CMA 平板上培养 2~3 天的菌丝块,置于灭菌培养皿中,加入煮过的马唐草叶和胡萝卜,再加入 PS 液,在 25℃黑暗条件下培养。每天更换新鲜 PS 液至少 3 次,促进性器官的形成。孢子囊和游动孢子的观察在诱发后的 1~3 天,藏卵器、雄器、卵孢子在诱发后 3~7 天观察,并进行拍照记录。

(五)腐霉菌的分子鉴定方法

1. 采用 CTAB 法提取腐霉菌的基因组 DNA

①在 100mL 液体 PD 培养基中接 5~6 个直径为 7mm 的菌碟,25℃摇床培养 5~7 天,用灭菌滤纸过滤并吸干水分,放入灭过菌的研钵中,加入适量石英砂和液氮研磨至粉末状;②将研磨好的菌丝粉末分装到 1.5mL 的灭菌离心管中,每管约 0.1g,加入 750μL 预热 60℃的 3% CTAB 提取缓冲液和 75μL 的 10% SDS,轻轻摇匀,置于 60℃恒温水浴锅中,每隔 15min 适当轻摇,60min 后取出,冷却至 40℃左右,12000rpm 离心 10min;③吸取上清液移至另一支 1.5mL 灭菌离心管中,加入等体积的苯酚:氯仿:异戊醇(25:24:1),颠倒摇匀,静置 1~2min 后 12000rpm 离心 10min,若水相和有机相之间有杂质,重复上述操作,直至两相间无杂质出现;④吸取上清液,置于另一支 1.5mL 灭菌离心管中,加入 1/10 体积的 3mol/L 的醋酸钠和等体积的冰冻无水乙醇,轻轻摇匀后放在冰上或置于 -15℃冰箱中 30min 沉淀 DNA;⑤12000rpm 离心 10min,弃上清液,加入 1mL 70%酒精,轻轻摇匀,冲洗 2 遍,风干;⑥加入 50μL 的灭菌 ddH$_2$O 溶解,置于 -20℃保存备用。

2. rDNA-ITS 序列的 PCR 扩增

利用通用引物 ITS1(5′-TCCGTAGGTGAACCTGCGG-3′)和 ITS4(5′-TCCTC-CGCTTATTGATATGC-3′)对其 rDNA-ITS 序列进行 PCR 扩增。反应体系(25μL):10 ×PCR 缓冲液 2.5μL,2.5mmol/L dNTP 2μL,10μmol/L 的引物 2μL,模板

DNA 1μL，5U/μL Taq 聚合酶 0.25μL，用 ddH₂O 将反应体系补至 25μL。PCR 反应程序：94℃预变性 5min，94℃变性 45s，55℃退火 45s，72℃延伸 105s，30 个循环，最后 72℃延伸 10min，4℃保存。扩增产物在 1%的琼脂糖凝胶中电泳，经 EB 染色，在紫外灯下检测扩增产物的有效性。检测到合适的条带后，将其所对应的原始扩增产物（未纯化）100μL 寄往上海生工测序。

3. 腐霉菌系统发育树的构建

测序为双向测序，序列用 CLUSTAL 软件比对拼接后，在 GenBank 数据库中用 BLAST 进行 ITS 序列比对，将目标序列及其同源性高的序列编辑后，通过 MEGA 软件用邻接法（Neighbour-Joining）构建进化树。

（六）腐霉的致病性测定

1. 烟苗培育

将营养土（江西天慧牌烟草专用育苗基质与土壤等量混合）装入育苗托盘中铺平，将筛选好的'豫烟 6 号'种子播下，每格 1~3 粒，再覆盖 1 层营养土，喷水至足够湿润但无积水。待子叶展开后减少喷水量，在烟苗长至十字期，将其移栽到 8cm×8cm 的营养钵中，室内每天 12h/12h 光暗培育至 10 叶期备用。

2. 接种方法

腐霉菌在 OA 培养基上培养 5~7 天后，用打孔器（直径 7mm）在菌落边缘打取菌碟，选取健康的长势一致的烟株 15 株，用解剖针在其茎基处刺 8~10 伤口，把菌碟贴在伤口处，并用湿脱脂棉球保湿固定，每个处理设 15 个重复。

3. 发病结果统计

烟株接种腐霉菌后，黑暗处理 24h，24h 后室内 12h/12h 光暗培育，3~7 天内定期观察病害发生情况，统计发病率。

发病率计算公式：发病率＝发病株数/接种株数×100%

二、试验结果

（一）病株样品中腐霉菌的分离结果

从 15 个市（县）300 余份病株中共分离到 37 株腐霉菌，其中，嵩县 10 株、内乡 8 株、遂平 6 株、舞阳 4 株、其他市（县）9 株。

（二）土壤样品中腐霉菌的分离结果

从采集到的 60 份土样中，共分离到 135 株腐霉菌。其中，根际土样共分离获得 71 株腐霉菌，大田土样共分离获得 64 株腐霉菌。烟草团棵期土样共分离获得 43 株腐霉菌，其中，根际土样分离获得 23 株，大田土样分离获得 20 株；烟草旺长期土样共分离获得 27 株腐霉菌，其中，根际土样分得获得 11 株，大田土

样分离获得 16 株；收获期土样共分离获得 65 株腐霉菌，其中，根际土样分得获
得 37 株，大田土样分离获得 28 株(图 9-3)。宜阳县共分离获得 28 株腐霉菌，其
中，根际土样分离获得 13 株，大田土样分离获得 15 株；嵩县共分离获得 43 株
腐霉菌，其中，根际土样分离获得 23 株，大田土样分离获得 20 株；洛宁县共分
离获得 39 株腐霉菌，其中，根际土样分离获得 25 株，大田土样分离获得 14 株；
汝阳共分离获得 25 株腐霉菌，其中，根际土样分离获得 12 株，大田土样分离获
得 13 株(图 9-4)。

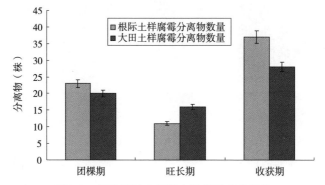

图 9-3 烟草不同生育期土样腐霉菌分离物

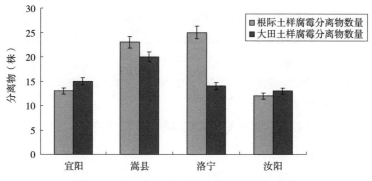

图 9-4 洛阳市各县(区)土样腐霉菌分离物

腐霉菌是一种土壤习居菌，在烟田土壤中普遍存在，受烟草根际分泌物的影
响，根际土样中的腐霉菌分离物数量变化较大，大田土样中变化较小，且根际土
样中腐霉菌分离物略多于大田土样，这说明腐霉菌在土壤中对烟草根际具有一定
的趋性。在烟草不同生育期，土样中腐霉菌分离数量差异明显，在收获期数量最
多，其次是团棵期，旺长期最少。这说明烟草团棵期刚刚在田间定植，易受土壤
中病原菌的侵染；而在旺长期，烟草生长健壮，对病害的有一定的抵抗力；在收
获期，根际土壤病原菌增多，常出现多种病原复合侵染的根茎病害。

不同轮作年限土样中，腐霉菌的分离数量差异不明显，随着轮作年限的增加，土样中腐霉菌分离数量略有增多，说明烟田腐霉菌受烟草轮作年限的影响不大(图9-5)。

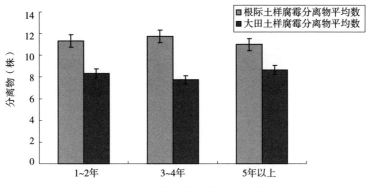

图9-5 不同轮作年限土样腐霉菌分离物

(三)腐霉菌的鉴定结果

根据腐霉菌分离物在 OA、CMA、PCA 和 PDA 培养基上的培养特征和显微形态特征，结合 ITS 序列测序结果分析，共鉴定出 9 种腐霉菌，分别是菌株 P1 寡雄腐霉 *P. oligandrum* Drechsler，菌株 P15 瓜果腐霉 *P. aphanidermatum*（Edson）Fitzpatrick，菌株 Py2 钟器腐霉 *Pythium vexans*，菌株 P16 德巴利腐霉 *P. debaryanum* Hesse，菌株 P18 棘腐霉 *P. acanthicum* Drechsler，菌株 P22 异宗腐霉 *P. heterothallicum* Hendrix，菌株 P11 终极腐霉 *P. ultimum* Tom，菌株 P38 固执腐霉 *P. recalcitrans* Maralejo，菌株 P43 卡地腐霉 *P. carolinianum* Matthews。

1. 腐霉菌株 P15 的鉴定结果

菌株 P15 的形态特征：菌落在 CMA、OA、PCA 和 PDA 培养基上均无特殊形状，气生菌丝棉絮状丰富。25℃条件下在 CMA、OA、PCA 和 PDA 培养基上的日生长速率分别为 32.5mm、34.5mm、30.5mm 和 35.6mm。菌丝无色，无隔膜，直径 2.6~9.6μm，平均约 6.5μm；孢子囊由姜瓣状、裂片状、棍棒状或不规则膨大菌丝组成，着生方式有间生、顶生；藏卵器球形，光滑，直径为 20.8~31.2μm，平均约 26.5μm，着生方式多顶生，偶间生，有柄且较直，每个藏卵器有 1~2 个雄器；雄器玉米粒状、瓢状、袋状、桶状，多间生，有时顶生，大小 7.8~15.6μm×9.1~14.3μm，平均约 11.3μm×10.7μm，与藏卵器同丝生或异丝生，以顶端与藏卵器相接触；卵孢子球形，光滑，不满器，直径为 14.3~26.4μm，平均约 20.0μm，内含折光体和储物球各一个(彩版 5-1)。

菌株 P15 的 ITS 序列的 PCR 扩增：提取菌株 P15 的 DNA，用 1%琼脂糖凝胶电泳，经 EB 染色检查 DNA 的提取效果，DNA 较纯杂质少、降解少，则可用于 PCR 扩增，PCR 产物用 1.2% 的琼脂糖凝胶电泳，条带清晰（图 9-6）。

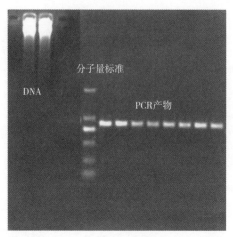

图 9-6　菌株 P15 的 DNA 电泳图和 PCR 产物电泳图

菌株 P15 的 ITS 序列及其比对结果：对菌株 P15 的 PCR 产物双向测序，用 Clustalx 软件校对后进行拼接，获得有效长度为 740bp 序列。

菌株 P15 的 ITS 序列在 GenBank 上进行 BLAST 比对，结果表明，该序列与登录号为 KP331545 和 JN695786 等的 *P. aphanidermatum*（瓜果腐霉）序列同源性大于 99%。下载 GenBank 上与其同源性高的序列编辑后，通过 MEGA 软件用邻接法（Neighbour-Joining）构建进化树（图 9-7），结合其形态特征，将其鉴定为瓜果腐霉 *P. aphanidermatum*（Edson）Fitzpatrick。

2. 腐霉菌株 Py2 的鉴定结果

菌株 Py2 的形态特征：Py2 菌株在燕麦培养基上菌落圆形，白色，长势较快，呈放射型，并逐渐变为花瓣型，边缘整齐，气生菌丝极少。显微镜下观察，菌丝无隔透明，部分老熟菌丝有分隔，菌丝直径 1.8~3.9μm，平均 2.7μm；孢子囊多球形，少数梨形，顶生或间生，直径 7.7~19.4μm，平均 14.0μm；雄器钟状或不规则，顶生，多同丝生；藏卵器球形，平滑，顶生，有时间生或切生，直径 14~27μm（平均 21.5μm），每个藏卵器有一个雄器；卵孢子球形，不满器（彩版 5-2）。

菌株 Py2 的 ITS 序列的 PCR 扩增：菌株 Py2 的 ITS 区域 PCR 扩增效果如图 9-8所示。

对菌株 Py2 进行 rDNA-ITS 序列测定，获得有效序列长度 609bp 序列，在 GenBank 上进行 BLAST 比对，并使用 Clustalx（1.83）软件对自测序列以及从 Gen-Bank 下载的相关序列进行较准（alignment）后，以邻接法（Neighbor-Joining 法）利

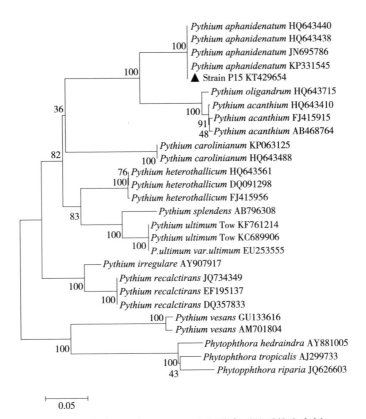

图 9-7　菌株 P15 与 GenBank 上相关序列的系统发育树

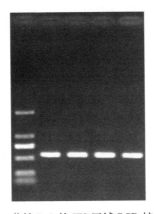

图 9-8　菌株 Py2 的 ITS 区域 PCR 扩增产物

用 MEGA5 软件构建系统发育树（图 9-9）。结果表明，该序列与登录号为 GU133578.1 和 GU133597.1 等的 *Pythium vexans*（钟器腐霉）亲缘关系最近，ITS 序列同源性 99%。结合其形态特征，将其鉴定为钟器腐霉 *Pythium vexans*。

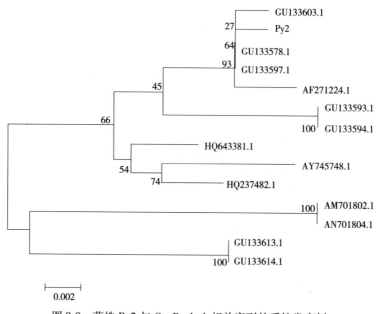

图 9-9　菌株 Py2 与 GenBank 上相关序列的系统发育树

3. 腐霉菌株 P38 的鉴定结果

菌株 P38 的形态特征：菌落在 CMA 培养基上无特殊形状，无气生菌丝；在 OA 培养基上呈放射状，在培养皿边缘有少量成簇的气生菌丝；在 PCA 培养基上无特殊形状，气生菌丝白色疏松；在 PDA 培养基上无特殊形状，气生菌丝白色密集。25℃条件下在 CMA、OA、PCA 和 PDA 培养基上的日生长速率分别为 16.8mm、22.2mm、15.7mm 和 20.6mm。菌丝无色，分枝短且发达，呈树状，初期无隔膜，后期菌丝变空且见分隔，直径 2.5~7.2μm，平均约 4.3μm；在 CA 培养基上培养 7 天，在皿底培养基上产生很多附着胞，附着胞较大，呈棍棒状、稍弯曲；孢子囊球形、近球形，极其丰富，着生方式有间生、顶生、切生，直径为 10.9~38.5μm，平均约 25.0μm；室温下未见游动孢子产生；在培养基上培养物无有性结构产生，经马唐草和 PS 液诱导后，产生有性结构，藏卵器光滑，球形、近球形，直径大小 18.4~32.5μm，平均约 24.0μm，每个藏卵器有 1~7 个雄器；雄器单生，囊状，有柄稍歪曲；卵孢子，球形，光滑，直径大小 16.5~28.6μm，平均约 21.0μm(彩版 5-3)。

菌株 P38 的 ITS 序列的 PCR 扩增：提取菌株 P38 的 DNA，用 1%琼脂糖凝胶电泳，经 EB 染色检查 DNA 的提取效果，DNA 较纯杂质少、降解少，则可用于 PCR 扩增，PCR 产物用 1.2%的琼脂糖凝胶电泳，条带清晰(图 9-10)。

菌株 P38 的 ITS 序列及其比对结果：对菌株 P38 的 PCR 产物双向测序，用 Clustalx 软件校对后进行拼接，获得有效长度为 875bp 序列。

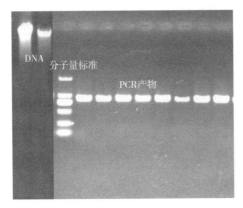

图 9-10　菌株 P38 的 DNA 电泳图和 PCR 产物电泳图

　　菌株 P38 的 ITS 序列在 GenBank 上进行 BLAST 比对结果表明，该序列与登录号为 JQ734349 和 EF195137 等的 *P. recalcitrans*（固执腐霉）序列同源性大于98%，下载 GenBank 上与其同源性高的序列编辑后，通过 MEGA 软件用邻接法（Neighbour-Joining）构建进化树（图 9-11），结合其形态特征，将其鉴定为固执腐霉 *P. recalcitrans* Maralejo。

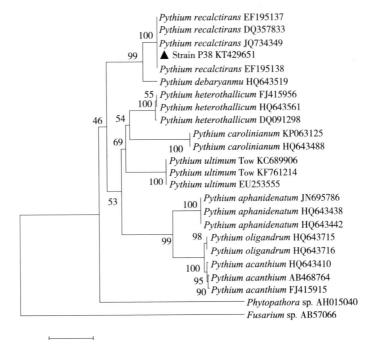

图 9-11　菌株 P38 与 GenBank 上相关序列的系统发育树

4. 腐霉菌株 P16 的鉴定结果

菌株 P16 的形态特征：菌落在 CMA 培养基上无特殊形状，有稀疏的白色气生菌丝；在 OA 培养基上无特殊形状，无气生菌丝；在 PCA 培养基上呈放射状，气生菌丝疏松、白色；在 PDA 培养基上无特殊形状，气生菌丝密集、浅黄色。25℃条件下在 CMA、OA、PCA 和 PDA 培养基上的日生长速率分别为 23.5mm、29.4mm、24.8mm 和 30.2mm。菌丝无色，无隔膜，直径 3.2~8.9μm，平均约 5.5μm；孢子囊球形、椭圆形或卵圆形，着生方式有间生、顶生、切生；室温下未见游动孢子产生；藏卵器球形，光滑，直径为 14.6~22.4μm，平均约 18.6μm，顶生、间生，有柄、且较直，每个藏卵器有 1~2 个雄器；雄器近球形，顶生，与藏卵器同丝生或异丝生，同丝生时雄器具有典型的柄，柄从藏卵器下面较远的地方长出；卵孢子球形，光滑，不满器，直径为 11.6~20.4μm，平均约 17.1μm(彩版 5-4)。

菌株 P16 的 ITS 序列的 PCR 扩增：提取菌株 P16 的 DNA，用 1%琼脂糖凝胶电泳，经 EB 染色检查 DNA 的提取效果，DNA 较纯杂质少、降解少，则可用于 PCR 扩增，PCR 产物用 1.2%的琼脂糖凝胶电泳，条带清晰(图 9-12)。

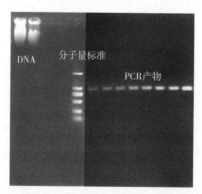

图 9-12　菌株 P16 的 DNA 电泳图和 PCR 产物电泳图

菌株 P16 的 ITS 序列及其比对结果：对菌株 P16 的 PCR 产物双向测序，用 Clustalx 软件校对后进行拼接，获得有效长度为 961bp 序列。

菌株 P16 的 ITS 序列在 GenBank 上进行 BLAST 比对结果表明，该序列与登录号为 HQ643519 和 AY598704 等的 *P. debaryanum*(德巴利腐霉)序列同源性大于99%，下载 GenBank 上与其同源性高的序列编辑后，通过 MEGA 软件用邻接法(Neighbour-Joining)构建进化树(图 9-13)，结合其形态特征，将其鉴定为德巴利腐霉 *P. debaryanum* Hesse。

5. 腐霉菌株 P1 的鉴定结果

菌株 P1 的形态特征：菌落在 CMA、OA、PCA 和 PDA 培养基上均无特殊形

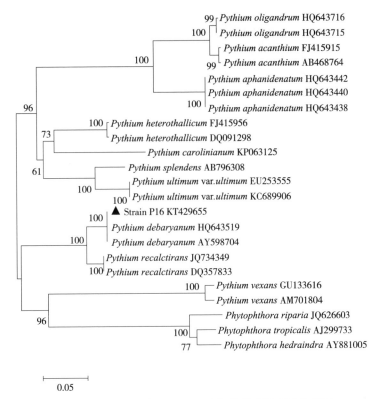

图 9-13　菌株 P16 与 GenBank 上相关序列的系统发育树

状，在 CMA 和 OA 培养基上有少量柳絮状白色气生菌丝，在 PCA 和 PDA 上气生菌丝白色，密集平铺，紧贴培养基。25℃ 条件下在 CMA、OA、PCA 和 PDA 培养基上的日生长速率分别是 21.9mm、20.4mm、20.5mm 和 19.4mm。菌丝无色，无隔膜，老化菌丝有隔膜，直径 2.6～7.8μm，平均约 4.4μm；孢子囊球形、近球形，或不规则，或由菌丝膨大体构成；藏卵器球形、近球形，常顶生或间生、也有切生，直径 15.6～26μm，平均 22.6μm；藏卵器表面密生锥形刺突，刺突长 2.6～7.8μm，平均约 4.6μm；雄器常缺，偶见，多异丝生；卵孢子球形，不满器，直径 15.6～24.7μm，平均约 21.0μm。

菌株 P1 的 ITS 序列的 PCR 扩增：提取菌株 P1 的 DNA，用 1%琼脂糖凝胶电泳，经 EB 染色检查 DNA 的提取效果，DNA 较纯杂质少、降解少，则可用于 PCR 扩增，PCR 产物用 1.2%的琼脂糖凝胶电泳，条带清晰(图 9-14)。

菌株 P1 的 ITS 序列及其比对结果：对菌株 P1 的 PCR 产物双向测序，用 Clustalx 软件校对后进行拼接，获得有效长度为 810bp 序列。

菌株 P1 的 ITS 序列在 GenBank 上进行 BLAST 比对结果表明，该序列与登录

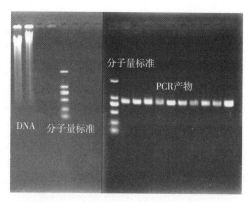

图 9-14　菌株 P1 的 DNA 电泳图和 PCR 产物电泳图

号为 HQ643716 和 KJ908710 等的 *P. oligandrum* Drechsler（寡雄腐霉）序列同源性大于 99%，下载 GenBank 中与其同源性高的序列编辑后，通过 MEGA 软件用邻接法（Neighbour-Joining）构建进化树（图 9-15），结合其形态特征，将其鉴定为寡雄腐霉 *P. oligandrum* Drechsler。

6. 腐霉菌株 P18 的鉴定结果

菌株 P18 的形态特征：菌落在 CMA 培养基菌落不清晰，无气生菌丝；在 OA、PDA 培养基上呈不明显的玫瑰花状，无气生菌丝；在 PCA 培养基上呈玫瑰花状，无气生菌丝。25℃条件下在 CMA、OA、PCA 和 PDA 培养基上的日生长速率分别为 18.5mm、21.0mm、16.5mm 和 16.3mm。菌丝无色，无隔膜，直径 1.30~5.20μm，平均约 4.9μm；孢子囊球形、近球形，着生方式有间生、顶生、切生；藏卵器球形，多间生，有时顶生或切生，壁上均匀分布锥形刺突，刺突密集，顶端稍钝（较寡雄腐霉的刺突短），直径为 15.6~26.0μm，平均约 24.2μm，每个藏卵器有 1~3 个雄器，多数 1 个雄器；雄器近钩状、弯棍状，多顶生，常与藏卵器同丝生，以顶端或侧面与藏卵器接触；卵孢子球形，不满器或近满器，直径为 13.0~26.0μm，平均约 19.0μm。

菌株 P18 的 ITS 序列的 PCR 扩增：提取菌株 P18 的 DNA，用 1% 琼脂糖凝胶电泳，经 EB 染色检查 DNA 的提取效果，DNA 较纯杂质少、降解少，则可用于 PCR 扩增，PCR 产物用 1.2% 的琼脂糖凝胶电泳，条带清晰（图 9-16）。

菌株 P18 的 ITS 序列及其比对结果：对菌株 P18 的 PCR 产物双向测序，用 Clustalx 软件校对后进行拼接，获得有效长度为 823bp 序列。

菌株 P18 的 ITS 序列在 GenBank 上进行 BLAST 比对结果表明，该序列与登录号为 HQ643410 和 AB468764 等的 *P. acanthium*（棘腐霉）序列同源性大于 97%，下载 GenBank 上与其同源性高的序列编辑后，通过 MEGA 软件用邻接法（Neigh-

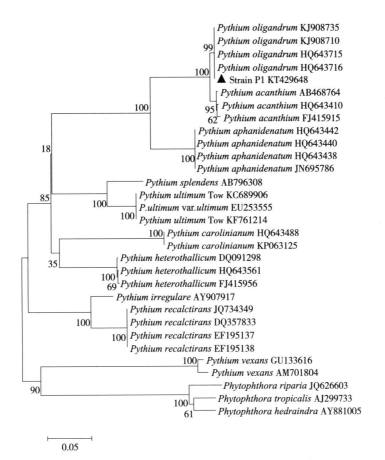

图 9-15 菌株 P1 与 GenBank 上相关序列的系统发育树

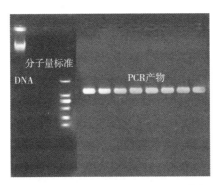

图 9-16 菌株 P18 的 DNA 电泳图和 PCR 产物电泳图

bour-Joining)构建进化树（图 9-17），结合其形态特征，将其鉴定为棘腐霉
P. acanthium Drechsler。

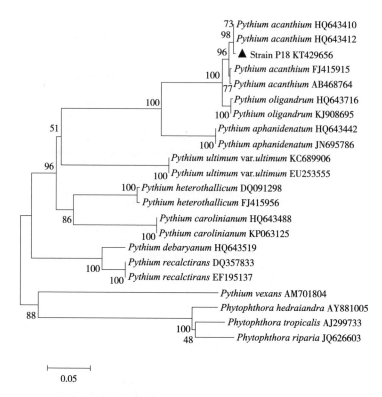

图 9-17　菌株 P18 与 GenBank 上相关序列的系统发育树

7. 腐霉菌株 P11 的鉴定结果

菌株 P11 的形态特征：菌落在 CMA 培养基上无特殊形状，气生菌丝白色极少；在 OA 培养基上无特殊形状，气生菌丝白色絮状稀薄；在 PCA 培养基上无特殊形状，气生菌丝白色丰富；在 PDA 培养基上无特殊形状，气生菌丝白色密集。25℃条件下在 CMA、OA、PCA 和 PDA 培养基上的日生长速率分别为 25.4mm、27.0mm、28.0mm 和 28.6mm。菌丝无色，无隔膜，分枝发达，直径 2.8~6.8μm，平均约 4.9μm；孢子囊球形、卵圆形，多间生，少顶生和切生；藏卵器球形，光滑，多顶生，直径为 14.9~28.2μm，平均约 22.8μm；雄器囊状弯曲，与藏卵器多同丝生，偶有异丝生，无柄，紧靠藏卵器；卵孢子球形，光滑，不满器，直径为 13.0~26.9μm，平均约 19.9μm(彩版 5-5)。

菌株 P11 的 ITS 序列的 PCR 扩增：提取菌株 P11 的 DNA，用 1%琼脂糖凝胶电泳，经 EB 染色检查 DNA 的提取效果，DNA 较纯杂质少、降解少，则可用于 PCR 扩增，PCR 产物用 1.2%的琼脂糖凝胶电泳，条带清晰(图 9-18)。

菌株 P11 的 ITS 序列及其比对结果：对菌株 P11 的 PCR 产物双向测序，用

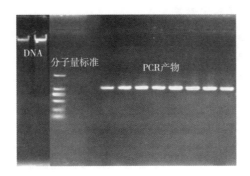

图 9-18　菌株 P11 的 DNA 电泳图和 PCR 产物电泳图

Clustalx 软件校对后进行拼接，获得有效长度为 877bp 序列。

　　菌株 P11 的 ITS 序列在 GenBank 上进行 BLAST 比对结果表明，该序列与登录号为 EU253555 和 HQ643938 等的 *P. ultimum*（终极腐霉）序列同源性大于 95%，下载 Gen-Bank 上与其同源性高的序列编辑后，通过 MEGA 软件用邻接法（Neighbour-Joining）构建进化树（图 9-19），结合其形态特征，将其鉴定为终极腐霉 *P. ultimum* Tom。

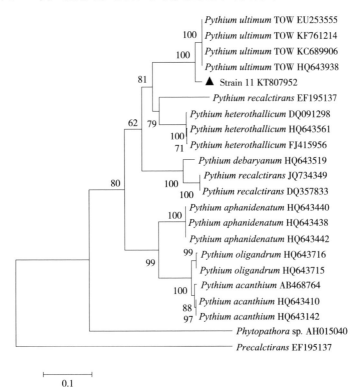

图 9-19　菌株 P11 与 GenBank 上相关序列的系统发育树

8. 腐霉菌株 P22 的鉴定结果

菌株 P22 的形态特征：菌落在 CMA、OA 培养基上无特殊形状，气生菌丝白色较少；在 PCA、PDA 培养基上呈模糊玫瑰花状，初期气生菌丝少，呈膜状，后期呈白色粉状。25℃条件下在 CMA、OA、PCA 和 PDA 培养基上的日生长速率分别为 16.4mm、17.7mm、14.7mm 和 14.3mm。菌丝无色，无隔膜，直径 3.1~5.4μm，平均约 4.2μm；孢子囊球形，间生或顶生，直径 7.8~28.7μm，平均约 15.9μm；单独培养时不产生有性器官，在 OA 培养基上，对峙培养在相接触处产生有性器官，藏卵器球形，光滑，直径为 17.9~28.0μm，平均约 23.0μm，顶生或间生，每个藏卵器有 3 个以上的雄器；雄器与藏卵器异丝生，常在藏卵器周围形成错综复杂的结构，雄器轻微膨大，柄分枝，常在近藏卵器处分枝。卵孢子光滑，不满器，直径为 15.6~26.8μm，平均约 21.6μm。

菌株 P22 的 ITS 序列的 PCR 扩增：提取菌株 P22 的 DNA，用 1%琼脂糖凝胶电泳，经 EB 染色检查 DNA 的提取效果，DNA 较纯杂质少、降解少，则可用于 PCR 扩增，PCR 产物用 1.2%的琼脂糖凝胶电泳，条带清晰（图9-20）。

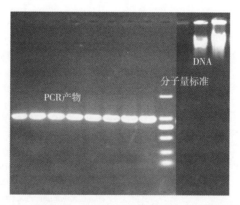

图 9-20　菌株 P22 的 DNA 电泳图和 PCR 产物电泳图

菌株 P22 的 ITS 序列及其比对结果：对菌株 P22 的 PCR 产物双向测序，用 Clustalx 软件校对后进行拼接，获得有效长度为 864bp 序列。

菌株 P22 的 ITS 序列在 GenBank 上进行 BLAST 比对结果表明，该序列与登录号为 DQ091298 和 FJ415955 等的 *P. heterothallicum*（异宗腐霉）序列同源性大于 98%，下载 GenBank 上与其同源性高的序列编辑后，通过 MEGA 软件用邻接法（Neighbour-Joining）构建进化树（图9-21），结合其形态特征，将其鉴定为异宗腐霉 *P. heterothallicum* Hendrix。

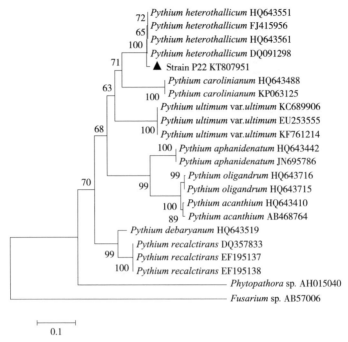

图 9-21　菌株 P22 与 GenBank 上相关序列的系统发育树

9. 腐霉菌株 P43 的鉴定结果

菌株 P43 的形态特征：菌落在 CMA、OA 培养基上呈不明显的花瓣状，初期无气生菌丝，后期长出成团的白色气生菌丝；在 PCA、PDA 培养基上呈明显的花瓣状，气生菌丝白色致密绒絮状。25℃条件下在 CMA、OA、PCA 和 PDA 培养基上的日生长速率分别为 11.2mm、10.5mm、7.4mm 和 8.6mm。菌丝无色，无隔膜，直径 3.5～7.4μm，平均约 5.0μm；孢子囊形态多样，球形、椭圆形、卵圆形或梨形，间生或顶生，直径为 9.1～28.7μm，平均约 19.4μm；在培养基上培养无有性结构产生，经马唐草和 PS 液诱导后，也无有性结构。

菌株 P43 的 ITS 序列的 PCR 扩增：提取菌株 P43 的 DNA，用 1%琼脂糖凝胶电泳，经 EB 染色检查 DNA 的提取效果，DNA 较纯杂质少、降解少，则可用于 PCR 扩增，PCR 产物用 1.2%的琼脂糖凝胶电泳，条带清晰(图 9-22)。

菌株 P43 的 ITS 序列及其比对结果：对菌株 P43 的 PCR 产物双向测序，用 Clustalx 软件校对后进行拼接，获得有效长度为 920bp 序列。

菌株 P43 的 ITS 序列在 GenBank 上进行 BLAST 比对结果表明，该序列与登录号为 JQ734349 和 HQ261731 等的 *P. carolinianum*（卡地腐霉）序列同源性大于

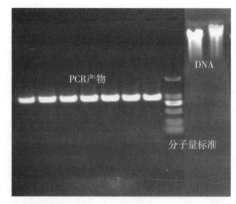

图 9-22　菌株 P43 的 DNA 电泳图和 PCR 产物电泳图

99%，下载 GenBank 上与其同源性高的序列编辑后，通过 MEGA 软件用邻接法（Neighbour-Joining）构建进化树（图 9-23），结合其形态特征，将其鉴定为卡地腐霉 *P. carolinianum* Matthews。

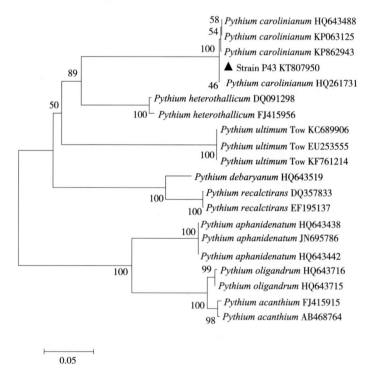

图 9-23　菌株 P43 与 GenBank 上相关序列的系统发育树

（四）腐霉菌的致病性测定结果

接种腐霉菌 2 天后，烟苗茎基部开始出现水渍状病斑，渐变为黄褐色或暗褐色，茎部像开水烫过，呈暗绿色，病健交界不明显，待病斑扩展至 7 天后，茎基部缢缩变细呈线状，地上部因缺乏支撑能力而逐渐倒折，土壤潮湿时，可见密生一层白色絮状物。接种钟器腐霉 2 天后开始发病，5 天后茎基部接种点呈深褐色，并逐渐向上下扩展，9 棵烟苗倒折，大部分叶片萎蔫，茎部缢缩，病斑扩展，2 棵烟苗未倒折，但叶片萎蔫，病斑上下扩展，4 棵烟苗未有发病现象，接种部位病斑颜色较浅，且无蔓延，接种 7 天后，11 棵烟苗枯死，4 棵烟苗无明显发病现象。接种终极腐霉 2 天后发病，7 天后有 10 棵烟苗枯死，5 棵烟苗接种部位发病不明显。接种瓜果腐霉后 2 天开始发病，4 棵烟苗枯死，2 棵烟苗接种部位褐色腐烂，病斑蔓延茎围一周，下部 2 片叶枯死，8 棵烟苗接种部位褐色腐烂，病斑扩展不足茎围一周，下部 1~2 片叶变黄，1 棵烟苗未发病，随时间推移烟苗渐渐枯死，接种 7 天后，几乎全部枯死，仅 1 棵烟苗未发病。接种固执腐霉 2 天后开始发病，11 棵烟苗倒折，大部分叶片萎蔫，茎部缢缩，病斑扩展，1 棵烟苗未倒折，但叶片萎蔫，病斑上下扩展，2 棵烟苗未有发病现象，接种部位病斑颜色较浅，且无蔓延，接种 7 天后，13 棵烟苗枯死，2 棵烟苗无明显发病现象。接种德巴利腐霉 3 天后开始发病，2 棵烟苗萎蔫，3 棵烟苗病斑蔓延明显，下部叶片发黄但未倒折，其余烟苗无明显发病现象，7 天后共有 5 棵烟苗枯死，其余为未发病。统计发病烟苗数量可知，终极腐霉、瓜果腐霉、固执腐霉、钟器腐霉、德巴利腐霉对烟草有致病性，发病率分别是73.3%、93.3%、86.7%、66.7%、33.3%，其余腐霉菌均不致病，其中，瓜果腐霉、终极腐霉、德巴利腐霉和钟器腐霉对烟草致病已有报道，但固执腐霉和钟器腐霉对烟草致病是首次报道。

三、结论

从病株样品中共分离到腐霉菌 37 株，其中，嵩县 10 株、内乡 8 株、遂平 6 株、舞阳 4 株；从土壤样品中共分离获得 135 株腐霉，其中，从团棵期、旺长期与采收期根际土样分别分离得到 23 株、11 株、37 株腐霉，从团棵期、旺长期与采收期大田土样分别分离得到 20 株、16 株、28 株腐霉。烟田根际土样中腐霉数量多于大田土样；旺长期腐霉数量最少，团棵期次之，收获期腐霉数量最多。

通过显微形态特征观察结合 rDNA-ITS 序列分析，共鉴定了 9 种腐霉菌，分别是钟器腐霉 *Pythium vexans*、瓜果腐霉 *P. aphanidermatum*（Edson）Fitzpatrick、固执腐霉 *P. recalcitrans* Maralejo、德巴利腐霉 *P. debaryanum* Hesse、终极腐霉 *P. ultimum* Tom、棘腐霉 *P. acanthicum* Drechsler、寡雄腐霉 *P. oligandrum* Drechsler、

异宗腐霉 *P. heterothallicum* Hendrix 与卡地腐霉 *P. carolinianum* Matthews。

致病性结果表明，钟器腐霉、瓜果腐霉、德巴利腐霉、终极腐霉、固执腐霉对'豫烟6号'有致病性，其中，钟器腐霉与固执腐霉对烟草致病为首次发现。

第三节　烟草根串珠霉菌分离方法与致病性测定

根串珠霉(*Thielaviopsis basicola*)侵染烟草引起的根黑腐病是世界性的土传真菌病害，在美国、加拿大、澳大利亚、南非、日本等产烟国普遍发生，在我国云南、贵州、四川、重庆、湖北、河南、山东、安徽、福建和吉林等省(直辖市)也均有发生，重病烟田发病率达30%以上。目前，国外学者在根串珠霉分类地位与寄主范围、形态学与分子特征、分离技术、生理分化等方面均有报道。国内学者在该菌生物学特性、致病力分化及遗传多样性、分子检测等方面也有研究。河南省烟草根黑腐病已有记载，但有关引起该病病原菌的种类、来自不同生态区域菌株致病力的差异及病原菌侵染烟草引起病害的发生、流行规律等均缺乏系统性研究。由于烟草根黑腐病常与烟草黑胫病等其他根茎部病害混合发生，给生产上准确诊断病害造成困难，明确本地病原菌的种类及其致病力是指导病害防治的基础。近年来，依据形态学特征，结合分子生物学分析解决了包括烟草等许多植物病原物种类以前单纯依靠形态特征不能解决分类地位的问题。本研究在发病烟株根际土壤中分离纯化出拟似烟草根串珠霉菌株，在此基础上对其进行了形态学鉴定、致病性测定与ITS-rDNA序列测定及分析，为烟草根黑腐病诊断与防治提供了参考。

一、材料与方法

(一)材料

2013至2015年6~9月，河南省烟草公司济源、宜阳、洛宁、嵩县、襄城、郏县市(县)烟草分公司送检拟似烟草根黑腐病烟株6批，每批选择具烟草根黑腐病典型症状的病株3株，用小刀将距根系表面2mm以上的土壤轻轻剥离，抖落其余土壤作为根际土样收集，不能抖落的黏附在根上的土壤用小毛刷轻轻刷下，装入纸袋中，编号保存。共收集病株6份，每份3株；根际土壤样品6份。

(二)试验方法

1. 病原菌的分离

(1)组织分离法

在病株茎基腐烂部位或须根的病健交界处切取适当大小的组织块，用75%酒精消毒 30s，0.1%升汞消毒 1~2min，再用无菌水清洗 3 次，无菌吸水纸吸干组织块表面水分后接种于含 50μL/mL 硫酸链霉素和 50μL/mL 青霉素的 PDA 培养基平板上，25℃恒温培养 5~7d，待组织块周围长出菌落后转接至 PDA 培养基平板上继续培养。3 天后，在光学显微镜下镜检培养物产生分生孢子情况，选取产生分生孢子的培养物进行单孢纯化，获得纯菌株。

（2）胡萝卜圆片法

将根际土壤样品放入研钵中碾碎后，倒入灭菌的培养皿中。用 75%酒精对新鲜胡萝卜表面进行消毒，使用灭菌刀将其切成约 5mm 厚的圆片，均匀蘸取磨碎的样品后，置于铺有浸过灭菌水的脱脂棉及滤纸的培养皿中，于 25℃恒温培养箱培养，期间及时观察并维持样品潮湿。2~4 天后，用加有青霉素和硫酸链霉素的无菌水冲去胡萝卜圆片表面土壤后，将胡萝卜圆片继续置于 25℃条件下培养 2~3 天，挑取胡萝卜圆片表面灰黑色霉层，在光学显微镜下镜检。挑取典型根串珠霉的分生孢子与厚垣孢子霉层，转接至 PDA 平板上进行纯化培养，获得纯菌株。

2. 病原菌的形态观察

在 PDA 培养基平板上培养 3~4d 的菌株，用打孔器打成直径约 5mm 的菌饼，接种于 V8 培养基平板中央，25℃恒温培养。记录菌落颜色及形态变化，十字交叉法测菌落直径，计算生长速率。在光学显微镜下观察菌丝、分生孢子梗、分生孢子、厚垣孢子的形态特征并测量其大小。

3. 病原菌的致病性测定

'豫烟 6 号'烟苗在河南科技大学植物免疫学实验室培育至 10 片真叶，将分离获得的纯培养菌株转接至液体马铃薯葡萄糖培养基（Potato Dextrose，PD 培养基）中，振荡培养 5~7 天后，选取健康的、长势一致的烟苗灌根接种，每株灌 20mL 菌液，每个处理 5 株，重复 3 次，设清水为对照，置于 25~28℃温室中培养。定期观察烟苗发病情况。对发病烟苗用胡萝卜圆片法重新分离，并镜检观察分离物是否与接种物一致。

4. 病原菌的 rDNA-ITS 的 PCR 扩增与序列分析

（1）DNA 的提取。将分离纯化菌株接种到 PD 培养基中，25℃摇床培养 5~7d 后收集菌丝体。基因组 DNA 提取采用 CTAB 法，DNA 置于−20℃冰箱保存待用。

（2）rDNA-ITS 的 PCR 扩增。10×PCR Buffer、Taq DNA 聚合酶、dNTP 试剂购于宝生物工程（大连）有限公司；引物 ITS1（5'-TCCGTAGGTGAACCTGCGCGG-3'）和 ITS4（5'-TCCTCCGCTTATTGATATGC-3'），由生工生物工程上海（股份）有限公司合成。PCR 体系（25μL）：10×PCR Buffer（Mg^{2+}）2.5μL，2.5mmol/L dNTP 2μL，

10μmol/L 的引物各 1μL，模板 DNA 1μL，5U/μL Taq 聚合酶 0.25μL，用 ddH₂O 将反应体系补至 25μL。PCR 反应程序：94℃预变性 4min；94℃变性 60s，58℃退火 60s，72℃延伸 120s，35 个循环；最后 72℃延伸 10min，4℃保存。取 5μL PCR 扩增产物用 1.2%琼脂糖凝胶电泳检测。

（3）rDNA-ITS 序列测序及分析。将扩增产物（未纯化）100μL 寄往生工生物工程上海（股份）有限公司进行双向测序。测序所得 rDNA 序列用 Clustal X 软件进行比对，然后利用 BLAST 将拼接后的序列与 GeneBank 上已经发表的基因序列进行同源比对。

二、试验结果

（一）形态学鉴定

采用常规组织分离法对供试的 18 棵病株的病部组织进行病原菌分离，均未获得目标分离物。用胡萝卜圆片法分离病原菌，培养 4~7d 后，挑取胡萝卜圆片表面具典型根黑腐病菌分生孢子与厚垣孢子的霉层，转接至 PDA 平板进行纯化培养，获得 4 株疑似烟草根黑腐病菌分离物。分离物分别来源于宜阳县、洛宁县、郏县和济源市的送检样品，菌株编号依次为 YYTB、LNTB、JXTB 与 JYTB（彩版 6-1）。

4 株病原菌分离物在 V8 培养基上培养，LNTB、JXTB 菌落中出现白色扇形区域，白色区域边缘的菌落经 2~3 次转接获得纯培养变异菌株，分别编号为 LNTB′、JXTB′（彩版 6-2）。

菌株 YYTB、LNTB、JXTB、JYTB 在 V8 培养基上培养，菌落呈灰色至橄榄绿色，边缘整齐，气生菌丝明显，有芳香味，菌落生长缓慢，日增长速率约 2.5mm/d。在光学显微镜下观察，4 个菌株的形态学特征基本一致。菌丝有隔膜，直径约 2.5~5.0μm，平均直径 3.8μm，菌丝先透明无色后变褐色，菌丝分枝为双分枝，不发达；内生分生孢子梗无色至褐色，单生或簇生，由基部的一两个或几个短筒状细胞和末端长而渐尖的抛掷管组成，抛掷管长 50.0~72.5μm，平均长约 63.5μm，基部直径 5.0~7.5μm，平均约 6.3μm，管口直径约 2.8~5.0μm，平均约 3.9μm；内生分生孢子产生于抛掷管内，内生分生孢子单孢，无色，杆状，两端钝圆，长约 5~23μm，平均约 12.4μm，宽 3.3~6μm，平均约 4μm；厚垣孢子产生于菌丝顶部或侧枝上，单生或簇生，最初透明，后变青黑色至褐色，有色细胞 2~7 个，长 22.5~67.5μm，平均约 36.7μm，宽 10.0~12.5μm，平均约 11.8μm，成熟时分裂为单个细胞（彩版 6-3a~d）。

菌株 LNTB′、JXTB′在 V8 培养基上培养，菌落白色，边缘不规则，菌丝放射状呈束生长，气生菌丝发达，有芳香味，菌落日生长速率约 2.0mm/d。在光学显微镜下观察，LNTB′与 JXTB′菌株形态学特征基本一致。菌丝有隔膜，直径 2.5~5.0μm，平均约 3.4μm，无色，双分支；内生分生孢子梗无色，抛掷管长 35.0~70.0μm，平均长 52.5μm，基部直径为约 5.0~7.5μm，平均约 6.0μm，管口直径约 2.5~5.0μm，平均约 3.4μm；内生分生孢子无色透明，圆柱形或杆状，两端钝圆，长 5~22μm，平均约 11.9μm，宽 3.7~6.2μm，平均约 4.9μm；厚垣孢子无色透明，多簇生，细胞数目 3~7 个，长 30.0~55.0μm，平均约 40.8μm，宽 10~12.5μm，平均约 11.9μm（彩版 6-3e）。

依据以上形态特征，将 6 个菌株初步鉴定为根串珠霉属（*Thielaviopsis*）。

（二）致病性测定

烟苗接种菌株 YYTB、LNTB、JXTB、JYTB 45d 左右，近地面的茎部变黑褐色；接种烟苗经自来水冲洗后检查全部发病，主根根部出现黑褐色近梭形病斑，侧根也有少量的褐色病斑，严重者主根腐烂引起植株枯死，个别植株在近地面病、健交界处发生新根，维持生长。白色变异菌株 LNTB′、JXTB′接种的烟苗也发病，症状与非变异菌株相似，但相对病斑较小。在光学显微镜下对发病植株的病斑进行镜检，可以观察到根黑腐病菌的厚垣孢子。用胡萝卜圆片法对病株上的病原物进行分离，纯化后得到的病原菌与接种病原菌形态相同，证明该分离物是引起烟草根黑腐病的病原菌（彩版 6-4）。

（三）rDNA-ITS 序列分析

通过 ITS1 和 ITS4 引物对分离到的 6 个菌株进行 PCR 扩增，测序得到的 rDNA-ITS 序列有效长度为 488 ~ 558bp。将序列提交至 NCBI 上（登录号：KU561821、KU561822、KU561823、KU561824、KU561825、KU561829）进行 BLAST 比对，运用 Clustalx 软件对自测序列以及从 GenBank 下载的相关序列进行较准后，以距离法利用 MEGA6 软件构建系统发育树（图 9-24）。结果表明，6 个菌株的 rDNA-ITS 序列与登录号为 EU794001、DQ059579 等的根串珠霉菌（*Thielaviopsis basicola*）的亲缘关系最近，rDNA-ITS 序列同源性大于 99%。

三、结论

通过对从发病烟草根部分离得到烟草根黑腐病原菌菌株的形态学观察，结合 rDNA-ITS 序列分析结果，将河南省烟草根腐病菌定名为根串珠霉［*Thielaviopsis basicola*（Berk. et Br.）Ferr.］。该菌分类上属于半知菌门（Deuteromycota）丝孢纲（Hyphomycetes）丝孢目（Moniliales）根串珠霉属（*Thielaviopsis*）。

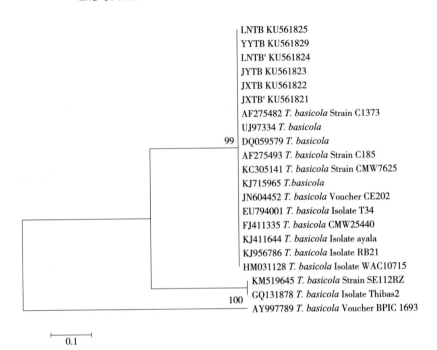

图 9-24　根串珠霉 rDNA-ITS 序列的系统发育树

在河南省洛阳烟区，烟草根黑腐病常与烟草黑胫病(彩版 7)、烟草白绢病(彩版 8)、烟草低头黑病(彩版 9)和烟草立枯病(彩版 10)混合发生造成危害。

第四节　烟草疫霉生理小种及其基因型分析

烟草黑胫病广泛分布于世界烟草种植区，在我国河南、山东、安徽、云南、贵州、广东、福建、湖南烟区普遍发生。国外从 60 年代初就开展了烟草疫霉生理小种的鉴定工作，迄今为止，共报道了 0 号、1 号、2 号、3 号 4 个生理小种。朱贤朝等、王智发等在 20 世纪 80 年代对我国烟草疫霉生理小种的研究中认为，我国主要烟区烟草疫霉存在 0 号和 1 号生理小种。近年来，我国湖北、四川、重庆等省(直辖市)也相继报道了对烟草疫霉生理小种的鉴定结果。河南省烟草栽培历史悠久，山地与平原烟区生态条件差异较大，对烟草疫霉生理小种尚缺乏系统研究，朱贤朝等(1987)鉴定了河南省 2 个烟草疫霉菌株均为 0 号小种，王智发等(1987)对来自河南省邓州、许昌、平顶山烟区的 9 个烟草疫霉菌株的鉴定结果为 1 株 0 号小种，8 株 1 号小种。这些结果说明，我国的烟草疫霉主要通过无性繁殖为主，遗传变异缓慢，导致致病性分化不显著，遗传分化处于较低水平。因此，对于烟草疫霉的遗传多样性和群体遗传结构研究就需要使用高质量的分子标记。

项目组从 2010~2012 年开展了对河南省 15 个烟区获得的烟草疫霉菌株生理
小种的鉴定工作。本研究在分析烟草疫霉基因组序列中 SSR 种类与分布的基础
上，开发了 20 对扩增条带清晰且具有多态性的 SSR 引物，并成功使用其中 6 对
SSR 引物对河南省烟草疫霉的遗传多样性进行了初步分析。这些 SSR 引物的开发
为深入研究我国烟草疫霉的遗传多样性、群体遗传结构以及遗传图谱构建等奠定
了基础。在遗传多样性研究的基础上，利用简单重复序列（simple sequence
repeat，SSR）分子标记对河南省烟草疫霉的遗传多样性、UPGMA 聚类分析、主
成分分析与遗传结构等方面进行系统研究，为明确河南省烟草黑胫病菌的群体遗
传结构，从分子水平理解烟草黑胫病菌的致病性分化以及科学防治烟草黑胫病提
供帮助。

一、材料与方法

（一）培养基的制备

燕麦培养基：燕麦片 30g，琼脂条 17~20g，水 1000mL。

TTZ 液体培养基：蔗糖 30g，柠檬酸 20g，$CaCl_2$ 1g，KNO_3 2g，KH_2PO_4
0.67g，K_2HPO_4 0.33g，1%$FeCl_3$ 10 滴，B1 1mg，蒸馏水 1000mL，待试剂全部溶
解后调节 pH 至 5.5，121℃加压蒸汽灭菌 30min 后，冷却至约 45℃，加入经细菌
过滤器灭菌的 0.05%（W/V）TTZ（2，3，5-氯化三苯基四氮唑）。

TTZ 固体培养基：燕麦培养基在倒平板前，冷却至 45℃，添加上述
0.05%TTZ。

（二）样品采集

2010、2011 年 4~9 月，从河南省三门峡、洛阳、平顶山、许昌、南阳等 15
个烟叶主产区采集烟草黑胫病典型病株，在河南科技大学植物免疫学实验室分离
鉴定。

（三）病原菌分离保存

发病初期的新鲜病样采用常规组织分离法：切取典型病茎上病健交界明显的
皮层组织，剪成 3mm×3mm 小块，在 75%酒精中消毒 2min，0.1%升汞中消毒
1min，再在无菌水中漂洗 3 次，每次漂洗时间不少于 1min。漂洗后用灭过菌的滤
纸将组织表面的水分吸干。

严重发病的成株期病株采用髓部直接分离法：剖开一段新鲜病茎，在无菌操
作台上切取黄褐色的髓部，剪成 3mm×3mm 小块，置于燕麦培养基平板上，每皿
均匀放置 3~5 块组织，于 25℃光/暗（12h/12h）培养 1~3d，菌落形成后挑取边缘

菌落纯化，然后通过单孢分离，共获得 36 个纯菌株。

病原菌的培养基斜面保存法：用 5mm 打孔器打取菌饼，在无菌条件下转接至燕麦培养基试管斜面上，25℃光/暗（12h/12h）培养 5~7d，待病菌长满斜面，放于 10~15℃冰箱内保存。

病原菌的无菌水常温保存法：将病原菌在燕麦培养基上培养 3~5d，长出丰满菌丝后，用 5mm 打孔器打取边缘菌落，并用挑针将其加入盛有 10mL 无菌水的试管中，每管 8~12 块，塞上硅胶塞，并用石蜡封口膜密封，常温保存。

（四）烟草疫霉生理小种群体毒性组成测定

1. TTZ 颜色反应鉴定

供试 36 个纯菌株在 25℃培养箱中培养 3~5 天后，用 4mm 打孔器打取边缘菌块，分别移入 TTZ 液体培养基和固体培养基中。设不加 TTZ 的液体和固体培养基为对照，每处理 3 次重复。接种后置于 25℃培养箱中培养，逐日观察菌体颜色的变化。

判别依据：0 号和 1 号小种在 TTZ 液体培养基中 72h 内全部变红，在固体培养基中 24h 内全部变红，3 号小种在这两种培养基中均不变色。

2. 鉴别寄主鉴定

（1）鉴别寄主

烟草黑胫病菌生理小种鉴别寄主 L8、NC1071、Florida301、小黄金 1025 由中国烟草总公司青州烟草研究所提供，0 号、1 号、2 号和 3 号生理小种在鉴别寄主上的反应见表 9-3。

表 9-3 烟草黑胫病菌在鉴别寄主上的反应

生理小种	L8	NC1071	Florida301	小黄金 1025
0	R	R	MR	S
1	S	S	MR	S
2	R	–	MR	S
3	MR	R	MR	S

注：R=抗病，病指 25 以下；MR＝中抗，病指 25.1~50；MS＝中感，病指 50.1~75；S＝感病，病指 75 以上。下同。

（2）育苗

将烟草种子放于白色小布袋中并用线扎紧，用 0.1% CuSO$_4$ 消毒 20min，将小布袋放入无菌水中，用手轻轻且均匀地搓揉，边搓边用无菌水冲洗，直至布袋滴水变清，放于装有无菌水的烧杯中，黑暗浸泡 10~12h。另取脱脂棉放于培养皿中，将布袋拆开，平铺于培养皿中，并把种子摊平，然后在培养皿中加无菌水，至布袋湿润即可，20～25℃下光照催芽，至种子露白时播于装有灭菌土的穴盘中，并在上面覆一层细沙，待幼苗 3 片真叶时移栽到直径 10cm 的营养钵中。

（3）游动孢子悬浮液的制备

向培养 5～7 天的供试菌株培养皿内加入 0.1% KNO₃，继续培养，3 天后将培养皿放到 6～10℃冰箱中处理 40min，25℃静置 20min，调整游动孢子浓度为 1×10⁴个/mL，2h 内接种。

（4）接种方法

采用无菌注射器吸取 0.2mL 菌液于供试烟苗（从顶部往下第 4～5 片真叶）叶腋处斜刺入茎部内至髓部。亦可来回抽推几次，造成伤口便于侵染，伤口处放置浸湿的棉球保湿。每重复 3～5 株，每处理 3 次重复，对照注射清水，黑暗培养 24h 后，28～30℃光照保湿培养；逐日观察症状，7d 后按照 0～4 级标准调查发病情况。

病情分级按照幼苗发病速度和病斑扩展程度分为 5 个级别：

0 级：无明显症状，健株。

1 级：茎部有少量褐色或黑色坏死斑但不蔓延，叶片不凋萎。

2 级：茎部有褐色或黑色坏死斑并蔓延，但不超过茎围 1/2，少数叶片凋萎。

3 级：茎部形成黑色坏死斑，缢缩并上下蔓延，全株叶片凋萎。

4 级：全株凋萎，死亡。

病情指数（%）＝∑（病级代表值×该病级株数）×100/（最高病级代表值×调查总株数）

（五）烟草疫霉 SSR 分子标记的开发与初步应用

1. 烟草疫霉菌基因组 SSR 位点的分析与引物设计

从 NCBI（National Center for Biotechnology Information）网站下载烟草疫霉 INRA-310 的全基因组序列，利用 MISA 软件搜索基因组中的 2～6 个核苷酸的 SSR 位点，2 个核苷酸的重复次数须≥6，3～6 个核苷酸的重复次数须≥5。然后，提取 SSR 位点上下游 200bp 序列，利用 Primer 5.0 软件设计引物，设置参数为：引物长度 18～22bp，退火温度 45～60℃，GC 含量 40%～60%，PCR 产物长度 150～300bp。引物由上海生工合成。

2. DNA 的提取与 PCR

从低温保存的 36 个纯菌株中挑选 32 株，重新标号，转接于 V8 液体培养基中 25℃黑暗培养 5d，滤纸过滤收集菌丝，置液氮中研磨成菌丝粉，采用 CTAB 法提取 DNA。PCR 反应体系为 25μL，其中 2.5μL 10×PCR 反应缓冲液，1.5μL 25mM MgCl₂，0.5μL 2.5mM dNTPs，0.25μL Taq DNA 聚合酶，0.5μL 10μM 引物，0.5μL 模板 DNA，加无菌超纯水至 25μl。PCR 扩增程序为 95℃预变性 5min，95℃变性 30s，45～60℃退火 30s，72℃延伸 30s，35 个循环，72℃延伸 5min，10℃保存。引物筛选的 PCR 产物用 3%琼脂糖凝胶电泳，溴化乙锭染色检测扩增条带，遗传多样性分析的 PCR 产物用 8%聚丙烯酰胺凝胶电泳，银染检测扩增条带。

将电泳图中的条带转换成二元数据：在每一条带的位置上，有条带的计为"1"，无条带的计为"0"。在记录过程中，只记录易于辨认的条带，排除模糊不清的条带。所得结果组成二元数据矩阵。利用 NTSYS-PC 2.10 软件计算各个菌株之间遗传相似系数，并利用 UPGMA 聚类构建系统树状图谱。

(六)烟草黑胫病菌群体遗传结构的 SSR 分析

1. DNA 的提取

从低温保存的 36 个纯菌株中挑选 32 株，重新标号，转接于 V8 液体培养基（10%V8 培养基不添加琼脂粉）中 25℃黑暗培养 5d，滤纸过滤收集菌丝，置液氮中研磨成菌丝粉，采用 CTAB 法提取 DNA，保存于-20℃冰箱备用。

2. PCR 与电泳

采用 6 对 SSR 引物，PCR 反应体系为 25μL，其中，2.5μL 10×PCR 反应缓冲液，1.5μL 25mmol/L MgCl$_2$，0.5μL 2.5mmol/L dNTPs，0.25μL Taq DNA 聚合酶，0.5μL 10μmol/L 引物，0.5μL 模板 DNA，加无菌超纯水至 25μL。PCR 扩增程序为 95℃预变性 5min，95℃变性 30s，50～55℃退火 30s，72℃延伸 30s，36 个循环，72℃延伸 5min，10℃保存。每个 PCR 重复 2～3 次，PCR 产物用 8%非变性聚丙烯酰胺凝胶电泳，银染检测扩增条带，最后，置凝胶成像系统中拍照和记录。

3. 数据分析

将电泳图中的条带转换成二元数据：在每一条带的位置上，有条带的计为"1"，无条带的计为"0"。所得结果组成二元数据矩阵。利用 NTSYS-pc 2.10 软件计算各个菌株之间遗传相似系数，通过非加权平均法（unweighted pair-group method with arithmetic means，UPGMA）进行聚类分析，并进行各菌株间遗传关系的主成分分析；使用 POPGENE 1.31 计算遗传多样性相关参数，包括观测等位基因数、有效等位基因数、Nei's 基因多样性指数和 Shannon 信息指数；利用软件 STRUCTURE2.3 基于贝叶斯模型进行烟草黑胫病菌的遗传结构分析。选用混合祖先模型，设置亚群数 $K=1～10$，不作数迭代（length of burn-in period）设为 10000 次，不作数迭代后的 MCMC（markov chain monte carlo）设为 100000 次，每个 K 值重复运行 10 次，以似然值最大为原则选取一个合适的 K 值，计算各菌株的 Q 值（个体归属各亚群的比例）并绘制遗传结构图。

二、试验结果

(一)烟草疫霉生理小种群体毒性组成分析

1. 烟草黑胫病菌分离结果

从 15 个烟叶主产区共分离到烟草黑胫病菌 36 株(表 9-4)。

表9-4 河南省各烟区黑胫病菌采集情况

序号	烟区	菌株数	采样地点	采样时间	菌株编号
1	登封市	1	颍阳镇	2011-9-5	Df-1
2	邓州市	3	十林乡	2011-6-30	Dz-1
			十林乡	2011-8-18	Dz-2
			十林乡	2011-8-18	Dz-3
3	济源市	3	王屋镇	2011-8-25	Jy-1
			王屋镇	2011-8-25	Jy-2
			王屋镇	2011-8-25	Jy-3
4	郏县	3	堂街乡	2011-8-26	Jx-1
			白庙乡	2011-8-26	Jx-2
			茨芭乡	2011-8-26	Jx-3
5	临颍县	1	王孟乡	2011-8-21	Lyg-1
6	卢氏县	3	官坡镇	2011-7-21	Ls-1
			官坡镇	2011-8-24	Ls-2
			官坡镇	2011-8-24	Ls-3
7	鹿邑县	3	穆店乡	2011-8-13	Ly-1
			穆店乡	2011-8-13	Ly-2
			穆店乡	2011-8-13	Ly-3
8	洛宁县	3	河底乡	2011-7-30	Ln-1
			河底乡	2011-7-30	Ln-2
			河底乡	2011-7-30	Ln-3
9	确山县	3	竹沟镇	2011-7-8	Qs-1
			竹沟镇	2011-7-8	Qs-2
			石滚河镇	2011-7-8	Qs-3

（续）

序号	烟区	菌株数	采样地点	采样时间	菌株编号
10	渑池县	3	果园乡	2011-7-21	Mc-1
			果园乡	2011-7-29	Mc-2
			果园乡	2011-8-13	Mc-3
11	嵩县	3	大坪乡	2011-7-13	Sx-1
			大坪乡	2011-7-13	Sx-2
			大坪乡	2011-7-29	Sx-3
12	睢阳区	1	宋集镇	2011-8-17	Sy-1
13	舞阳县	1	文峰乡	2011-8-13	Wy-1
14	襄城县	3	汾陈乡	2011-8-16	Xc-1
			汾陈乡	2011-8-16	Xc-2
			汾陈乡	2011-9-22	Xc-3
15	宜阳县	2	高村乡	2011-6-23	Yy-1
			高村乡	2011-8-14	Yy-2

2. TTZ 颜色反应

36 个烟草黑胫病菌菌株在 TTZ 固体培养基上 24~48h 均可见接种块变红，继续培养，可见红色范围随着菌落的扩展而扩大。36 个菌株在 TTZ 液体培养基上，48~72h 均可见菌块和菌体变红（表 9-5）。

根据上述判别依据，排除供试菌株为 3 号生理小种的可能，确定 36 个菌株为 0 号或 1 号或 2 号生理小种。

3. 鉴别寄主法鉴定

由这 36 个菌株在 L8 和 NC1071 两个品种上的接种反应可以看出，有 32 个菌株在这 2 个品种上均表现为感病，病情指数分别为 78.1~100 和 79.2~100，且在 Florida301 上的接种反应表现为中抗和抗病，依据烟草黑胫病菌在鉴别寄主上的反应（表 9-5）及相关文献报道，并结合 TTZ 颜色反应结果，初步鉴定这 32 个菌株为 1 号生理小种，占供试菌株的 88.9%，分布于河南省 15 个烟叶主产区。其余 4 个菌株在鉴别寄主上的反应有所不同（表 9-5）：Dz-2 在 L8 品种上表现为抗病，Ln-1 和 Sx-1 在 L8 品种上表现为中感，Ln-2 在 NC1071 品种上表现为抗病，结合 TTZ 颜色反应的结果，排除这 4 个菌株为 0 号、1 号和 3 号小种的可能，是否为 2 号小种还有待进一步研究。

试验结果表明，在河南省 15 个烟叶主产区共分离获得 36 个烟草黑胫病菌纯菌株，1 号生理小种占 88.9%，为河南省烟草黑胫病菌的优势毒性小种。

表 9-5　烟草黑胫病菌在鉴别寄主上和 TTZ 培养基上的反应

序号	菌株	地点	鉴别寄主				TTZ 颜色反应		生理小种
			L8	NC1071	Florida 301	小黄金 1025	TTZ 固体	TTZ 液体	
1	Df-1	登封	S	S	MR	S	+	+	1
2	Dz-1	邓州	S	S	MR	S	+	+	1
3	Dz-2	邓州	R	S	R	S	+	+	–
4	Dz-3	邓州	S	S	MR	S	+	+	1
5	Jx-1	郏县	S	S	MR	S	+	+	1
6	Jx-2	郏县	S	S	MR	S	+	+	1
7	Jx-3	郏县	S	S	MR	S	+	+	1
8	Jy-1	济源	S	S	R	S	+	+	1
9	Jy-2	济源	S	S	MR	S	+	+	1
10	Jy-3	济源	S	S	MR	S	+	+	1
11	Ln-1	洛宁	MS	S	S	S	+	+	–
12	Ln-2	洛宁	S	R	MR	S	+	+	–
13	Ln-3	洛宁	S	S	MR	S	+	+	1
14	Ls-1	卢氏	S	S	MR	S	+	+	1
15	Ls-2	卢氏	S	S	MR	S	+	+	1
16	Ls-3	卢氏	S	S	MR	S	+	+	1
17	Ly-1	鹿邑	S	S	MR	S	+	+	1
18	Ly-2	鹿邑	S	S	MR	S	+	+	1
19	Ly-3	鹿邑	S	S	MR	S	+	+	1
20	Lyg-1	临颖	S	S	MR	S	+	+	1
21	Mc-1	渑池	S	S	MR	S	+	+	1
22	Mc-2	渑池	S	S	MR	S	+	+	1
23	Mc-3	渑池	S	S	MR	S	+	+	1
24	Qs-1	确山	S	S	MR	S	+	+	1
25	Qs-2	确山	S	S	MR	S	+	+	1
26	Qs-3	确山	S	S	R	S	+	+	1
27	Sx-1	嵩县	MS	S	R	S	+	+	–
28	Sx-2	嵩县	S	S	MR	S	+	+	1
29	Sx-3	嵩县	S	S	MR	S	+	+	1

(续)

| 序号 | 菌株 | 地点 | 鉴别寄主 | | | | TTZ 颜色反应 | | 生理小种 |
			L8	NC1071	Florida 301	小黄金 1025	TTZ 固体	TTZ 液体	
30	Sy-1	睢阳	S	S	MR	S	+	+	1
31	Wy-1	舞阳	S	S	MR	S	+	+	1
32	Xc-1	襄城	S	S	MR	S	+	+	1
33	Xc-2	襄城	S	S	MR	S	+	+	1
34	Xc-3	襄城	S	S	MR	S	+	+	1
35	Yy-1	宜阳	S	S	MR	S	+	+	1
36	Yy-2	宜阳	S	S	MR	S	+	+	1

注："+"为呈现红色反应。

(二)烟草疫霉 SSR 分子标记的开发与初步应用

1. 烟草疫霉基因组 SSR 的分布

从 NCBI 数据库中搜索到 11 个烟草疫霉基因组的数据，下载其中一个组装程度最高的菌株 INRA-310 的基因组序列，共 708 个 Scaffolds，序列总长 53.87Mb。利用 MISA 软件搜索基因组中的 2~6 个核苷酸的 SSR 位点，共发现 1311 个 SSR 位点，平均每 Mb 基因组序列中存在 24.34 个 SSR 位点(表 9-6)。其中，二核苷酸 SSR 位点最多，共 740 个，其次为三核苷酸 SSR 位点，共 516 个，分别占 SSR 位点总数的 56.45% 和 39.36%，四、五和六核苷酸重复位点的数量很少，共 55 个，仅占 4.19%。在二核苷酸重复位点中，AC/GT、AG/CT、AT/AT 和 CG/CG 4 种类型的数量分别为 297 个、286 个、148 个和 9 个；在三核苷酸重复位点中，AAG/CTT 和 AGC/CTG 2 种类型数量较多，分别为 136 个和 95 个，AAC/GTT、AAT/ATT、ACC/GGT、ACG/CGT、ACT/AGT、AGG/CCT、ATC/ATG 和 CCG/CGG 等 8 种类型较少，数量为 15~49 个(图 9-25)。

表 9-6 烟草疫霉基因组 SSR 的分布

SSR 类型	数目	比例(%)	相对丰度(per Mbp)
Binucleotide	740	56.45	13.74
Trinucleotide	516	39.36	9.58
Tetranucleotide	43	3.28	0.80
Pentanucleotide	5	0.38	0.09
Hexanucleotide	7	0.53	0.13
Total	1311	100.00	24.34

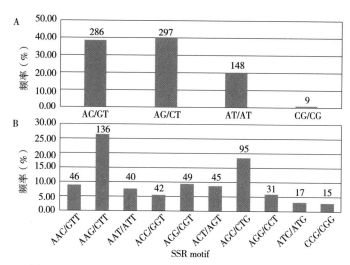

图 9-25　不同二核苷酸重复位与三核苷酸重复位点的频率

注：A. 二核苷酸重复位点；B. 三核苷酸重复位点。

2. 多态性 SSR 引物的筛选

从重复次数≥10 的 SSR 位点随机挑选出 48 个，提取 SSR 位点上下游 200bp 序列，利用 Primer 5.0 软件设计 SSR 引物 48 对，然后使用 7 个不同地理来源的菌株（PN04、PN05、PN11、PN16、PN20、PN23 与 PN30）进行 PCR，检测 48 对 SSR 引物的有效性和多态性。结果发现，没有扩增出任何条带的 SSR 引物 12 对，至少扩增出一条条带的 SSR 引物 36 对；从 7 个菌株中均扩增出条带的 SSR 引物 30 对，其中，存在多态性且条带清晰的 SSR 引物 20 对，筛选成功率为 41.67%。这 20 对引物的 SSR 位点为 2-4 个核苷酸重复，重复次数为 10~24 次，可从 7 个菌株中扩增出条带 2~7 条，其中，多态性条带 1~7 条，可用于烟草疫霉菌的遗传多样性分析（表 9-7）。

表 9-7　20 对多态性 SSR 引物信息

Primer	SSR motif	引物序列（5′-3′）	Tm（℃）	产物长度（bp）	多态性条带数	扩增条带数
PN-SSR04	（AT）16	AAGTTATGTCATGTAGCCATCT	50	279	2	3
		GTTCACCACGCTCCTGTA				
PN-SSR06	（AG）12	ACGCTCATAACTACTCCAT	49	243	2	2
		CTGTCTAATCCGATACCTC				
PN-SSR07	（AG）14	TTGGAAGGCATCCATTAA	47	238	2	2
		ACCGCCTACCGTTCTTAT				

（续）

Primer	SSR motif	引物序列(5′-3′)	Tm(℃)	产物长度 （bp）	多态性 条带数	扩增条 带数
PN-SSR11	（AG）24	AAGACCAAGGGCATTTAC TTACAGTGTTGCGGTGAG	48	250	1	2
PN-SSR12	（CT）10	GAGACGGGAAATAGGCTGAC CATTGCGTGGGAAGGAAC	53	269	1	2
PN-SSR14	（CT）14	CCCACATTTCCACCTACC CCACGTTGCGTCAGTTTT	51	215	1	2
PN-SSR16	（CT）18	TCTCCAGCAACTTGTTTA ATCCATGCGTGTTCTATT	45	265	2	2
PN-SSR25	（ACT）10	ACTCCACCTCATTATTCAA ACTACTCGTCGTGTTTGC	48	201	4	4
PN-SSR27	（AGT）19	GAGCAGTATTGGCTACAT TGGTAAGAGGGTTTGAGA	47	221	4	4
PN-SSR30	（CTA）20	CGGTTGGTCCAAACCTCT AGGAGCCGATGGAGTGAA	52	279	1	3
PN-SSR32	（GTA）12	AAAACGGCAGCACAGTAG CAGCGGTGTAATCGGGAG	52	230	2	2
PN-SSR35	（TTC）11	TCCGAATCCTCGTCAGTC ATGGAGACCCGAACTTGA	50	223	3	3
PN-SSR36	（TTG）10	AGCCTGTTCGTTGACCTA ATCAAGAGCGTTAGTGGG	50	251	2	2
PN-SSR37	（AAAC）14	CTCGAACCGTACAGTAAA ACTACCAGGTGTCCCATA	48	258	1	2
PN-SSR38	（ACTC）21	GGTATGGAGCCGAAATAG GCGTAAGCGTATGGATAA	48	276	4	4
PN-SSR40	（CACT）13	GCTGGGAAAGCAACTGAT CAACTAGGATTGGCACGA	50	297	4	4
PN-SSR45	（TCTG）11	GGACGATTCAAGATACTACCA TTGCATTAGTTCCCGATA	48	292	2	3
PN-SSR46	（TCTG）22	ATGTAATTGCGGTCTGCC CCGAGGTCCAAATGTGAT	50	299	1	2

（续）

Primer	SSR motif	引物序列(5′-3′)	Tm(℃)	产物长度（bp）	多态性条带数	扩增条带数
PN-SSR47	(TGTA)24	CACGAAATCTACGCCTCC	52	260	7	7
		ATCCGTCGTTGTCAGTCC				
PN-SSR48	(TTAG)22	CGAGAAACGGGACTGATC	50	268	1	2
		CTGAAGAAGGCAGGCAAT				

3. 河南烟草疫霉菌的聚类分析

使用筛选出的 6 对 SSR 引物（PN-SSR12、PN-SSR27、PN-SSR36、PN-SSR37、PN-SSR38 和 PN-SSR40）对 32 个河南烟草疫霉菌株进行 PCR，根据扩增条带进行 UPGMA 聚类分析（图 9-26），32 个菌株的遗传相似系数在 0.60~1.00 之间变化，树状图可以聚为 21 个分支，PN06 和 PN07 聚为一个分支，PN08 和 PN10 聚为一个分支，PN13 和 PN17 聚为一个分支，PN12 和 PN25 聚为一个分支，PN22 和 PN32 聚为一个分支，PN29、PN30 和 PN31 聚为一个分支，PN02、PN03、PN19、PN27 和 PN28 聚为一个分支，其他菌株各为一个分支，说明多数菌株在 DNA 水平上具有较显著的差异，显示出一定的遗传多样性。但多个地理来源不同的菌株之间遗传相似系数为 1，聚为一个分支，说明其遗传分化水平较低。当相似度为 0.70 时，可以将这些菌株划分为 3 个类群，类群Ⅰ包含 29 个菌株，类群Ⅱ仅包含菌株 PN04，类群Ⅲ包含 PN21 和 PN26 2 个菌株（图 9-27）。

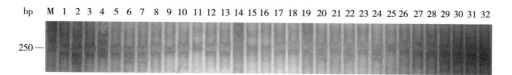

图 9-26　32 株烟草疫霉 SSR 引物 PN-SSR27 的扩增结果

注：M 为 50bp DNA 分子量标准；1~32 为烟草疫霉菌株。

（三）烟草黑胫病菌群体遗传结构的 SSR 分析

1. 遗传多样性分析

采用 6 对 SSR 引物对 32 个烟草黑胫病菌株进行扩增，共获得 24 个条带，其中多态性条带 23 个，多态性条带比率为 95.83%（图 9-28 和表 9-8）；进一步利用 POPGENE 1.31 软件计算遗传多样性的相关参数，观测等位基因数为 1.9583，有效等位基因数为 1.3477，Nei's 基因多样性指数为 0.2132，Shannon 信息指数为 0.3356。这些参数的数值整体偏低，说明河南省烟草黑胫病菌的遗传多样性处于较低水平。

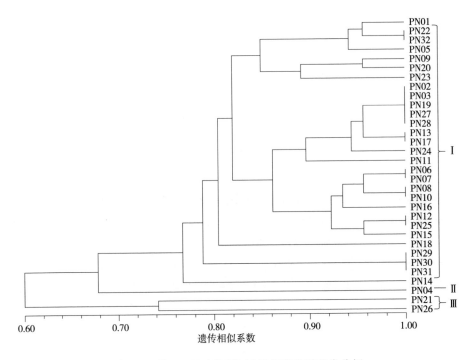

图 9-27　基于 SSR 标记的 32 株烟草疫霉聚类分析

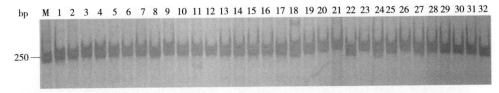

图 9-28　引物 SSR38 在 32 株烟草黑胫病菌中的扩增结果

注：M 为 DL5000 DNA 分子量标准；1~32 为烟草疫霉菌株。

表 9-8　烟草疫霉扩增的 SSR 引物

引物	序列	扩增条带数	多态性条带数	多态性比率（%）
SSR12	GAGACGGGAAATAGGCTGA	2	2	100.00
	CCATTGCGTGGGAAGGAAC			
SSR14	CCCACATTTCCACCTACC	2	1	50.00
	CCACGTTGCGTCAGTTTT			
SSR27	GAGCAGTATTGGCTACAT	7	7	100.00
	TGGTAAGAGGGTTTGAGA			
SSR36	AGCCTGTTCGTTGACCTA	2	2	100.00
	ATCAAGAGCGTTAGTGGG			

（续）

引物	序列	扩增条带数	多态性条带数	多态性比率(%)
SSR38	GGTATGGAGCCGAAATAG	4	4	100.00
	GCGTAAGCGTATGGATAA			
SSR40	GCTGGGAAAGCAACTGAT	7	7	100.00
	CAACTAGGATTGGCACGA			
总计		24	23	95.83

2. UPGMA 聚类分析

利用 NTSYS-pc2.10 软件计算各个菌株之间遗传相似系数，32 个菌株之间的遗传相似系数在 0.61~1.00 之间，通过非加权平均法进行聚类分析，在相似系数为0.80 水平下可将 32 个菌株划分为 5 个类群(图 9-29)。类群 I 包括 15 个菌株，类群Ⅱ包括 14 个菌株，这 2 个类群占菌株总数的 90.63%，为优势类群，这些菌株在河南省分布广泛，出现于 12 个地区中 10 个，仅濮阳和济源地区未出现；类群Ⅲ仅包括 PN04 一个菌株，类群 IV 仅包括 PN21 一个菌株，类群 V 仅包括 PN26 一个菌株(图 9-29)。这些菌株之间显示出一定的遗传分化，但一些菌株之间的遗传相似系数为 1.00，例如 PN22 和 PN32 之间，PN06 和 PN07 之间，PN08 和 PN10 之间，PN12

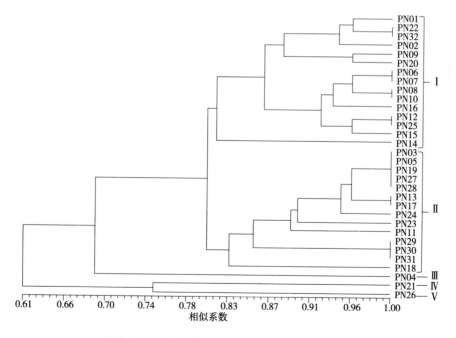

图 9-29　32 株烟草黑胫病菌的 UPGMA 聚类分析

和 PN25 之间，PN13 和 PN17 之间，PN29、PN30 和 PN31 之间，以及 PN03、PN05、PN19、PN27 和 PN28 之间。同一地区不同地块的菌株间遗传相似系数出现 1.00，例如，分离自郑州市登封的菌株 PN08 和 PN10，说明这些地区的烟草黑胫病菌遗传变异较为缓慢，遗传多样性不丰富；相距很远的地区菌株间遗传相似系数也出现 1.00，例如，分别分离自三门峡市渑池县和漯河市舞阳县的菌株 PN12 和 PN25，说明这些地区的烟草黑胫病菌可能存在一定的交流。

3. 主成分分析

利用 NTSYS2.10 对 32 株烟草黑胫病菌 SSR 标记的原始矩阵进行主成分分析，第一和第二主坐标的贡献率分别为 25.06% 和 18.43%，进一步绘制第一和第二主坐标二维图(图9-30)，从图中可以看出，相互之间遗传相似系数为 1 的菌株相互重叠聚为一个点，UPGMA 聚类中类群 I 的 15 个菌株聚在一起，类群 II 的 14 个菌株聚在一起，类群 III 的菌株 PN04 位于第 1 主坐标轴上，与类群 II 的菌株相距较近，类群 IV 的菌株 PN21 和类群 V 的菌株 PN26 相距较近，远离其他类群。以上结果可以看出主成分分析结果和 UPGMA 聚类分析结果基本一致。

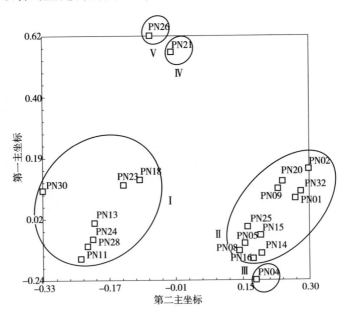

图 9-30　32 株烟草黑胫病菌的主成分分析

4. 遗传结构分析

利用 STRUCTURE 软件基于混合模型进行群体遗传结构分析，在 $K=2\sim9$ 中，$K=3$ 时拟然值最大，即 ΔK 值最大(图9-31)，因此推测河南省烟草黑胫病菌群体来自 3

个理论祖先亚群。进一步设置 $K=3$ 绘制 32 个菌株的群体遗传结构图(图 9-32),从图中可以看出,河南省烟草黑胫病菌群体中祖先亚群 Ⅰ、亚群Ⅱ和亚群Ⅲ所占比例分别为 13.59%、46.61%和 39.80%(图 9-32)。根据单个菌株中 3 个祖先亚群所占比例不同可将河南省烟草黑胫病菌划分为 C1(单个菌株中亚群 Ⅰ 占比 50%以上)、C2(单个菌株中亚群Ⅱ占比 50%以上)和 C3(单个菌株中亚群Ⅲ占比 50%以上)3 个群类,C1 类群包括 4 个菌株,C2 类群包括 15 个菌株,C3 类群包括 13 个菌株。类群 C1 中,PN04、PN21 和 PN26 等 3 个菌株中亚群 Ⅰ 所占比例高达 91%以上;类群 C2 中,PN01、PN05、PN06、PN07、PN08、PN09、PN10、PN12、PN15、PN16、PN22、PN25 和 PN32 等 13 个菌株中亚群Ⅱ所占比例高达 97%以上;类群 C3 中,PN02、PN03、PN13、PN17、PN19、PN24、PN27、PN28、PN29、PN30 和 PN31 等 11 个菌株中亚群Ⅲ所占比例高达 97%以上。这些结果说明大多数菌株(87.50%)遗传组分相对单一,3 个亚群菌株间遗传物质交流很少。

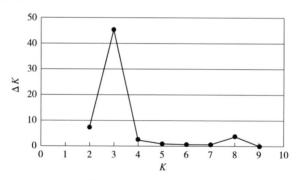

图 9-31　ΔK 随 K 的变化

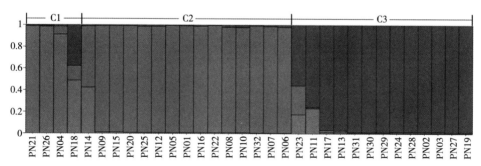

图 9-32　基于混合模型的河南省烟草黑胫病菌群体遗传结构($K=3$)

注:浅灰色块为亚群 Ⅰ;中灰色块为亚群Ⅱ;深灰色块为亚群Ⅲ

三、结论

在河南省 15 个烟叶主产区共分离获得 36 个烟草黑胫病菌纯菌株,1 号生理小种占 88.9%，为河南省烟草黑胫病菌的优势毒性小种。

为开发烟草疫霉的 SSR 分子标记，利用 MISA 软件搜索烟草疫霉基因组序列中的 SSR 位点，共发现 1311 个 SSR 位点，优势 SSR 位点为二核苷酸和三核苷酸，分别占总 SSR 位点的 56.45% 和 39.36%；根据分析到的 SSR 位点使用 Primer 5.0 软件设计 48 对 SSR 引物，以 7 株烟草疫霉的 DNA 为模板对这些引物进行筛选，共获得扩增条带清晰且具有多态性的 SSR 引物 20 对，然后使用其中的 6 对 SSR 对 32 株烟草疫霉进行 UPGMA 聚类分析，遗传相似系数在 0.60~1.00 之间，在相似系数 0.70 水平上，可将其划分为 3 个类群，类群 I 包含 29 个菌株，类群 II 包含 1 个菌株，类群 III 包含 2 个菌株，显示出较低的遗传分化水平。这些 SSR 引物的开发将为研究我国烟草疫霉的遗传多样性、群体遗传结构以及遗传图谱构建等奠定基础。

本研究利用 SSR 分子标记对来自河南省 12 个地区的 32 株烟草黑胫病菌进行分析。结果显示，6 对 SSR 引物共扩增出 24 个条带，其中，多态性条带 23 个，多态性条带比率为 95.83%；Nei's 基因多样性指数和 Shannon 信息指数分别为 0.2132 和 0.3356；遗传相似系数在 0.61~1.00 之间，相似系数 0.80 水平下 UPGMA 聚类可将 32 个菌株划分为 5 个类群，其中，类群 I 和类群 II 包括 29 个菌株，为优势类群；主成分分析结果与 UPGMA 聚类分析结果基本一致；遗传结构分析推测河南省烟草黑胫病菌群体来自 3 个祖先亚群，亚群 I、亚群 II 和亚群 III 在群体中所占比例分别为 13.59%、46.61% 和 39.80%；单个菌株遗传构成分析显示，87.50% 菌株的遗传组分几乎由单一亚群组成。这些研究结果表明，河南省烟草黑胫病菌群体的遗传多样性水平较低，遗传结构也较为简单。

第十章

烟草土传菌物病害微生态调控研究实例

第一节　烟株根围土壤拮抗真菌的筛选鉴定

烟草是一种重要的经济作物，近几年来，烟草连作导致烟草土传病害日益严重，由寄生疫霉烟草变种（*Phytophthora parasitica* var. *nicotianae*）引起的烟草黑胫病、瓜果腐霉（*Pythium aphanidermatum*）引起的烟草猝倒病都曾在世界各地造成严重危害。早在 20 世纪 20~30 年代，已开始筛选和应用拮抗真菌来防治植物病害，其中，木霉菌是研究最多的一类，它分泌的一些抗生素类物质至少能抑制 18 个属 29 种病原真菌。在我国烟区也有分离和筛选烟草根病拮抗真菌的报道。洛阳为河南省主要产烟区，多年连作使烤烟土传病害发生严重。为了探讨绿色防控此类病害的技术难题，笔者开展了洛阳烟田原位真菌对烟草根茎主要土传病害拮抗作用的研究，结果报道如下。

一、材料与方法

（一）烟株根围土壤拮抗真菌的分离

1. 土样采集

2013 年 5 月至 9 月，在河南省洛阳市的嵩县、汝阳县、洛宁县等地，选取植烟 1~3 年、3~6 年、6 年以上的烟田各 1 块，分别在烤烟的苗期、团棵期、旺长期及采收期，采用五点取样法取样（表 10-1）。取样时先去除表层 1~5cm 的土壤，再用取土器取出 5~20cm 土壤，混匀后按照四分法保留样品，共采集样品 36 份。土样带回实验室后挑出根系、砂砾等杂物，过 20 目筛子，在阴凉处风干备用。

表 10-1　洛阳烟田土壤微生物分离土样基本信息

地点	样品代号		连作年限	烟草品种	经度（E）	纬度（N）	海拔高度（m）
嵩县南安	SM1	ST1	1	'豫烟9号'	112°09′01″	34°16′56″	464.54
	SW1	SC1					
嵩县张庄	SM3	ST3	4	'优选1号'	112°08′55″	34°17′59″	489.47
	SW3	SC3					
嵩县杨湾	SM6	ST6	9	'秦烟96'	112°10′23″	34°18′12″	436.41
	SW6	SC6					
洛宁王窑村	LM1	LT1	1	'中烟100'	111°38′58″	34°25′53″	546.87
	LW1	LC1					
洛宁王村	LM3	LT3	5	'龙江981'	112°26′09″	34°11′05″	563.75
	LW3	LC3					
洛宁祝家园	LM6	LT6	26	'地方品种'	111°35′40″	34°27′14″	605.81
	LW6	LC6					
汝阳张河村	RM1	RT1	3	'秦烟96'	112°26′08″	34°11′06″N	470.16
	RW1	RC1					
汝阳张河村	RM3	RT3	5	'秦烟96'	112°26′09″	34°11′05″N	476.20
	RW3	RC3					
汝阳张河村	RM6	RT6	7	'秦烟96'	112°25′46″	34°11′10″N	489.18
	RW6	RC6					

注：S为嵩县；L为洛宁；R为汝阳；M为苗期；T为团棵期；W为旺长期；C为采收期。

2. 培养基的制备

马丁氏培养基：H_2PO_4 1g；$MgSO_4 \cdot 7H_2O$ 0.5g；蛋白胨5g；葡萄糖10g；琼脂15~20g；蒸馏水1000mL；1%孟加拉红水溶液3mL；倒平板前加入适量的硫酸链霉素或庆大霉素。

3. 土壤中真菌的分离

（1）土壤悬浮液的制备

在无菌操作台上，称取1g土样加入盛有99mL无菌水和无菌玻璃珠的三角瓶中，在振荡器上振荡30min，使土样均匀分散在稀释液中，制成稀释度为 10^{-2} 土壤悬浮液。用无菌枪头吸取0.5mL的土壤悬浮液注入盛有4.5mL无菌水的试管中，振荡摇匀制成稀释度为 10^{-3} 土壤悬浮液，同法制成稀释度为 10^{-4}、10^{-5}、10^{-6} 等不同浓度的土壤悬浮液。

（2）分离方法

采用平板涂布法，吸取0.1mL制好的不同浓度的土壤悬浮液均匀涂布在马丁氏培养基上，每个浓度做3个重复。25℃培养5~6天后，根据微生物在培养基上的生长状况，判断菌落性质，挑取不同单菌落进行分离。

4. 菌株的保存

将已纯化的真菌菌落打取 5mm 的菌饼，在无菌条件下转至马丁氏培养基上，在 25℃光/暗(12h/12h)培养一定时间后，用封口膜封好，置于 4℃冰箱内保存。

5. 真菌分离物的分属鉴定

对已分离的真菌菌落，制作临时水玻片在光学显微镜下观察其子实体的形态、大小和颜色及菌丝形态、产孢方式，在纯化过程中观察记录菌落生长速度、菌落颜色，并进行数码拍照。

参照《真菌鉴定手册》《植物病害诊断》和《植物病原真菌学》等相关专著、文献、期刊等资料所描述的真菌菌落在 PDA 培养基平板上形态特征，再根据观察到的形态特征初步确定分离物的分类(属)地位。

(二)拮抗真菌的筛选

1. 供试菌株

(1)供筛选的烟田原位真菌菌株分离于洛阳嵩县、汝阳及洛宁烟田土壤。

(2)烟草土传病菌为烟草疫霉 [(*Phytophthora nicotianae*) Tuker]，由河南科技大学植物病害分子鉴定与绿色防控实验室提供。

2. 土壤真菌对尖孢镰刀菌与烟草疫霉拮抗作用的测定

土壤真菌与烟草疫霉菌对峙培养用 PDA 培养基，将待测真菌与烟草疫霉菌在培养基上活化 5 天后，用直径 6mm 的打孔器打取待测真菌和烟草疫霉菌的菌饼，在距离 PDA 平板中心 2.5cm 的相对 2 点上分别接种待测真菌和烟草疫霉菌，以不接待测真菌、只接疫霉菌为对照，置于 25℃恒温箱中培养。每个处理重复 3 次。接种后第二天开始逐日测量两接种点连线上烟草疫霉菌的菌落半径和对照菌落半径，计算抑菌率，并观察是否有抑菌圈的产生。若产生抑菌圈，测量其宽度。

3. 真菌对病原菌拮抗作用的评价标准

抑菌率(%)＝[(病原菌对照菌落半径−病原菌落指向待筛选真菌半径)/病原菌对照菌落半径]×100

木霉拮抗系数分级标准：Ⅰ级为待测真菌菌丝占平皿的 100%；Ⅱ级为待测真菌菌丝占平皿的 2/3 以上；Ⅲ级为待测真菌菌丝占平皿的 1/3~2/3；Ⅳ级为待测真菌菌丝占平皿的 1/3 以下；Ⅴ级为病原菌丝占平皿的 100%。

4. 拮抗真菌的形态学分子生物学鉴定

(1)供试菌株

通过对峙培养筛选具有较好拮抗作用，且通过形态鉴定未确定种名的真菌菌株。5 株木霉菌株(S1-7、R1-12、R3-15、L1-20、L1-2),1 株青霉属真菌 (WS1-4)和 1 株曲霉属真菌(WR3-10)。

(2)试剂

Taq DNA 聚合酶、10×PCR 缓冲液、dNTP、DNA 分子量标准 DL2 000 等试剂购于大连宝生物公司;PCR 引物 ITS1(5′-TCCGTAGGTGAACCTGCGG-3′)、ITS4(5′-TCCTCCGCTTATTGATATGC-3′)和 ITS5(5′-GGAAGTAAAAGTCGTAA-CAAGG-3′)的合成、rDNA 的 ITS 序列测定由上海生工完成。

其他试剂均为国产:1mol/L Tris-HCl pH 8.0, 0.5mol/L EDTA 溶液,3% CTAB 提取缓冲液,氯仿/异戊醇(V:V=24:1),-20℃保存的异丙醇,3mol/L 醋酸钠,70%乙醇,10×TE 缓冲液(pH 8.0),50×TAE 储备液,1×TAE 电泳液,溴化乙锭(EB),1%琼脂糖凝胶,熔化琼脂糖 1~2 min,确保所有琼脂糖颗粒均完全熔化。

(3)rDNAITS 序列分析

A. 基因组 DNA 的提取及电泳检测(DNA 的提取参考 CTAB 法)

①将纯化的菌种接种于 PDA 平板上,在 25℃条件下培养 5~7 天,待菌落长至接近培养皿边缘时备用;②从 PDA 培养基上刮取一皿培养好的新鲜菌丝,加入灭菌研钵中,并加入适量的液氮快速研磨成干粉状,迅速加入到 1.5mL 离心管中;③加入 750μL 3% CTAB(60℃水浴预热)提取缓冲液,混匀,置于 65℃恒温水浴锅中 1h,每 15min 轻轻振荡混匀,然后取出冷却至 40℃左右,常温下 12000rpm 离心 10min;④取上清液,勿吸取两相之间的杂质,加入等体积的氯仿/异戊醇 V:V=24:1)轻轻摇匀,静置 1~2min 后 12000rpm 离心 10min,若水相和有机相之间有杂质,重复步骤③,直至两相间无杂质出现;⑤取上清液,置于另一只已灭菌的 1.5mL 的离心管中,加入等体积的冰冻异戊醇和 1/10 体积的 3mol/L 的醋酸钠,轻轻摇匀,置于冰上 15~30min 沉淀 DNA;⑥12000rpm 离心 10min,弃上清液,加入适量的 70%的乙醇冲洗 2 遍,风干;⑦加 20μL 的 10×TE 缓冲液(pH 8.0)或灭过菌的 ddH₂O 溶解 DNA,于-20℃保存;⑧采用琼脂糖凝胶电泳检测 DNA 提取的完整性。

B. rDNA ITS 序列的 PCR 扩增

用真菌的 rDNA ITS 的通用引物 ITS1(5′-TCCGTAGGTGAACCTGCGG-3′)、ITS4(5′-TCCTCCGCTTATTGATATGC-3′)和 ITS5(5′-GGAAGTAAAAGTCGTAA-CAAGG-3′)进行 PCR 扩增。

木霉属拮抗真菌 PCR 反应体系(25μL)如下:

Taq (5U/μL)   0.2μL

10×PCR 缓冲液(Mg^{2+} Plus)	2.5μL
dNTP 混合液(各 2.5mM)	1.0μL
ITS5 10μM	0.5μL
ITS4 10μM	0.5μL
模板 DNA	1.0μL

不足 25μL 的体积用 ddH₂O 补足。

每次反应均以无菌去离子水替代模板 DNA 作为对照。

其他拮抗真菌 PCR 反应体系(25μL)如下:

Taq 聚合酶(5U/μL)	0.2μL
10×PCR 缓冲液(含 Mg^{2+})	2.5μL
dNTP 混合液(各 2.5mM)	0.5μL
ITS1 10μM	0.5μL
ITS4 10μM	0.5μL
模板 DNA	1.0μL

不足 25μL 的体积用 ddH₂O 补足。

每次反应均以无菌去离子水替代模板 DNA 作为对照。

木霉属拮抗真菌 PCR 扩增反应程序:

预变性:	94℃ 3min	
变性:	94℃ 30s	
退火:	46℃ 30s	
延伸:	72℃ 105s	30 个循环
补平:	72℃ 10min;4℃ 5min	

其他拮抗真菌 PCR 扩增反应程序:

预变性:	94℃ 5min	
变性:	94℃ 45s	
退火:	55℃ 45s	
延伸:	72℃ 105s	30 个循环
补平:	72℃ 10min;4℃ 5min	

扩增产物用 1%琼脂糖凝胶在 1×TAE 电泳缓冲液中电泳,以凝胶成像系统检测并记录扩增产物在琼脂糖凝胶上的图谱。

(4)rDNA ITS 的序列测定及序列分析

PCR 后电泳检测到合适的条带后,将其所对应的未纯化 PCR 产物(>40μL)送上海生工测序部进行测序。测序结果用 chromas 程序获得序列,用 clustalx 程序进行校准，将校准后的序列进行整合，整合结果在 GenBank 数据库中进行比对，根据比对结果，查找与待鉴定菌株相同或与其近缘的物种，并使用 clustalx（1.83）软件对此序列进行校准后，利用 DNAman 进行序列同源性分析。利用 MAGA5 软件以距离法构建系统发育树。结合形态学特征，从而确定待鉴定菌株的分类地位。

二、试验结果

(一)烟田土壤真菌分属鉴定

共分离纯化真菌 178 株，其中，136 株鉴定到属，另外有 3 株子囊菌和 39 株菌未能确切鉴定（表 10-2）。已鉴定的真菌类群有青霉属（*Penicillium*）、曲霉属

表 10-2　土壤真菌的分离鉴定

真菌	烤烟连作 1~3 年				烤烟连作 3~6 年				烤烟连作 6 年以上				总数	分离频率（%）
	苗期	团棵期	旺长期	采收期	苗期	团棵期	旺长期	采收期	苗期	团棵期	旺长期	采收期		
Penicillium	1	4	6	3	0	1	1	2	2	1	7	7	35	19.66
Aspergillus	1	2	4	1	1	2	3	1	4	3	4	0	26	14.60
Scopulariopsis	0	0	2	0	0	1	0	1	0	0	1	0	5	2.81
Fusarium	1	5	3	1	2	3	4	1	4	1	2	1	28	15.73
Mucor	0	0	2	1	0	0	0	1	0	0	0	1	5	2.81
Rhizopus	1	0	0	0	0	0	0	0	0	0	0	0	1	0.56
Trichoderma	3	3	3	4	1	1	3	0	0	2	4	0	24	13.84
Cephalosporium	1	0	0	0	0	0	0	0	0	0	0	0	1	0.56
Alternaria	1	0	0	0	0	0	0	0	1	0	0	1	3	1.69
Rhizoctonia	0	0	0	0	0	1	0	0	0	0	0	0	1	0.56
Phytophthora	0	0	0	0	0	0	0	0	1	0	0	0	1	0.56
Myrothecium	0	0	0	0	0	0	0	0	2	0	0	0	2	1.12
Bipolaris	0	0	0	0	0	1	0	0	0	1	0	0	2	1.12
Hormodendrum	0	0	0	0	0	0	0	0	0	0	0	1	1	0.56
Epicoccum	0	1	0	0	0	0	0	0	0	0	0	0	1	0.56
Ascomycotina	0	0	0	0	0	0	0	0	0	2	0	0	3	1.69
待鉴定真菌	5	2	2	1	4	2	1	2	7	5	5	3	39	21.91
总计	14	18	22	11	8	12	12	8	22	14	23	14	178	—

（*Aspergillus*）、帚霉属（*Scopulariopsis*）、镰孢菌属（*Fusarium*）、毛霉属（*Mucor*）、根霉属（*Rhizopus*）、木霉属（*Trichoderma*）、头孢霉属（*Cephalosporium*）、链格孢属（*Alternaria*）、丝核菌属（*Rhizoctonia*）、疫霉属（*Phytophthora*）、漆斑菌属（*Myrothecium*）、平脐蠕孢属（*Bipolaris*）、单孢枝霉属（*Hormodendrum*）、附球孢属（*Epicoccum*）等15个属。在已鉴定的15个属中，青霉属的分离频率为19.66%，镰孢菌属的分离频率为15.73%，曲霉属的分离频率为14.60%，木霉属的分离频率为13.84%，4个属合计分离频率达63.83%，为土壤中的优势种群。

（二）真菌对烟草疫霉的拮抗作用

对峙培养4天后，木霉菌对疫霉开始表现出抑制作用，形成了较明显的抑菌圈，后来木霉菌丝继续扩展，逐渐把疫霉菌菌落包围、覆盖。疫霉菌停止生长，抑菌圈也逐渐消失，有些木霉菌株和疫霉菌的抑菌圈则一直存在，且越来越明显。L1-20菌株对疫霉菌的抑菌圈7.6mm，且疫霉菌落逐渐变黄，一周后菌落基本被完全被覆盖。R1-12菌株的抑菌率最高，达到了89.58%（表10-3），且拮抗系数为Ⅰ级，R1-12菌株生长迅速，与病原菌接触后2天内将病原菌完全覆盖。在显微镜下观察到R3-15菌株的菌丝缠绕在疫霉菌菌丝上。

表10-3　木霉菌对烟草疫霉的拮抗效果

菌株编号	抑菌率（%）	拮抗系数	抑菌圈（mm）
S1-7	77.59	Ⅰ~Ⅱ	不明显
R1-12	89.58	Ⅰ	不明显
R3-15	81.25	Ⅰ~Ⅱ	不明显
L1-20	82.98	Ⅰ~Ⅱ	7.6
L1-21	81.63	Ⅰ~Ⅱ	不明显

对峙培养6天以后，青霉菌对疫霉开始产生抑制作用。继续培养2天，菌落的抑菌圈越来越明显，培养2周后两菌落一直表现出对抗生长，两菌落既不接触也不会被彼此覆盖，抑菌率都在70%以上，最大抑菌圈达到8.67mm（表10-4）。

表10-4　青霉菌对烟草疫霉的拮抗效果

菌株编号	抑菌率（%）	抑菌圈（mm）
WR1-12	72.60	8.67
R1-11	70.42	7.67
WS1-4	79.03	8.00

对峙培养 1 周后，曲霉菌对疫霉菌开始表现出抑制作用，最大抑菌率达到 84.38%（表 10-5）。疫霉菌菌落明显生长缓慢，且整个菌落成扇形生长，两菌落渐渐接触但不覆盖，两菌落间的抑菌圈不明显。

表 10-5　曲霉菌对烟草疫霉的拮抗效果

菌株编号	抑菌率（%）	抑菌圈（mm）
WR3-4	84.38	3.33
WR3-10	72.22	–

（三）土壤拮抗真菌的鉴定

1. 木霉属真菌的鉴定

（1）菌株的形态鉴定

L1-20 菌株在 PDA 平板上，菌落生长迅速，4 天后菌落直径就达到 8cm 以上，菌落外围菌丝白色，菌丝较少，中间绿色，菌丝较多，棉絮状，后期菌落表面呈颗粒状，菌落变成墨绿色，菌落背面接种点处黄绿色，外围浅绿色。分生孢子梗初级分枝几乎呈直角，或稍微向上弯曲，二级分枝复杂，呈漩涡状排列，整个结构类似于金字塔形状，终极分枝多数为单细胞，瓶梗坛型初短，终极瓶梗细而长，中间膨大，顶部变细，分生孢子小，球形或近球形。

L1-21 菌株在 PDA 平板上菌落生长较快，气生菌丝卷毛状，白色至灰绿色，菌落反面为暗黄色。分生孢子梗透明，基部粗糙，逐渐变细。初级分枝短，有 2~4 个细胞，2~4 个短枝呈涡旋状排列。终极分枝多数为单细胞，膨大或者桶形，分生孢子阔椭圆形。

S1-7 菌株在 PDA 平板上，丛毛状，初为白色，后逐渐呈现浅绿色，菌丝较细，绒毛状，菌落反面灰白色。分生孢子梗在近基部位置的分枝一般成对，或者 3 个排列成轮状，接近顶部的位置一般对生或单生，分枝较短。瓶梗安瓿型，具有一个较细的颈部，排列为轮枝状或者不规则排列。

R1-12 菌株在 PDA 平板上，菌落生长较快，25℃ 培养 72h 菌落直径达到 8.5cm 以上，且在接种初期菌落就变成绿色，后逐渐变成深绿色，到后期菌落表面有缠绕的白色菌丝，背面奶白色，分生孢子梗产生成对的侧生分枝，瓶梗为散开状的旋涡状排列，每一组一般具有 3~4 个瓶梗；分生孢子球形。

R3-15 菌株在 PDA 平板上菌落生长迅速，3 天后菌落长满全皿。菌丝棉絮状，初期白色，3 天后菌落从中间开始变成绿色，老熟时为暗绿色，背面深黄绿色，分生孢子梗主轴上初级分枝常位于基部，分枝角度近 90°，且多不规则，近似烧瓶状，顶端缢缩，基部稍缢缩；分生孢子圆形。

（2）木霉属菌株的序列测定及结果分析

①L1-20菌株序列测定及结果分析

将L1-20菌株的未纯化PCR产物直接进行序列测定后，整合序列，获得有效长度为550bp的序列，整合后的序列在GenBank数据库中进行比对，结果表明L1-20菌株和数据库中登录号为KJ755188.1（*Trichoderma harzianum* Rifai）等的ITS序列同源性达90.87%以上。根据文献描述，结合分离物的形态特征，将L1-20菌株鉴定为哈茨木霉（*T. harzianum* Rifai）。

②L1-21菌株序列测定及结果分析

将L1-21菌株的未纯化PCR产物直接进行序列测定后，整合序列，获得有效长度为553bp的序列，整合后的序列在GenBank数据库中进行比对，结果表明，L1-21菌株和数据库中登录号为KC155357.1（*T. tomentosum*）的ITS序列同源性达到为97.49%以上。根据文献描述，结合分离物的形态特征，将L1-21菌株鉴定为绒毛木霉（*T. tomentosum* Bissett，Kubicek & Szakaes）。

③S1-7菌株序列测定及结果分析

将S1-7菌株的未纯化PCR产物直接进行序列测定后，整合序列，获得有效长度为553bp的序列，整合后的序列在GenBank数据库中进行比对，结果表明S1-7号菌株和数据库中登录号为DQ083010.1（*T. velutinum*）等的ITS序列同源性达到94.59%以上。根据文献描述，结合分离物的形态特征，将S1-7菌株鉴定为毛簇木霉（*T. velutinum* Bissett，Kubicek & Szakaes）。

④R1-12菌株序列测定及结果分析

将R1-12菌株的未纯化PCR产物直接进行序列测定后，整合序列，获得有效长度为534bp的序列，整合后的序列在GenBank数据库中进行比对，结果表明，R1-12菌株和数据库中登录号为KJ588236.1（*T. asperellum*）等的ITS序列的同源性达到96.45%以上。根据文献描述，结合分离物的形态特征，将R1-12菌株鉴定为棘孢木霉（*T. asperellum* Samuels）。

⑤R3-15菌株序列测定及结果分析

将R3-15菌株的未纯化PCR产物直接进行序列测定后，整合序列，获得有效长度为539bp的序列，整合后的序列在GenBank数据库中进行比对，结果表明，R3-15菌株和数据库中登录号为AF501329.1（*T. atroviride* Karsten）等的ITS序列同源性达到94.31%以上。根据文献描述，结合分离物的形态特征，将R1-12菌株鉴定为深绿木霉（*T. atroviride* Karsten）。

（3）系统发育树分析

依据构建的系统发育树分析（图10-1），L1-20菌株与GenBank上登陆的多

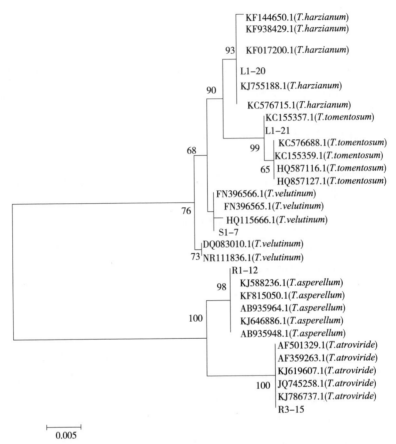

图 10-1　木霉属菌株与 GenBank 上的相关序列的系统发育树

个 *T. harzianum* Rifai 的序列聚集在同个分支上；L1－21 号菌株与多个
T. tomentosum Bissett ，Kubicek & Szakaes 的序列聚集在同一分支上；S1-7 号菌株
和多个 *T. velutinum* 的序列聚集在同一分支上；R1-12 菌株和多个 *T. asperellum*
Samuels 的序列聚集在同一分支上；R3-15 菌株和多个 *T. atroviride* Karsten 的序
列聚集在同一分支上。这说明 L1-20 菌株和哈茨木霉（*T. harzianum* Rifai）有较
近的亲缘关系，L1－21 菌株和绒毛木霉（*T. tomentosum* Bissett，Kubicek &
Szakaes）有较近的亲缘关系，S1-7 菌株和毛簇木霉（*T. velutinum*）有较近的亲缘
关系，R1-12 菌株和棘孢木霉（*T. asperellum* Samuels）有较近的亲缘关系，R3－
15 菌株和深绿木霉（*T. atroviride* Karsten）有较近的亲缘关系，而相对其他种的
木霉亲缘关系较远。

2. 曲霉属真菌的鉴定

（1）菌株的形态鉴定

WR3-10 菌株菌落生长速度较慢，质地丝绒状，平坦有放射状，黄褐色至土褐色，菌落反面棕色。分生孢子梗直立，顶端膨大成圆球状，上面着生瓶状小梗，分生孢子大量产生，呈头状。

（2）菌株的序列测定结果分析

将 WR3-10 菌株的未纯化 PCR 产物直接进行序列测定后，整合序列，获得有效长度为 539bp 的序列，整合后的序列在 GenBank 数据库中进行比对，结果表明，WR3-10 菌株和数据库中登录号为 JQ697547.1（*Aspergillus terreus*）等的 ITS 序列同源性达到 94.21% 以上。根据相关文献描述，结合分离物的形态特征，将 WR3-10 菌株鉴定为土曲霉（*A. terreus* Thom）。

3. 系统发育树分析

通过所测序列与 GenBank 中已知的 18S rDNA 序列进行 BLAST 同源性比对，建立系统发育树（图 10-2）分析，发现 WR3-10 菌株与 GenBank 上下载的多个 *A. terreus* 的序列聚集在同一分支上，这说明 WR3-10 菌株与 *A. terreus* 有非常近的亲缘关系。

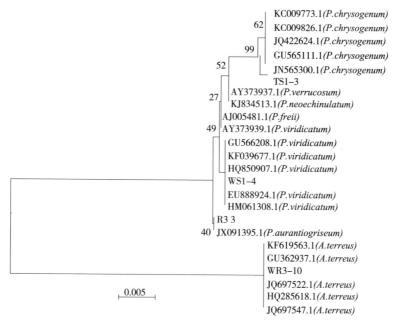

图 10-2 青霉属和曲霉属菌株与 GenBank 上的相关序列的系统发育树

4. 青霉属真菌的鉴定

（1）菌株的形态鉴定

WS1-4 菌株在马丁氏培养基上培养 7 天后菌落有突起且产生絮状物，质地茸状或粉末状，菌落中间灰绿色边缘蓝绿色，分生孢子较多，帚状。

（2）菌株的序列测定结果分析

将 WS1-4 菌株的未纯化 PCR 产物直接进行序列测定后，整合序列，获得有效长度为 516bp 序列，整合后的序列在 GenBank 数据库中进行比对，结果表明，WS1-4 菌株和数据库中登录号为 EU888924.1（*Penicillium polonicum*）等的 ITS 序列同源性达到 90.69% 以上。根据文献描述，结合分离物的形态特征，将 WS1-4 菌株暂定鉴定为纯绿青霉（*P. viridicatum*）。

三、结论

通过烟田原位真菌对烟草土传病原菌拮抗作用的测定，共筛选出对烟草疫霉具有拮抗作用的菌株 17 株，其中，木霉菌株 5 株，曲霉菌株 2 株，青霉菌株 5 株，待鉴定菌株 5 株。

鉴定了具有较好拮抗作用的 8 种拮抗菌的种名、1 种拮抗菌的属名和 2 种拮抗菌的类别。其中，5 种木霉属真菌分别是哈茨木霉（*T. harzianum* Rifai）、绒毛木霉（*T. tomentosum* Bissett，Kubicek & Szakaes）、棘孢木霉（*T. asperellum* Samuels）、深绿木霉（*T. atroviride* Karsten）和毛簇木霉（*T. velutinum* Bissett，Kubicek & Szakaes）；3 种青霉属真菌分别为产黄青霉（*P. chrysogenum*）、纯绿青霉（*P. viridicatum*）和青霉菌（*Penicillium* sp.）；曲霉属真菌为土曲霉（*A. terreus* Thom）；2 种未知菌为外生菌根菌（Ectomycorrhizal fungus）和不易培养的真菌（Uncultured fungus）。

第二节　烟株根围土壤拮抗细菌的筛选鉴定

细菌是土壤中数量最多的一类微生物，拮抗细菌的研究一直是生物防治研究的热点之一。据报道，荧光假单胞杆菌（*Pseudomonas fluorescences*）、蜡样芽孢杆菌（*Bacillus cereus*）、枯草芽孢杆菌（*B. subtilis*）、短小芽孢杆菌（*B. pumilus*）、多粘类芽孢杆菌（*Paenibacillus polymyxa*）等对烟草疫霉（*Phytophthora nicotianae*）均具有一定的拮抗作用。不同植烟地区、不同土壤类型，烟草根围土壤中的细菌数量及拮抗细菌种类存在差异。本节报道洛阳地区烟草根围土壤中拮抗细菌的筛选鉴定结果，为进一步探讨烟草病害生物防治奠定基础。

一、材料方法

（一）烟株根围土壤细菌的分离及拮抗菌株的筛选

1. 试剂与培养基

牛肉膏蛋白胨培养基（NA）：牛肉膏 5.0g，蛋白胨 10.0g，NaCl 5.0g，琼脂 18.0g，蒸馏水 1000mL，pH 7.2～7.4。

马铃薯葡萄糖琼脂培养基（PDA）：马铃薯（去皮）200.0g，葡萄糖 20.0g，琼脂 18.0g，蒸馏水 1000mL，pH 自然。

Luria-Bertani 培养基（LB）：胰蛋白胨 10.0g，酵母提取物 5.0g，NaCl 10.0g，蒸馏水 1000mL，pH 7.4。

2. 土壤细菌分离方法

2014 年 5～9 月，在河南省洛阳市宜阳县、洛宁县、汝阳县、嵩县植烟区，选取 1～2 年、3～4 年、5 年及以上的烟田各一块，分别于烟草的团棵期、旺长期和收获期采集土样，共 30 份烟草根围土样（表 10-6）。

根围土样的采集：视烟田情况，随机 5 点取样，每点选择 1～2 株健康烟株。去除烟株茎秆基部一侧表层 0～5cm 的土壤，用铁铲挖出 15～20cm 带根土壤。用小刀将距根系 2mm 以上的土壤轻轻剥离，抖落剩余土壤作为根围土壤样品进行收集，用小毛刷将黏附在根上的土壤轻轻刷下，一起装入无菌纸袋中。记录样品编号、采样地点和采样时间。

将采回的根围土壤样品平铺置于室内阴凉处风干，并挑除残根、石块等杂物。风干土样研磨后用 10 目（孔径为 2mm）的筛子过筛，用四分法收集土壤样品，保存备用。

风干土样含水量按照国标（GB 7172-87）进行测定。预先将培养皿在 105℃ 恒温箱中烘烤 2h，将其移入干燥器内冷却至室温。称重培养皿，精确至 0.001g。用勺子将风干土样拌均，取 5g 土样均匀地平铺在培养皿内，盖好皿盖称重，精确至 0.001g。将培养皿盖打开放在皿底下，置于已预热至 105±2℃ 的烘箱中烘烤 6h。取出，盖好，移入干燥器内冷却至室温后立即称重。重复烘干称重至恒重，土样重量相差不超过 0.002g。风干土样水分的测定做三分平行测定，各根围土壤样品的含水量测定结果见表 10-7。

土壤稀释液配制方法：称取土样 1g，加入已盛有 99mL 无菌水的 250mL 锥形瓶中。向瓶中加入灭菌后的玻璃珠，封口放置在摇床上振荡 30min，使土样中菌体、芽孢等均匀分散。然后静置 30～40s，取上清液即制成 10^{-2} 土壤悬浮液。用移液枪吸取 0.5mL 10^{-2} 土壤悬浮液注入一只盛有 4.5mL 无菌水的试管中。反复吸

表 10-6　烟草根围土壤样品基本信息

采样时间 日/月	样品 代号	采样 地点	连作 年限	烟草 品种	土壤 类型	经度（E）	纬度（N）	海拔（m）
23/6	YT1	宜阳县	3	'豫烟	红黏土	112°00′55″	34°28′55″	340.63
25/7	YW1	养马村		10 号'				
24/9	YC1							
23/6	YT2	宜阳县	4	'云烟	红黏土	112°01′32″	34°28′25″	373.38
25/7	YW2	草场村		87'				
24/9	YC2							
30/6	ST1	嵩县	2	'豫烟	红黏土	112°09′00″	34°16′51″	472.77
24/7	SW1	南安村		6 号'				
25/9	SC1							
30/6	ST2	嵩县	5	'豫烟	红黏土	112°08′55″	34°17′59″	492.80
24/7	SW2	张庄		10 号'				
25/9	SC2							
30/6	ST3	嵩县	10	'豫烟	红黏土	112°09′53″	34°18′13″	437.98
24/7	SW3	张庄		10 号'				
25/9	SC3							
24/6	LT1	洛宁县	2	'豫烟	黄壤土	112°38′58″	34°25′53″	536.96
25/7	LW1	王窑村		10 号'				
23/9	LC1							
24/6	LT2	洛宁县	4	'豫烟	黄壤土	112°36′48″	34°26′50″	594.45
25/7	LW2	祝家原村		6 号'				
23/9	LC2							
24/6	LT3	洛宁县	6	'豫烟	黄壤土	112°38′15″	34°26′14″	597.79
25/7	LW3	王村		6 号'				
23/9	LC3							
04/7	RT1	汝阳县	3	'中烟	红黏土	112°26′08″	34°11′05″	467.91
13/8	RW1	张河村		100'				
24/9	RC1							
04/7	RT2	汝阳县	2	'中烟	红黏土	112°26′09″	34°11′06″	475.65
13/8	RW2	张河村		100'				
24/9	RC2							

注：T 为团棵期，W 为旺长期，C 为收获期，Y 为宜阳县，L 为洛宁县，S 为嵩县，R 为汝阳县。

打 3 次，振荡均匀，制成 10^{-3} 土壤悬浮液。然后，从此管中吸取 0.5mL 土壤悬浮液注入另一只盛有 4.5mL 无菌水的试管中，反复吸打 3 次，振荡均匀，制成 10^{-4} 土壤悬浮液。依次类推制成 10^{-5}、10^{-6}、10^{-7} 各种稀释浓度梯度的土壤悬浮液，供平板涂布分离细菌用。

表 10-7　风干土壤样品含水量

土样	团棵期(T)		旺长期(W)		收获期(C)	
	水分含量	1g 土样重量(g)	水分含量	1g 土样重量(g)	水分含量	1g 土样重量(g)
Y1	0.02793	0.97283	0.03399	0.96712	0.04670	0.95538
Y2	0.02634	0.97433	0.02295	0.97757	0.03385	0.96726
S1	0.04211	0.95960	0.04433	0.95755	0.05976	0.94361
S2	0.03959	0.96192	0.04503	0.95691	0.05922	0.94409
S3	0.04068	0.96091	0.04031	0.96125	0.04905	0.95324
L1	0.01788	0.98244	0.02151	0.97895	0.02585	0.97480
L2	0.02053	0.97989	0.02039	0.98001	0.02879	0.97201
L3	0.02267	0.97784	0.02186	0.97861	0.02809	0.97268
R1	0.03144	0.96952	0.03907	0.96240	0.05468	0.94816
R2	0.03392	0.96719	0.03869	0.96275	0.05401	0.94876

注：Y 为宜阳县，S 为嵩县，L 为洛宁县，R 为汝阳县。

涂布平板法分离细菌：用移液枪分别吸取各稀释梯度的土壤稀释液 0.1mL 涂布到 NA 平板上，每个处理设置 6 个重复。再用无菌玻璃涂布器把土壤悬浮液均匀地涂抹在培养基上，每个稀释度用一个涂布器。将涂抹好的培养基正放于超净工作台上 20~30min，以便于土壤稀释液充分地渗透到培养基内。然后，将平板倒置放入 28℃恒温培养箱中培养 3 天。

3 天后观察菌落的生长情况，分别选择无污染、细菌菌落之间分散相对均匀的 3 个平板，统计其菌落数，计算出 3 个平板上菌落的平均数，再换算出每克干土中的含菌量。每克干土中的细菌菌落数(cfu/g)＝(菌落平均数×稀释倍数)/干土克数。

细菌的纯化培养：挑出平板中菌落形态与颜色不同的单菌落进行纯化培养。将菌落形态与颜色相似的单菌落转接至 LB 液体培养基中，30℃，170r/min 振荡培养 12h 后，将菌液稀释涂布于 NA 平板上，30℃培养 72h。重复振荡稀释培养至平板上所有菌落一致后，转接至 NA 平板上，30℃培养 72h 后，4℃保存备用。

3. 拮抗菌株的初选

(1)供试病原菌

病原菌：瓜果腐霉(*Pythium aphanidermatum*)、烟草疫霉(*Phytophthora nicotianae*)和尖孢镰刀菌(*Fusarium oxysporum*)，均由河南科技大学植物病害分子鉴定

与绿色防控实验室提供。

（2）拮抗菌株初步筛选方法

平板对峙培养法：选取在 PDA 培养基上生长 4~5 天的烟草疫霉和尖孢镰刀菌菌落，用直径为 6mm 的打孔器在菌落边缘打取菌饼，转接至 PDA 平板中央。分别将分离纯化获得的菌株接种到距离病原真菌 2.5cm 等距的 4 个点上，与病原真菌对峙培养。以不接细菌只接病原菌为对照，重复 3 次。放入 28℃温箱培养 5~7 天后，观察抑菌带的有无和大小，初步筛选出具有拮抗作用的细菌菌株保存。

在与瓜果腐霉作对峙培养时，需提前 2 天接入待测细菌菌株，再接种腐霉菌，28℃培养 24h 后观察抑菌效果。

抑菌率（%）＝（对照病原菌菌落半径-对峙病原菌菌落半径）/对照病原菌菌落半径×100%。

抑菌带宽度为对峙培养病原菌菌落边缘至对峙细菌菌落边缘的不接触直线距离。

4. 拮抗菌株的复筛

采用牛津杯法：将初筛得到的细菌菌株转接于装有 50mL LB 液体培养基的三角瓶中，30℃、220r/min 振荡培养 3 天。收集培养液，10 000r/min，4℃，离心 30min，保留上清液。上清液用直径为 0.22μm 过滤器过滤除菌得到无菌发酵液。选取在 PDA 培养基上生长 4~5 天的烟草疫霉和尖孢镰刀菌菌落，用直径为 6mm 的打孔器在菌落边缘打取菌饼，转接至 PDA 平板中央。在距病原真菌 2.5cm 处等距离放置 3 个牛津杯。在牛津杯中加入 100μL 不同拮抗细菌菌株的无菌发酵液，以加入无菌 LB 液体培养基为对照，28℃培养 4 天，观察发酵液对病原菌的抑制作用。

抑菌率（%）＝（对照病原菌菌落半径-对峙病原菌菌落半径）/对照病原菌菌落半径×100%。

（二）拮抗细菌的形态观察及生理生化特征检验

1. 供试菌株

17 株复筛筛选出来的拮抗细菌，编号分别为 G111、G12、G122、G51、G52、J71、J72、L31、O42、S331、S3312、S3341、S61、YJ71、YJ72、YJ73、Y1B2。

7 株由河南科技大学植物病害分子鉴定与绿色防控实验室保存的拮抗菌株，编号分别为 MS621、MS622、TS1112、TS6114、TS681、TS682、TS683。

指示菌株：枯草芽孢杆菌（*Bacillus subtilis*）Bs168 和大肠杆菌（*Escherichia coli*）Top10。

2. 化学试剂

NaCl，K$_2$HPO$_4$，（NH$_4$）H$_2$PO$_4$，MgSO$_4$·7H$_2$O，（NH$_4$）$_2$SO$_4$，KNO$_3$，1mol/L NaOH，40% NaOH，75%乙醇，95%乙醇，40%乙醇，浓硫酸，过氧化氢，牛肉膏，蛋白胨，琼脂，酵母膏，可溶性淀粉，明胶，葡萄糖，蔗糖，D-木糖，乳糖，甘露醇，脱脂牛奶，柠檬酸钠，丙二酸钠，二甲基对苯撑二胺，结晶紫，草酸铵，碘化钾，对氨基苯磺酸，醋酸，α-奈胺，二苯胺，石蕊，碘，番红，孔雀绿，溴百里酚蓝，甲基红。

3. 供试培养基

牛肉膏蛋白胨培养基（NA培养基）：用于细菌的纯化培养与保存。牛肉膏5g，蛋白胨10g，NaCl 5g，琼脂18g，蒸馏水1000mL，pH 7.4~7.6。

休和赖夫森二氏培养基：蛋白胨2g，NaCl 5g，K$_2$HPO$_4$ 0.2g，葡萄糖10g，琼脂20g，溴百里酚蓝1%水溶液3mL，蒸馏水1000mL，pH 7.0~7.2。

柠檬酸盐培养基：NaCl 5g，（NH$_4$）H$_2$PO$_4$ 1g，MgSO$_4$·7H$_2$O 0.2g，K$_2$HPO$_4$ 1g，柠檬酸钠2g，溴百里酚蓝（1.5%酒精溶液）10mL，琼脂20g，蒸馏水1000mL，pH 6.7~6.8。

丙二酸盐培养基：丙二酸钠3g，NaCl 2g，K$_2$HPO$_4$ 0.6g，溴百里酚蓝（溶于蒸馏水）0.025g，酵母膏1g，（NH$_4$）$_2$SO$_4$ 2g，K$_2$HPO$_4$ 4g，蒸馏水1000mL，pH 7.4。

淀粉水解培养基：牛肉膏5g，蛋白胨10g，NaCl 5g，可溶性淀粉2g，琼脂18g，蒸馏水1000mL，pH 7.4~7.6。

明胶液化培养基：蛋白胨5g，明胶120g，蒸馏水1000mL，pH 7.2~7.4。

硝酸盐还原培养基：牛肉膏5g，蛋白胨10g，NaCl 5g，KNO$_3$ 1g，蒸馏水1000mL，pH 7.4~7.6。

糖醇发酵培养基：（NH$_4$）H$_2$PO$_4$ 1g，KCl 0.2g，MgSO$_4$·7H$_2$O 0.2g，酵母膏0.2g，琼脂7g，糖或醇10g，蒸馏水1000mL，0.04%溴甲酚紫15mL，pH 7.0~7.2。

M.R试验培养基：蛋白胨5g，葡萄糖5g，NaCl 5g，蒸馏水1000mL，pH 7.0~7.2。

V-P试验培养基：蛋白胨5g，葡萄糖5g，NaCl 5g，蒸馏水1000mL，pH 7.0~7.2。

石蕊牛乳培养基：脱脂牛奶1000mL，pH 7.0。并用1%~2%的石蕊液将牛奶培养基调至淡紫色偏蓝色。

4. 细菌形态特征观察

细菌菌落形态特征观察：将拮抗菌株接种在NA平板上划线接种，28℃培养

3天，划线至培养出单菌落，观察单菌落的形态特征，包括菌落的形态、大小、隆起形状、边缘、透明度、颜色、黏稠度、培养基颜色等。

革兰氏染色：采用结晶紫草酸铵染色法。将在NA培养基上培养24h的细菌稀释后涂抹于灭过菌的载玻片上，用镊子夹住一侧载玻片在酒精灯火焰上反复过火4~5次，至菌液完全固定于载玻片上。染色步骤如下：①滴加结晶紫染液使完全覆盖细菌，染色1min左右；②用水慢慢冲洗至无色后晾干玻片；③滴加碘液媒染1min左右；④再用水慢慢冲洗至无色后晾干玻片；⑤用灭菌枪头吸取95%的酒精慢慢冲洗玻片至无色；⑥再用水冲洗晾干，滴加番红复染2~3min；⑦水洗晾干后用显微镜镜检。镜检细菌呈紫色为阳性，若呈红色则为阴性反应。

芽孢染色：将在NA培养基上培养24~48h的细菌稀释后涂抹于灭过菌的载玻片上，用镊子夹住一侧载玻片在酒精灯火焰上反复过火4~5次，至菌液完全固定于载玻片上。染色步骤如下：①滴加5%孔雀绿水溶液至完全覆盖固定的细菌，用镊子夹住玻片一侧在酒精灯火焰加热1min左右，稍冷却后用水慢慢冲洗后晾干；②再滴加0.5%番红水溶液染色30s，用水慢慢冲洗；③晾干后于显微镜下镜检。观察菌体会被染成红色，芽孢则被染为绿色。

5. 生理生化特征观察

(1)细菌的好氧性与厌氧性

将休和赖夫森二氏培养基分装试管，培养基高度约为试管的1/3，115℃，蒸气灭菌20min。以培养18~24h的细菌进行穿刺接种，每株细菌接种4支试管。其中2支在试管上加入灭过菌的石蜡油密封以隔绝空气，高度0.5~1cm，作为闭管；其余2支不封油，作为开管。分别预留2支试管不接种细菌做闭管和开管的对照。将接种后的试管置于28℃恒温培养基中培养，1天、2天、3天、7天、14天观察试验结果。若细菌只在试管的上部生长为好氧菌，若在开管的上下部均能生长为兼性厌氧菌，只能在开管的下部和闭管中生长的是厌氧菌。

(2)柠檬酸盐的利用

将柠檬酸盐培养基分装试管后高温高压湿热灭菌，灭菌后的试管摆成斜面使其凝固。在培养基斜面上接种待测菌株，置于28℃恒温培养基中培养，并定期观察。若培养基的颜色变为蓝色，表示柠檬酸被利用，即阳性反应，反之为阴性反应。

(3)丙二酸盐的利用

将丙二酸盐培养基分装试管后高温高压湿热灭菌，灭菌后的试管摆成斜面使其凝固。将幼龄菌体接入培养基，置于28℃恒温培养基中培养1~2天。若细菌培养液由绿色变蓝色，说明丙二酸盐被利用，为阳性反应，若培养基不变色则为阴性反应。

（4）过氧化氢酶反应

在灭过菌的玻片上滴加 0.1mL 3% 过氧化氢溶液，用接种环取一小环生长 24h 的细菌，涂抹在玻片上，观察反应。若有气泡产生的为阳性，无气泡产生的为阴性。

（5）氧化酶反应

在干净培养皿里铺一张灭过菌的滤纸，滴加二甲基对苯撑二胺的 1% 水溶液，使滤纸湿润即可。用牙签挑取少量在培养基上生长 18~24h 的菌苔，将其涂抹在湿润的滤纸上，观察反应。若涂抹的菌苔在 10s 内即出现红色结果为阳性，在 10~60s 表现为红色视为延迟反应，若 1min 以上才出现红色则忽略不计，视为阴性反应。

（6）淀粉水解

将活化后的细菌接种至淀粉水解培养基平板上，于 28℃ 恒温培养基中培养 2~5 天。当形成明显的菌落后，滴加碘液至平板上，此时平板应呈蓝黑色。若菌落周围有不变色的透明圈，表示淀粉被水解为阳性反应，若菌落周围仍是蓝黑色表示淀粉没有被水解为阴性反应。

（7）明胶液化

将明胶液化培养基分装试管，试管培养基高度约试管的 1/3，121℃ 101KPa 下蒸气灭菌 20min。取培养 18~24h 的细菌进行穿刺接种，预留 2 支未接种试管作为空白对照。将接种后的试管置于 20℃ 恒温箱培养中培养 2 天、7 天、10 天、14 天和 30 天。观察结果时，应在 20℃ 以下的室温中分别观察细菌的生长情况和明胶液化的情况。如果细菌正常生长但是明胶没有出现凹陷且是稳定的凝块状态，则为明胶水解阴性，若明胶凝块个别或全数在 20℃ 以下变成可流动的液体，则明胶水解为阳性。

（8）硝酸盐还原

将硝酸盐还原培养基分装试管，121℃ 101KPa 下蒸气灭菌 20min。格里斯氏试剂：A 液（对氨基苯磺酸 0.8g，5mol/L 醋酸 150mL）；B 液（α-奈胺 0.1g，蒸馏水 20mL，5mol/L 醋酸 150mL）。二苯胺试剂：将 0.5g 二苯胺溶于 100mL 浓硫酸中，再用 20mL 蒸馏水缓慢稀释。方法：将待测细菌接种于硝酸盐液体培养基中，每株细菌接种 2 管，置于 28℃ 恒温培养基中培养 3 天，另留 2 支试管不接种作为对照。取干净的双凹玻片放置于白色纸板上，将培养的菌液滴加到凹玻片上 2 个凹位中，再将 A 液与 B 液分别滴加到菌液中。当滴加 A、B 液后，溶液如果呈现粉红色、紫红色、橙色、棕色等，表示亚硝酸盐存在，为硝酸盐还原阳性。

如无红色，再滴加二苯胺试剂，如果显示蓝色，说明培养液中有硝酸盐存在，表示没有硝酸盐还原反应，视为阴性反应，如果不显示蓝色，说明硝酸盐还原为其他物质，仍按硝酸盐还原阳性处理。

(9)糖醇类的发酵

将糖醇发酵培养基分装试管，高度约 4～5cm，每管中倒立 1 支杜氏小管，115℃，蒸气灭菌 30min。将待测细菌分别接种于发酵培养基中，置于 37℃恒温培养箱中培养 24h，预留 1 支不接种试管作为对照。培养 1 天、3 天、5 天后观察。如果指示剂变黄色，表示产酸，为阳性反应，如果指示剂不变或变紫色或变蓝色为阴性反应。倒立的杜氏小管中如果产生气泡、小管上浮，则表示发酵糖醇代谢产气。

(10)M.R 试验

将 M.R 试验培养基分装试管，121℃ 101KPa 下蒸气灭菌 20min。甲基红试剂：甲基红 0.02g，溶于 95%酒精 60mL，再加蒸馏水 40mL。

分别接种待测菌于试管中，37℃恒温培养箱中培养 24h。取出培养好的细菌，沿试管壁滴加指示剂，充分摇匀，观察颜色变化情况。如果培养液由原来的橘黄色变为红色则为阳性反应，不变色则为阴性反应。应继续培养再次检查，以确定生成的酸是否完全变换。用同样方法检查对照管。

(11)V-P 试验

将 V-P 试验培养基分装试管，121℃ 101KPa 下蒸气灭菌 20min。试剂：40% NaOH、α-奈酚溶液。分别接种待测菌于试管中，37℃恒温培养箱中培养 24h。取出培养好的试管，加入 40% NaOH 溶液约 1mL，再加入 α-奈酚溶液，用力振荡，放入 37℃恒温培养箱中保温 30min。取出后如果呈现红色，则为阳性反应，反之为阴性反应。

(12)石蕊牛乳试验

将石蕊牛乳培养基分装试管，灭菌。石蕊液的配置：石蕊颗粒 8.0g，40%乙醇 300mL。先把石蕊颗粒用研钵研碎，倒入 150mL 的 40%乙醇中，搅拌加热 1min，倒出上清液。再加入另一半 40%乙醇，再加热 1min，倒出上清液。将两部分上清液合并过滤，用 40%乙醇将体积补足 300mL。用 0.1mol/L HCL 溶液将溶液调至紫红色。

将待测细菌接种到试管中，37℃恒温培养箱中培养 7 天，保留一支不接种试管作对照，观察结果。当细菌发酵乳糖产酸时石蕊牛乳变红色，记为试验产酸，当酸度很高时，可以使牛乳凝固，为酸凝固；某些细菌可以分解酪蛋白，会产生氨等一些碱性物质，此时石蕊牛乳变蓝色，记为试验产碱；若观察到牛乳变得较澄清且略微呈透明时记为试验胨化，这种现象是因为细菌产生了蛋白酶，这种物质使酪蛋白分解了。

（三）拮抗细菌的分子鉴定

1. 供试菌株

同第十章第二节一（二）。

2. 试验方法

将具有拮抗作用的菌株制成菌液，送至上海生工进行鉴定。细菌 DNA 的提取按照 Ezup 柱式细菌基因组 DNA 抽提试剂盒（编号：SK8255）步骤进行提取。以提取的 DNA 为模板，以通用引物 27F：5′ – AGTTTGATCMTGGCTCAG – 3′，1492R：5′-GGTTACCTTGTTACGACTT-3′对细菌的 16S rDNA 序列进行 PCR 扩增。

PCR 反应体系（25μL）：模板 DNA 0.5μL，10×缓冲液（含 Mg^{2+}）2.5μL，dNTP（各 2.5mM）1μL，Taq DNA 聚合酶 0.2μL，引物 27F/1492R（10.0μM）各 0.5μL，加 ddH$_2$O 至 25μL。

PCR 循环条件：94℃预变性 4min，95℃变性 45s，55℃退火 45s，72℃延伸 1min，30 个循环，最后 72℃修复延伸 10min，4℃终止反应，保存。

PCR 产物经 1%琼脂糖凝胶电泳，150V、100mA 20min 电泳观察。

采用 DNA 快速纯化回收试剂盒回收扩增的 DNA 片段。PCR 产物用 PCR 引物直接测序。

3. 细菌系统发育树的构建

将测序所得的序列进行拼接后提交至 GenBank 核糖体数据库（http：//rdp. cme. msu. edu/index. jsp）中进行序列同源性比较。用 MEGA6 软件的邻接法进行多重序列比对和系统发育树构建（自展值=1000）。

二、试验结果

（一）烟草根围细菌菌株的分离与拮抗菌株的筛选

1. 烟草根围细菌菌株的分离

通过稀释平板法对洛阳地区宜阳县、嵩县、洛宁县、汝阳县不同植烟连作年限烟草根围土壤样品进行分离，大部分土壤样品在分离稀释液倍数为 10^{-5} 时，一个平板中的细菌数量在 50~200 之间，选取菌落分散均匀且无污染的平皿，统计细菌菌落的个数，再依据风干土壤样品的含水量计算出每份土壤样品的每克干土中细菌的数量，结果见表 10-8。

统计不同根围土壤样品中细菌的量，计算每个县各样品点在烟草团棵期、旺长期与收获期的土壤样品中细菌菌落数量的算术平均数，宜阳县烟草根围土样中

表 10-8　根围土样中细菌菌落数量(×10^{7}cfu/g)

土样	烟草生育期			平均值
	团棵期	旺长期	收获期	
YG1	1. 27	10. 11	5. 17	5. 52
YG2	1. 31	6. 64	7. 14	5. 03
SG1	8. 75	7. 71	5. 29	7. 25
SG2	5. 90	4. 51	6. 50	5. 64
SG3	8. 71	9. 38	8. 99	9. 03
LG1	8. 13	11. 42	9. 52	9. 69
LG2	4. 16	7. 06	5. 95	5. 72
LG3	6. 37	5. 02	8. 18	6. 52
RG1	3. 43	5. 04	6. 24	4. 90
RG2	4. 88	4. 88	6. 84	5. 53

注：Y 为宜阳县，S 为嵩县，L 为洛宁县，R 为汝阳县；G 为根围土样。

细菌菌落数平均约为 5.27×10^{7}cfu/g，嵩县烟草根围土样中细菌菌落数平均约为 7.30×10^{7}cfu/g，洛宁县烟草根围土样中细菌菌落数平均约为 7.31×10^{7}cfu/g，汝阳县烟草根围土样中细菌菌落数平均约为 5.22×10^{7}cfu/g。这表明烟草根围土壤中有大量的细菌存在，不同产烟县烟草根围土壤中的细菌菌落数不同，且同一产地烟草不同生育期的细菌菌落数也不同；烟草根围土壤中细菌菌落数量与烟草连作年限没有必然的相关性，但与土壤的肥力与土壤质地有一定的关系。选自洛宁县的 3 块烟田土壤质地属于黄壤土，细菌数量平均值为 7.31×10^{7}cfu/g，其余的地块土壤质地属于红黏土，细菌数量平均值为 6.13×10^{7}cfu/g。

观察在 NA 平板上分离得到的细菌菌落形态，依据菌落在培养基上的颜色与形态可以分为三大类：一类菌落呈白色，表面不光滑有褶皱或者菌落表面光滑凸起；另一类菌落颜色呈黄色，表面光滑或不光滑；第三类菌落呈红色，菌落多光滑凸起。将不同形态特征的细菌菌落依次编号，挑出细菌菌落转接至 NA 平板上，并进行纯化培养保存，共分离保存细菌 180 株。

2. 拮抗菌株的初筛

将分离保存的 180 株细菌分别与供试病原真菌进行平板对峙培养，筛选出对 3 种病原菌中至少 1 种有抑制作用的细菌有 94 株。其中，对瓜果腐霉、烟草疫霉和尖孢镰刀菌均有拮抗作用的有 10 株。对瓜果腐霉抑菌率大于 30% 的有 16 株细菌，其中，抑菌带大于 3mm 的有 5 株(表 10-9)。对烟草疫霉抑菌率大于 30% 的有 79 株细菌，其中，抑菌带大于 3mm 的有 23 株(表 10-10)。对尖孢镰刀菌抑菌率大于 30% 的有 69 株细菌，其中，抑菌带大于 3mm 的有 6 株(表 10-11)。

表 10-9　拮抗菌株对瓜果腐霉的拮抗作用

菌株编号	抑菌带 (cm)	抑菌率 (%)	菌株编号	抑菌带 (cm)	抑菌率 (%)	菌株编号	抑菌带 (cm)	抑菌率 (%)
G1	0.34	55.38	O2	0.10	40.00	S37	0.00	15.15
I2	0.35	43.08	S21	0.28	55.48	S4	0.50	52.58
I21	0.25	44.62	S20	0.10	38.99	W32	0.13	31.00
K1	0.13	33.33	S23	0.10	44.44	W40	0.10	42.86
L1	0.32	52.62	S28	0.33	51.46	W49	0.00	14.28
M2	0.10	36.45	S33	0.10	48.78	Y1B2	0.00	61.54

表 10-10　拮抗菌株对烟草疫霉的拮抗作用

菌株编号	抑菌带 (cm)	抑菌率 (%)	菌株编号	抑菌带 (cm)	抑菌率 (%)	菌株编号	抑菌带 (cm)	抑菌率 (%)
102	0.20	77.86	L31	0.00	61.29	S62	0.00	50.00
B10	0.10	37.14	L32	0.05	52.78	S63	0.05	47.22
B2	0.73	57.94	L33	0.00	55.26	W17	0.10	40.28
D6	0.10	46.67	M2	0.20	37.50	W171	0.10	36.13
G1	0.63	62.43	O2	0.45	27.38	W172	0.05	38.71
G11	0.10	44.44	O3	0.77	66.13	W173	0.00	38.71
G111	0.00	44.44	O4	0.30	56.94	W1732	0.00	29.00
G12	0.10	42.58	O41	0.00	41.94	W174	0.05	29.03
G122	0.50	53.13	O42	0.10	48.00	W37	0.42	51.12
G2	0.50	68.42	S13	0.25	27.38	W371	0.05	48.39
G21	0.30	45.16	S17	0.20	52.86	W372	0.00	44.44
G22	0.00	52.63	S172	0.10	41.94	W373	0.05	50.00
G222	0.00	48.61	S21	0.95	67.50	W38	0.40	52.78
G5	0.37	55.56	S20	0.20	33.33	W40	0.25	43.24
G51	0.10	48.39	S28	0.37	52.12	W49	0.00	47.50
G52	0.20	61.05	S3	0.60	60.28	W491	0.10	38.71

（续）

菌株编号	抑菌带（cm）	抑菌率（%）	菌株编号	抑菌带（cm）	抑菌率（%）	菌株编号	抑菌带（cm）	抑菌率（%）
G53	0.00	48.39	S33	0.57	63.95	W492	0.00	47.37
G7	0.35	65.28	S331	0.05	34.49	W57	0.70	62.50
G8	0.27	42.13	S3311	0.10	48.28	W571	0.05	44.44
H2	0.65	67.19	S3312	0.30	26.15	W572	0.10	47.22
H22	0.05	47.37	S3321	0.05	25.80	W5731	0.05	44.74
H23	0.00	34.21	S3331	0.00	45.16	W5732	0.00	50.00
I2	0.80	56.25	S3332	0.00	48.39	W5733	0.00	50.00
I21	0.80	60.94	S3341	0.30	51.72	Y1B2	0.50	32.31
J7	0.16	50.00	S37	0.40	61.90	YH21	0.05	51.39
J71	0.40	50.00	S4	0.47	45.94	YJ71	0.10	52.63
J72	0.40	48.39	S6	0.30	55.56	YJ72	0.05	46.77
J73	0.00	52.78	S61	0.20	51.61	YJ73	0.05	51.61
L3	0.10	38.89						

表 10-11　拮抗菌株对尖孢镰刀菌的拮抗作用

菌株编号	抑菌带（cm）	抑菌率（%）	菌株编号	抑菌带（cm）	抑菌率（%）	菌株编号	抑菌带（cm）	抑菌率（%）
102	0.10	39.02	J72	0.20	47.14	S63	0.00	32.43
107	0.10	50.54	J73	0.00	18.92	W171	0.00	40.54
108	0.30	28.52	L3	0.10	44.69	W172	0.01	37.14
E1	0.10	42.86	L31	0.80	60.00	W173	0.00	40.54
G1	0.27	50.28	L32	0.05	35.14	W1732	0.00	32.43
G11	0.00	32.43	L33	0.05	51.35	W174	0.05	40.54
G111	0.20	39.39	O41	0.00	34.29	W37	0.10	47.37
G12	0.10	42.42	O42	0.20	51.35	W371	0.30	51.35
G122	0.40	34.29	S13	0.10	16.20	W372	0.00	35.14
G2	0.10	52.75	S17	0.10	31.08	W373	0.00	35.14
G21	0.00	32.43	S1711	0.00	27.03	W40	0.30	48.16
G22	0.05	34.29	S172	0.15	51.35	W49	0.17	43.75
G222	0.05	32.43	S20	0.45	48.57	W491	0.00	48.65

（续）

菌株编号	抑菌带（cm）	抑菌率（%）	菌株编号	抑菌带（cm）	抑菌率（%）	菌株编号	抑菌带（cm）	抑菌率（%）
G5	0.10	44.74	S28	0.37	46.78	W492	0.00	35.14
G51	0.05	51.43	S33	0.10	47.30	W57	0.13	59.46
G52	0.20	51.35	S331	0.20	38.71	W571	0.00	32.43
G53	0.05	42.86	S3311	0.20	45.16	W572	0.00	35.14
G7	0.10	42.00	S3312	0.20	28.57	W5731	0.00	36.49
G8	0.10	41.86	S3331	0.10	48.65	W5732	0.00	37.84
H2	0.10	45.80	S3332	0.20	43.24	W5733	0.00	40.54
H22	0.00	25.68	S3341	0.30	48.39	Y1B2		28.57
I2	0.25	45.95	S3342	0.00	35.48	YH21	0.05	33.33
I21	0.25	52.70	S4	0.35	50.57	YJ71	0.10	51.35
J7	0.33	42.81	S6	0.27	34.64	YJ72	0.10	45.95
J71	0.10	45.71	S61	0.20	46.77	YJ73	0.05	54.05

3. 拮抗菌株的复筛

用牛津杯法测定初筛得到的 94 株细菌发酵液对 3 种病原真菌的抑制作用，结果表明，对烟草疫霉和尖孢镰刀菌中至少 1 种有一定拮抗作用的菌株有 17 株细菌（表 10-12），编号分别为 G111、G12、G122、G51、G52、J71、J72、L31、O42、S331、S3312、S3341、S61、YJ71、YJ72、YJ73、Y1B2；而 94 株细菌发酵液对瓜果腐霉均没有抑制作用。

表 10-12　拮抗菌株发酵液对病原菌的拮抗作用

菌株编号	烟草疫霉抑菌率(%)	尖孢镰刀菌抑菌率(%)	菌株编号	烟草疫霉抑菌率(%)	尖孢镰刀菌抑菌率(%)
G111	10.00	0	S61	0	11.90
G12	59.46	45.95	S3312	21.62	23.68
G122	22.22	16.13	S331	45.00	16.67
G51	12.12	0	S3341	16.22	0
G52	0	50.00	YJ71	43.75	16.67
J71	51.28	40.00	YJ72	20.00	14.71
J72	46.15	0	YJ73	37.50	0
L31	45.95	41.67	Y1B2	0	16.22
O42	50.00	28.57			

（二）拮抗细菌的形态观察及生理生化特征

1. 拮抗细菌的形态特征

依据拮抗菌的复筛结果，加上本实验空前期分离筛选的 MS621、MS622、TS1112、TS6114、TS681、TS622 与 TS683 共计 24 株。菌株在 NA 平板上画线接种，28℃培养 3 天。菌株 TS681、TS682、TS683 的菌落较小，表面光滑凸起，用挑针挑起菌落显示黏稠状。菌株 G12、L31、G51、J71、J72、YJ72、YJ73 菌落白色不透明，表面有褶皱隆起无光泽，挑针挑起菌落不黏稠。菌株 O42、S61 菌落生长较快，多呈不规则生长，菌落白色，不透明，不凸起，有小褶皱或无，挑针挑起菌落不黏稠（表 10-13）。

表 10-13　拮抗细菌形态特征

菌株编号	菌落形态						菌体	孢子	革兰氏反应
	形状	颜色	透明度	边缘	表面	黏稠性			
TS681	近圆形	乳白色	不透明	整齐	光滑，凸起	黏稠	杆状	近球形	+
TS682	圆形	乳白色	不透明	整齐	光滑，凸起	黏稠	杆状	近球形	+
TS683	圆形	浅黄色	透明	整齐	光滑，凸起	黏稠	杆状	近球形	+
G111	圆形	白色	不透明	不整齐	不光滑，凸起	黏稠	杆状	球形	+
G12	圆形	白色	不透明	不整齐	不光滑	不黏稠	杆状	球形	+
G122	不规则	浅白色	透明	不整齐	不光滑，平整	不黏稠	杆状	球形	+
MS621	圆形	白色	半透明	不整齐	不光滑，凸起	黏稠	杆状	球形	+
MS622	圆形	白色	不透明	整齐	不光滑	黏稠	杆状	球形	+
L31	圆形	白色	不透明	不整齐	不光滑，凸起褶皱	不黏稠	杆状	球形	+
O42	不规则	白色	不透明	不整齐	不光滑，有褶皱	黏稠	杆状	球形	+
S61	不规则	白色	不透明	不整齐	不光滑	黏稠	杆状	球形	+
G51	圆形	白色	不透明	不整齐	不光滑，隆起	不黏稠	杆状	球形	+
G52	圆形	浅黄色	不透明	不整齐	不光滑，有褶皱	不黏稠	杆状	球形	+
J71	圆形	白色	不透明	不整齐	不光滑，隆起	不黏稠	杆状	球形	+
J72	圆形	白色	不透明	不整齐	不光滑，中间隆起	不黏稠	杆状	球形	+
TS1112	圆形	白色	不透明	不整齐	不光滑，有褶皱	不黏稠	杆状	球形	+
TS6114	圆形	浅黄色	半透明	不整齐	不光滑，有褶皱	不黏稠	杆状	球形	+
S331	圆形	白色	不透明	不整齐	不光滑，中间隆起	不黏稠	杆状	球形	+
S3312	圆形	白色	不透明	不整齐	不光滑	不黏稠	杆状	球形	+

（续）

菌株编号	菌落形态						菌体	孢子	革兰氏反应
	形状	颜色	透明度	边缘	表面	黏稠性			
S3341	圆形	白色	不透明	不整齐	不光滑，隆起	黏稠	杆状	球形	+
YJ71	不规则	白色	不透明	不整齐	不光滑	不黏稠	杆状	球形	+
YJ72	圆形	白色	不透明	不整齐	不光滑，中间隆起	不黏稠	杆状	球形	+
YJ73	圆形	白色	不透明	不整齐	不光滑，中间隆起	不黏稠	杆状	球形	+
Y1B2	圆形	白色	不透明	整齐	不光滑，有褶皱	不黏稠	杆状	球形	+

24 株细菌革兰氏染色菌体均呈现紫色，为阳性反应，菌体杆状。芽孢染色均可观察到芽孢，其中 TS681 的芽孢卵圆形，其余多数芽孢呈球形或短杆状（表 10-13）。

2. 拮抗细菌的生理生化特征

生理生化的测定结果（表 10-14~表 10-16）表明，24 株细菌均为兼性厌氧性细菌，过氧化氢酶反应阳性，不能利用丙二酸盐，均可以使淀粉水解，都可以使硝酸盐还原，V-P 测定显示阳性，M. R 测定均显示阳性，石蕊牛乳试验均可以产酸。菌株 TS681、TS682、TS683 和 TOP10 均不能使明胶液化，其余菌株都可以观察到明胶液化现象。菌株 TS681、TS682、TS683、G111、G12、G122、MS621、MS622 不能利用柠檬酸盐，其余菌株均可以利用柠檬酸盐。

表 10-14　生理生化特征结果 1

生理生化特征	TS681	TS682	TS683	G111	G12	G122	MS621	MS622
厌氧生长	+	+	+	+	+	+	+	+
过氧化氢酶反应	+	+	+	+	+	+	+	+
氧化酶反应	−	−	−	−	−	−	−	−
丙二酸盐利用	+	+	+					
柠檬酸盐利用								
淀粉水解	+	+	+	+	+	+	+	+
明胶液化	−	−	+	+	+	+		
葡萄糖	++	++	++	+	+	+	+	+
蔗糖	+	+	+	+	+	+	+	+
D-木糖	+	+	+	+	+	+	+	+
乳糖	+	+	+	+	+	+	+	+

（续）

生理生化特征	TS681	TS682	TS683	G111	G12	G122	MS621	MS622
甘露醇	+	+	+	+	+	+	+	+
硝酸盐还原	+	+	+	+	+	+	+	+
V-P 测定	+	+	+	+	+	+	+	+
M.R 测定	-	-	-	-	-	-	-	-
牛奶固化	A	A	A	A	A	A	A	A

注：+为阳性反应；-为阴性反应；++为产酸产气；A 为酸反应。

<h3 style="text-align:center">表 10-15　生理生化特征结果 2</h3>

生理生化特征	L31	O42	S61	J71	J72	G51	G52	BS168	TOP10
厌氧生长	+	+	+	+	+	+	+	+	+
过氧化氢酶反应	+	+	+	+	+	+	+	+	+
氧化酶反应	-	-	+	-	-	-	-	+	-
丙二酸盐利用	-	-	-	-	-	-	-	-	-
柠檬酸盐利用	+	+	+	+	+	+	+	+	+
淀粉水解	+	+	+	+	+	+	+	+	-
明胶液化	+	+	+	+	+	+	+	+	-
葡萄糖	++	++	++	++	+	+	+	++	+
蔗糖	+	+	+	+	+	+	+	+	-
D-木糖	+	+	+	++	+	+	+	+	+
乳糖	-	-	-	-	-	-	-	-	-
甘露醇	++	+	+	+	+	+	+	+	++
硝酸盐还原	+	+	-	+	+	+	+	/	/
V-P 测定	+	+	+	+	+	+	+	+	+
M.R 测定	-	-	-	-	-	-	-	-	+
牛奶固化	A	A	A	A	A	A	A	/	/

注：+为阳性反应；-为阴性反应；++为产酸产气；A 为酸反应。

　　糖醇的利用试验中 24 株细菌均可以利用葡萄糖、蔗糖、D-木糖、甘露醇，其中，菌株 G111、G12、MS621、TS681、TS682、TS683 可以利用乳糖，剩余菌株不能利用乳糖。菌株 TS681、TS682、TS683、L31、O42、S61、J71 可以利用葡萄糖产气。

表 10-16　生理生化特征结果 3

生理生化特征	TS1112	TS6114	S331	S3312	S3341	YJ71	YJ72	YJ73	Y1B2
厌氧生长	+	+	+	+	+	+	+	+	+
过氧化氢酶反应	+	+	+	+	+	+	+	+	+
氧化酶反应	−	−	−	−	−	−	−	−	−
丙二酸盐利用	−	−	−	−	−	−	−	−	−
柠檬酸盐利用	+	+	+	+	+	+	+	+	+
淀粉水解	+	+	+	+	+	+	+	+	+
明胶液化	+	+	+	+	+	+	+	+	+
葡萄糖	+	+	+	+	+	+	+	+	+
蔗糖	+	+	+	+	+	+	+	+	+
D-木糖	+	+	+	+	+	+	++	+	+
乳糖	−	−	−	−	−	−	−	−	−
甘露醇	+	+	+	+	+	+	+	+	+
硝酸盐还原	+	+	+	+	+	+	+	+	+
V-P 测定	+	+	+	+	+	+	+	+	+
M. R 测定	−	−	−	−	−	−	−	−	−
牛奶固化	A	A	A	A	A	A	A	A	A

注：+为阳性反应；−为阴性反应；++为产酸产气；A 为酸反应。

（三）拮抗细菌的 16S rDNA ITS 序列分析

PCR 产物在 1% 的琼脂糖凝胶中电泳，经 EB 染色后，在紫外灯下检测到合适的条带。泳道 1 至 15 编号分别为 DNA 分子量标准、YJ73、YJ71、J72、J71、S61、G51、G52、O42、G111、S3341、L31、G12、YJ72、S331（图 10-3）。

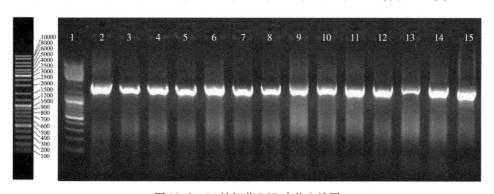

图 10-3　14 株细菌 PCR 产物电泳图

第二次 PCR 产物琼脂糖凝胶电泳经 EB 染色后，在紫外灯下检测到合适的条带。泳道 1 至 11 编号分别为 TS681、TS682、TS683、MS622、MS621、TS1112、TS6114、DNA 分子量标准、G122、S3312、Y1B2(图 10-4)。

将 24 株细菌 G111、G12、G122、G51、G52、J71、J72、L31、MS621、MS622、O42、S331、S3312、S3341、S61、TS1112、TS6114、TS681、TS682、TS683、YJ71、YJ72、YJ73、Y1B2 的 16S rDNA 进行测序，将测得的 24 株细菌的序列拼接，得到序列长度分别为 1449bp、1453bp、1357bp、1443bp、1451bp、1438bp、1454bp、1452bp、1377bp、1416bp、1456bp、1416bp、1460bp、1452bp、1446bp、1409bp、1420bp、1383bp、1468bp、1419bp、1440bp、1405bp、1436bp、1398bp。

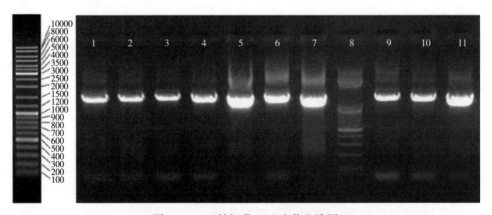

图 10-4　10 株细菌 PCR 产物电泳图

将菌株 TS681、TS682、TS683 的 16S rDNA 序列在 NCBI 上分别进行比对，结果表明，这 3 个序列与登录号为 JN409485 等的多粘类芽孢杆菌(*Paenibacillus polymyxa*)SP16 的同源性较高达到 99% 以上。

菌株 TS681 和 TS683 在核糖体数据库中比对，其前 4 个菌株均为多粘芽孢杆菌，匹配度均达到 1.000。登录号分别为 AY359615、AY359622、AY359626、AY359632、EF532687、EF620468、EF672051、EF634024。

菌株 TS682 在核糖体数据库中比对，序列登录号分别 EF532687、EF672051、EU249587 的多粘芽孢杆菌匹配度分别为 0.985、0.987、0.997，与登录号为 AM062691 的皮尔瑞俄类芽孢杆菌(*P. peoriae*)匹配度为 0.986。

选取这三个菌株的 16S rDNA 序列和登录号为 JN409485 的序列以及相近种属的细菌包括皮尔瑞俄类芽孢杆菌(*Paenibacillus peoriae*)、苏云金芽孢杆菌(*Bacillus thuringiensis*)、地衣芽孢杆菌(*B. licheniformis*)、特基拉芽孢杆菌(*B. tequilensis*)、枯草芽孢杆菌(*B. subtilis*)和解淀粉芽孢杆菌(*B. amyloliquefaciens*)的 16S rDNA 序

列，利用 MEGA6 软件构建系统发育树（图 10-5）。

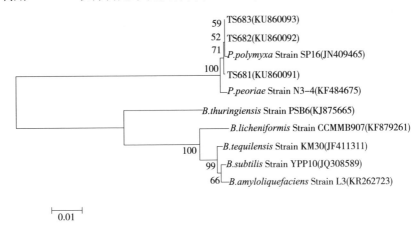

图 10-5　菌株 TS681、TS682 和 TS683 菌株 16S rDNA 序列的进化分析

系统发育树表明 3 株细菌与多粘类芽孢杆菌亲缘关系最近。结合 3 株细菌的生理生化测定，将菌株 TS681、TS682、TS683 鉴定为多粘类芽孢杆菌。

将菌株 G111、G12、G122、MS621、MS622 的 16S rDNA 序列在 NCBI 上分别进行比对，结果表明，这 5 个序列与登录号为 KR262723 的解淀粉芽孢杆菌同源性较高，达到 99% 以上。

菌株 G111 在核糖体数据库中比对中与登录号为 EU304965、FJ796469、JF460727、JN700098 的解淀粉芽孢杆菌匹配度为 1.000，与登录号为 HM103330、HQ236049、HQ263248 的枯草芽孢杆菌匹配度为 1.000。

菌株 G12 与登录号为 EU304965、FJ796469、HM437248、HM773965 的解淀粉芽孢的匹配度为 1.000，与登录号为 GU726867、GQ452909、HM103330、HQ236049 的枯草芽孢杆菌匹配度为 1.000。

菌株 G122 与登录号为 FJ796469、HQ896936 的解淀粉芽孢的匹配度分别为 1.000、0.994，与登录号为 GQ872186、JF318966 的枯草芽孢杆菌匹配度分别为 0.995、0.996。

菌株 MS621 与登录号为 AB195282、DQ520955、EU257436 的枯草芽孢杆菌匹配度分均为 0.997，与登录号为 AB017591 的芽孢杆菌属细菌（*Bacillus* sp.）匹配度为 0.997。

菌株 MS622 与登录号为 HQ113235 的解淀粉芽孢的匹配度分别为 1.000，与登录号为 FJ772081 的枯草芽孢杆菌匹配度分为 0.997，与登录号为 EU343721、FJ941086 的芽孢杆菌属细菌（*Bacillus* sp.）匹配度为 1.000 和 0.998。

选取这 5 个基因序列和登录号为 KR262723 等的序列以及相近种属的其他细

菌包括枯草芽孢杆菌、特基拉芽孢杆菌、解淀粉芽孢杆菌、苏云金芽孢杆菌、地衣芽孢杆菌、花园芽孢杆菌(*B. horti*)、多粘类芽孢杆菌、皮尔瑞俄类芽孢杆菌、浸麻类芽孢杆菌(*P. macerans*)的 16S rDNA 序列，利用 MEGA6 软件构建系统发育树(图 10-6)。

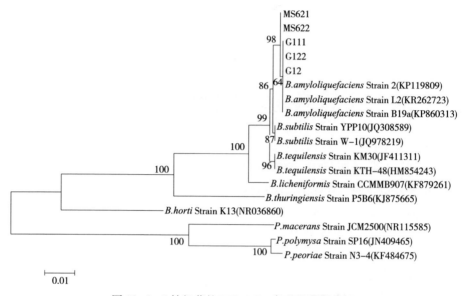

图 10-6　5 株细菌的 16S rDNA 序列的进化分析

系统发育树表明，5 株细菌与解淀粉芽孢杆菌亲缘关系最近。结合 5 株细菌的生理生化测定结果，将菌株 G111、G12、G122、MS621、MS622 鉴定为解淀粉芽孢杆菌(*B. amyloliquefaciens*)。

将菌株 G51、G52、J71、J72、L31、O42、S331、S3312、S3341、S61、TS1112、TS6114、YJ71、YJ72、YJ73、Y1B2 的 16S rDNA 序列在 NCBI 上分别进行比对，结果表明，这 16 个序列与登录号为 JN645975 的枯草芽孢杆菌同源性较高，达到 99%以上。

菌株 S3341、L31、G51、O42 和 TS6114 在核糖体数据库中比对的前 7 个菌株均为枯草芽孢杆菌，匹配度均达到 1.000。菌株 J71 在核糖体数据库中比对的前 7 个菌株均为枯草芽孢杆菌，匹配度大于 0.992。菌株 TS1112 在核糖体数据库中比对的前 4 个菌株均为枯草芽孢杆菌，匹配度大于 0.992。菌株 G52 在核糖体数据库中比对的前 7 个菌株均为枯草芽孢杆菌，匹配度大于 0.994。菌株 S61 在核糖体数据库中比对的前 7 个菌株均为枯草芽孢杆菌，匹配度大于 0.996。菌株 S3312 在核糖体数据库中比对的前 4 个菌株均为枯草芽孢杆菌，匹配度大于 0.925。综合生理生化作用的测定结果与系统发育树亲缘关系的远近，将菌株

S3341、L31、G51、O42、TS6114、J71、TS1112、G52、S61 与 S3312 鉴定为枯草芽孢杆菌（*B. subtilis*）。

菌株 YJ73 在核糖体数据库中比对，与 6 个序列登录号分别为 FJ772085、JN645975、JQ424901、KC609428、KJ699394、KJ801605 的枯草芽孢杆菌匹配度达 0.996 以上，与登录号为 HE612876 的特基拉芽孢杆菌匹配度同样达到 1.000。

菌株 YJ71 在核糖体数据库中比对，与 6 个枯草芽孢杆菌的序列匹配度在 0.992 以上，登录号分别为 EU221673、EU262981、FJ772085、HM776213、HQ703895、JN645975。与登录号为 HE612876 的特基拉芽孢杆菌匹配度达到 0.996，与登录号为 GU904675 的地衣芽孢杆菌匹配度达 0.992。

菌株 J72 在核糖体数据库中比对，与 7 个枯草芽孢杆菌的序列匹配度在 0.991 以上，登录号分别为 EU195330、EU221673、EU123939、FJ876834、GQ249662、HQ650841、HQ202566。还与登录号为 JX144955 的死谷芽孢杆菌（*B. vallismortis*）匹配度达到 0.991。

菌株 YJ72 在核糖体数据库中比对，与登录号为 FJ876834、GQ249662、HQ650841、JQ308589、JQ978219 的匹配度分别为 0.996、0.996、0.996、0.999、0.999。还与登录号为 HQ992821 的死谷芽孢杆菌匹配度达到 0.995。与登录号为 JX077105 的特基拉芽孢杆菌匹配度达到 0.994。

菌株 S331 在核糖体数据库中比对，与 7 个登录号分别为 JN092586、JN645953、JN645957、DQ452508、DQ452510、DQ452511、DQ529249 的枯草芽孢杆菌匹配度均为 1.000，且与登录号为 JF411303 的特基拉芽孢杆菌匹配度同样达到 1.000。

菌株 Y1B2 在核糖体数据库中比对，与登录号为 FJ772085 的枯草芽孢杆菌匹配度均为 0.996，与登录号为 GU573839、GU573841、GU573842 的芽孢杆菌属细菌（*Bacillus sp.*）匹配度均为 0.996。

选取这 16 个基因序列和登录号为 JN645975 等的序列以及相近种属的其他细菌包括特基拉芽孢杆菌、解淀粉芽孢杆菌、苏云金芽孢杆菌、地衣芽孢杆菌、魏登施泰藤芽孢杆菌（*B. weihenstephanensis*）、多粘类芽孢杆菌、皮尔瑞俄类芽孢杆菌、浸麻类芽孢杆菌的 16S rDNA 序列，利用 MEGA6 软件构建系统发育树（图 10-7）。

系统发育树表明，16 株细菌与枯草芽孢杆菌亲缘关系最近。结合 16 株细菌的生理生化测定，将菌株 G51、G52、J71、J72、L31、O42、S331、S3312、S3341、S61、TS1112、TS6114、YJ71、YJ72、YJ73、Y1B2 鉴定为枯草芽孢杆菌（*B. subtilis*）。

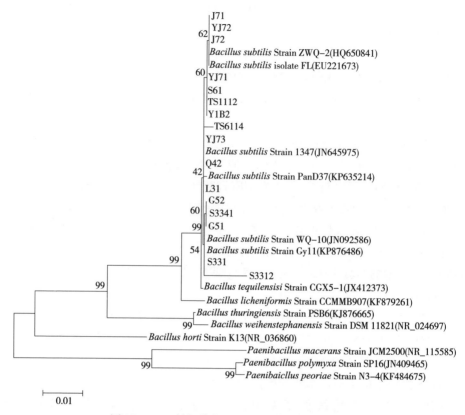

图 10-7　16 株细菌的 16S rDNA 序列的进化分析

三、结论

经稀释平板法测定，洛阳地区烟草根围土样中细菌菌落数平均数如下：宜阳县为 $5.27×10^7$cfu/g，嵩县为 $7.30×10^7$cfu/g，洛宁县为 $7.31×10^7$cfu/g，汝阳县为 $5.22×10^7$cfu/g。试验分离纯化共获得 180 个纯菌株，平板对峙培养法测定其中有 94 株对烟草土传病原真菌有一定的拮抗活性；牛津杯法测定有 17 株细菌发酵液对烟草疫霉和尖孢镰刀菌至少 1 种有一定的拮抗作用。

革兰氏染色反应显示 24 株细菌均为革兰氏阳性菌，且芽孢染色均可见有芽孢产生。依据常见细菌鉴定手册与细菌的菌体形态特征，将菌株 G111、G12、G122、G51、G52、J71、J72、L31、MS621、MS622、O42、S331、S3312、S3341、S61、TS1112、TS6114、YJ71、YJ72、YJ73、Y1B2 鉴定为芽孢杆菌属细菌，将菌株 TS681、TS682、TS683 鉴定为类芽孢杆菌属细菌。

依据供试菌株的形态学与生理生化鉴定结果，结合 16S rDRNA 序列比对分析，将菌株 G51、G52、J71、J72、L31、O42、S331、S3312、S3341、S61、TS1112、TS6114、YJ71、YJ72、YJ73、Y1B2 鉴定为枯草芽孢杆菌（*B. subtilis*）；菌株 G111、G12、G122、MS621、MS622 鉴定为解淀粉芽孢杆菌（*B. amyloliquefaciens*）；菌株 TS681、TS682、TS683 鉴定为多粘类芽孢杆菌（*P. polymyxa*）。

第三节　烟株根围土壤拮抗放线菌的筛选鉴定

放线菌是人们研究最早的生防微生物，具有拮抗病原微生物作用的多为链霉菌（*Streptomyces*），据报道娄彻氏链霉菌（*S. rochei*）对棉花黄萎病病菌有抑制作用，玫瑰暗黄链霉菌（*S. roseoflavus*）、橄榄绿链霉菌（*S. olivaceoviridis*）和黄麻链霉菌（*S. corchorusii*）对烟草青枯病有较好的拮抗效果。烟草疫霉侵染烟草引起的黑胫病是一种分布广泛、危害严重的毁灭性土传病害。生物防治对黑胫病的防控具有较好的应用前景，利用拮抗放线菌防治烟草病害是生物防治研究的热点之一。王静（2013），周新喜（2011）与张茹萍（2011）分别报道不产色链霉菌（*S. achromogenes*）、*S. rajshahiensis* 和淡紫灰链霉菌（*S. lavendulae*）对烟草疫霉具有良好的抑制作用。受烟草不同生育期、轮作年限、土壤肥力、地域差异等条件的影响，烟草根围土壤中的拮抗放线菌种类差异明显。本节报道洛阳地区烟草根围土壤中放线菌的分离及拮抗放线菌的鉴定结果，为进一步探讨烟草病害的生物防治奠定基础。

一、材料与方法

（一）烟株根围土壤放线菌的分离及拮抗放线菌的筛选

1. 试验材料

根围土样的采集同第十章第二节一（一）。

病原菌：烟草疫霉（*Phytophthora nicotianae*）由河南科技大学植物病害分子鉴定与绿色防控实验室提供。

2. 试剂与培养基

试剂：KNO_3，K_2HPO_4，$MgSO_4 \cdot 7H_2O$，$FeSO_4 \cdot 7H_2O$，$K_2Cr_2O_7$，$MgCO_3$，$CaCO_3$，1mol/L NaOH，1mol/L HCl，无水乙醇，75%乙醇，NaCl，大豆粉，可溶性淀粉，葡萄糖，蛋白胨，酵母膏，琼脂，氨苄青霉素，硫酸链霉素等。

高氏一号培养基：可溶性淀粉 20g；KNO_3 1g；NaCl 0.5g；K_2HPO_4 0.05g；$FeSO_4 \cdot 7H_2O$ 0.01g；$MgSO_4 \cdot 7H_2O$ 0.05g；琼脂 15~20g；蒸馏水 1000 mL；pH

7.2～7.4。

大豆酵母培养基：大豆粉 20g，葡萄糖 20g，蛋白胨 3g，酵母膏 2g，$MgCO_3$ 3g，K_2HPO_4 0.5g，$MgSO_4 \cdot 7H_2O$ 0.5g，$FeSO_4 \cdot 7H_2O$ 0.01g，NaCl 2g，可溶性淀粉 20g，pH 7.2～7.5。

马铃薯葡萄糖琼脂培养基：去皮马铃薯 200g，葡萄糖 20g，琼脂 15g，蒸馏水 1000mL。

3. 土壤放线菌分离方法

土壤稀释液配制方法：称取土样 10g，加入已盛有 90mL 无菌水的 250mL 锥形瓶之中。向瓶中加入玻璃珠后，封口放置在摇床上振荡 10～20min，使土样中菌体、芽孢或孢子均匀分散。然后静置 30～40s，取上层清液即制成 10^{-2} 土壤悬浮液。用移液枪吸取 0.5mL 10^{-2} 土壤悬浮液，注入一只盛有 4.5mL 无菌水的试管中，反复吹吸 3 次，振荡均匀，制成 10^{-3} 土壤悬浮液。然后，再从此管中吸取 0.5mL 土壤悬浮液注入另一只盛有 4.5mL 无菌水的试管中，反复吹吸 3 次，振荡均匀，制成 10^{-4} 土壤悬浮液。依次类推制成 10^{-5}、10^{-6}、10^{-7} 各种稀释浓度的土壤悬浮液，供平板涂布用。

涂布平板法分离放线菌：分别采用氨苄青霉素、硫酸链霉素、$K_2Cr_2O_7$ 作为杂菌抑制剂。在超净工作台上向冷却至 45℃～50℃ 的高氏一号培养基中分别加入氨苄青霉素、硫酸链霉素、3% $K_2Cr_2O_7$ 溶液作为杂菌抑制剂，使其在培养基中的浓度达到 150mg/L。再将培养基倒入已灭菌的培养皿中制成培养基平板，待凝固后编号。然后，用移液枪分别吸取 0.1mL 10^{-4}、10^{-5}、10^{-6} 稀释度的土壤稀释液 0.1mL 涂布到含不同抑制剂的平板上，每个处理设置 6 个重复。再用无菌玻璃涂布器把土壤悬浮液均匀地涂抹在培养基上，每个稀释度用一个涂布器。在含相同抑制剂的平板上，由低浓度向高浓度涂抹时，也可以不用更换涂布器。将涂抹好的培养基正放于超净工作台上 20～30min，以便于土壤稀释液充分地渗透到培养基内。因放线菌生长周期较长(10 天左右)，需要将培养皿封口，然后将平板倒置放入 28℃ 恒温培养箱中培养 7～10 天。

放线菌菌落统计方法：分别选择无污染、放线菌菌落相对均匀的 3 个平板，统计其菌落数，计算出 3 个平板上菌落的平均数，再换算出每克干土中的含菌量。每克干土中的放线菌菌落数(cfu/g) = (菌落平均数 × 稀释倍数)/干土克数。

将高氏一号培养基融化，待冷却至 50℃ 左右，加入 3% 的重铬酸钾溶液使培养基中重铬酸钾浓度约 100mg/L，倒平板；待平板凝固后备用，用灭菌牙签在稀释涂布平板上挑出菌落形态或颜色不同的放线菌单菌落至高氏一号平板上划线分离、纯化培养，直至获得单菌落。共挑出放线菌单菌落 496 个，进一步分离纯化获得形态或颜色不同的 227 个放线菌单菌落，备用。

4. 拮抗放线菌的初筛

采用改良的平板对峙培养法来筛选对烟草疫霉有拮抗作用的放线菌。

(1)将纯化获得的放线菌菌株在高氏一号培养基上划线活化培养 3~5 天；烟草疫霉菌株在 PDA 培养基活化培养 2~4 天，备用。

(2)在灭过菌的直径 9cm 的培养皿底部外面画出两两平行的 4 条长 2cm、宽 4mm 的长方形条带，与培养皿中心垂直距离为 3cm，倒入融化后的 PDA 培养基，制作 PDA 平板，备用。

(3)将(1)活化的放线菌均匀涂布在(2)制备的 PDA 平板对应的长方形条带内，注意涂布时不要超过长方形条带边界线，置于 25℃ 恒温培养箱中培养2~4 天。

(4)将(1)活化的烟草疫霉用直径 6mm 的打孔器打出菌饼，转接于(3)所述的 PDA 平板中央，置于 25℃ 恒温培养箱培养。

(5)以仅转接烟草疫霉为对照，直径 6mm 的烟草疫霉菌饼转接于 PDA 平板中央。

(6)接种后每天观察烟草疫霉与放线菌两种菌株的生长情况，当对照烟草疫霉菌落直径长至 5~7cm 时，观察抑菌带的有无，测量其直径(宽度)。

抑菌率=(对照菌落直径−处理菌落直径)/(对照菌落直径−菌饼直径)× 100%，据此初步筛选出具有拮抗作用的放线菌菌株。

5. 拮抗放线菌的复筛

选择在初筛中拮抗性好的放线菌，测定其发酵液对烟草疫霉的抑菌活性。其方法为：挑取单菌落，接入装有 100mL 大豆酵母培养基的 250mL 三角瓶中，28℃，150r/min 条件下振荡培养 5 天。将发酵液在 6000r/min 下离心 15min，取上清液，用直径 0.22μm 的细菌滤器除菌后得到无菌发酵液；备用。采用菌丝生长速率法，将初筛选出拮抗性较好的放线菌的发酵原液加入 PDA(约 45℃)培养基混匀比例为 1:10，倒入无菌的培养皿中制成抗生素培养基平板。待凝固后将烟草疫霉菌饼(直径6mm)倒置放在平板中央，每处理 3 次重复，以加入离心后的大豆酵母培养基为对照处理。培养 3 天后，用十字交叉法测量病原菌菌落生长直径，计算抑菌率。

(二)拮抗放线菌的形态学观察及生理生化特征检验

1. 试验材料

供试放线菌 18 株，其中编号为 LN33、LN57、LN204、LN221、LN247、YY68、YY69、SX18、SX22、SX59、YY124、YY135、YY75、SX92、YY106 的

15 株由前期试验筛选获得，编号为 LB27、SA57、LC18 的 3 株拮抗放线菌由河南科技大学植物病害分子鉴定与绿色防控实验室提供。

2. 培养基

试验所用培养基包括：高氏一号琼脂培养基、马铃薯葡萄糖琼脂培养基、淀粉铵琼脂培养基、蔗糖察氏琼脂培养基、葡萄糖天门冬素琼脂培养基、克氏一号琼脂培养基、葡萄糖酵母膏琼脂培养基、明胶液化培养基、牛奶凝固与胨化培养基、淀粉水解培养基、纤维素分解培养基、硫化氢产生培养基(Tresner)、黑色素产生培养基、利用碳源产酸培养基。

3. 形态及培养特征观察

将菌株接种在高氏一号培养基上，45°插入已灭菌的盖玻片并置于恒温培养箱中 28℃ 培养 7~10 天后，取出插片用结晶紫草酸铵染色法染色，在光学显微镜100 倍油镜下观察记载其基内菌丝体有无横隔、是否断裂，气生菌丝体的特征，孢子链的形状、着生方式，孢子的形状等。

根据《链霉菌鉴定手册》，将菌株分别接种在高氏一号琼脂培养基、马铃薯葡萄糖琼脂培养基、淀粉铵琼脂培养基、蔗糖察氏琼脂培养基、葡萄糖天门冬素琼脂培养基、克氏一号琼脂培养基、葡萄糖酵母膏琼脂培养基上，28℃培养，分别在 7 天、14 天、28 天后观察菌株在不同培养基上气生菌丝、基内菌丝的生长状况，是否有可溶性色素产生及其颜色。

4. 生理生化特征检验

参照《植病研究法》和《放线菌的分类和鉴定》测定生理生化特征。

(1)明胶液化：将菌株接种在明胶培养基中，28℃下培养 30 天，分别在第 3天、5 天、10 天、20 天、30 天观察其液化程度。在观察前先将试管放入冰箱中冷却 30min 左右，如明胶凝成固体状态，说明不液化，如试管中有液体出现，说明明胶已被液化。以液化时间的早晚和程度为依据，确定液化的快慢和强弱。

(2)牛奶凝固与胨化：将菌株接入脱脂牛奶试管中，28℃下培养，第 3 天、6天、10 天、20 天、30 天各观察一次。如牛奶出现凝固，即产生凝乳酶，使牛奶中的酪蛋白凝固则为凝固。当产生蛋白酶，使酪蛋白分解，牛奶变得比较澄清透明就是胨化现象。这是两种酶的作用，一般先凝固后胨化。

(3)淀粉水解：将菌株接种在淀粉水解培养基平板上，采用点接法。28℃下培养 7 天后，在培养基表面倒入碘液，如有淀粉酶产生，即将淀粉变成糊精，遇到碘液不变为蓝色，而形成透明圈，透明圈的大小表示淀粉酶活性的强弱。如不产生淀粉酶，则菌落周围部位遇碘液时呈蓝色。

(4)纤维素分解：将菌株接种在纤维素分解培养基平板上，采用点接法。

28℃倒置培养 7 天后，每皿中加入 0.5%刚果红（盖过平板），10min 后倒掉，再往培养皿内加入 1mol/L 的 NaCl 溶液（盖过平板）脱色，有透明圈则为阳性。

（5）硫化氢产生试验：将菌株接种在 Tresner 培养基上，28℃恒温培养，分别于 7 天和 14 天观察，如培养基为黑色即产生黑色素，则说明有 H_2S 产生，反之无 H_2S 产生。

（6）黑色素产生：将菌株接种在产黑色素培养基上，28℃恒温培养，分别在第 2 天、4 天、5 天、6 天观察是否产生褐色或黑色可溶性色素。若菌落周围褐色或黑色，则表明产黑色素。

（7）利用碳源产酸：不同放线菌利用糖、醇、有机酸等碳源的能力差异很大，这是放线菌的重要分类指标之一。将菌株接种在利用碳源产酸培养基上，28℃恒温培养 14～28 天，如溶液由蓝紫色变为黄色，表示产酸，为阳性；颜色不变，则为阴性。

（三）拮抗放线菌的分子鉴定

1. 试验材料

同（二）。

2. 主要仪器

摇床、超净工作台、离心机、水浴锅、普通 PCR 仪、电泳仪、凝胶成像仪等。

3. 主要试剂

细菌基因组 DNA 快速抽提试剂盒（编号：B518255）、PCR 扩增试剂盒（编号：B532491）购自上海生工。

4. 放线菌 DNA 提取方法

按照细菌基因组 DNA 快速抽提试剂盒（编号：B518255）步骤进行放线菌 DNA 的提取。

5. 放线菌 16S rDNA 的扩增

采用通用引物 27F：5′-AGAGTTTGATCCTGGCTCAG-3′和 1492r：5′-GGT-TACCTTGTTACGACTT-3′对放线菌 16S rDNA 序列进行 PCR 扩增。PCR 反应体系（50μL）：模板 DNA 1.0μL，10×Taq 缓冲液（NH_4^+）5.0μL，dNTP 混合液（10.0mmol/L）1.0μL，Taq DNA 聚合酶（5 U/μL）0.25μL，$MgCl_2$（25mmol/L）3.0μL，上下游引物（10.0 μmol/L）各 1.0μL，加 dd H_2O 补至50μL。PCR 反应条件：94℃预变性 2min；94℃变性 1min，55℃退火 30s，72℃延伸 2min，30 个循环，最后 72℃延伸 10min，4℃保存。检测到合适的条带后，将其所对应的原始扩增产物（未纯化，45μL）由上海生工测序。

6. 放线菌系统发育树的构建

将测序所得碱基序列输入 NCBI 中进行 BLAST 序列对比，获得同源性高的序列，利用 MEGA6 软件程序包中的邻接法构建系统发育树。

二、试验结果

(一)烟草根围放线菌菌株的分离与拮抗菌株的筛选

1. 拮抗放线菌分离结果

通过稀释平板法对洛阳地区宜阳、嵩县、洛宁、汝阳不同植烟年限烟田土壤样品进行分离，各土样放线菌菌落分离数量见表 10-17。宜阳烟草根围土样中放线菌菌落数平均约为 $2.65×10^5$ cfu/g，嵩县烟草根围土样中放线菌菌落数平均约为 $3.25×10^5$ cfu/g，洛宁烟草根围土样中放线菌菌落数平均约为 $3.43×10^5$ cfu/g，汝阳烟草根围土样中放线菌菌落数平均约为 $1.87×10^5$ cfu/g，洛宁与嵩县地区根围土样放线菌含量最高，宜阳次之，汝阳最少。

表 10-17　根围土样中放线菌菌落数量($×10^4$ cfu/g)

土样	烟草生育期		
	团棵期	旺长期	收获期
YG1	22.8920	20.5765	25.8221
YG2	21.0092	34.1460	34.6340
SG1	0.4752①	31.9564	29.0376
SG2	1.2984①	32.2602	20.6549
SG3	1.4913①	44.8063	36.0348
LG1	0.7634①	30.1344	80.5292
LG2	17.3490	22.1017	46.8101
LG3	23.5213	28.6121	25.4966
RG1	15.0487	20.3657	20.5662
RG2	15.6226	21.0542	19.2884
平均数	16.4918	28.6014	33.8874

注：Y 为宜阳，S 为嵩县，L 为洛宁，R 为汝阳；G 为根围土样。①以氨苄西林钠和硫酸链霉素作为杂菌抑制剂，其余数据为以 $K_2Cr_2O_7$ 作为抑制剂。

烟草不同生育期的根围土样放线菌菌落的分离数量有较大差异，收获期放线菌菌落数量最多，旺长期次之，团棵期最少。分析认为，根围土壤中的放线菌受烟草根系活动的影响较大，随着烟草根系的生长发育，根系能够产生和分泌某些物质，这些物质可以吸引或刺激放线菌的生长(图 10-8)。不同轮作年限的根围土样中放线菌菌落数量也有明显差异，连作 5 年以上的烟田根围土样放线菌菌落数量明显多于其他连作年限放线菌菌落数量，故根围土壤放线菌数量会随连作年限的增加而逐年增长(图10-9)。土壤中放线菌的数量也会受到土壤质地的制约，黄壤土中的根围土壤放线菌含量大于红黏土中的根围土壤放线菌含量(图10-10)，黄壤土中之所以放线菌数量最多与其良好的结构有关，该土团块结构好，保肥能力较强，水稳定团粒多，而红黏土则由于通气不良，团块结构差，所以不利于放线菌的生长。另外，洛宁和嵩县土壤平均肥力相对汝阳和宜阳土壤肥力较高，洛宁和嵩县根围土样中分离到的放线菌菌落数量相对较高，故烟田土壤肥力也可能影响烟草根围土壤中放线菌数量。

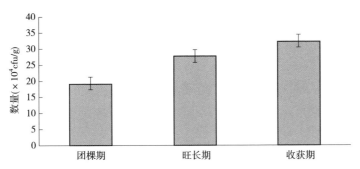

图 10-8　不同生育期烟草根围土样放线菌菌落

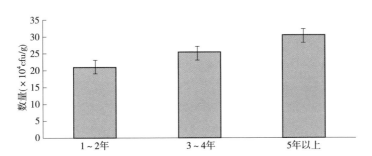

图 10-9　不同轮作年限烟草根围土样放线菌菌落

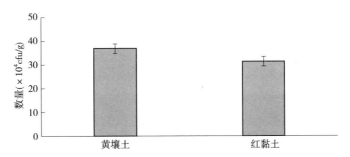

图 10-10　不同土壤类型烟草根围土样放线菌菌落

2. 拮抗放线菌的初筛

测定结果(表10-18)表明,分离纯化获得形态或颜色不同的227个放线菌单菌落中有45株放线菌对烟草疫霉的抑菌率大于或等于50%,其中,25株的抑菌率大于或等于70%。

表10-18 放线菌对烟草疫霉的抑制作用

编号	对照平均直径(cm)	处理平均直径(cm)	抑菌率(%)
LN57	6.74	0.60	100
LN204	6.50	0.60	100
LN221	6.50	0.60	100
LN247	6.18	0.60	100
SX92	6.51	1.10	91.54
SX59	6.93	1.40	87.36
YY33	6.93	1.40	87.36
YY135	6.93	1.47	86.26
LN33	6.33	1.43	85.51
LN21	5.99	1.45	84.23
YY60	6.51	1.65	82.23
LN209	6.50	1.68	81.69
LN53	6.33	1.67	81.33
LN11	5.99	1.65	80.52
YY69	6.51	1.78	80.03
LN73	7.43	2.08	78.33
LN178	6.42	1.98	76.29
LN29	6.33	1.98	75.92
LN3	6.23	2.08	73.71
SX45	6.37	2.15	73.14
LN114	6.33	2.18	72.43
YY75	6.37	2.22	71.92
YY124	6.37	2.22	71.92
LN15	6.74	2.33	71.82
YY62	6.50	2.27	71.69

（续）

编号	对照平均直径（cm）	处理平均直径（cm）	抑菌率（%）
YY68	6.51	2.45	68.70
YY12	5.99	2.42	66.23
SX23	6.32	2.60	65.03
YY106	6.50	2.70	64.41
YY17	6.74	2.82	63.84
SX18	6.50	2.82	62.37
LN250	6.50	2.82	62.37
YY20	6.33	2.77	62.13
LN270	6.51	2.85	61.93
SX26	6.51	2.92	60.74
YY107	6.93	3.30	57.35
SX22	7.28	3.60	55.09
SX11	7.28	3.65	54.34
LN34	6.33	3.22	54.28
SX46	6.32	3.25	53.67
SX68	6.93	3.62	52.29
YY4	6.74	3.57	51.63
LN81	6.74	3.58	51.47
LN6	7.43	3.93	51.24
YY6	6.23	3.40	50.27

注：只选取抑菌率≥50%的菌株。下同。

3. 拮抗放线菌的复筛

测定结果（表10-19）表明，15株拮抗放线菌的发酵液对烟草疫霉的抑菌率大于或等于50%。其中，菌株YY75、YY124、LN204、LN221、LN247、SX92、YY135和SX59的抑菌率达100%，确定为优势拮抗菌株。

表10-19　拮抗放线菌对烟草疫霉的抑制作用

编号	对照平均直径（cm）	处理平均直径（cm）	抑菌率（%）
LN204	6.84	0.60	100
LN221	6.84	0.60	100
LN247	6.84	0.60	100

（续）

编号	对照平均直径（cm）	处理平均直径（cm）	抑菌率（%）
YY75	6.96	0.60	100
YY124	7.15	0.60	100
SX92	6.84	0.60	100
YY135	6.89	0.60	100
SX59	6.89	0.60	100
LN33	6.84	1.04	92.95
LN57	6.84	1.08	92.31
SX18	6.89	2.10	76.15
YY106	7.15	2.25	74.81
SX22	6.96	2.35	72.48
YY68	7.15	2.95	64.12
YY69	6.96	3.15	59.91

（二）拮抗放线菌的形态学观察及生理生化特征

1. 形态及培养特征

革兰氏染色试验表明，18 株拮抗放线菌均为革兰氏阳性菌。菌株 LN33 和 LN57 孢子丝螺旋形，孢子圆柱状；菌株 LN204、LN221 和 LN247 孢子丝松散螺旋形，孢子圆柱状；菌株 YY68 和 YY69 孢子丝直或波曲，孢子杆状；菌株 SX18 和 SX22 孢子丝长，直、柔曲，孢子杆状；菌株 SX59 孢子丝螺旋形，孢子杆状；菌株 YY124 和 YY135 孢子丝有卷圈倾向，孢子杆状；菌株 YY75 孢子丝直或柔曲，孢子圆形；菌株 SX92 孢子丝直或波曲，孢子杆状；菌株 YY106 孢子丝波曲，孢子杆状；菌株 LB27 孢子丝螺旋形，孢子圆形；菌株 SA57 孢子丝螺旋形，孢子圆形；菌株 LC18 孢子丝长、直，孢子杆状。

在高氏一号琼脂培养基上，菌株 LN33 和 LN57 气生菌丝淡粉红色或淡粉色微黄，基内菌丝硫磺色，无可溶性色素；菌株 LN204、LN221 和 LN247 气生菌丝白至灰色，基内菌丝蜜黄色，无可溶性色素；菌株 YY68 和 YY69 气生菌丝粉白色，基内菌丝绿黄色，无可溶性色素；菌株 SX18 和 SX22 气生菌丝淡黄色至粉黄色，基内菌丝玉米黄色，无可溶性色素；菌株 SX59 气生菌丝白色至粉红色，基内菌丝紫红色，无可溶性色素；菌株 YY124 和 YY135 气生菌丝白色至粉红色，基内菌丝紫红色，无可溶性色素；菌株 YY75 气生菌丝白色，基内菌丝乳脂色至紫红蓝色，无可溶性色素；菌株 SX92 气生菌丝白色，基内菌丝乳脂色，无可溶性色素；菌株 YY106 气生菌丝白色，基内菌丝黄色至黄棕色，无可溶性色素；菌株 LB27 气生菌丝白色至灰色，基内菌丝绿黄色，可溶性色素黄色；菌株 SA57

气生菌丝白色至灰色，基内菌丝象牙色，无可溶性色素；菌株 LC18 气生菌丝白至灰色，基内菌丝象牙色至绿黄色，无可溶性色素。

在马铃薯葡萄糖琼脂培养基上，菌株 LN33 和 LN57 气生菌丝淡粉红色，基内菌丝蜜黄色，无可溶性色素；菌株 LN204、LN221 和 LN247 气生菌丝灰色，基内菌丝米黄色，无可溶性色素；菌株 YY68 和 YY69 气生菌丝粉白色或粉色，基内菌丝暗黄色或暗绿黄色，可溶性色素米色；菌株 SX18 和 SX22 气生菌丝白色，基内菌丝棕色，可溶性色素米色；菌株 SX59 气生菌丝粉红色，基内菌丝紫红色，可溶性色素米色；菌株 YY124 和 YY135 气生菌丝粉红色，基内菌丝紫红色，可溶性色素米色；菌株 YY75 气生菌丝白色，基内菌丝乳脂色至褐色，可溶性色素黄色；菌株 SX92 气生菌丝白色，基内菌丝褐绿至橄榄灰绿色，可溶性色素墨绿色；菌株 YY106 气生菌丝白色至灰色，基内菌丝黑褐色，可溶性色素棕色；菌株 LB27 气生菌丝白色至黑色，基内菌丝象牙色至沙黄色，可溶性色素黄色；菌株 SA57 无气生菌丝，基内菌丝乳脂色至浅棕色，无可溶性色素；菌株 LC18 无气生菌丝，基内菌丝浅黄色至蜜黄色，无可溶性色素。

在淀粉铵琼脂培养基上，菌株 LN33 和 LN57 气生菌丝微白色，基内菌丝金黄色，无可溶性色素；菌株 LN204、LN221 和 LN247 气生菌丝白色至鼠灰色，基内菌丝微褐色，无可溶性色素；菌株 YY68 和 YY69 气生菌丝黄粉色，基内菌丝硫磺色，无可溶性色素；菌株 SX18 和 SX22 气生菌丝淡黄色，基内菌丝绿黄色，无可溶性色素；菌株 SX59 气生菌丝古粉红色，基内菌丝玫瑰色至信号红色，无可溶性色素；菌株 YY124 和 YY135 气生菌丝橘红色至鲑鱼橙色，基内菌丝玫瑰色至火焰红色，无可溶性色素；菌株 YY75 无气生菌丝，基内菌丝米绿色，无可溶性色素；菌株 SX92 无气生菌丝，基内菌丝米绿色，无可溶性色素；菌株 YY106 气生菌丝白色至淡黄色，基内菌丝玉米黄色，无可溶性色素；菌株 LB27 气生菌丝白色至黑色，基内菌丝乳脂色至米绿色，无可溶性色素；菌株 SA57 无气生菌丝，基内菌丝乳脂色，无可溶性色素；菌株 LC18 气生菌丝白色至淡黄色，基内菌丝象牙色至沙黄色，无可溶性色素。

在蔗糖察氏琼脂培养基上，菌株 LN33 和 LN57 气生菌丝白色，基内菌丝无色至金黄色，无可溶性色素；菌株 LN204、LN221 和 LN247 气生菌丝沙紫灰色至暗灰色，基内菌丝浅灰色变灰黄色，无可溶性色素；菌株 YY68 和 YY69 气生菌丝白色，基内菌丝绿黄色，无可溶性色素；菌株 SX18 和 SX22 气生菌丝白色至淡黄色，基内菌丝硫磺色，无可溶性色素；菌株 SX59 气生菌丝白色至粉红色，基内菌丝橘红色至宝石红色，无可溶性色素；菌株 YY124 和 YY135 气生菌丝白色至鲑鱼橙色，基内菌丝橘红色至宝石红色，无可溶性色素；菌株 YY75 无气生菌丝，基内菌丝乳脂色至米绿色，无可溶性色素；菌株 SX92 气生菌丝白色，基内菌丝硫磺色，可溶性色素黄色；菌株 YY106 气生菌丝白色，基内菌丝栗棕色，可溶性色素米红色；菌株 LB27 气生菌丝白色至黑色，基内菌丝灰色，无可溶性色素；菌株 SA57 无气生菌丝，基内菌丝乳脂色，无可溶性色素；菌株 LC18 气生菌丝白色，基内菌丝乳脂色，无可溶性色素。

在葡萄糖天门冬素琼脂培养基上，菌株 LN33 和 LN57 无气生菌丝，基内菌丝无色至黄白色，无可溶性色素；菌株 LN204、LN221 和 LN247 无气生菌丝，基内菌丝无色至微黄色，无可溶性色素；菌株 YY68 和 YY69 无气生菌丝，基内菌丝无色，无可溶性色素；菌株 SX18、SX22、SX92、YY106、LB27、SA57 与 LC18 无气生菌丝，基内菌丝乳脂色，无可溶性色素；菌株 SX59 气生菌丝白色，基内菌丝酒红紫色，无可溶性色素；菌株 YY124 和 YY135 气生菌丝白色，基内菌丝番茄红，无可溶性色素；菌株 YY75 无气生菌丝，基内菌丝乳脂色至紫红色，无可溶性色素。

在克氏一号琼脂培养基上，菌株 LN33 和 LN57 气生菌丝淡粉红色，基内菌丝金黄色，无可溶性色素；菌株 LN204、LN221 和 LN247 气生菌丝浅黄色至灰色，基内菌丝蜜黄色，无可溶性色素；菌株 YY68 和 YY69 气生菌丝黄粉色，基内菌丝绿黄色，无可溶性色素；菌株 SX18 和 SX22 气生菌丝白色至黄粉色，基内菌丝玉米黄色，无可溶性色素；菌株 SX59 气生菌丝白色至粉红色，基内菌丝粉红色至橘红色，无可溶性色素；菌株 YY124 和 YY135 气生菌丝白色至粉红色，基内菌丝玫瑰色至紫红色，无可溶性色素；菌株 YY75 气生菌丝白色，基内菌丝乳脂色至葡萄酒红色，无可溶性色素；菌株 SX92 气生菌丝白色，基内菌丝乳脂色，无可溶性色素；菌株 YY106 气生菌丝白色，基内菌丝绿褐色，可溶性色素橄榄黄色；菌株 LB27 气生菌丝白色至灰色，基内菌丝象牙色至米绿色，可溶性色素黄色；菌株 SA57 气生菌丝白色至灰色，基内菌丝象牙色，无可溶性色素；菌株 LC18 气生菌丝淡黄色，基内菌丝乳脂色至象牙色，无可溶性色素。

在葡萄糖酵母膏琼脂培养基上，菌株 LN33 和 LN57 气生菌丝白色至黄粉色，基内菌丝金黄色，无可溶性色素；菌株 LN204、LN221 和 LN247 气生菌丝白色至灰色，基内菌丝米褐色，无可溶性色素；菌株 YY68 和 YY69 气生菌丝白色，基内菌丝淡黄色，无可溶性色素；菌株 SX18 和 SX22 气生菌丝白色，基内菌丝金雀花黄色，可溶性色素黄色；菌株 SX59 气生菌丝粉红色，基内菌丝粉红色，无可溶性色素；菌株 YY124 和 YY135 气生菌丝粉红色，基内菌丝粉红色，无可溶性色素；菌株 YY75 无气生菌丝，基内菌丝象牙色至赭黄色，可溶性色素黄棕色；菌株 SX92 气生菌丝白色，基内菌丝米褐色，可溶性色素棕色；菌株 YY106

气生菌丝信号灰色，基内菌丝象牙色至鹿褐色，可溶性色素棕色；菌株 LB27 气生菌丝白色至黑色，基内菌丝米褐色至咖喱色，可溶性色素黄色；菌株 SA57 气生菌丝白色，基内菌丝象牙色至黄棕色，可溶性色素黄色；菌株 LC18 气生菌丝白色，基内菌丝沙黄色，无可溶性色素。

2. 拮抗放线菌生理生化特征

生理生化测定结果表明，拮抗菌株均可利用葡萄糖产酸，明胶液化均呈阳性；菌株 YY106 不能利用麦芽糖产酸，菌株 LC18 不能利用阿拉伯糖产酸，菌株 YY135 牛奶的凝固和陈化反应呈阳性，菌株 LC18 纤维素水解呈阴性（表 10-20）。

表 10-20　拮抗菌株的生理生化特征

菌株编号	蔗糖	葡萄糖	乳糖	麦芽糖	果糖	木糖	阿拉伯糖	棉子糖	肌醇	甘露醇	明胶液化	牛奶的凝固和陈化	淀粉水解	纤维素水解	硫化氢的产生	黑色素的产生
LN33	-	+	+	+	+	+	+	-	+	+	+		+	+	-	-
LN57	-	+	-	+	+	+	+	-	+	+	+	-	+	+		-
LN204	+	+	+	+	+	+	+	+	+	+	+		+	+		-
LN221	-	+	+	+	+	+	+	+	+	+	+			+		-
LN247	+	+	+	+	+	+	+	+	+	+	+		+	+		-
YY68	+	+	+	+	+	-	+	+	+	-	+		+	+		-
YY69	+	+	+	+	+		+	+	+	-	+		+	+		-
SX18	-	+	-	+	+	+	+	+	+	+	+		+	+	+	-
SX22	-	+	-	+	+	+	+	+	+	+	+		+	+		-
SX59	-	+		+	-	+	+	+	+	+	+		+	+		-
YY124	-	+		+	+	+	+	+	+	+	+		+	+		-
YY135	-	+		+	+	+	+	+	+	+	+	+	+	+		-
YY75	+	+	+	+	+	+	+	+	+	+	+		+	+		+
SX92	+	+	+	+	+	+	+	+	+	+	+		+	+		+
YY106	-	+		+	+	+	+	+	+	+	+	-	+	+	-	-
LB27	-	+		+	+	+	+	+	+	+	+		+	+		+
SA57	+	+	+	+	+	+	+	+	+	+	-	+		+	+	+
LC18	-	+		+	+				+	+	+		+	-		

注："-"表示阴性反应；"+"表示阳性反应。

（三）拮抗防线菌的 16sITS 序列分析

1. 待测菌株的比对

放线菌 16S rDNA PCR 产物测序所得序列在 GenBank、EzBioCloud 等数据库中进行比对结果表明，菌株 LN33 和 LN57 的 16S rDNA 序列与登录号为 AF290616 玫瑰黄链霉菌（*Streptomyces roseoflavus*）等序列同源性大于 99%；菌株 LN204、LN221 和 LN247 的 16S rDNA 序列与登录号为 KC747481 娄彻氏链霉菌（*S. rochei*）等序列同源性大于 99%；菌株 YY68 和 YY69 的 16S rDNA 序列与登录号为 AB184253 弗无链霉菌（*S. fradiae*）等序列同源性大于 99%；菌株 SX18 和 SX22 的 16S rDNA 序列与登录号为 AB184397 温和链霉菌（*S. moderatus*）等序列同源性大于99%；菌株 SX59 的 16S rDNA 序列与登录号为 NR112580 金黄回旋链霉菌（*S. aureoverticillatus*）等序列同源性大于 99%；菌株 YY124 和 YY135 的 16S rDNA 序列与登录号为 AB184370 高贵链霉菌（*S. nobilis*）等序列同源性大于 99%；菌株 YY75 的 16S rDNA 序列与登录号为 NR043827 鲁萨链霉菌（*S. lucensis*）等序列同源性大于 99%；菌株 SX92 的 16S rDNA 序列与登录号为 AB184197 珊瑚链霉菌（*S. coralus*）等序列同源性大于 99%；菌株 YY106 的 16S rDNA 序列与登录号为 KC997233 教酒色链霉菌（*S. chartreusis*）等序列同源性大于 99%；菌株 LB27 的 16S rDNA 序列与登录号为 NR112353 生黑孢链霉菌（*S. melanosporofaciens*）等序列同源性大于 99%；菌株 SA57 的 16S rDNA 序列与登录号为 KM978829 吸水链霉菌（*S. hygroscopicus*）等序列同源性大于 99%；菌株 LC18 的 16S rDNA 序列与登录号为 MH482890 阿姆利则链霉菌（*S. amritsarensis*）等序列同源性大于 99%。

2. 待测菌株的系统发育树

将菌株 LN33、LN57、LN204、LN221、LN247、YY68、YY69、SX18、SX22、SX59、YY124、YY135、YY75、SX92、YY106、LB27、SA57 和 LC18 的 16S rDNA 序列提交至 NCBI，登录号分别为 MH265956、MH265957、MH265958、MH265959、MH265960、MH265961、MH265962、MH265963、MH265964、MH265965、MH265966、MH265967、MH265968、MH265970、MH265971、MH265972、MH265973 和 MH265976。系统发育树见图 10-11。

三、结论

本研究从洛阳烟区烟株根围土壤中分离纯化共获得 227 个放线菌单菌落，采用改良的平板对峙培养法初筛获得 45 株放线菌对烟草疫霉的抑菌率在 50% 以上，采用菌丝生长速率法测定初筛获得菌株发酵液的抑菌活性，有 15 株放线菌的发酵液对烟草疫霉的抑菌率在 50% 以上。试验获得 15 株放线菌对烟草

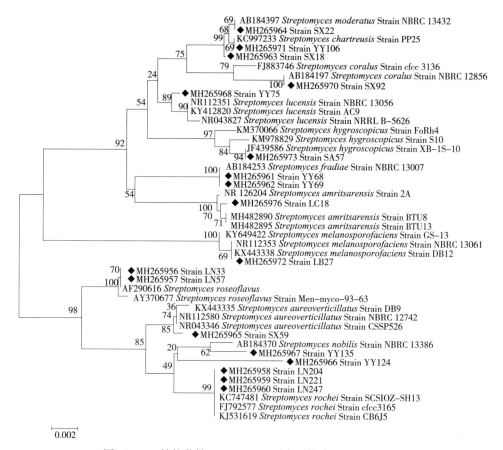

图 10-11 拮抗菌株 16Sr DNA 基因序列构建的系统发育树

疫霉具有较好的拮抗作用，菌株编号分别为 LN33、LN57、LN204、LN221、LN247、YY68、YY69、SX18、SX22、SX59、YY124、YY135、YY75、SX92和 YY106。

通过对 18 株拮抗放线菌进行革兰氏染色反应试验、形态学观察、生理生化特征测定并结合《链霉菌鉴定书册》，将菌株 LN33、LN57、YY68 和 YY69 初步鉴定为链霉菌粉红孢 Roseosporus 类群弗氏 Fradiae 亚群；菌株 SX92 初步鉴定为链霉菌粉红孢 Roseosporus 类群玫瑰红 Roseoruber 亚群；菌株 LN204、LN221 和 LN247 初步鉴定为链霉菌烬灰 Cinereus 类群；菌株 SX59、YY124 和 YY135 初步鉴定为链霉菌轮生 Verticillatus 类群；菌株 YY75 初步鉴定为链霉菌金色 Aureus类群；菌株 YY106 初步鉴定为链霉菌青色 Glaucus 类群；菌株 LB27 和 SA57 初步鉴定为链霉菌吸水 Hygroscopicus 类群；菌株 SX18、SX22 和 LC18 初步鉴定为链霉菌。根据这 18 个菌株的形态学观察、生理生化反应与 16S rDNA 序列分析结果，将菌株 SX18 和 SX22 鉴定为温和链霉菌（*S. moderatus*），菌株 YY106 鉴定为教酒色链霉菌（*S. chartreusis*），菌株 LN33 和 LN57 鉴定为玫瑰黄链霉菌（*S. roseoflavus*），菌株 LN204、LN221 和 LN247 鉴定为娄彻氏链霉菌（*S. rochei*），菌株 YY68 和 YY69 鉴定为弗氏链霉菌（*S. fradiae*），菌株 SX59 鉴定为金黄回旋链霉菌（*S. aureoverticillatus*），菌株 YY124 和 YY135 鉴定为高贵链霉菌（*S. nobilis*），菌株 YY75 鉴定为鲁萨链霉菌（*S. lucensis*），菌株 SX92 鉴定为珊瑚链霉菌（*S. coralus*），菌株 LB27 鉴定为生黑孢链霉菌（*S. melanosporofaciens*），菌株 SA57 鉴定为吸水链霉菌（*S. hygroscopicus*），菌株 LC18 鉴定为阿姆利则链霉菌（*S. amritsarensis*），均属于放线菌门（Actinobacteria）放线菌纲（Actinomycetes）链霉菌目（Streptomycetales）链霉菌科（Streptomycetaceae）链霉菌属（*Streptomyces*）。

第四节　烟株根围土壤拮抗微生物的互作关系

烟草土传真菌病害发生普遍，受栽培措施和土壤环境影响较大，难以防治。近年来，由于土地的限制，轮作难以全面推广，我国主要烟区连作现象十分普遍，连作引起的生长退化现象在数量上逐年增加，加之农药化肥的大量使用，导致烟田土壤健康持续恶化，土壤中有益微生物减少，烟草土传真菌病害大面积发生，危害逐年加重。目前，防治烟草土传病害以化学药剂为主，化学药剂虽能在一定程度起到控制作用，但长期使用容易带来环境污染、农药残留和病原菌抗药性等诸多问题，因此，探索生物防治途径，研发生防产品是我国烟叶生产可持续发展的必然趋势。国内外有关生物防治土传病害的研究已取得一定进展，很多生防菌株被开发利用；但在实际生产中，生防菌存在田间定殖力和抗药能力差、防效不稳定等问题。研究表明，生防菌株的混配与复配是提高其定殖水平和防治效果的优良策略，但由于有些生防菌之间存在拮抗作用，互不亲和，在混配时导致田间防效下降。试验在前人研究的基础上，选择 16 株对常见烟草土传病原真菌有良好抑制作用的拮抗真菌、细菌和放线菌，用改良的平板对峙培养法测定了其相互关系，结果报道如下。

一、材料与方法

（一）试验材料

拮抗真菌：哈茨木霉（*Trichoderma harzianum*）T1；棘孢木霉（*T. asperellum*）T2；深绿木霉（*T. atroviride*）T3；绿色木霉（*T. viride*）T4；橘绿木霉（*T. citrinoviride*）T5。

拮抗细菌：多粘芽孢杆菌（*Bacillus polymyxa*）B1；枯草芽孢杆菌（*B. subtilies*）B2；解淀粉芽孢杆菌（*B. amyloliquefaciens*）B3；巨大芽孢杆菌（*B. megaterium*）B4。

拮抗放线菌：金黄垂直（回旋）链霉菌（*Streptomyces aureoverticillatus*）S1；林肯链霉菌（*S. lincolnensis*）S2；草甸链霉菌（*S. pratensis*）S3；雀黄链霉菌（*S. canarius*）S4；暗蓝色链霉菌（*S. caeruleatus*）S5；菌核链霉菌（*S. sclerotialus*）S6；黄麻（科科鲁）链霉菌（*S. corchorusis*）S7。

以上拮抗菌株均由河南科技大学植物病害分子鉴定与绿色防控实验室保存。

（二）试剂与培养基

试剂：KNO_3，K_2HPO_4，NaCl，$MgSO_4 \cdot 7H_2O$，$FeSO_4 \cdot 7H_2O$，1mol/L HCl，1mol/L NaOH，可溶性淀粉，葡萄糖，牛肉膏，蛋白胨，琼脂。

马铃薯葡萄糖琼脂（PDA）培养基：去皮马铃薯200g切成小块，加蒸馏水煮沸20~30min，滤去马铃薯块，滤液中加琼脂17.5g，葡萄糖20g，搅拌均匀后补水至1000mL，pH自然，灭菌（121℃，30min）。

牛肉膏蛋白胨琼脂（NA）培养基：牛肉膏3g，蛋白胨10g，琼脂17.5g，NaCl 5g，蒸馏水1000mL，pH 7.4~7.6，灭菌（121℃，30min）。

高氏一号培养基：可溶性淀粉20g，KNO_3 1g，K_2HPO_4 0.5g，NaCl 0.5g，$MgSO_4 \cdot 7H_2O$ 0.5g，$FeSO_4 \cdot 7H_2O$ 0.01g，琼脂17.5g，蒸馏水1000mL；pH 7.2~7.4，灭菌（121℃，30min）。

（三）烟田拮抗菌相互作用的测定

试验采用改良的平板对峙培养法测定拮抗微生物的互作关系（图10-12）。

（1）木霉菌之间的相互对峙

在超净工作台上将活化培养3天的5株木霉菌，分别用直径6mm的打孔器打出菌饼，用接种针将菌饼两两对峙接在PDA平板上，菌饼间直线距离4cm，每组设5个重复，同时设各木霉菌的纯培养为对照，于25℃恒温箱中倒置培养，每天观察记录木霉菌之间的对峙生长情况。当对照组中任意一种木霉菌菌落半径长至2~3cm时，测量处理与对照菌落生长半径，根据公式计算菌株间的相互抑菌率。

（2）放线菌之间的相互对峙

选择高氏一号培养基，采用改良的对峙培养法。首先在灭菌培养皿底部用记号笔画出7条长4cm、宽4mm的长方形条带，相邻条带间隔5mm，均匀排布，然后将不同种放线菌交替涂布在长方形条带内，注意涂布时不要超过长方形条带边界线。分别设置各放线菌的对照，对照组与处理组类似，相邻条带之间间隔12mm，涂布同种放线菌菌株。将涂布好的放线菌做好标记后于25℃恒温箱中倒置培养，观察放线菌间的相互抑制情况。当菌株组合中任意一种放线菌对照组菌

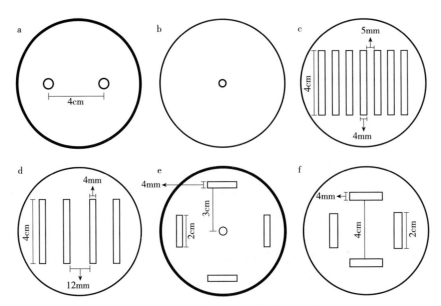

图 10-12　改良的平板对峙培养法示意图

注：a. 木霉菌之间对峙培养；b. 木霉菌纯培养；c. 放线菌之间对峙培养；

d. 放线菌之间对峙培养对照；e. 木霉菌与放线菌对峙培养；

f. 木霉菌与放线菌对峙培养时放线菌对照。

落宽度达到 9mm 以上时，测量处理与对照菌带宽度，计算菌株间的相互抑菌率。

（3）细菌之间的相互对峙

选择 NA 培养基，培养温度为 25℃，对峙培养方法同（2）。

（4）细菌与放线菌的相互对峙

选择 PDA 培养基，培养温度为 25℃，对峙培养方法同（2）。由于放线菌菌丝生长缓慢，为确保两种菌株同时生长，放线菌需提前 1~2 天接种。

（5）木霉菌与放线菌的相互对峙

选择 PDA 培养基，培养温度为 25℃，对峙培养时，在培养皿底部画出两两平行的 4 条长 2cm、宽 4mm 的长方形条带，与培养皿中心垂直距离为 3cm，将放线菌均匀涂布在长方形条带内，注意涂布时不要超过长方形条带边界线，同时设置放线菌的纯培养为对照，放线菌对照与处理组类似，长方形条带与培养皿中心点垂直距离为 2cm。当处理组中放线菌接种 1~2 天后，木霉用直径 6mm 打孔器打出菌饼，点接在处理组 PDA 平板中央，并设置木霉菌的纯培养为对照。每天观察两种拮抗菌的相互作用，当对照木霉菌落半径长至 6~7cm，测量处理与对照组的木霉菌落半径和放线菌菌落宽度，计算抑菌率。

（6）木霉菌与细菌的相互对峙：选择 PDA 培养基，培养温度为 25℃，对峙方法同木霉菌与放线菌的相互对峙。

(四)拮抗微生物相互作用的评价标准

根据拮抗微生物之间的相互抑制率，结合菌落生长状况，将拮抗微生物的互作关系分为五级。Ⅰ级：两种拮抗微生物均能正常生长，相互无抑制作用甚至出现一方对另一方的促生作用，相互抑制率为0，表现为完全亲和。Ⅱ级：两种拮抗微生物的相互抑制率均在25%以下，抑制作用不明显，具有一定的亲和性。Ⅲ级：其中一方对另一方抑制率在25%～50%，表明两种拮抗微生物之间存在一定抑制作用。Ⅳ级：其中一方对另一方抑制率在50%～75%以上，表明两种拮抗微生物之间存在较强的抑制作用，具有不亲和性。Ⅴ级：其中一方对另一方抑制率在75%以上，表明两种拮抗微生物之间存在很强的抑制作用，表现为完全不亲和，无法共存。

抑制率(%) = (R−r)×100/R（R为对照组拮抗微生物的菌落半径或宽度；r为对峙培养中拮抗微生物的菌落半径或宽度）。

二、试验结果

(一)拮抗真菌之间的相互作用

试验结果表明，木霉菌株之间均存在不同程度的相互抑制作用，相互作用关系主要表现为营养竞争（表10-21）。

T1与T2、T3、T4、T5菌株对峙培养时：T1对T2抑制率为48.46%，T2对T1抑制率为32.50%，两菌株相互抑制程度为Ⅲ级；T1对T3抑制率为47.62%，T3对T1抑制率为37.50%，两菌株相互抑制程度为Ⅲ级；T1对T4抑制率为50.85%，T4对T1抑制率为43.75%，两菌株相互抑制程度为Ⅳ级；T1对T5抑制率53.06%，T5对T1抑制率为45.00%，两菌株相互抑制程度为Ⅳ级。T1由于菌丝生长速度较快而对其他4株木霉菌的抑制作用普遍较强。其中，T1对T4和T5有较强的抑制作用，T1与T4对峙培养时，两菌落中间出现明显抑菌带；T1与T2和T3之间的相互抑制程度相对较小。对峙培养时，5株木霉均能正常产孢。

T2与T3、T4、T5菌株对峙培养时，T2对T3抑制率为47.99%，T3对T2抑制率为48.83%，两菌株相互抑制程度为Ⅲ级；T2对T4抑制率为44.62%，T4对T2抑制率为41.15%，两菌株相互抑制程度为Ⅲ级；T2对T5抑制率为61.67%，T5对T2抑制率为42.00%，两菌株相互抑制程度为Ⅳ级。T2对T5有较强抑制作用，对峙培养时两菌株之间出现明显抑菌带；T2与T3和T4之间的相互抑制程度相对较小。对峙培养时，木霉菌株均能正常产孢。

表 10-21 拮抗木霉菌株相互对峙培养结果

菌株编号		对照菌落半径(cm)	处理菌落半径(cm)	相互抑制率(%)	孢子产生情况	对峙培养时菌株生长情况	相互抑制等级
T1-T2	T1	4.00	2.70	32.50	正常	表现为营养竞争,两菌落中	Ⅲ级
	T2	3.17	1.63	48.46	正常	间出现抑菌带	
T1-T3	T1	4.00	2.50	37.50	正常	表现为营养竞争,两菌落中	Ⅲ级
	T3	3.50	1.83	47.62	正常	间出现抑菌带	
T1-T4	T1	4.00	2.25	43.75	正常	表现为营养竞争,两菌落中	Ⅳ级
	T4	3.25	1.63	50.85	正常	间出现明显抑菌带	
T1-T5	T1	4.00	2.20	45.00	正常	表现为营养竞争,两菌落中	Ⅳ级
	T5	4.12	1.93	53.06	正常	间出现一条狭长的抑菌带	
T2-T3	T2	3.91	2.00	48.83	正常	菌丝相互接触,接触部分菌	Ⅲ级
	T3	4.23	2.20	47.99	正常	丝稀薄,背面鹅黄色	
T2-T4	T2	3.91	2.30	41.15	正常	菌丝相互接触,互不拮抗,	Ⅲ级
	T4	3.25	1.80	44.62	正常	存在一定的营养竞争	
T2-T5	T2	3.91	2.27	42.00	正常	表现为营养竞争,两菌落中	Ⅳ级
	T5	4.20	1.61	61.67	正常	间出现明显抑菌带	
T3-T4	T3	4.23	2.33	44.77	减小	菌丝相互接触,接触部分不	Ⅳ级
	T4	3.25	1.93	68.12	正常	产孢,抑菌带明显	
T3-T5	T3	4.23	2.17	48.72	正常	表现为营养竞争,两菌落中	Ⅳ级
	T5	4.20	2.00	52.38	正常	间出现一条狭长的抑菌带	
T4-T5	T4	3.25	1.67	48.72	正常	菌丝相互接触部分菌丝稀	Ⅳ级
	T5	4.20	1.63	61.11	减小	薄,不产孢,抑菌带明显	

T3 与 T4 和 T5 对峙培养时,T3 对 T4 和 T5 抑制率分别为 68.12% 和 52.38%,T4 对 T3 抑制率为 44.77%,T5 对 T3 抑制率为 48.72%,T3 与 T4、T3 与 T5 相互抑制程度均为Ⅳ级。T3 与 T4 和 T5 之间的相互抑制作用较强,T3 与 T4 对峙培养时抑菌带明显,T3 产孢量减小;T3 和 T5 相互作用关系主要表现为营养竞争,两菌株均能正常产孢。

T4 与 T5 对峙培养时,T5 产孢量减小,菌株之间出现明显抑菌带,T4 对 T5 抑制率为 61.11%,T5 对 T4 抑制率为 48.72%,两菌株相互抑制程度为Ⅳ级,T4 与 T5 之间存在较强的抑制作用,表现为相对不亲和。

依据 5 株木霉菌对峙培养的相互抑制率、分生孢子产孢量和对峙培养时的菌落生长状况,可以得出:T1、T2 和 T3 菌株相互作用关系表现相对亲和。

(二)拮抗细菌之间的相互作用

试验结果表明,拮抗细菌之间的互作关系大多表现为相互亲和(表 10-22)。

表 10-22　拮抗细菌菌株相互对峙培养结果

菌株编号		抑制率(%)	对峙培养时菌株生长情况	相互抑制等级
B1-B2	B1	0.00	B1 正常生长，B2 呈半透明状，相互抑制作用不明显	Ⅱ级
	B2	13.04		
B1-B3	B1	17.58	均正常生长，两菌株相互抑制作用不明显	Ⅱ级
	B3	10.61		
B1-B4	B1	33.85	B4 正常生长，B1 几近透明，B4 对 B1 抑制作用较强	Ⅲ级
	B4	0.00		
B2-B3	B2	19.79	均正常生长，两菌株相互抑制作用不明显	Ⅱ级
	B3	17.19		
B2-B4	B2	26.81	B4 正常生长，B2 变窄变浅，呈半透明状，B4 对 B2 有抑制作用	Ⅲ级
	B4	7.20		
B3-B4	B3	3.13	B3 正常生长，B4 不生长，B3 对 B4 有很强抑制作用	Ⅴ级
	B4	100.00		

B1 与 B2、B3、B4 对峙培养时，B1 对 B2 抑制率为 13.04%，B2 对 B1 无抑制作用，两菌株相互抑制程度为Ⅱ级；B1 对 B3 抑制率为 10.61%，B3 对 B1 抑制率为 17.58%，两菌株相互抑制程度为Ⅱ级；B1 对 B4 无抑制作用，B4 对 B1 抑制率为 33.85%，两菌株相互抑制程度为Ⅲ级。B1 与 B4 之间存在一定抑制作用，对峙培养时 B1 受到明显抑制，菌落几近透明；B1 与 B2 和 B3 之间的相互抑制程度相对较小，表现为相对亲和。

B2 与 B3 和 B4 对峙培养时，B2 对 B3 抑制率为 17.19%，B3 对 B2 抑制率为 19.79%，两菌株相互抑制程度为Ⅱ级；B2 对 B4 抑制率为 7.20%，B4 对 B2 抑制率为 26.81%，两菌株相互抑制程度为Ⅲ级。B2 与 B4 之间存在一定抑制作用，对峙培养时，B2 菌落变窄变浅，呈半透明状；B2 与 B3 之间相互抑制作用较小，表现出相对亲和的关系。

B3 与 B4 对峙培养时，B3 对 B4 表现出很强的抑制作用，B4 菌株不生长，B3 对 B4 抑制率为 100%，B4 对 B3 抑制率为 3.13%，两菌株相互抑制程度为Ⅴ级，相互作用关系表现为完全不亲和。

通过以上测定结果可以得出：B1、B2 和 B3 相互作用关系表现相对亲和。

（三）拮抗放线菌之间的相互作用

测定结果表明，拮抗放线菌之间均存在不同程度的抑制作用（表 10-23）。

S1 分别与另外 6 株放线菌对峙培养时，S1 对 S2 抑制率为 61.33%，S2 对 S1 抑制率为 21.25%，两菌株相互抑制程度为Ⅳ级；S1 对 S3 抑制率为 47.97%，S3 对 S1 抑制率为 26.67%，两菌株相互抑制程度为Ⅲ级；S1 对 S4 抑制率为 56.52%，

表 10-23　拮抗放线菌菌株相互对峙培养结果

菌株编号		抑制率(%)	对峙培养时菌株生长情况	相互抑制等级
S1-S2	S1	21.25	S1 正常生长，对 S2 抑制作用很强，S2 几乎不生长，菌落几近透明	Ⅳ级
	S2	61.33		
S1-S3	S1	26.67	S1 对 S3 有很强抑制作用，S3 菌落呈半透明状，S1 菌落颜色稍变浅	Ⅲ级
	S3	47.97		
S1-S4	S1	22.22	S1 能正常生长，对 S4 有很强的抑制作用，S4 菌落呈半透明状	Ⅳ级
	S4	56.52		
S1-S5	S1	27.78	存在抑制作用，两菌株能正常生长，S1 抑制作用稍大于 S5	Ⅲ级
	S5	33.33		
S1-S6	S1	0.00	S1 正常生长，S6 长势较弱，菌落变窄变浅，S1 对 S6 有较强抑制作用	Ⅲ级
	S6	42.17		
S1-S7	S1	0.00	S1 正常生长，对 S7 抑制作用较强，S7 基内菌丝的生长受到很大程度的抑制	Ⅲ级
	S7	48.53		
S2-S3	S2	16.67	S2 能够正常生长，对 S3 抑制作用较强，S3 菌株菌落近透明	Ⅳ级
	S3	56.67		
S2-S4	S2	34.25	S4 正常生长，S2 气生菌丝受到抑制，菌株之间存在抑制作用，S4 作用较强	Ⅲ级
	S4	22.58		
S2-S5	S2	26.67	两菌株能够正常生长，菌丝互不接触，相互抑制作用不明显	Ⅲ级
	S5	29.33		
S2-S6	S2	0.00	S2 正常生长，S6 长势较弱，菌落变窄变浅，S2 对 S6 有一定抑制作用	Ⅲ级
	S6	28.57		
S2-S7	S2	20.05	菌丝均能生长，存在相互抑制作用，表现为营养竞争，其中，S2 抑制作用较强，	Ⅲ级
	S7	32.27		
S3-S4	S3	100.00	S4 正常生长，S3 基内菌丝受到强烈抑制，只见极少气生菌丝，菌落透明	Ⅴ级
	S4	0.00		
S3-S5	S3	24.78	S5 正常生长，对 S3 抑制作用较小，两菌株均能生长，存在一定亲和性	Ⅱ级
	S5	0.00		
S3-S6	S3	10.25	菌丝均能生长，S3 能正常生长，对 S6 抑制作用较强，表现为营养竞争	Ⅲ级
	S6	46.43		
S3-S7	S3	71.59	S7 正常生长，对 S3 抑制作用很强，S3 几乎不生长，菌落近透明	Ⅳ级
	S7	12.00		
S4-S5	S4	12.25	菌丝均能生长，存在相互抑制作用，S4 抑制作用较强，表现为营养竞争	Ⅲ
	S5	31.03		
S4-S6	S4	0.00	S4 正常生长，S6 基内菌丝受到强烈抑制，只见少量气生菌丝，菌落近乎透明	Ⅳ级
	S6	68.00		

（续）

菌株编号		抑制率(%)	对峙培养时菌株生长情况	相互抑制等级
S4-S7	S4	25.00	菌丝均能生长，存在相互抑制作用，S4 抑制作用较	Ⅲ级
	S7	37.75	强，表现为营养竞争	
S5-S6	S5	17.53	S5 能正常生长，对S6 有明显抑制作用，S6 菌落呈半	Ⅳ级
	S6	61.33	透明状，菌丝生长受限	
S5-S7	S5	28.57	菌丝均能生长，存在相互抑制作用，S5 抑制作用较	Ⅲ级
	S7	40.54	强，表现为营养竞争	
S6-S7	S6	64.05	S7 正常生长，S6 菌落变窄变浅，菌丝生长受到抑	Ⅳ级
	S7	16.67	制，表现为营养竞争	

S4 对 S1 抑制率为 22.22%，两菌株相互抑制程度为Ⅳ级；S1 对 S5 抑制率为 33.33%，S5 对 S1 抑制率为 27.78%，两菌株相互抑制程度为Ⅲ级，S1 对 S6 抑制率为 42.17%，S6 对 S1 无抑制作用，两菌株相互抑制程度为Ⅲ级；S1 对 S7 抑制率为 48.53%，S7 对 S1 无抑制作用，两菌株相互抑制程度为Ⅲ级。S1 对其他放线菌的抑制作用普遍较强，与 S2 对峙培养时，S2 菌落几近透明；与 S3 和 S4 对峙培养时，S3 和 S4 菌落呈半透明状；与 S6 和 S7 对峙培养时，S6 和 S7 长势受到削弱，S1 与 S5 对峙培养时，两菌落正常生长，相对亲和。

S2 与 S3、S4、S5、S6、S7 对峙培养时，S2 对 S3 抑制率为 56.67%，S3 对 S2 抑制率为 16.67%，两菌株相互抑制程度为Ⅳ级；S2 对 S4 抑制率为 22.58%，S4 对 S2 抑制率为 34.25%，两菌株相互抑制程度为Ⅲ级；S2 对 S5 抑制率为 29.33%，S5 对 S2 抑制率为 26.67%，两菌株相互抑制程度为Ⅲ级；S2 对 S6 抑制率为 28.57%，S6 对 S2 无抑制作用，抑制率为 0，两菌株相互抑制程度为Ⅲ级；S2 对 S7 抑制率为 32.27%，S7 对 S2 抑制率为 20.05%，两菌株相互抑制程度为Ⅲ级。S2 与 S3 对峙培养时，S3 几乎不生长，S2 对 S3 抑制作用较强；S2 与 S4、S5、S6 和 S7 对峙培养时，两菌落均能正常生长，相互作用关系主要为营养竞争，相对亲和。

S3 与 S4、S5、S6、S7 对峙培养时，S3 对 S4 无抑制作用，S4 对 S3 抑制率为 100%，两菌株相互抑制程度为Ⅴ级；S3 对 S5 无抑制作用，S5 对 S3 抑制率为 24.78%，两菌株相互抑制程度为Ⅱ级；S3 对 S6 抑制率为 46.43%，S6 对 S3 抑制率为 10.25%，两菌株相互抑制程度为Ⅲ级；S3 对 S7 抑制率为 12.00%，S7 对 S3 抑制率为 71.59%，两菌株相互抑制程度为Ⅳ级。S3 与 S4 和 S7 对峙培养时，S3 几乎不生长，菌株之间存在较强的抑制作用；S3 与 S6 之间存在一定抑制作用，对峙培养时两菌株均能生长，表现为相对亲和；S3 与 S5 之间相互抑制作用较小，两菌株相互亲和。

S4 与 S5、S6、S7 对峙培养时，S4 对 S5 抑制率为 31.03%，S5 对 S4 抑制率为 12.25%，两菌株相互抑制程度为Ⅲ级；S4 对 S6 抑制率为 68.00%，S6 对 S4 无抑制作用，两菌株相互抑制程度为Ⅳ级；S4 对 S7 抑制率为 37.75%，S7 对 S4 抑制率为 25.00%，两菌株相互抑制程度为Ⅲ级。S4 与 S6 之间存在较强抑制作用，对峙培养时 S6 菌落近乎透明；S4 与 S5 和 S7 之间相互抑制作用较小，表现为相对亲和。

S5 与 S6 对峙培养时，S6 菌丝呈半透明状，S5 对 S6 抑制率为 61.33%，S6 对 S5 抑制率为 17.53%，两菌株相互抑制程度为Ⅳ级，相互抑制作用较强；S5 与 S7 对峙培养时，两菌株均能生长，S5 对 S7 抑制率为 40.54%，S7 对 S5 抑制率 28.57%，两菌株相互抑制程度为Ⅲ级，主要表现为营养竞争，相对亲和。

S6 与 S7 对峙培养时，S6 生长受到抑制，菌落变窄变浅；S6 对 S7 抑菌率为 16.67%，S7 对 S6 抑制率为 64.05%，相互抑制程度为Ⅳ级。

通过以上测定结果，共筛选出相互亲和的拮抗放线菌 4 株，分别为 S2、S4、S5 和 S7。

（四）拮抗细菌与拮抗放线菌的相互作用

拮抗细菌与拮抗放线菌相互作用结果表明，大多数拮抗放线菌对拮抗细菌都有很强的抑制作用，相互不亲和。

B2 与 S6 对峙培养时，两菌株均能正常生长，无抑制作用，相互抑制程度为Ⅰ级，表现为完全亲和；B1 与 S6 对峙培养时，两菌株均能正常生长，S6 正常生长，B1 长势较弱，相互抑制程度为Ⅱ级，有亲和性。

B4 与 S6、B1 与 S3 相互对峙时，放线菌正常生长，细菌受到较强抑制作用，菌落变窄，呈半透明状，相互抑制程度为Ⅳ级，相互不亲和；其余试验组菌株对峙培养时，拮抗放线菌均能正常生长不受抑制，拮抗放线菌对拮抗细菌抑制作用很强，抑制率高达 100%，相互抑制程度均为Ⅴ级，表现为完全不亲和。

（五）拮抗真菌与拮抗放线菌的相互作用

试验结果表明，拮抗木霉菌与拮抗放线菌对峙培养时，拮抗放线菌均能正常生长，不受抑制，拮抗木霉菌受抑制程度则有所差别（表 10-24）。

S2 与 T1、T2、T3 对峙培养时，S2 对 T1 抑制率为 24.79%，两菌株相互抑制程度为Ⅱ级；对 T2 抑制率为 27.34%，两菌株相互抑制程度为Ⅲ级；对 T3 抑制率为 36.14%，两菌株相互抑制程度为Ⅲ级。S2 与木霉菌株对峙培养时均能正常生长，除 T1 产孢受到一定抑制外，T1、T2 均能正常产孢，培养后期 S2 与木霉菌菌丝相互接触，菌株间相互抑制作用较小，表现为相对亲和。

表 10-24　拮抗木霉与拮抗放线菌对峙培养结果

菌株编号		抑制率(%)	抑菌带(cm)	对峙培养时菌株生长情况	相互抑制等级
S2-T1	S2	0.00	0.43	S2 正常生长, T1 正常生长, 产孢受到一定	Ⅱ级
	T1	24.79		抑制, 菌丝接触, 相互抑制作用较小	
S2-T2	S2	0.00	0.46	S2 正常生长, T2 正常生长和产孢, 两菌落	Ⅲ级
	T2	27.34		菌丝接触, 相互抑制作用较小	
S2-T3	S2	0.00	0.74	S2 正常生长, 对 T3 有抑制作用, T3 正常	Ⅲ级
	T3	36.14		产孢, 菌丝变薄, 培养后期菌落接触	
S4-T1	S4	0.00	0.58	两菌落接触, S4 正常生长, 对 T1 抑制作用	Ⅲ级
	T1	27.85		小, T1 产孢受到抑制, 菌丝变薄,	
S4-T2	S4	0.00	0.87	均正常生长, 菌丝相互接触, T2 覆盖在 S4	Ⅲ级
	T2	38.29		上, 正常产孢, 相互亲和	
S4-T3	S4	0.00	\	均正常生长, 菌丝相互接触, T3 覆盖在 S4	Ⅰ级
	T3	0.00		上, T3 正常产孢, 相互亲和	
S5-T1	S5	0.00	1.6	S5 正常生长, 两菌落不接触, 抑菌带明显,	Ⅳ级
	T1	60.87		T1 受到明显抑制, 背面橙红色	
S5-T2	S5	0.00	1.24	S5 正常生长, 对 T2 抑制作用较强, 两菌落	Ⅳ级
	T2	51.64		菌丝不接触, 抑菌带明显	
S5-T3	S5	0.00	0.96	S5 正常生长, 对 T3 抑制作用较强, T3 培	Ⅳ级
	T3	52.29		养基背面变为黄褐色	
S7-T1	S7	0.00	\	均正常生长, 菌丝相互接触, T1 正常产孢,	Ⅰ级
	T1	0.00		无相互抑制作用	
S7-T2	S7	0.00	\	均能正常生长, 菌丝相互接触, T2 正常产	Ⅰ级
	T2	0.00		孢, 无相互抑制作用	
S7-T3	S7	0.00	\	均正常生长, 菌丝相互接触, T3 正常产孢,	Ⅰ级
	T3	0.00		无相互抑制作用	

S4 与 T1、T2、T3 对峙培养时, S4 对 T1 抑制率为 27.85%, 两菌株相互抑制程度为Ⅲ级; 对 T2 抑制率为 38.29%, 两菌株相互抑制程度为Ⅲ级; 对 T3 无抑制作用, 两菌株相互抑制程度为Ⅰ级。S4 与 T1 和 T2 之间对峙培养时 T1 和 T2均能正常生长和产孢, 培养后期两菌落相互接触, 表现为相对亲和; S4 与 T3 对峙培养时, 两菌株之间相互无抑制作用, 表现为完全亲和。

S5 与 T1、T2 和 T3 对峙培养时, S5 对 T1 抑制率为 60.87%, 对 T2 抑制率为51.64%, 对 T3 抑制率为 52.29%, 相互抑制程度均为Ⅳ级。对峙培养时 T1、T2、T3 菌丝均受到 S5 明显抑制作用, T1 菌落背面变为橙红色, T3 菌落背面变为黄褐色, 抑菌带明显, S5 与 T1、T2、T3 相互不亲和。

S7 与 T1、T2、T3 之间无抑制作用, 相互抑制率均为 0, 对峙培养时, 两菌落均能正常生长，菌丝相互接触，表现为完全亲和。

根据拮抗木霉菌与拮抗放线菌之间的对峙培养结果分析，拮抗木霉菌 T1、T2、T3 和拮抗放线菌 S2、S4、S7 之间相互抑制作用较小，有一定亲和性。

（六）拮抗真菌与拮抗细菌的相互作用

拮抗木霉菌与拮抗细菌对峙培养时，拮抗细菌均能正常生长（表 10-25）。

表 10-25　拮抗木霉与拮抗细菌对峙培养结果

菌株编号		抑制率（%）	抑菌带（cm）	对峙培养时菌株生长情况	相互抑制等级
T1-B1	T1	18.69	0.38	B1 正常生长，对 T1 有一定抑制作用，T1 接种点和菌落外缘鹅黄色，正常产孢	Ⅱ级
	B1	0.00			
T1-B2	T1	40.26	0.94	B2 正常生长，对 T1 有抑制作用，T1 接种点背面由内向外黄绿色，正常产孢	Ⅲ级
	B2	0.00			
T1-B3	T1	42.63	0.94	B3 正常生长，对 T1 有抑制作用，T1 接种点背面由内向外浅黄绿色，正常产孢	Ⅲ级
	B3	0.00			
T2-B1	T2	0.00	\	均正常生长，两菌落相互接触，T2 覆盖在 B1 上且正常产孢，相互亲和	Ⅰ级
	B1	0.00			
T2-B2	T2	0.00	\	均正常生长，两菌落相互接触，T1 正常生长和产孢，相互亲和	Ⅰ级
	B2	0.00			
T2-B3	T2	28.61	0.60	B3 正常生长，菌落周围出现抑菌圈，对 T2 有一定抑制作用，T2 能够生长和产孢	Ⅲ级
	B3	0.00			
T3-B1	T3	27.67	0.53	B1 正常生长，培养 1 天后对 T3 产生抑制作用，B1 抑菌圈外围 T3 菌落背面鹅黄色	Ⅲ级
	B1	0.00			
T3-B2	T3	35.35	0.80	B2 正常生长，菌落周围出现抑菌圈，对 T3 有抑制作用，T3 能够生长和产孢	Ⅲ级
	B2	0.00			
T3-B3	T3	35.22	0.78	B3 正常生长，菌落周围出现抑菌圈，对 T3 有一定抑制作用，T3 能够生长和产孢	Ⅲ级
	B3	0.00			

T1 与 B1、B2、B3 对峙培养时，B1 对 T1 抑制率为 18.69%，两菌株相互抑制程度为Ⅱ级；B2 对 T1 抑制率为 40.26%，两菌株相互抑制程度为Ⅲ级；B3 对 T1 抑制率为 42.63%，两菌株相互抑制程度为Ⅲ级。T1 与拮抗细菌对峙培养时均能正常生长和产孢，菌株间相互抑制作用较小，表现出一定亲和性。

T2 与 B1 和 B2 之间无抑制作用，相互抑制率为 0，抑制程度为Ⅰ级；对峙培养时，两菌落均能正常生长，菌丝相互接触，表现为完全亲和。T2 与 B3 对峙培养时，B3 正常生长，对 T2 抑制率为 28.61%，相互抑制程度为Ⅲ级，T2 能够正常生长和产孢，两菌株相对亲和。

T3 与 B1、B2、B3 对峙培养时，B1 对 T3 抑制率为 27.67%，B2 对 T3 抑制

率为35.35%，B3对T3抑制率为35.22%，相互抑制程度均为Ⅲ级。对峙培养时，拮抗细菌周围出现抑菌圈，T3均能正常生长和产孢，表现一定亲和性。

根据拮抗木霉菌与拮抗细菌之间的相互抑制率和对峙生长状况分析，拮抗木霉菌T1、T2、T3和拮抗细菌B1、B2、B3之间表现出一定亲和性。

三、结论

拮抗木霉之间均存在不同程度的抑制作用，对峙培养时大多数木霉菌株能够正常生长和产孢，其相互作用关系主要表现为空间位点和营养物质的竞争，相互抑制率在一定程度上受菌丝生长速率的影响。供试菌株T1、T2、T3具有一定的亲和性，可以协调生长。

拮抗放线菌之间的抑制作用主要通过影响气生菌丝和基内菌丝的生长来实现。供试菌株S2、S4、S5和S7具有一定的亲和性，可以协调生长。

拮抗细菌之间的互作关系大多表现为基本亲和，除B4对B1、B3对B4抑制作用较强外，其他菌株的对峙培养结果均表现一定亲和性。供试菌株B1、B2、B3亲和性较好，可以协调生长。

拮抗细菌与拮抗放线菌对峙培养时，放线菌均能正常生长，大多数拮抗放线菌对拮抗细菌抑制作用很强。但是由于细菌生长繁殖迅速，与放线菌利用养分不同，且对放线菌无抑制作用，因此可以单独培养后再与放线菌混合使用。

拮抗木霉与拮抗放线菌对峙培养时，拮抗放线菌均能正常生长。除S5对T1、T2、T3抑制作用较强外，其他菌株之间的相互抑制作用较小。对峙培养结果表明，T1、T2、T3、S2、S4、S7可作为混配对象。

拮抗木霉与拮抗细菌对峙培养时，拮抗细菌正常生长，拮抗木霉正常生长和产孢，菌株之间有一定亲和性。对峙培养结果表明，T1、T2、T3、B1、B2、B3可作为混配对象。

研究表明，多数拮抗微生物间存在着相互抑制作用，试验筛选出具有共生能力的拮抗真菌T1、T2、T3，拮抗细菌B1、B2、B3与拮抗放线菌S2、S4、S7。

第五节　烟草专用土壤微生态制剂的研制

土壤是人类以及陆生动植物赖以生存的自然资源。在农业生产中，人们常选用施用化肥补充农作物所需要的营养元素，喷施农药来防治作物病害的发生，长此以往，这种施肥和防治方式会对土壤内微生物平衡以及土壤环境造成不可逆的损害。随着现代农业可持续发展理念在农业上的推广，生物防治逐渐成为农作物病害防治的主要方式。烟草专用微生态制剂的研制和推广遵循生物防治原理，既补充了烟草生长所需要的营养元素，又减少了化肥和农药的使用，可以很好地解决土壤板结、营养不足等问题。本研究以新鲜羊粪和优质风化煤为基料，利用洛阳烟田中分离获得的有益微生物，采用二次发酵工艺研制并试生产了一种高效、安全、无污染的有机肥料产品——烟草专用微生态制剂，为烟叶生产中改善烟田的土壤品质，预防烟草土传病害的发生，提高烟叶的产量与质量奠定基础。

一、材料与方法

(一)试验材料

(1)有益微生物菌种：木霉菌(*Trichoderma* spp.)、芽孢杆菌(*Bacillus* spp.)、链霉菌(*Streptomyces* spp.)与解磷、解钾菌等，均由河南科技大学植物病害分子鉴定与绿色防控实验室提供。

(2)新鲜羊粪：河南省洛阳市孟津县洛阳鑫盈源环境治理有限公司提供。

(3)风化煤：山西晋城市佳友生物科技发展有限公司生产。

(4)初次发酵菌剂(JM 除臭生香发酵菌种)：河南省鹤壁市九邦生物科技有限公司生产。

(二)培养基

(1)牛肉膏蛋白胨培养基(NA)：牛肉膏 3g；蛋白胨 10g；氯化钠 5g；琼脂 15~20g；蒸馏水 1000mL；pH 7.4~7.6。

(2)马铃薯葡萄糖琼脂培养基(PDA)：马铃薯(去皮)200g；葡萄糖 20g；琼脂 15~20g；蒸馏水 1000mL；pH 自然。分离真菌时，每 100mL 培养基添加 1%的硫酸链霉素水溶液(55℃)0.3mL 和 50μg/mL 的青霉素水溶液(55℃)0.3mL。

(3)高氏一号培养基：可溶性淀粉 20g；硝酸钾 1g；氯化钠 0.5g；磷酸氢二钾 0.5g；硫酸镁 0.5g；硫酸亚铁 0.01g；琼脂 15~20g；蒸馏水 1000mL；pH 7.2~7.4。分离放线菌时，每 200mL 培养基加 3%重铬酸钾水溶液(55℃)1mL。

(4)LB 液体培养基：胰蛋白胨 10g；酵母提取物 5g；氯化钠 10g；蒸馏水 1000mL；pH 7.4 左右。

(5)PD 液体培养基：去皮马铃薯 200g；葡萄糖 20g；蒸馏水 1000mL；pH 自然。

(6)大豆酵母液体培养基：大豆粉 20g；葡萄糖 20g；蛋白胨 3g；酵母浸粉 2g；可溶性淀粉 20g；氯化钠 2g；碳酸钙 3g；磷酸氢二钾 0.5g；硫酸镁 0.5g；硫酸亚铁 0.01g；硝酸钾 1g；蒸馏水 1000mL；pH 7.2~7.5。

(三)有益微生物的活化

(1)有益细菌活化用牛肉膏蛋白胨培养基,有益放线菌活化用高氏一号培养基,两者均采用平板划线法。接种完成后,置于28℃恒温培养箱中,有益细菌培养2~3天,有益放线菌培养5~7天。

(2)有益真菌活化用马铃薯葡萄糖培养基,用挑针接种待活化的真菌菌饼于PDA培养基上,置于25℃的恒温培养箱中培养3~5天。

(四)生物原液的制备

打孔器打取菌饼若干,用接种环将菌饼接种到相应的液体培养基上,放入恒温振荡培养箱,振荡培养,完成生物原液。细菌的接种量是每150mL LB液体培养基接种5~7块菌饼,培养条件为30℃、200r/min,振荡3~4天;真菌的接种量是每150mL PD液体培养基接种3~4块菌饼,培养条件为25℃、180r/min,振荡5~7天;放线菌的接种量是每150mL大豆酵母液体培养基接种5~7块菌饼,培养条件为28℃、170r/min,振荡8~9天。

(五)基料的一次发酵及温度测量

新鲜羊粪的初次发酵由洛阳鑫盈源环境治理有限公司代为完成。该公司的发酵池长42m、宽3.74m、高1.1m;一次投入生羊粪25t,并添加初次发酵菌剂25kg。每2~3天用旋切式槽用翻抛搅拌机均匀搅拌一次,并且用金属数字温度计在发酵池的前、中、后3处测量发酵基料温度,求出平均值。

(六)固体菌种的制备及检测

(1)固体菌种的制备:将经初次发酵的羊粪与风化煤按照3:2的比例进行混合,制成240kg的待发酵基料,并将其分成均匀3堆,每堆80kg;将3种生物原液按照每100g基料加入5mL菌液的比例均匀混合,分别装入自备发酵池中进行发酵;发酵池Ⅰ(细菌)的发酵时间为3~5天,发酵池Ⅱ(真菌)的发酵时间为5~7天,发酵池Ⅲ(放线菌)的发酵时间7~9天。

(2)取样及样品处理:用长度70cm、内径2.4cm的样品取样器在3个发酵池中随机竖直插进,缓缓拔出,将所得样品放入取样袋中,连续取5~7次后,完成取样;将取回的3种样品在报纸上平摊晾干,自然风干后,进行研磨、过筛,备用。

(3)含水量测定:将空的培养皿置于105℃±2℃的干燥箱中烘干0.5h,冷却后称量空培养皿的质量,记为M_0,然后称取3份平行样品,每份20g(精确到0.01g),分别装入培养皿中并记录质量,记为M_1,将装好样品的培养皿置于干燥箱中105℃±2℃下烘干4~6h,取出置于干燥器中冷却20min后进行称量,记为M_2。

$$水分含量(\%)=(M_1-M_2)\times100/(M_1-M_0)$$

(4)酸碱度测定：测定前，先打开酸度计电源预热30min，用标准溶液进行校准。将样品用20目的样品筛进行过滤，然后称取3份平行样品，每份15g，放入50mL的烧杯中，按照1:2(样品:去离子水)的比例将去离子水加到烧杯中(如果样品含水量低，可根据基质类型按照1:3或1:4的比例加去离子水)，搅拌均匀。然后，静置30min，测量样品悬液的pH，仪器读数稳定后记录数据。

(5)氯离子含量测定：采用自动电位滴定法检测。将用去离子水冲洗过的100mL烧杯在105℃±2℃的干燥箱中烘干1h，称取样品1g或0.5g(精确到0.01g)，记为M_0，在烧杯中加入磁子后放在磁力搅拌器上搅拌1h，开始滴定前加入3滴6mol/L的硝酸和2g硝酸钾使其充分溶解之后，将盐桥、银电极、滴定管放入烧杯中，开始放入标准浓度的硝酸银溶液，溶液浓度记为C_0，待自动电位滴定计发出警报声后，滴定结束，读出消耗的硝酸银溶液体积，记为V_1。

$$每克样品中氯离子含量=V_1\times C_0\times35.5/1000\times M_0$$

(6)有效活菌数测定：样品经研磨、过20目的筛子后，称取样品10g(精确到0.01g)，加入带玻璃珠的100mL的无菌水中，静置20min后，在旋转式摇床上于室温，转速为200r/min条件下，充分振荡30min，制成母液菌悬液。按照1:10进行系列稀释，得到1:1×10^1，1:1×10^2，1:1×10^3，1:1×10^4，1:1×10^5，1:1×10^6，1:1×10^7共7种稀释菌悬液。使用移液枪吸取0.1mL菌悬液，加入到制备好的固体培养基平板上，然后用玻璃涂布器将不同浓度的菌悬液均匀涂布，每个稀释浓度重复5次，同时以无菌水作为空白对照，于适宜条件下培养。

(七)固体菌种的扩大生产及温度检测

(1)扩大生产：在生产车间，将实验室内制备的3种固体菌种分别按照15%的比例分别与基料(羊粪:风化煤=3:2)均匀混合，混合发酵6天，制成含有有益细菌的固体菌种500kg，有益真菌固体菌种500kg，有益放线菌固体菌种500kg。

(2)温度检测：测量方法同本节(五)。

(八)微生态制剂的制备及检测

(1)微生态制剂的制备：将扩大繁殖后的3种固体菌种，与发酵池内的基料按照15%(固体细菌、真菌与放线菌菌种各5%)的比例再次混合，搅拌均匀，每2天搅拌一次，混合发酵6天，完成微生态制剂的二次发酵生产。

(2)温度检测：测量方法同本节(五)。

(3)取样及样品处理：沿发酵池内部，按照"Z"字形选取5个点，用取样器倾斜45°插进发酵池中，每个点取10次样品，得到2kg样品；将取回来的样品混合均匀，平摊在干净报纸上，自然风干后，用四分法取500g样品，研磨、过筛，备用。

(4)质量指标检测：将所取回的微生态制剂样品，充分晾干、研磨、过筛之后，送往河南百恩信检测技术有限公司，按照NY 525—2012、GB/T 8576—2010、GB/T 23349—2009、GB/T 19524.1—2004、GB/T 19524.2—2004以及GB/T 24890—2010中的标准进行相关数据的检验。

校正水分结果，有机质含量计算公式：

$$W_1(\%) = 检验结果 \times 0.7$$

校正水分结果，总养分、总氮、磷、钾、汞、砷、铅、镉、铬及氯离子含量计算公式：

$$W_2(\%) = 检验结果 \times 0.7 / (1-含水量)$$

(5)含水量：方法同(六)(3)。

(6)pH：方法同(六)(4)。

(7)氯离子含量：方法同(六)(5)。

(8)活菌数检测：方法同(六)(6)。

(9)种子萌发：参照GB/T 3543.4—1995方法进行，首先挑选2份一定数量颗粒饱满、大小一致的油菜种子，一份放入盛有适量蒸馏水的锥形瓶中，另一份放入盛有质量浓度为30%的微生态制剂离心液中，备用；将2个锥形瓶先放入55℃的水浴锅中水浴5~10min，再放入冷水中静置6h，进行催芽；接下来将微生态制剂充分研磨、过筛之后，分别称取10g、15g、20g、25g、30g样品，分别加入90mL、85mL、80mL、75mL、70mL蒸馏水混合，充分振荡1h，制成质量浓度分别为10%、15%、20%、25%、30%的微生态制剂悬液，静置一段时间，吸取上清液于离心管，以3000r/min的转速离心10min，每天吸取5mL离心液于铺有3层滤纸的培养皿内。将100粒提前催过芽的油菜种子放入培养皿内，以蒸馏水作对照，每个质量浓度重复4组，置于25℃的恒温光照培养箱中。7天后，统计种子发芽数，并计算发芽率。

$$种子发芽率(\%) = 发芽种子数(粒) \times 100 / 总种子数(粒)$$

(10)烟苗长势：微生态制剂样品充分研磨、过筛，分别称取10g、15g、20g、25g、30g样品，加入90mL、85mL、80mL、75mL、70mL蒸馏水混合，充分振荡1h，制成质量浓度分别为10%、15%、20%、25%、30%的微生态制剂悬液，备用；挑选健康、长势基本一致的烟苗，清洗根部，挑选3株烟苗插入盛有过滤液的锥形瓶中。每个质量浓度设3个重复，以蒸馏水作对照，15天后观察烟苗长势及叶片情况。

二、试验结果

（一）基料一次发酵、固体菌种、微生态制剂生产过程温度变化

新鲜羊粪一次发酵温度测量结果见图 10-13。结果表明，连续有 13 天的温度超过 50℃，可以认为羊粪中的纤维素、木质素等大分子有机质得到充分降解，有害微生物、虫卵等大部分被杀死，达到了无害化的要求。

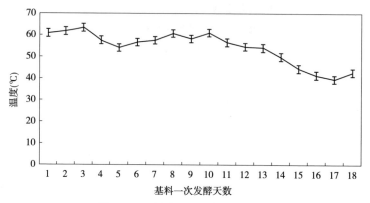

图 10-13　羊粪一次发酵温度变化

固体菌种与微生态制剂生产过程温度测量结果见图 10-14。结果表明，3 种固体菌种温度变化不明显，这是由于几种有益菌的活菌数相对于基料总体积来说，数目不多，不能充分利用基料中的营养物质，但添加有益细菌的发酵池温度较添加有益真菌和有益放线菌的发酵池高出 5~18℃，且达到微生态制剂发酵所需温度，说明拮抗细菌在基料上大量增殖、活动(图 10-14)。

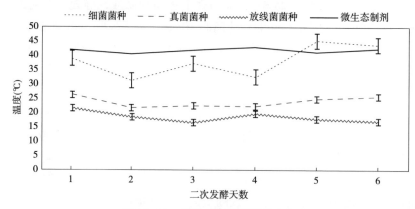

图 10-14　基料二次发酵温度变化

(二)固体菌种与微生态制剂检测结果

固体菌种与微生态制剂品质检验结果见表 10-26。结果表明，3 种固体菌种的含水量、pH、氯离子含量均符合国家和行业标准，细菌固体菌种活菌数符合国家标准，真菌、放线菌固体菌种的活菌数不符合；微生态制剂 pH 和活菌数符合国家标准，氯离子含量超过烟草行业标准。

表 10-26　三种固体菌种与微生态制剂成品 4 项指标测量结果

样品种类	细菌固体菌种	真菌固体菌种	放线菌固体菌种	微生态制剂
含水量(%)	30.05	36.30	34.44	4.86
pH	7.14	7.61	6.83	7.40
氯离子含量(%)	0.599	0.575	0.446	1.660
活菌数($\times 10^8$ CFU/g)	6.2750	0.1100	0.0623	5.9901

(三)微生态制剂质量指标检测结果

根据河南百恩信检测技术有限公司的检测结果以及表 10-27 中补充结果可知，在国家规定的生物有机肥含水量标准不高于 30% 的基础上，微生态制剂产品的各项指标均符合生物有机肥国家标准(NY 884-2012)。

表 10-27　微生态制剂产品检验结果

指标	国家标准	检验结果	校正水分(30%)结果
有机质(以烘干计,%)	≥40	90.8	63.56
总养分(%)	—	3.8	2.80
总氮(%)	—	1.64	1.21
磷(%)	—	0.46	0.34
钾(%)	—	1.70	1.25
酸碱度	5.5~8.5	7.4	7.4
水分(%)	≤30%	4.86	30
汞(mg/kg)	≤2	0.2	0.15
砷(mg/kg)	≤15	3.7	2.72
铅(mg/kg)	≤50	43.1	31.71
镉(mg/kg)	≤3	2.6	1.91
铬(mg/kg)	≤150	11.8	8.68
氯离子(%)	≤1.5	1.66	1.22

(四)种子萌发试验结果

与对照组相比，添加不同质量浓度的微生态制剂离心液，对种子发芽率并没有明显的影响，而且用蒸馏水催芽和离心液催芽对种子发芽率均无影响，初步认为本次微生态制剂产品不影响油菜种子萌发(表 10-28)。

表 10-28　微生态制剂对油菜种子萌发影响

离心液质量浓度(%)		对照	10	15	20	25	30
种子发芽率(%)	蒸馏水催芽	98.00	99.00	98.25	99.00	98.00	97.50
	离心液催芽	98.00	99.00	98.75	98.75	98.25	98.25

(五)烟草幼苗长势试验结果

试验结果发现，随着微生态制剂成品质量浓度的增加，烟草幼苗的黄叶越来越少，而对照组的烟草幼苗黄叶明显多于几个处理组，烟苗的生长状况也明显比对照组好，说明微生态制剂产品对烟草幼苗生长有明显的促进作用，其中，使用 20% 和 25% 质量浓度处理的烟苗长势最为旺盛；另外，对照组和处理组的烟草幼苗都有明显的新根发育，说明微生态制剂对烟草幼苗的根部基本没有危害。

三、结论

本次生产的微生态制剂是在已有有益微生物菌群的前提下，进行研制、生产的烟田专用微生态制剂，从选择基料、设计生产过程、取样以及产品的各项指标检测，得出以下结论。

制备微生态制剂，基料初次发酵新鲜羊粪含水量为 30%，初次发酵菌剂添加比例为 1‰，发酵周期为 18 天，翻堆次数为 3 天一次；固体菌种制备中腐熟羊粪与风化煤比例为 3：2，含水量约为 70%，生物原液混合比例为 5%，室内细菌、真菌、放线菌固体菌种发酵周期分别为 3~5 天、5~7 天、7~9 天，室内固体菌种完成后，按照 15% 的比例与含水量约为 50% 的基料混合，翻堆次数为 3 天一次，发酵周期为 6 天；二次发酵制备微生态菌剂中基料含水量约为 50%，翻堆次数为 2 天一次，发酵周期为 6 天。

与有益真菌和有益放线菌相比，有益细菌更容易在发酵基料上定殖。微生态制剂对油菜种子萌发和烟草幼苗的生长发育均无不良影响。微生态制剂无异味，含水量在 30% 以内，各项指标均符合生物有机肥国家标准(NY 884-2012)。

第六节　微生态制剂在洛阳烟田的应用效果

近年来，烟草连作、农药过量施入、土地管理不当等，严重影响着烟草的产量与质量。生物有机肥具有改良土壤结构、提高土壤肥力和通透性、促进根系生长、减轻作物病害、为土壤中的微生物提供养分、提高微生物数量与活性等功效，在农作物上的应用较多。研究报道，施用生物有机肥可以改善土壤微生物区系，增加土壤酶活性，加快烟草植株生长发育，提高烟叶产量与质量。本试验以微生态制剂不同施肥量为处理组，探讨微生态制剂对土壤 pH、微生物数量、主要酶活性以及烟草农艺性状的影响，为微生态制剂在烟草生产中进一步推广使用提供理论依据。

一、材料与方法

（一）试验材料与田间设计

（1）试验材料：栽烟品种为'中烟101'。微生态制剂由河南科技大学与洛阳鑫盈源环境治理有限公司合作生产，产品中有机质含量为63.56%，总氮（TN）含量为1.21%，P_2O_5含量为0.34%，K_2O含量为1.25%。

（2）试验田基本信息：试验田位于河南省洛阳市宜阳县高村乡石村，地理位置为东经（E）111°48′11″、北纬（N）34°33′6″，海拔高度为470m；土壤类型为黄壤土；碱解氮含量为 21mg/kg，有效磷含量为 27mg/kg，速效钾含量为197mg/kg；连作年限为 2 年。

（3）田间设计：试验设置对照（CK）、处理Ⅰ、处理Ⅱ、处理Ⅲ，面积均为1380.69m²，每一处理内随机设置 3 个重复，每667m²理论施肥量为纯氮 1.0kg、有效磷 1.5~2.0kg、有效钾 2.0~3.0kg、总氮 3.0kg。每一处理使用肥料种类与施肥量见表 10-29。

表 10-29　各处理使用肥料种类与施用量　　　　　单位：kg/667m²

处理	微生态制剂	一体肥	芝麻饼肥	硫酸钾	硝酸钾
CK	0	25	40	10	5
Ⅰ	200	20	0	10	5
Ⅱ	300	6	0	10	5
Ⅲ	400	0	0	10	5

（二）土样采集及处理

（1）土样采集：采用五点取样法，在距离烟株 5~20cm 范围内，用铁锹铲取0~5cm 表层土壤、5~20cm 土层带根土样，充分混匀，去除植物残体、石块等杂质，采用四分法留取一份土样并编号，记录采集时间、采集地点。

（2）土样处理：土样于实验室阴凉处风干，研磨，过 20 目孔径筛子后，低温保存。

(三)土壤微生物数量检测

采用稀释涂布法对各时期、各处理的烟株根围土样进行微生物分离计数并分析。

(四)土壤酶活性检测

土壤蔗糖酶、脲酶、磷酸酶、过氧化氢酶活性的测定分别采用3,5-二硝基比色法、靛酚比色法、磷酸苯二钠比色法、滴定法。

(五)烟草农艺性状测量

烟苗移栽后，在烟草团棵期、旺长期及采收期分别对试验田中烟草的株高、茎围、叶片数及叶片长、宽等指标进行测量并分析。

(六)对烟草土传根茎病害的抑制效果

试验于2017年在洛阳市嵩县大坪乡流涧峪村，试验田位于东经112°01′14″、北纬34°11′58″，海拔为500m；土壤类型为黄壤土，连作年限5年，供试品系为LY1306。处理田每667m²施微生态制剂200kg，追施硝酸钾5kg/667m²，对照田亩施复合肥20kg，饼肥25kg，重过磷酸钙15kg，硫酸钾10kg，追施硝酸钾5kg。在烟草采收期土传根茎病害的调查方法、病情指数计算以及发生程度分级参见GB/T 23222烟草病虫害分级调查方法进行。

二、结果与分析

(一)烟草根围土壤微生物数量检测结果

利用SPSS软件对分离获得的细菌、真菌和放线菌菌落数量进行单因素方差分析($\alpha = 0.05$)和duncan检验，结果见表10-30。

不同生育期的烟株根围土壤细菌菌落数量旺长期>采收期>团棵期>施肥前期，施入微生态制剂后，处理Ⅰ和处理Ⅲ的菌落数量变化趋势与CK相同，处理Ⅱ的菌落数量采收期>旺长期>团棵期>施肥前期。在烟草团棵期和采收期时，烟草根围土壤细菌菌落数量处理Ⅱ>处理Ⅲ>处理Ⅰ>CK，旺长期时，处理Ⅲ>处理Ⅱ>处理Ⅰ>CK。处理Ⅰ、处理Ⅱ和处理Ⅲ的细菌菌落数量在烟草团棵期较CK显著增加了123.47%、338.78%和257.14%；旺长期处理Ⅰ较CK增加了33.81%，处理Ⅱ和处理Ⅲ较CK显著增加了266.19%和802.88%；采收期处理Ⅰ和处理Ⅲ较CK增加了48.89%和179.11%，处理Ⅱ较CK显著增加了512.44%。试验结果表明，微生态制剂能够不同程度增加烟草根围土壤中细菌菌落的数量，其中，每667m²烟田施用300kg微生态制剂效果最好，可以显著增加烟草三个生育期的细菌菌落数量。

表 10-30　微生态制剂对土壤微生物菌落数的影响　　　单位：CFU×10⁴

微生物类群	采样时期	CK	Ⅰ	Ⅱ	Ⅲ
细菌菌落数量	施肥前期		576. 67		
	团棵期	871. 11±207. 87c	1946. 67±579. 34b	3822. 22±166. 48a	3111. 11±198. 22a
	旺长期	3088. 89±346. 99c	4133. 33±139. 44bc	11311. 11±1599. 43b	27888. 89±5127. 39a
	采收期	2500. 00±81. 65b	3722. 22±317. 88b	15311. 11±3338. 51a	6977. 78±1494. 23b
真菌菌落数量	施肥前期		1. 37		
	团棵期	1. 33±0. 19b	2. 88±0. 17b	11. 89±0. 82a	10. 17±3. 49a
	旺长期	14. 22±2. 22ab	12. 67±0. 67b	18. 67±2. 15a	19. 89±3. 45a
	采收期	12. 00±1. 53b	16. 22±0. 89a	12. 22±0. 76b	12. 78±0. 83b
放线菌菌落数量	施肥前期		68. 00		
	团棵期	146. 67±6. 67c	238. 89±6. 33b	473. 33±26. 35a	244. 44±15. 01b
	旺长期	1600. 00±76. 38b	1733. 33±68. 72b	1811. 11±195. 39b	2544. 44±431. 12a
	采收期	220. 00±15. 28b	794. 44±251. 39b	1430. 00±356. 09a	631. 11±30. 21b

注：表中数据为平均值±标准误，同行数字后不同小写字母表示在 0.05 水平上差异显著（$N=9$）。

　　不同生育期的烟株根围土壤真菌菌落数量旺长期>采收期>施肥前期>团棵期，施入微生态制剂后，处理Ⅰ的菌落数量采收期>旺长期>团棵期>施肥前期，处理Ⅱ和处理Ⅲ的菌落数量旺长期>采收期>团棵期>施肥前期。在烟草团棵期时，烟草根围土壤真菌菌落数量处理Ⅱ>处理Ⅲ>处理Ⅰ>CK；旺长期时，处理Ⅲ>处理Ⅱ>CK>处理Ⅰ；采收期时，处理Ⅰ>处理Ⅲ>处理Ⅱ>CK。处理Ⅰ的真菌菌落数量在烟草团棵期较 CK 增加了 116.54%，处理Ⅱ和处理Ⅲ较 CK 显著增加了 793.98%和 664.66%；旺长期处理Ⅰ较 CK 减少了 10.90%，处理Ⅱ和处理Ⅲ较 CK 增加了 31.29%和 39.87%；采收期处理Ⅰ较 CK 显著增加了 35.17%，处理Ⅱ和处理Ⅲ较 CK 增加了 1.83%和 6.50%。试验结果表明，每 667m² 烟田施用 200kg 微生态制剂能够减少烟草旺长期根围土壤中真菌菌落数量，随着施入量的增加，三个生育期的真菌菌落数量均有不同程度的增加。

　　不同生育期的烟株根围土壤放线菌菌落数量旺长期>采收期>团棵期>施肥前期，施入微生态制剂后，处理Ⅰ、处理Ⅱ和处理Ⅲ的菌落数量变化趋势与 CK 相同。在烟草团棵期时，烟草根围土壤放线菌菌落数量处理Ⅱ>处理Ⅲ>处理Ⅰ>CK；旺长期时，处理Ⅲ>处理Ⅱ>处理Ⅰ>CK；采收期时，处理Ⅱ>处理Ⅰ>处理Ⅲ>CK。处理Ⅰ、处理Ⅱ和处理Ⅲ的放线菌菌落数量在烟草团棵期较 CK 显著增加了 62.88%、222.72%和 66.66%；旺长期处理Ⅰ和处理Ⅱ较 CK 增加了 8.33%

和 13.19%，处理Ⅲ较 CK 显著增加了 59.03%；采收期处理Ⅰ和处理Ⅲ较 CK 增加了 261.11% 和 186.87%，处理Ⅱ较 CK 显著增加了 550%。试验结果表明，微生态制剂能够不同程度增加烟草根围土壤中放线菌菌落数量，其中，每 667m² 烟田施用 300kg 微生态制剂能够显著增加烟草团棵期和采收期土壤中放线菌菌落数量，每 667m² 烟田施用 400kg 微生态制剂能够显著增加烟草团棵期和旺长期土壤中放线菌菌落数量。

(二)烟草根围土壤酶活性检测结果

利用 SPSS 软件对烟草根围土壤不同酶活性进行单因素方差分析($\alpha = 0.05$)和 duncan 检验，结果见表 10-31。

表 10-31　微生态制剂对土壤酶活性的影响　　　　　　单位：μmol/min

酶种类	采样时期	CK	Ⅰ	Ⅱ	Ⅲ
蔗糖酶	施肥前期			8.65	
	团棵期	13.17±0.84b	16.78±0.17a	17.17±0.74a	13.01±0.26b
	旺长期	15.26±0.80b	18.85±1.00a	16.04±0.13b	14.02±0.15b
	采收期	17.99±0.57c	22.83±0.98a	20.28±0.58b	18.76±0.72bc
脲酶	施肥前期			0.18	
	团棵期	0.22±0.01b	0.28±0.00a	0.24±0.00b	0.27±0.00a
	旺长期	0.16±0.00d	0.19±0.01c	0.21±0.00b	0.26±0.00a
	采收期	0.21±0.01c	0.23±0.00b	0.23±0.00b	0.27±0.00a
磷酸酶	施肥前期			1.87	
	团棵期	2.74±0.16d	7.10±0.91c	13.19±0.09b	17.89±0.77a
	旺长期	18.38±0.28c	21.26±0.76b	20.81±0.09b	24.38±0.39a
	采收期	12.57±0.11c	15.24±0.73b	15.41±0.52b	18.05±0.63a
过氧化氢酶	施肥前期			6.12	
	团棵期	7.97±0.03c	8.10±0.15c	8.69±0.10b	9.09±0.05a
	旺长期	8.12±0.06b	8.34±0.18b	9.40±0.16a	9.69±0.06a
	采收期	8.99±0.07d	9.66±0.14c	10.21±0.07b	10.99±0.05a

注：表中数据为平均值±标准误，同行数字后不同小写字母表示在 0.05 水平上差异显著(蔗糖酶、脲酶、磷酸酶中样本数 $N=21$；过氧化氢酶中样本数 $N=12$)。

不同生育期的烟草根围土壤蔗糖酶活性采收期>旺长期>团棵期>施肥前期，施入微生态制剂后，处理Ⅰ和处理Ⅲ的蔗糖酶活性变化趋势与 CK 相同，处理Ⅱ的蔗糖酶活性采收期>团棵期>旺长期>施肥前期。在烟草团棵期时，处理Ⅱ>处理Ⅰ>CK>处理Ⅲ；旺长期时，处理Ⅰ>处理Ⅱ>CK>处理Ⅲ；采收期时，处理Ⅰ>处理Ⅱ>处理Ⅲ>CK。处理Ⅰ和处理Ⅱ的烟草团棵期根围土壤蔗糖酶活性较 CK 显著升高了 27.41% 和 30.37%，处理Ⅲ较 CK 降低了 1.21%；旺长期处理Ⅰ较 CK 显著增加了 23.53%，处理Ⅱ较 CK 增加了 5.11%，处理Ⅲ较 CK 降低了 8.13%；采收期处理Ⅰ和处理Ⅱ较 CK 显著升高了 26.90% 和 12.73%，处理Ⅲ较 CK 升高 4.28%。试验结果表明，每 667m² 烟田施用 200kg 和 300kg 微生态制剂能够提高烟草三个生育期根围土壤蔗糖酶活性，每 667m² 烟田施用 400kg 微生态制剂仅能够提高烟草采收期蔗糖酶活性。

不同生育期的烟株根围土壤脲酶活性团棵期>采收期>施肥前期>旺长期，施入微生态制剂后，处理Ⅰ和处理Ⅱ的脲酶活性团棵期>采收期>旺长期>施肥前期，处理Ⅲ的脲酶活性采收期=团棵期>旺长期>施肥前期。烟草团棵期时，处理Ⅰ>处理Ⅲ>处理Ⅱ>CK；旺长期和采收期时，处理Ⅲ>处理Ⅱ>处理Ⅰ>CK。处理Ⅰ和处理Ⅲ的烟草团棵期根围土壤脲酶活性较 CK 显著升高了 27.27% 和 22.73%，处理Ⅱ较 CK 升高了 9.09%；旺长期处理Ⅰ、处理Ⅱ和处理Ⅲ较 CK 显著升高了 18.75%、31.25% 和 62.5%；采收期处理Ⅰ、处理Ⅱ和处理Ⅲ较 CK 显著升高了 9.52%、9.52% 和 28.57%。试验结果表明，微生态制剂能够不同程度提高烟草根围土壤脲酶活性，其中每 667m² 烟田施用 200kg 和 400kg 微生态制剂效果最好，可以显著提高烟草三个生育期土壤脲酶活性。

不同生育期的烟株根围土壤磷酸酶活性旺长期>采收期>团棵期>施肥前期，施入微生态制剂后，处理Ⅰ、处理Ⅱ和处理Ⅲ的磷酸酶活性变化趋势与 CK 相同。在烟草团棵期和采收期时，处理Ⅲ>处理Ⅱ>处理Ⅰ>CK；旺长期时，处理Ⅲ>处理Ⅰ>处理Ⅱ>CK。处理Ⅰ、处理Ⅱ和处理Ⅲ的烟草团棵期根围土壤磷酸酶活性较 CK 显著升高了 159.12%、381.39% 和 552.92%；旺长期处理Ⅰ、处理Ⅱ和处理Ⅲ较 CK 显著升高了 15.67%、13.22% 和 32.64%；采收期处理Ⅰ、处理Ⅱ和处理Ⅲ较 CK 显著升高了 21.24%、22.59% 和 43.60%。试验结果表明，微生态制剂能够显著提高烟草三个生育期根围土壤磷酸酶活性。

不同生育期的烟株根围土壤过氧化氢酶活性采收期>旺长期>团棵期>施肥前期，施入微生态制剂后，处理Ⅰ、处理Ⅱ和处理Ⅲ的过氧化氢酶活性变化趋势与 CK 相同。烟草的三个生育期中的过氧化氢酶均为处理Ⅲ>处理Ⅱ>处理Ⅰ>CK。处理Ⅱ和处理Ⅲ的烟草团棵期根围土壤过氧化氢酶活性较 CK 显著升高了 9.03% 和 14.05%，处理Ⅰ较 CK 升高了 1.63%；旺长期处理Ⅱ和处理Ⅲ较 CK 显著升高了 15.76% 和 19.33%，处理Ⅰ较 CK 升高了 2.71%；采收期处理Ⅰ、处理Ⅱ和处理Ⅲ较 CK 显著升高了 7.45%、13.57% 和 22.25%。试验结果表明，微生态制剂能够提高烟草根围土壤三个生育期过氧化氢酶活性，其中，每667m² 烟田施用300kg 和400kg 微生态制剂效果最好，可以显著提高烟草三个生育期土壤过氧化氢酶活性。

（三）烟草农艺性状测量结果

利用 SPSS 软件对所测农艺性状指标进行单因素方差分析（α = 0.05）和 duncan 检验，结果见表 10-32。

表 10-32　微生态制剂对烟草农艺性状的影响　　　　　　单位：cm

农艺性状	调查时期	CK	Ⅰ	Ⅱ	Ⅲ
株高	团棵期	11.4±0.35b	12.17±0.44ab	13.18±0.46ab	13.33±0.55a
	旺长期	99.73±3.57b	119.7±3.89a	114.27±3.97a	118.1±4.92a
	采收期	85.33±1.99b	89.7±2.36ab	92.17±2.27a	94.47±2.05a
茎围	团棵期	3.39±0.07b	3.44±0.09b	3.48±0.11b	3.61±0.08a
	旺长期	9.07±0.12a	9.4±0.12a	9.3±0.14a	9.19±0.14a
	采收期	11.2±0.14b	11.29±0.15b	11.77±0.18a	11.57±0.19ab
叶片数	团棵期	11.57±0.28a	11.73±0.42a	12.53±0.44a	12.07±0.25a
	旺长期	21.33±0.37b	22.5±0.37ab	21.93±0.38ab	22.93±0.57a
	采收期	17.1±0.35a	17.17±0.31a	17.47±0.43a	17.33±0.35a
叶面积	团棵期	283.71±12.79a	296.82±14.12a	310.56±18.14a	294.96±11.56a
	旺长期	1201.69±22.92a	1231.59±18.02a	1238.89±23.01a	1180.96±48.22a
	采收期	1107.72±19.63b	1132.54±27.47a	1181.2±23.17a	1146.87±22.74a

注：表中数据为平均值±标准误，同行数字后不同小写字母表示在 0.05 水平上差异显著。

不同生育期烟草株高大小为旺长期>采收期>团棵期，施入微生态制剂后，处理Ⅰ、处理Ⅱ和处理Ⅲ的烟草株高大小变化趋势与 CK 相同。在烟草团棵期和采收期时，处理Ⅲ>处理Ⅱ>处理Ⅰ>CK；旺长期时，处理Ⅰ>处理Ⅲ>处理Ⅱ>CK。处理Ⅰ和处理Ⅱ的团棵期烟草株高较 CK 增加 6.75%和 15.61%，处理Ⅲ较 CK 显著增加 16.93%；旺长期处理Ⅰ、处理Ⅱ和处理Ⅲ较 CK 显著增加 20.02%、14.58%和 18.42%；采收期处理Ⅰ较 CK 增加 5.12%，处理Ⅱ和处理Ⅲ较 CK 显著增加 8.02%和 10.71%。试验结果表明，微生态制剂能够不同程度增加烟草三个生育期的株高大小，其中，每667m² 烟田施用 400kg 微生态制剂效果最好，可以显著提高烟草三个生育期的株高大小。

不同生育期烟草茎围大小为采收期>旺长期>团棵期，施入微生态制剂后，处理Ⅰ、处理Ⅱ和处理Ⅲ的烟草茎围大小变化趋势与 CK 相同。在烟草团棵期时，处理Ⅲ>处理Ⅱ>处理Ⅰ>CK；旺长期时，处理Ⅰ>处理Ⅱ>处理Ⅲ>CK；采收期时，处理Ⅱ>处理Ⅲ>处理Ⅰ>CK。处理Ⅰ和处理Ⅱ的团棵期烟株茎围较CK增加1.47%和2.65%，处理Ⅲ较CK显著增加6.49%；旺长期处理Ⅰ、处理Ⅱ和处理Ⅲ较CK增加3.64%、2.54%和1.32%；采收期处理Ⅰ和处理Ⅲ较CK增加0.80%和3.30%，处理Ⅱ较CK显著增加5.09%。试验结果表明，微生态制剂能够不同程度增加烟草三个生育期的茎围大小。

不同生育期烟草叶片数为旺长期>采收期>团棵期，施入微生态制剂后，处理Ⅰ、处理Ⅱ和处理Ⅲ的烟草叶片数变化趋势与CK相同。在烟草团棵期和采收期时，处理Ⅱ>处理Ⅲ>处理Ⅰ>CK；旺长期时，处理Ⅲ>处理Ⅰ>处理Ⅱ>CK。处理Ⅰ、处理Ⅱ和处理Ⅲ的团棵期烟草叶片数较CK增加1.38%、8.30%和4.32%；旺长期处理Ⅰ和处理Ⅱ较CK增加5.49%和2.81%，处理Ⅲ较CK显著增加7.50%；采收期处理Ⅰ、处理Ⅱ和处理Ⅲ较CK增加0.41%、2.16%和1.35%。试验结果表明，微生态制剂能够不同程度增加烟草三个生育期的叶片数。

不同生育期烟草叶面积大小为旺长期>采收期>团棵期，施入微生态制剂后，处理Ⅰ、处理Ⅱ和处理Ⅲ的烟草叶面积大小变化趋势与CK相同。在烟草团棵期时，处理Ⅱ>处理Ⅰ>处理Ⅲ>CK；旺长期时，处理Ⅱ>处理Ⅰ>CK>处理Ⅲ；采收期时，处理Ⅱ>处理Ⅲ>处理Ⅰ>CK。处理Ⅰ、处理Ⅱ和处理Ⅲ的团棵期烟草叶面积较CK增加4.62%、9.46%和3.97%，旺长期处理Ⅰ和处理Ⅱ较CK增加2.49%和3.10%，处理Ⅲ较CK减少1.73%；采收期处理Ⅰ、处理Ⅱ和处理Ⅲ较CK显著增加2.24%、6.63%和3.53%。试验结果表明，每667m²烟田施用200kg和300kg微生态制剂可以不同程度增加烟草三个生育期叶面积大小。

（四）微生态制剂对烟草土传根茎病害的抑制效果

采收期调查结果表明，处理区土传根茎病害的平均病株率为77.4%，病情指数29.5，发病程度为中等发生；对照区平均病株率为99.0%，病情指数61.9，发病程度为中等偏重发生，防治效果为32.6%（表10-33）。

表10-33　微生态制剂对烟草土传根茎病害的防治效果

	调查株数	各级病株数						病株率（%）	病情指数
		0	1	3	5	7	9		
重复Ⅰ	201	75	46	9	14	13	44	62.7	34.8
重复Ⅱ	205	53	95	9	7	19	22	74.1	26.4
重复Ⅲ	106	5	75	2	3	12	9	95.3	27.4
CK	100	1	21	20	5	13	40	99.0	61.9

三、结论

（1）微生态制剂能够提高烟草三个时期的根围土壤细菌和放线菌菌落数量及团棵期和采收期的根围土壤真菌数量，降低旺长期真菌菌落数量；随着施入量的不断增加，细菌、真菌及放线菌菌落数量均有不同程度的增加。

（2）微生态制剂能够显著提高三个时期烟株根围土壤蔗糖酶、脲酶及磷酸酶活性，提高团棵期和旺长期根围土壤过氧化氢酶活性，显著提高采收期过氧化氢酶活性；随着施入量的不断增加，脲酶、磷酸酶及过氧化氢酶活性均有不同程度的提高。

（3）微生态制剂能够提高烟草三个时期的株高、茎围、叶面积及叶片数；随着施入量的不断增加，株高大小、茎围大小及叶片数数量均有不同程度的增加。

（4）微生态制剂对烟草根茎部真菌病害的防治效果为32.6%。

第七节　微生态制剂对烤烟品质与营养元素的影响

烤烟作为一种十分注重质量的叶用经济作物，其品质的好坏直接影响着烟农的经济收入和卷烟的质量。近年来，由于长期大量使用化肥，造成土壤理化性状恶化，影响烟株对养分及营养元素的吸收，进而影响烟株的生理代谢过程，成为提高烤烟产量和改善品质的障碍之一。施用生物有机肥对促进烟株生长发育、提高抗病性等都有显著的效果。生物有机肥可以提高烤烟品质，表现在总糖、还原糖和钾含量增加；可以适当提高烤烟淀粉酶和蔗糖转化酶活性，使其含糖量处于合适的水平；使烤烟钾元素和氯元素有明显提升，钾元素与氯元素的含量提升在一定范围内有利于其质量的提高。本节报道微生态制剂不同用量对上部与中部烤烟化学品质与营养元素的影响，为微生态制剂在洛阳烟田的推广应用提供理论依据。

一、材料与方法

（一）试验材料与田间试验设计
同第十章第六节一（一）。

（二）样品处理
（1）去主脉：用软毛刷将烟叶上的细土和砂粒刷去，抽去主脉，装入样品袋中。

（2）烘干：将烟叶放入鼓风式烘箱（控温精度±1℃，温度均匀度±1℃），40℃以下烘干至手捻即碎。

（3）粉碎、研磨：将烘烤后的烟叶放入粉碎机中粉碎并研磨，持续研磨时间不超过2min。然后过60目筛，未过筛的细脉重新研磨过筛。

（4）装袋、密封：装入样品袋中，标记时间、样品编号、重量，密封保存。

（三）试验方法

1. 仪器及用具

德国AA3连续流动分析仪、岛津ICPE-9820等离子体发射光谱仪、莱博泰克电解消化仪、恒温振荡器、恒温干燥箱、高速粉碎机、分光光度计、分析天平、马福炉、调温电炉以及瓷坩埚、漏斗、消化管、锥形瓶、容量瓶等。所用器皿均经硝酸煮沸处理，然后用去离子水冲洗干净，烘干后，防尘贮藏备用。

（1）药品：试验所需药品按照YC/T 159-2002、YC/T 161-2002、YC/T 162-2011、YC/T 217-2007、YC/T 468-2013、YCT 31-1996标准中所需要的进行准备。

（2）各营养元素标准储备液（表10-34）按照YC/T 174-2003、YC/T 175-2003、GB/T 14352.2-2010、GB/T 4702.6-2016、GB/T 17138-1997、SL 90-1994标准进行准备，浓度为1000μg/mL。

（3）混合标准溶液：由上述各元素标准储备液混合，稀释到50mL容量瓶中而得；混合标准溶液系列由混合标准溶液逐级稀释配制而得，介质为1%硝酸（优级纯）。

表10-34　营养元素标准系列液的浓度　　　　　　　　单位：μg/mL

营养元素	标准溶液1	标准溶液2	标准溶液3	标准溶液5	标准溶液6
Zn	0.200	0.400	0.600	0.800	1.000
Cu	1.000	2.000	3.000	4.000	5.000
Fe	1.000	2.000	3.000	4.000	5.000
Mn	0.250	0.500	1.000	2.000	3.000
Mg	0.100	0.200	0.300	0.400	0.500
Ca	1.000	2.000	3.000	4.000	5.000
Mo	0.001	0.010	0.100	1.000	10.000
B	0.200	0.400	0.600	0.800	1.000

2. 测定项目及方法

（1）烤烟外观质量评价

根据GB 2635-92烤烟分级标准，邀请河南省烟草公司洛阳市公司全国烤烟品质鉴定专家进行鉴评。

（2）化学成分检测

水溶性总糖、还原糖、总氮、氯、钾和烟碱测定分别按照YCT 159-2002、

YCT 161-2002、YCT 162-2011、YCT 217-2007 和 YCT 468-2013 国标中所述方法测定。糖碱比、糖氮比、氮碱比等根据以水溶性总糖、还原糖、烟碱、总氮所检测结果计算获得。

(3)烤烟营养元素的测定

①Ca、Mg、Cu、Zn、Fe、Mo 和 Mn 的测定：称取 1g 研磨好的样品加入试管中，再加入 5mL 由硝酸∶高氯酸=3∶1 组成的混酸放置过夜。放入调温电炉中高温消解，先有棕色气体冒出，之后液体变黑色，黑色褪去会冒大量白烟，取出降温，再加入 10mL 混酸。待产生白色沉淀，冷却后加入 2mL HNO_3 与少量去离子水，然后冲洗移入 100mL 容量瓶中，再加入 5mL 20g/L 氯化锶，定容。以只加入 15mL HNO_3 的空白样品为对照。吸取消解原液 10mL 至 50mL 容量瓶中，加入 1mL HNO_3，用去离子水定容至 50mL。再用 0.45μm 过滤器抽滤至 10mL 润洗过的离心管中，在等离子体发射光谱仪中测定。

②B 元素的测定：采用姜黄素法。

二、结果与分析

(一)烤烟外观品质鉴评结果

根据 GB 2635-92 烤烟分级标准，鉴评认为：处理Ⅰ和处理Ⅲ的中部烤烟表现最好，叶片橘黄、结构疏松、身份中等、有油分、色度中且成熟度好（表10-35）。

表 10-35　烤烟外观品质鉴评结果

处理		油分	颜色	身份	色度	成熟度	叶片结构	正反色差
CK	上部	有	橘黄	稍厚	中	成熟	稍密	较小
Ⅰ		有	橘黄	中等	稍强	成熟	疏松	较小
Ⅱ		有	橘黄	稍厚	中	成熟	稍密	较小
Ⅲ		有	红棕	中等	中	完熟	疏松	小
CK	中部	稍有	橘黄	稍薄	中	成熟	疏松	小
Ⅰ		有	橘黄	中等	中	成熟	疏松	较小
Ⅱ		有	金黄	薄	中	成熟	疏松	小
Ⅲ		有	橘黄	中等	中	成熟	疏松	较小

(二)烤烟化学成分检测结果

测定结果表明，上部烤烟各处理的总糖、还原糖、烟碱、总氮和钾含量与CK 相比均有显著性增加，且糖碱比也优于 CK。处理Ⅰ的还原糖和总糖量高于其他处理，而氯的含量相近。处理Ⅱ的钾含量与其他处理相比含量最高，氯的含量最低，钾氯比和糖碱比较其他处理高；处理Ⅲ的总氮和烟碱含量与其他处理相比含量最高。按照优质烤烟常规化学成分需求，处理Ⅰ的总糖、还原糖、烟碱、总氮、氯含量及糖碱比符合优质烤烟要求，钾氯比接近要求；处理Ⅱ的还原糖、烟碱、总氮、氯含量及糖碱比和钾氯比符合优质烤烟要求；处理Ⅲ的总糖、还原糖、烟碱、总氮、氯含量及糖碱比含量符合优质烤烟要求，但钾氯比与优质烤烟要求相差较远。

中部烤烟各处理的总糖、还原糖、总氮和钾含量与 CK 相比均有显著性增加，且糖碱比也优于 CK。处理Ⅰ的氯含量与其他处理相比有显著性降低；处理Ⅱ的钾和氯含量与其他处理相比含量最高；处理Ⅲ的总糖、还原糖、烟碱和总氮含量与其他处理相比含量最高。按照优质烤烟常规化学成分需求，处理Ⅰ的总糖、还原糖、烟碱、总氮含量及糖碱比和钾氯比均符合优质烤烟要求；处理Ⅱ的总糖、还原糖、烟碱、总氮与氯含量及糖碱比和钾氯比均符合优质烤烟要求；处理Ⅲ总糖、还原糖和糖碱比指标超过优质烤烟要求（表 10-36）。

表 10-36　烤烟化学成分检测结果　　　　　　　　　　单位：%

处理	部位	总糖	还原糖	烟碱	总氮	钾	氯	氮碱比	糖碱比	钾氯比
CK	上部	15.34a	13.33a	2.02a	1.63a	1.44a	0.49c	0.81d	8.88a	2.94b
Ⅰ		23.64d	21.57d	2.59c	1.69c	1.49ab	0.45b	0.65a	10.67c	3.30c
Ⅱ		19.76b	17.67b	2.13b	1.67b	1.63d	0.36a	0.78c	10.85d	4.49d
Ⅲ		22.69c	21.17c	2.63d	1.80d	1.50ab	0.56d	0.68b	10.08b	2.71a
CK	中部	22.97a	21.84a	2.12b	1.37a	1.40a	0.34c	0.65b	10.83a	4.11b
Ⅰ		25.93b	25.27c	2.19c	1.40ab	1.50c	0.23a	0.64a	11.84c	6.56d
Ⅱ		27.70c	24.89b	2.06a	1.39ab	1.56c	0.38d	0.67c	11.02b	4.06a
Ⅲ		30.69d	26.60d	2.55d	1.85c	1.44a	0.32b	0.72d	12.04d	4.52c

（三）烤烟营养元素检测结果

1. 元素含量测定精密度结果及标准曲线相关系数

用等离子发射光谱仪按照表 7-4 测定各营养元素标准系列溶液，以各营养元素的质量浓度为横坐标，信号强度为纵坐标，绘制各营养元素的标准曲线，取待测溶液连续进样 3 次。各元素含量的精密度（相对标准偏差 RSD）及标准曲线相关系数 R 值均在 0.9953~1.0000（表 10-37）。

表 10-37　元素含量测定精密度结果及标准曲线相关系数 $R(n=3)$

处理	部位	Ca	Cu	Fe	Mg	Mn	Mo	Zn	B
CK	上部	0.18	1.07	0.37	0.86	0.38	4.66	0.37	0.11
Ⅰ		0.39	1.03	0.51	1.10	0.47	3.98	0.84	0.04
Ⅱ		0.24	1.45	0.48	0.78	0.39	6.77	0.96	0.00
Ⅲ		0.23	1.08	0.34	1.06	0.30	8.28	0.71	0.07
CK	中部	0.33	3.72	0.29	1.12	0.32	7.01	0.42	0.07
Ⅰ		0.24	7.71	0.62	1.03	0.65	3.85	0.82	0.01
Ⅱ		0.19	2.81	0.51	1.00	0.48	3.52	0.49	0.02
Ⅲ		0.29	4.78	0.36	1.07	0.37	9.11	0.73	0.05
标准曲线相关系数 R		0.9989	0.9998	0.9988	0.9993	0.9997	1.0000	0.9998	0.9953

2. 烤烟营养元素检测结果

上部烤烟处理Ⅰ的 Ca、Mg、Mn 和 B 含量高于 CK 及其他处理，且 Cu、Zn、Mn、B 的含量高于中部烤烟处理Ⅰ。处理Ⅱ的 Ca、Cu、Fe、Zn、Mn 和 Mo 含量高于 CK，且 Cu、Fe、Zn 和 Mo 的含量较其他处理高；处理Ⅲ的各个营养元素含量与其他处理相比均为最低。

中部烤烟的 Ca、Mg、Fe 和 Mn 各处理的含量均比 CK 低，仅处理Ⅰ的 Zn、Mo 和 B 含量高于 CK，且较其他处理含量最高，处理Ⅱ的 Cu 含量高于 CK 及其他处理(表 10-38)。

表 10-38　烤烟营养元素检测结果　　　　　　　　单位：mg/g

处理	部位	Ca	Mg	Cu	Fe	Zn	Mn	Mo	B
CK	上部	33.1234	1.5929	0.0058	0.1313	0.0100	0.0460	0.0011	0.0431
Ⅰ		33.2922	1.6829	0.0053	0.1027	0.0073	0.0505	0.0011	0.0510
Ⅱ		33.1950	1.4798	0.0081	0.1430	0.0104	0.0496	0.0012	0.0390
Ⅲ		23.9301	1.0832	0.0029	0.0866	0.0026	0.0306	0.0007	0.0369
CK	中部	44.3956	2.3431	0.0009	0.2743	0.0047	0.0617	0.0010	0.0355
Ⅰ		41.3529	1.7761	0.0008	0.1789	0.0056	0.0410	0.0019	0.0369
Ⅱ		37.3246	1.5896	0.0007	0.2683	0.0038	0.0423	0.0014	0.0306
Ⅲ		37.4850	1.6593	0.0011	0.1689	0.0046	0.0423	0.0010	0.0339

三、结论

试验结果证明，增施生物羊粪使处理Ⅰ和处理Ⅲ的中部烤烟外观质量表现最好，提高了上、中部烤烟的总糖、还原糖、钾和总氮的含量，糖碱比优于对照。每公顷烟田施用生物羊粪 3000kg、一体肥 300kg、硫酸钾 150kg、硝酸钾 75kg，中部烤烟外观质量表现最好，且上部和中部烤烟的化学品质更符合优质烤烟标准。增施生物羊粪降低了中部烤烟的 Ca、Mg、Fe 和 Mn 的含量，同一处理上部叶片中的 Cu、Mn、B 和 Zn 含量大于中部的含量；而上部叶片的 Ca、Mg、Fe 和 Mo 的含量小于中部的。

第八节　微生态制剂对土壤微生物群落与功能的影响

土壤微生物能够促进自然界中的物质循环，将有机态养分转化为可被植物体直接吸收利用的无机态养分，是陆地生态系统中最重要的组成成分之一。土壤微生物的区系变化是衡量农田土壤质量的一个重要指标，其数量构成与种类变化受土壤作物耕作制度、作物种类以及作物生育期等因素的影响。传统用于微生物群落分析的方法有实时荧光定量 PCR、稀释平板培养法、变性凝胶梯度电泳技术等，但其时间成本较高、检测数据量较低，已经不适用于现阶段试验分析。第二代测序技术是 DNA 测序技术的一次革命，其快速、成本低、准确度高等优点越来越受现代学者的青睐。本研究基于宏基因技术对烟株根围土样进行 Illumina Miseq 高通量测序，通过对测序结果进行 OTU 聚类及分类学分析，初步探究微生态制剂对烟株根围土壤中微生物多样性、群落结构及功能的影响。

一、材料与方法

（一）试验材料与田间试验设计
同第十章第六节一（一）。

（二）土样采集及处理
土样采集及处理同第十章第六节一（二）。

（三）烟株根围土壤微生物高通量测序
将烟草团棵期、旺长期及采收期采集的 CK、处理Ⅰ、处理Ⅱ及处理Ⅲ的 12 份根围土样，分别编号 TK0、TK1、TK2、TK3、WZ0、WZ1、WZ2、WZ3、CS0、CS1、CS2、CS3，送至上海生工进行宏基因组微生物分类测序。所得序列数据通过 barcode 区分样品序列得到各样本数据，对各样本数据的质量进行质量控制

(quality control)过滤,得到各样本有效数据,同时为保证信息分析质量,对各样本中的嵌合体(chimera)及非特异性扩增序列进行剔除。将所得序列进行OTU聚类分析、Alpha多样性分析、PCA主成分分析、物种相对丰度及差异分析、PICRUSt功能分析,初步探究微生态制剂对烟株根围土壤微生物的影响。

二、结果与分析

(一)OTU聚类分析

在97%的相似水平下,12个样品中有效序列进行聚类得到原核生物类群和真核生物类群的OTU分类信息单元,其中,原核生物类群TK0、TK1、TK2、TK3、WZ0、WZ1、WZ2、WZ3、CS0、CS1、CS2、CS3样品中OTU分别为5955、56156、6061、6028、6378、7175、5994、6674、6033、5580、6167、5400个;真核生物类群OTU分别为980、724、769、764、608、517、538、533、511、480、533、453(表10-39)。

表10-39 样品的OTU数目与覆盖率

样本编号		TK0	WZ0	CS0	TK1	WZ1	CS1	TK2	WZ2	CS2	TK3	WZ3	CS3
OTUs	原核生物	5955	6378	6033	5616	7175	5580	6061	5994	6167	6028	6674	5400
	真核生物	980	608	511	724	517	480	769	538	533	764	533	453
覆盖率(%)	原核生物	97.5	96.9	94.1	97.4	97.7	92.7	97.4	97.2	94.0	97.5	97.2	93.0
	真核生物	99.6	99.6	99.5	99.7	99.6	99.5	99.6	99.6	99.6	99.6	99.6	99.6

(二)Alpha多样性分析

原核生物和真核生物的Alpha多样性分析结果见表10-39和图10-15~图10-18。结果表明,样本测定的覆盖率指数分别在92%~98%之间和大于99%,认为数据可代表样本的真实情况;烟草不同时期的Chao 1指数与香农指数均有不同程度差异,表明烟草根围土壤原核生物和真核生物的物种总数和群落多样性是不断变化的,且不同处理之间也具有一定差异,表明微生态制剂及其施用量对两个指标有一定影响。

(三)PCA主成分分析

原核生物主成分分析结果见图10-19。第一主成分(PCA1)和第二主成分(PCA2)作为影响样品分布的两个主要成分,对烟草三个时期根围土壤样品中原核生物类群的贡献值分别为75%和20%。分析发现,烟草采收期的四个处理在第二象限,团棵期和旺长期的四个处理在第三象限,说明烟草团棵期和旺长期根围土壤原核生物群落结构相似,采收期时,原核生物群落结构发生较大变化;不同

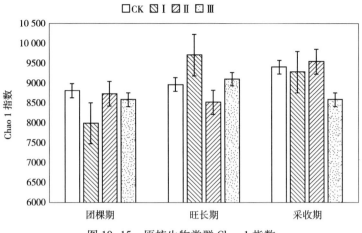

图 10-15　原核生物类群 Chao 1 指数

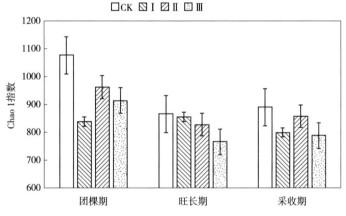

图 10-16　真核生物类群 Chao 1 指数

处理之间在两个主成分上的投影值变化不大，说明微生态制剂对烟草根围土壤原核生物群落结构影响不大。

真核生物类群主成分分析结果见图 10-20。烟草三个时期根围土壤样品中真核生物类群只有一个主成分方向，即 PCA1。分析发现，烟草团棵期的四个处理在第二现象，旺长期和采收期的四个处理在第三象限，说明烟草旺长期和采收期较团棵期根围土壤真核生物群落结构发生较大变化；旺长期和采收期四个处理在 PCA1 主成分上的投影值变化不大，说明微生态制剂对烟草旺长期和采收期的真核生物群落结构影响不大；烟草团棵期时，CK 与处理Ⅰ、处理Ⅱ和处理Ⅲ之间在 PCA1 主成分上的投影值有较大差别，说明微生态制剂可以改变烟草团棵期根围土壤真核生物群落结构。

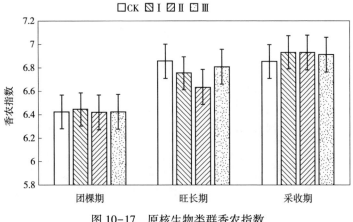

图 10-17　原核生物类群香农指数

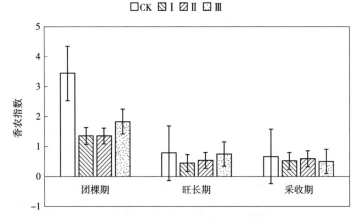

图 10-18　真核生物类群香农指数

（四）物种相对丰度及差异分析

（1）原核生物物种相对丰度大小及差异分析结果见表 10-40、表 10-41。从属分类水平分析，烟草三个生育期根围土壤原核生物属种类旺长期最多，团棵期次之，采收期最低；优势菌属数量团棵期和旺长期均为 5 个，采收期为 3 个。当每 667m² 烟田施用 200kg 微生态制剂后，烟草团棵期和旺长期根围土壤原核生物属种类增加，采收期下降，三个生育期的优势菌属数量分别为 4、4 和 3 个；随着施入量的增加，团棵期和采收期原核生物属种类呈先上升，后下降趋势，优势菌属数量不变，旺长期原核生物属种类呈持续下降趋势，优势菌属数量先增加，后减少。

样本原核生物类群芽孢杆菌属和链霉菌属相对丰度分析结果见表 10-42。与

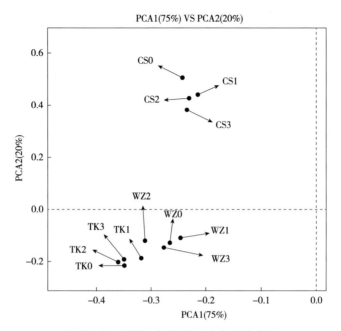

图 10-19 原核生物类群 PCA 主成分分析

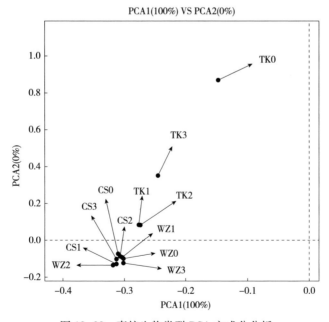

图 10-20 真核生物类群 PCA 主成分分析

对照组相比，每 667m² 烟田施用 200kg 微生态制剂，烟草团棵期非优势菌属中芽

表 10-40　样本原核生物与真核生物类群属数量

处理	团棵期		旺长期		采收期	
	原核生物	真核生物	原核生物	真核生物	原核生物	真核生物
CK	475	282	484	211	418	206
Ⅰ	491	222	543	181	414	195
Ⅱ	533	228	488	195	421	198
Ⅲ	491	234	473	205	401	186

表 10-41　样本原核生物和真核生物类群优势属相对丰度

优势菌属	生育期	CK	Ⅰ	Ⅱ	Ⅲ
未定属(%)	团棵期	21.86	21.19	21.61	21.92
	旺长期	24.52	22.25	22.6	22.89
	采收期	21.89	23.21	23.09	22.98
鞘氨醇单胞菌属(%)	团棵期	15.55	15.9	16.81	15.73
	旺长期	11.63	11.8	11.72	12.08
	采收期	8.04	6.51	6.91	7.74
酸杆菌门 GP4 亚群(%)	团棵期	7.19	7.53	6.76	7.15
	旺长期	6.94	7.51	8.8	7.58
酸杆菌门 GP6 亚群(%)	团棵期	6.26	5.55	6.79	8.33
	旺长期	7.75	7.08	5.87	5.64
芽单孢杆菌属(%)	团棵期	5.98	—	—	—
	旺长期	5.67	—	5.7	—
不动杆菌(%)	采收期	8.43	6.93	6.98	6.37
烟草属(%)	团棵期	44.4	82.58	83.09	73.51
	旺长期	91.26	95.71	94.47	90.76
	采收期	92.23	94.32	92.91	94.15
未定属_ *Eukaryota*(%)	团棵期	11.68	—	—	5.16

表 10-42　样本原核生物类群芽孢杆菌属和链霉菌属相对丰度

处理	团棵期		旺长期		采收期	
	芽孢杆菌属(%)	链霉菌属(%)	芽孢杆菌属(%)	链霉菌属(%)	芽孢杆菌属(%)	链霉菌属(%)
CK	0.51	0.24	0.69	0.49	1.78	2.23
Ⅰ	0.49	0.23	1.04	0.81	1.47	3.15
Ⅱ	0.67	0.14	1.14	0.76	1.57	2.69
Ⅲ	0.40	0.16	0.60	0.36	1.46	2.58

孢杆菌属和链霉菌属含量略有下降，但无显著差异，旺长期两种菌属含量均显著增加，采收期中的芽孢杆菌属含量显著降低，链霉菌属含量显著增加；每 $667m^2$ 烟田施用 300kg 微生态制剂，烟草团棵期非优势菌属中芽孢杆菌属含量显著增加，链霉菌属显著降低，旺长期两种菌属含量均显著增加，采收期中的芽孢杆菌属含量显著降低，链霉菌属含量显著增加；每 $667m^2$ 烟田施用 400kg 微生态制剂，烟草团棵期和旺长期非优势菌属中芽孢杆菌属和链霉菌属含量均显著降低，采收期中的芽孢杆菌属含量显著降低，链霉菌属显著增加。

（2）真核生物群落结构分析结果见表 10-40 和表 10-41。从属分类水平分析，烟草三个生育期根围土壤真核生物菌属种类团棵期最高，旺长期次之，采收期最低，当每 $667m^2$ 烟田施用 200kg 微生态制剂后，烟草三个生育期根围土壤真核生物菌属种类均下降，随着施入量的增加，团棵期和旺长期呈持续上升，但均低于对照组，采收期呈先上升，后下降趋势，且均低于对照组。

（五）PICRUSt 功能分析

基于 PICRUSt 软件推测出的样本 16s 预测功能基因，通过 COG 分类将其分为 25 类，利用 STAMP 软件分析不同样本和分组之间在功能丰度上的差异，结果见表 10-43。结果表明，12 个样本中通用功能预测（R）上的基因相对丰度最

表 10-43　微生态制剂对烟株根围土壤群落二级功能相对丰度的差异性分析

生育期	相对丰度	I	II	III
团棵期	显著增加	O、N、G、S、U	W、T、V、M、N、S、U	S、R、N、T、U、V、M
	显著减少	M、A、Q、 C、K、F、H、J、I、D	B、G、F、H、 A、L、I、D、K、J、Q、Z	B、A、G、D、 I、Z、J、K、P、Q
旺长期	显著增加	Z、K、W、 U、C、G、S、P、Q	Q、E、G、I、P、K、S	B、Z、M、L、 O、N、S、T、U
	显著减少	E、N、F、H、D、T、 J、V、L、R、M	A、Z、O、H、U、C、 D、T、J、L、N、M	V、D、C、J、E、F、 G、H、I、K、Q、R、A
采收期	显著增加	R、Q、A、E、 Z、L、K、G、T	R、Q、Z、 A、K、L、T	M、B、S、O、 Z、L、U、T、N
	显著减少	J、I、S、 N、P、U、M	M、S、C、F、 J、E、N、P、U	J、H、G、R、 C、Q、K、E、I

注：A，RNA 加工和修饰；B，染色质结构与动力学；C，能量产生和转换；D，细胞周期控制、细胞分裂、染色体分区；E，氨基酸运输和代谢；F，核苷酸运输和代谢；G，碳水化合物运输和代谢；H，辅酶运输和代谢；I，脂质运输和代谢；J，翻译、核糖体结构和生物转化；K，转录；L，复制、重组和修复；M，细胞壁/膜/包膜生物合成；N，细胞活性；O，蛋白质转译后的修饰、蛋白质转化、分子伴侣；P，无机离子运输和代谢；Q，次生代谢产物生物合成、运输和分解代谢；R，通用功能预测；S，未知功能；T，信号转导机制；U，胞内运输、分泌和膜泡运输；V，防御机制；W，细胞外结构；Y，核结构；Z，细胞骨架

高，核结构（Y）上的基因相对丰度最低。与对照组相比，烟草团棵期时，微生态制剂能够显著增加的二级功能有 6 种，显著减少的二级功能有 12 种；随着施入量的增加，二级功能的相对丰度无明显变化。烟草旺长期时，微生态制剂能够显著增加的二级功能有 11 种，显著减少的二级功能有 12 种；随着施入量的增加，显著增加的二级功能种类减少，显著减少的二级功能种类基本不变。烟草采收期时，微生态制剂能够显著增加的二级功能有 9 种，微生态制剂能够显著减少的二级功能有 8 种；随着施入量的增加，二级功能的相对丰度无明显变化。

三、结论

（1）不同时期、不同处理之间的原核生物类群和真核生物类群的 OTU 组成既有相似性，也有差异性；微生态制剂及其施用量对烟草根围土壤原核生物和真核生物的物种总数和群落多样性有一定影响。

（2）烟草不同生育期根围土壤微生物群落结构是不断变化的，采收期的原核生物类群较其余两个时期发生较大改变，团棵期的真核生物类群较其余两个时期发生较大改变；微生态制剂对烟草根围土壤原核生物群落结构影响不大，但可以改变烟草团棵期根围土壤真核生物群落结构。

（3）微生态制剂能够增加烟草团棵期和旺长期根围土壤原核生物属种类，降低烟草三个时期根围土壤真核生物属种类；增施微生态制剂，团棵期和采收期原核生物属种类呈先上升，后下降趋势，旺长期原核生物属种类呈持续下降趋势，三个时期真核生物属种类虽有变化，但均低于对照组。

（4）微生态制剂可以显著提高烟草旺长期烟株根围土壤中芽孢杆菌属和链霉菌属含量。

（5）烟草根围土壤中的 25 类功能基因，通用预测功能基因的相对丰度最高，核结构基因的相对丰度最低；微生态制剂能够改变烟草三个生育期根围土壤中微生物群落功能的相对丰度，随着施入量的增加，烟草团棵期和采收期中功能基因的相对丰度无明显变化。

第九节　金黄垂直链霉菌发酵条件优化

放线菌次生代谢产物的生产水平不仅受到菌株自身特性的影响，还与培养基的营养成分和环境因素密切相关，包括合适的培养基成分、温度、溶氧量、pH等，发酵条件的优化对提高抑菌活性物质的产量，降低培养基成本是非常必要的。Rodrigues 等（2018）采用中心组合设计法优化了放线菌菌株 Caat 1-54 合成溶血脂质（Lysolipin）的发酵工艺，优化后 Caat 1-54 合成溶血脂质（Lysolipin）的产量增加了三倍。李全乐等（2018）采用单因素及正交试验，对吸水链霉菌（*Streptomyces hygroscopicus*）ATCC 29253 发酵条件进行优化，其产生的抗生素 Hygrocin A 产量与其原始培养基比较提高了 500%。SA74 菌株是项目组前期筛选出的一株能有效拮抗烟草土传病原真菌的放线菌，其发酵滤液对烟草疫霉、瓜果腐霉和尖孢镰刀菌的抑菌率均大于 50%。为获取更多次级代谢产物，本节采用单因素试验及正交设计试验对金黄垂直链霉菌（*Streptomyces aureoverticillatus*，SA74）菌株的发酵培养基及发酵条件进行优化，确定其发酵的最适条件，为进一步探讨该菌株的活性物质及其抑菌活性奠定基础。

一、材料与方法

（一）供试菌株

拮抗放线菌 SA74 菌株：前期实验室分离、筛选获得。

供试病原菌：烟草疫霉（*Phytophthora parasitica*），由河南科技大学植物病害分子鉴定与绿色防控实验室提供。

（二）培养基

种子培养基与基础发酵培养基采用高氏一号液体培养基。

（三）SA74 菌株种子液制备

将放线菌 SA74 菌株接于高氏一号培养基上，28℃恒温培养 4 天，用直径 8mm 的打孔器打菌饼，在（100mL/250mL）种子培养基中接入 4 块菌饼，于恒温振荡培养箱 28℃、180r/min 恒温振荡 5 天，备用。

（四）抑菌活性测定

将不同培养基的发酵液在 6500r/min 下离心 20min，取上清液，分别用直径 0.45μm、0.22μm 的微孔过滤器除菌后得到无菌发酵液备用；将发酵液以一定比例混入 PDA（约 50℃）培养基中，倒入灭菌培养皿中制成平板；冷却后将直径 5mm 的烟草疫霉菌饼接种于平板中央。以加入离心后的无菌发酵培养液为对照处理。每个处理 3 次重复，置于恒温培养箱 28℃培养 5~7 天，用十字交叉法测量病原菌菌落直径，计算抑菌率。

（五）发酵培养基优化

1. 碳源优化

选取葡萄糖、蔗糖、乳糖、麦芽糖、甘露醇、肌醇、玉米粉、果糖、淀粉+玉米粉代替可溶性淀粉作为碳源，分别将 20g/L 的不同碳源加入基础发酵培养

基，其他成分不变，配成含不同碳源的液体培养基，以不加碳源为对照。按 4%
的接种量接种 SA74 菌株种子液，置于 28℃、180 r/min 的恒温振荡培养箱中培养
5 天，按照本节(四)的方法测定不同碳源对菌株发酵产生的影响，每个处理 3 个
重复，确定最佳碳源。

2. 氮源优化

以筛选到的可溶性淀粉作为碳源，选取蛋白胨、黄豆粉、牛肉膏、酵母粉、
NH_4Cl、$(NH_4)_2SO_4$、NH_4NO_3、尿素代替 KNO_3 作为氮源，分别将 3g/L 的不同氮
源加入基础发酵培养基，其他成分不变，配制成含不同氮源的液体培养基，以不
加氮源为对照。按 4%的接种量接种 SA74 种子液，28℃、180r/min 的振荡培养
箱中培养 5 天。按照本节(四)的方法测定不同氮源对菌株发酵产生的影响，每个
处理 3 个重复，确定最佳氮源。

3. 碳、氮比优化

通过上述碳、氮源单因素优化试验结果，以可溶性淀粉作为碳源，以酵母
粉、NH_4NO_3 作为复合氮源，上述 3 种单因素各设置 3 个浓度水平，按正交试验
表 $L_9(3^4)$ 进行正交设计(表 10-44)。

表 10-44　正交试验因素水平表 $L_9(3^4)$ 　　　　　　　　　单位：g/L

水平	因素		
	A 淀粉	B 酵母粉	C NH_4NO_3
1	10	3	3
2	15	4	4
3	20	5	5

4. 无机盐优化

在确定了最佳碳源和氮源的种类及其比例的基础上，分别在发酵培养基中加
入 1g/L 的 $MgSO_4$、$CaCO_3$、K_2HPO_4、$NaCl$、$FeSO_4 \cdot H_2O$、$ZnSO_4$、KH_2PO_4、
$CuSO_4$、$MgCl$、$Fe_2(SO_4)_3$，按 4%的接种量接种 SA74 种子液，28℃、180 r/min
恒温振荡 5 天，按照本节(四)的方法测定不同无机盐对菌株发酵产生的影响，每
个处理 3 个重复，确定最佳无机盐。

5. 培养条件优化

(1)摇床转速对 SA74 菌株发酵液抑菌活性的影响

将种子液按 4%的接种量接种到装有 100mL 发酵培养基的 250mL 锥形瓶中，
初始 pH 为 7，置于 28℃，转速分别为 120r/min、150r/min、180r/min、210r/min、

240r/min 的振荡培养箱中培养 5 天，测定不同转速对 SA74 菌株发酵液抑菌活性的影响。

（2）发酵温度对 SA74 菌株发酵液抑菌活性的影响

摇床转速取上述试验确定的最优结果，其他发酵条件同上，分别取 22℃、25℃、28℃、31℃、34℃、37℃作为菌株的发酵培养温度。测定不同温度对 SA74 菌株发酵液抑菌活性的影响。

（3）装液量对 SA74 菌株发酵液抑菌活性的影响

摇床转速和发酵温度取上述试验确定的最优结果，其他发酵条件同上，选用 250mL 锥形瓶，发酵培养基的装液量分别为 50mL、60mL、70mL、80mL、90mL、100mL、110mL、120mL，测定不同装液量对 SA74 菌株发酵液抑菌活性的影响。

（4）接种量对 SA74 菌株发酵液抑菌活性的影响

摇床转速、发酵温度和装液量取上述试验确定的最优结果，其他发酵条件同上，取制备好的 SA74 菌株种子液，以 1%、2%、3%、4%、5%、6%、7%、8% 的接种量接种到发酵培养基中，测定不同接种量对 SA74 菌株发酵液抑菌活性的影响。

（5）初始 pH 对 SA74 菌株发酵液抑菌活性的影响

摇床转速、发酵温度、装液量和接种量取上述试验确定的最优结果，其他发酵条件同上，用 1mol/L HCl 或 1mol/L NaOH 溶液将发酵培养基 pH 分别调至 3、4、5、6、7、8、9、10，测定不同初始 pH 对 SA74 菌株发酵液抑菌活性的影响。

（6）发酵时间对 SA74 菌株发酵液抑菌活性的影响

摇床转速、发酵温度、摇瓶装液量、接种量、初始 pH 取上述试验确定的最优结果，分别培养 3 天、5 天、7 天、9 天、11 天、13 天，测定发酵时间对 SA74 菌株发酵液抑菌活性的影响。

（六）数据分析

采用 DPS-6.55 Patch 软件中的最小显著差异法（Least-Significant Difference，LSD）对试验数据进行差异显著性分析。

二、结果与分析

（一）发酵培养基优化

（1）最佳碳源

不同碳源对 SA74 菌株发酵液的抑菌活性影响较大。其中，可溶性淀粉作为碳源时，发酵液的抑菌活性最强，对烟草疫霉的抑制率达 81.19%；其次为可溶性淀粉和玉米粉作为复合碳源时，抑菌率为 72.46%；玉米粉、乳糖作为碳源时，SA74 菌株发酵液的抑菌活性也较强，抑菌率分别为 67.53% 和 66.37%；其余碳源条件下的抑菌率均在 54% 以下，其中，蔗糖为碳源的抑菌活性最低，抑菌率仅为 9.54%。这说明可溶性淀粉是 SA74 菌株发酵培养基的最佳碳源（表 10-45）。

表 10-45　不同碳源对 SA74 菌株抑菌活性的影响

碳源	烟草疫霉抑菌率（%）	菌落直径（mm）
CK	—	64.75±1.04a
可溶性淀粉	81.19	12.17±0.75h
可溶性淀粉+玉米粉	72.46	17.88±1.46g
玉米粉	67.53	21.00±1.07f
乳糖	66.37	21.75±0.71f
葡萄糖	53.40	29.75±1.17e
麦芽糖	50.32	32.13±0.83d
甘露醇	16.50	54.00±1.20c
果糖	11.86	57.00±2.00b
肌醇	11.34	57.33±2.73b
蔗糖	9.54	58.50±5.17b

注：不同字母表示 0.05 水平差异显著；—表示无抑菌率数值。

（2）最佳氮源

不同氮源对 SA74 菌株发酵液的抑菌活性影响差异显著。有机氮源是微生物生长和产物合成的重要营养来源，其中，酵母粉作为氮源时发酵液的抑菌活性最强，对烟草疫霉的抑制率高达 100%。其次为牛肉膏作为氮源时，抑菌率为 85.48%；黄豆粉作为氮源时，SA74 菌株发酵液的抑菌活性也较强，抑菌率为 70.16%；无机氮源也是抑菌物质产生的营养来源，其中，NH_4NO_3 作为氮源时，对烟草疫霉的抑菌率高达 100%；其余氮源条件下的抑菌活性均在 56% 以下。当分别以酵母粉和 NH_4NO_3 为唯一氮源时，最有利于活性物质的产生，因此选择酵母粉和 NH_4NO_3 以 1:1 的比例作为复合氮源，用于后续发酵优化试验（表 10-46）。

表 10-46　不同氮源对 SA74 菌株抑菌活性的影响

氮源	烟草疫霉抑菌率(%)	菌落直径(mm)
CK	—	62.00±2.62a
酵母粉	100.00	0.00±0.00i
NH_4NO_3	100.00	0.00±0.00i
牛肉膏	85.48	8.38±0.74h
黄豆粉	70.16	18.5±1.41g
$(NH_4)_2SO_4$	55.91	27.33±3.20f
蛋白胨	43.55	35.00±1.51e
尿素	38.71	38.00±1.07d
NH_4Cl	20.16	49.50±1.31c
KNO_3	14.21	53.19±0.92b

注：不同字母表示 0.05 水平差异显著；—表示无抑菌率数值。

（3）最佳碳氮比

因素极差越大重要程度越高，极差分析结果表明，因素影响指标的主次顺序为 B(酵母粉)>A(淀粉)=C(NH_4NO_3)。选择较大 K_i 值所对应的水平作为该因素的最佳水平，即某因素 $K_2>K_1$，则选择 K_2 水平作为该因素的最佳水平。因此，该碳氮源最佳组合为 $A_3B_1C_2$，即可溶性淀粉 20g/L、酵母粉 3g/L、NH_4NO_3 4g/L（表 10-47）。

表 10-47　碳、氮源正交试验结果

序号	A(淀粉)(g/L)	B(酵母粉)(g/L)	C(NH_4NO_3)(g/L)	抑制率(%)
1	1(10)	1(3)	1(3)	80.00
2	1(10)	2(4)	2(4)	75.00
3	1(10)	3(5)	3(5)	38.96
4	2(15)	1(3)	2(4)	77.29
5	2(15)	2(4)	3(5)	77.92
6	2(15)	3(5)	1(3)	74.38
7	3(20)	1(3)	3(5)	77.50
8	3(20)	2(4)	1(3)	74.38
9	3(20)	3(5)	2(4)	80.63

（续）

序号	A(淀粉)(g/L)	B(酵母粉)(g/L)	C(NH₄NO₃)(g/L)	抑制率(%)
K_1	193.96	234.79	228.76	
K_2	229.59	227.30	232.92	
K_3	232.51	193.97	194.38	
$\bar{K}_1$	64.65	78.26	76.25	
$\bar{K}_2$	76.53	75.77	77.64	
$\bar{K}_3$	77.50	64.66	64.79	
R(极差)	12.85	13.6	12.85	
主次顺序		B>A=C		
最优水平	A₃	B₁	C₂	

（4）最佳无机盐

NaCl 作为无机盐成分，SA74 菌株发酵液对烟草疫霉的抑制作用明显增强；MgSO₄次之；KH₂PO₄作为无机盐时，对 SA74 菌株发酵液抑菌活性并无明显促进作用；Fe₂(SO₄)₃、ZnSO₄、CuSO₄对发酵液抑菌活性无促进作用，且有较高的抑制作用。因此，确定 NaCl 为 SA74 菌株发酵培养的最佳无机盐（表 10-48）。

综上所述，优化后 SA74 菌株的最佳培养基配方为：可溶性淀粉20g、酵母粉 3g、NH₄NO₃ 4g、NaCl 1g、蒸馏水 1000mL。

表 10-48　不同无机盐对 SA74 菌株抑菌活性的影响　　单位:%

无机盐	抑制增长率	无机盐	抑制增长率
NaCl	25.73	CaCO₃	-6.90
MgSO₄	13.53	MgCl	-17.51
KH₂PO₄	4.51	ZnSO₄	-40.76
K₂HPO₄	-0.53	CuSO₄	-43.24
FeSO₄·H₂O	-5.04	Fe₂(SO₄)₃	-62.69

（二）发酵条件优化

（1）摇床转速对 SA74 菌株生长及抑菌活性物质的影响

摇床转速对 SA74 菌株发酵液抑菌物质产生显著影响。转速是影响菌株培养过程中溶氧量的重要因素。转速较低时，溶氧量低；随着转速的增大，溶氧量不断地增加，抑制率逐渐升高。但转速过高时可能会破坏菌丝，影响抑菌物质的产生。当转速从 120r/min 增加到 180r/min 时，抑菌率逐渐增大；当摇床转速为

180r/min 时，抑菌率高达 71.21%；转速继续增大为 210r/min 时，抑菌活性开始呈下降趋势（表 10-49）。

表 10-49　摇床转速对 SA74 菌株发酵液抑菌活性的影响

转速（r/min）	烟草疫霉抑菌率（%）	菌落直径（mm）
120	58.38	24.00±0.00a
150	64.74	20.38±0.52b
180	71.21	16.63±0.74d
210	65.97	19.63±0.52c

注：不同字母表示 0.05 水平差异显著。

（2）发酵温度对 SA74 菌株生长及抑菌活性物质的影响

温度是微生物发酵过程中的一个重要理化因素。发酵温度对 SA74 菌株发酵液抑菌物质产生影响显著。SA74 菌株在 22~37℃ 温度范围内均可生长，抑菌率随着温度的升高呈现先升高后降低的趋势。温度为 28℃ 时抑菌活性最高，达 81.17%；22℃ 下发酵液抑菌活性最弱。故菌株最适发酵温度为 28℃（表 10-50）。

表 10-50　发酵温度对 SA74 菌株发酵液抑菌活性的影响

温度（℃）	烟草疫霉抑菌率（%）	菌落直径（mm）
22	48.09	22.12±0.83a
25	72.73	11.63±1.60e
28	81.17	8.00±0.76f
31	60.41	16.88±0.35d
34	56.60	18.50±1.07c
37	51.32	20.75±0.71b

注：不同字母表示 0.05 水平差异显著。

（3）装液量对 SA74 菌株生长及抑菌活性物质的影响

当 250mL 的锥形瓶中装液量少于 100mL 时，随着装液量的增加，发酵液抑菌活性也逐渐增加。当装液量为 100mL 时，发酵液抑菌率最高，高达 85.80%，此时的装液量更有利于抑菌活性物质的产生（表 10-51）。

表 10-51　装液量对 SA74 菌株发酵液抑菌活性的影响

装液量（mL）	烟草疫霉抑菌率（%）	菌落直径（mm）
50	82.35	10.88±0.83c
60	81.95	11.13±1.25bc
70	83.77	10.00±0.76d

（续）

装液量(mL)	烟草疫霉抑菌率(%)	菌落直径(mm)
80	83.98	9.75±0.89d
90	84.18	9.75±0.46d
100	85.80	8.75±0.46e
110	80.93	11.75±0.46ab
120	79.99	12.38±0.52a

注：不同字母表示0.05水平差异显著。

（4）接种量对SA74菌株生长及抑菌活性物质的影响

接种量为2%时，抑菌活性最强，此时抑菌率为86.91%，最适宜SA74菌株产生抑菌活性物质；当接种量大于2%时，抑菌率逐渐降低（表10-52）。

表 10-52　接种量对 SA74 菌株发酵液抑菌活性的影响

接种量(%)	烟草疫霉抑菌率(%)	菌落直径(mm)
1	80.65	12.75±1.28ab
2	86.91	8.63±0.52d
3	83.87	10.63±1.06c
4	83.30	11.00±0.53c
5	82.35	10.38±0.52c
6	80.83	12.63±0.74b
7	79.70	13.38±0.74ab
8	79.51	13.50±0.93a

注：不同字母表示0.05水平差异显著。

（5）初始 pH 对 SA74 菌株发酵液抑菌活性的影响

初始 pH 对 SA74 菌株发酵液抑菌活性影响显著。SA74 菌株在 pH 4~10 范围内均能生长和产生抑菌活性物质；pH 6~8 范围内抑菌活性较强，当 pH 为 8 时，SA74 菌株发酵液抑菌活性最强，抑菌率高达 87.57%。pH 过酸或过碱均严重影响菌株活性物质的产生（表10-53）。

表 10-53　初始 pH 对 SA74 菌株发酵液抑菌活性的影响

pH	烟草疫霉抑菌率(%)	菌落直径(mm)
3	0.00	54.00±4.96a
4	3.73	51.63±3.70a

（续）

pH	烟草疫霉抑菌率（%）	菌落直径（mm）
5	79.25	11.13±0.83c
6	84.15	8.50±0.93de
7	79.49	11.00±0.76cd
8	87.57	6.63±0.52e
9	1.40	52.88±1.89a
10	14.69	45.75±2.55b

注：不同字母表示 0.05 水平差异显著。

（6）发酵时间对 SA74 菌株生长及抑菌活性物质的影响

SA74 菌株在培养 3~7 天内，随着培养时间的延长，抑菌活性呈上升趋势；培养 7 天时，抑菌率达到最大值；9~13 天内，抑菌率趋于稳定，无太大差异（表 10-54）。

表 10-54　发酵时间对 SA74 菌株发酵液抑菌活性的影响

发酵时间（天）	烟草疫霉抑菌率（%）	菌落直径（mm）
3	69.46	18.00±1.31a
5	81.17	11.25±0.89b
7	88.28	7.00±0.76c
9	81.59	10.00±1.70b
11	81.38	10.13±1.25b
13	81.17	11.25±2.38b

注：不同字母表示 0.05 水平差异显著。

三、结论

以拮抗放线菌 SA74 作为研究对象，以烟草疫霉为供试病原菌，采用单因素试验及正交设计试验优化其发酵条件，测定拮抗菌株对病原菌的抑菌活性。结果表明，最适宜 SA74 菌株产生抑菌活性物质的发酵培养基配方为可溶性淀粉 20g、酵母粉 3g、NH₄NO₃ 4g、NaCl 1g、蒸馏水 1L。最适宜的发酵条件为 250mL 的锥形瓶装液量为 100mL，发酵培养基初始 pH 为 8、最适宜的接种量为 2%、发酵温度 28℃、摇床温度 180r/min、发酵培养时间为 7 天。

第十节　金黄垂直链霉菌活性物质分析及抑菌作用测定

放线菌因其产生抗生素的潜力而广为人知，从微生物中获取的活性物质 50%

以上是由放线菌产生的。张志斌（2014）等采用活性追踪、硅胶柱层析及凝胶（Sephadex LH-20）柱层析等技术对娄彻氏链霉菌（*Streptomyces rochei*）FRo2 的活性物质进行分离纯化，得到活性化合物 AW2。臧超群等（2016）采用溶媒萃取结合柱层析、薄层层析和 HPLC 等方法分离纯化暗黑链霉菌（*S. atratus*）PY-1 的次级代谢产物，得到 2 种对葡萄霜霉病菌（*Plasmopara viticola*）抑制作用显著的活性物质。王辰（2015）采用薄层层析法对白刺链霉菌 CT205（*S. albospinus*）产生的活性物质进行粗分离，其中一个组分可有效抑制尖孢镰刀菌（*Fusarium oxysporum*）。Patel 等采用乙酸乙酯对 3 株链霉菌的次级代谢产物进行萃取，得到的粗提物均对立枯丝核菌有较强的抑制作用。本研究通过溶媒萃取、活性追踪（滤纸片法）、盐析等方法获得金黄垂直链霉菌（*Streptomyces aureoverticillatus*）SA74 菌株抗菌粗提物，并测定粗提物对 4 种烟草土传病原真菌菌丝生长、孢子萌发及芽管伸长三个生长发育阶段的抑制活性，为进一步探讨其抑菌机理奠定基础。

一、材料与方法

（一）供试菌株

烟草疫霉（*P. nicotianae*），瓜果腐霉（*P. aphanidermatum*），尖孢镰刀菌（*F. oxysporum*），金黄垂直链霉菌（*S. aureoverticillatus*）SA74，均由河南科技大学植物病害分子鉴定与绿色防控实验室提供。

（二）供试培养基

水琼脂（WA）培养基：琼脂 16~20g，蒸馏水 1000mL。

PDA 培养基、发酵优化培养基。

（三）试剂

化学试剂：正丁醇、乙酸乙酯、二氯甲烷、石油醚、甲醇、乙醇。

考马斯亮蓝溶液：10mg 考马斯亮蓝 G-250 溶于 5mL 95% 乙醇中，加入 10mL 85% 磷酸，用蒸馏水定容至 100mL。

50mmol Tris-HCl 缓冲液（pH 7.0）：50mL 0.1mol/L Tris 溶液与 45.7mL 0.1mol/L HCl 溶液混合，加水定容至 100mL。

0.2% 茚三酮溶液：0.2g 茚三酮溶于 100mL 乙醇中，加 3mL 乙酸。

25% 氯化钡溶液：2.5g 氯化钡溶于 10mL 水中。

（四）SA74 菌株发酵滤液制备

依据第九节的最适发酵培养基和发酵条件制备发酵液，将其装入 50mL 离心管中，6500r/min、4℃离心 20min 获得上清液，依次经孔径 0.45μm、0.22μm 的微孔滤膜抽滤后，得到发酵滤液备用。

（五）SA74 菌株抑菌活性物质的极性分析

取 5 份 SA74 菌株发酵滤液各 500mL 置于分液漏斗中，选用等体积乙酸乙酯、二氯甲烷、石油醚、甲醇、正丁醇 5 种极性不同的有机溶剂萃取 3 次后，取有机相和水相（甲醇不分层，浸提之后直接浓缩蒸干），经旋转蒸发仪浓缩蒸干，用 70% 甲醇水溶液溶解，以 70% 甲醇水溶液为对照，采用滤纸片法分别测定各有机相和水相对烟草疫霉的抑菌活性。每个处理 3 个重复，计算抑菌率。

（六）SA74 菌株抑菌活性物质的初步分离

（1）硫酸铵分级盐析沉淀抗菌物质

采用硫酸铵盐析法，25℃条件下，在 4 份相同体积的发酵滤液中缓慢加入硫酸铵粉末，使之分别达到 20%、40%、60%、80% 不同饱和度，充分搅拌溶解后，4℃冰箱静置过夜，观察沉淀的产生情况。静置完成后，装入 50mL 离心管中，12000r/min、4℃离心 20min。离心后取出离心管，分别收集不同饱和度的上清液和沉淀物备用。80% 饱和度下析出的沉淀物在 12000r/min 的转速下依旧很难离心，无法用盐析的沉淀量数值选择最佳提取盐浓度。因此，采用可见分光光度计测定各上清液在 595nm 处的吸光度。取 0.1mL 各上清液加入 0.9mL 水和 5mL 考马斯亮蓝溶液混匀后作为待测液，测定各上清液的吸光度。采用滤纸片法测定各沉淀物和上清液对烟草疫霉的抑菌活性，以同浓度硫酸铵盐水溶液作为对照，每个处理 3 个重复。

（2）透析除盐

采用上述六（1）中确定的最适提取饱和度，相同步骤收集蛋白粗提物，充分溶解于 50mmol Tris-HCl 缓冲液（pH 7.0），分装入长度为 20cm 的纤维素透析袋中（截留分子量为 100~500Da），用棉线把两端扎紧，放入 50mmol Tris-HCl 缓冲液（pH 7.0）中，4℃开始透析，每 8h 更换一次透析外液。透析过程中检验透析是否完成，可以向更换的透析外液中滴入 25% 氯化钡溶液，观察是否有白色絮状沉淀生成，如果没有则表明透析完成。收集透析袋中的溶液放入 4℃冰箱，备用。

（3）冷冻干燥

将透析完成后的粗蛋白溶液分装于 10mL 的西林瓶中，在 -80℃ 低温冷冻冰箱里预冻 6h 后，迅速放入预冻完成的低温冷冻干燥机中，-50℃ 冷冻干燥 48h 后取出，得到干燥后的蛋白粗提物。

（4）液相色谱-串联质谱（LC-MS/MS）鉴定

将干燥后的蛋白粗提物送往上海生工蛋白服务部，采用 LC-MS/MS 对蛋白粗提物进行分析。

①酶解和质谱鉴定操作步骤

a. 使用 25m mol/L NH₄HCO₃的水溶液复溶样品，涡旋振荡 30s，12000r/min 离心 10min，取上清于 10kD 的超滤管中；

b. 加入 40μL 蛋白还原溶液，57℃ 反应 1h；

c. 加入 40μL 蛋白烷基化溶液，室温避光反应 10min，12000r/min 离心 20min，弃掉收集管底部溶液；

d. 加入 50μL 25mmol/L NH₄HCO₃，12000r/min 离心 20min，弃掉收集管底部溶液，重复 3 次；

e. 更换收集管，在超滤管中加入 40μL 浓度为 12ng/μL 的测序级胰蛋白酶溶液，37℃ 反应 15h，12000r/min 离心 10min，收集酶解后肽段。在超滤管中再加入 50μL 25mmol/L NH₄HCO₃，12000r/min 离心 10min，收集管底溶液并与前次溶液合并冻干。

②质谱操作及数据库检索

将冻干的样品重新溶解于 0.1% 甲酸-水溶液中，制备为蛋白粗提物溶液。

采用 Nano-HPLC 液相系统 EASY-nLC1000 进行分离。液相 A 液为 0.1% 甲酸-水溶液，B 液为 0.1% 甲酸-乙腈溶液。色谱柱 trap column，100μm×20mm（RP-C18）以 100% 的 A 液平衡。样品由自动进样器上样并吸附到 trap column 柱上，再经 analysis column，75μm×150mm（RP-C18）色谱柱分离，流速为 300nL/min。样本间用空白溶剂 60min 流动相梯度清洗 1 次。酶解产物经毛细管高效液相色谱分离后用 LTQ Orbitrap Velos Pro 质谱仪进行质谱分析。分析时长：30min。检测方式：正离子。喷雾电压：1.8kV。离子传输毛细管温度：250℃，使用前经标准校正液校正。母离子扫描范围：350~1800m/z，质谱扫描方式为信息依赖的采集工作模式下（IDA，information dependent analysis），每次全扫描（full scan）后采集最强的 10 个碎片图谱（MS2 scan）。碎裂方式：碰撞诱导解离（CID，collision-induced dissociation），正态化能量 35%，q 值 0.25。活化时间：30ms。动态排除时间：30s。MS₁ 在 M/Z 400 时分辨率为 60000，MS₂ 在离子阱中为单位质量分辨。一级质谱采用 profile 模式采集，二级质谱采用 centroid 方式采集以降低数据文件大小。

数据处理采用 Mascot 2.3 软件（Matrix Science）进行，测得的蛋白序列在 NCBI-Nucleotide-Streptomyces sp. 数据库中进行 BLAST 比对。

（七）蛋白粗提物对供试病原菌菌丝生长抑制作用的测定

将烟草疫霉、瓜果腐霉、尖孢镰刀菌 3 种烟草土传病原真菌活化培养后，用直径为 8mm 打孔器打菌饼。称取 0.1g 蛋白粗提物溶于 10mL 无菌水中，配制成

$10^4\mu g/mL^{-1}$的蛋白粗提物母液。取配制好的药液和PDA培养基（50℃）于无菌培养皿中混匀，分别配制成含有2、4、6、8、10、12μg/mL药液的混合平板，待平板冷却凝固后，于平板中央分别接种烟草疫霉、尖孢镰刀菌菌饼；制成含有2、3、4、5、6、7μg/mL药液的混合平板，于平板中央接种瓜果腐霉菌饼。以不含药液的PDA平板为对照处理。每个处理3个重复，置于恒温培养箱28℃培养27天后，十字交叉法测量病原菌菌落直径，计算抑菌率。

（八）蛋白粗提物对尖孢镰刀菌孢子萌发抑制作用的测定

（1）尖孢镰刀菌孢子悬浮液的制备

将尖孢镰刀菌菌株在PDA培养基上培养7天后，每皿加入10mL无菌水，用灭过菌的接种刀轻轻刮下平板表面的菌丝及孢子，得到的菌液分装于2mL离心管中，3000r/min离心后取上清液。通过血球计数板计数法调节孢子浓度，血球计数板的400个小格能够观察到50~100个孢子即可，孢子悬浮液制备完成。将制好的孢子悬浮液分装于5mL离心管中，4℃冰箱保存备用。

（2）蛋白粗提物对尖孢镰刀菌孢子的抑制作用

①对孢子萌发的抑制作用

取本节（六）制备的蛋白粗提物溶液和WA培养基（50℃）于无菌培养皿中混匀，使蛋白粗提物的终浓度分别设置为30、45、60、75、90μg/mL，待平板冷却凝固后，每皿加入100μL孢子悬浮液，利用涂布器涂布均匀。用无菌水与WA混合倒平板作为对照处理，每个处理3个重复。28℃培养箱中培养14h后，光学显微镜下观察对照组孢子的萌发情况，以萌发的芽管超过孢子短半径为萌发标准，当对照处理的萌发率达到95%后，观察记录处理组的孢子萌发情况，计算抑制率。

孢子萌发抑制率(%)=［(对照孢子萌发率-处理孢子萌发率)/对照孢子萌发率］×100%

②对芽管伸长的抑制作用

取本节（六）制备的蛋白粗提物溶液和WA培养基（50℃）于无菌培养皿中混匀，使蛋白粗提物的终浓度为15、25、35、45、55μg/mL，每个处理3个重复。28℃培养箱中培养16h后，在显微镜下使用测微尺测量对照组和各个处理组的芽管长度，计算芽管伸长抑制率。

芽管伸长抑制率(%)=［(对照芽管长度-处理芽管长度)/对照芽管长度］×100

（九）数据分析

采用DPS-6.55 Patch软件中的数量型数据机值分析模块计算蛋白粗提物抑制供试病原真菌菌丝生长和孢子萌发的有效中浓度EC_{50}，得出毒力回归方程。

二、结果与分析

(一)SA74 菌株抑菌活性物质的极性分析

脂溶性溶剂正丁醇、二氯甲烷、石油醚有机相均无抑菌活性，乙酸乙酯有机相的抑菌率仅 5.40%，各水相对烟草疫霉的抑制作用明显。SA74 发酵液经旋转蒸发仪浓缩蒸干后的黏状物质，在水中的溶解度最大，甲醇、乙醇次之，乙酸乙酯、正丁醇、二氯甲烷、石油醚都不能溶解，说明 SA74 菌株活性物质的极性和水溶性大(表 10-55)。

表 10-55　SA74 菌株发酵液经有机溶剂萃取后各相的抑菌作用

有机溶剂	甲醇	乙酸乙酯		正丁醇		二氯甲烷		石油醚	
		有机相	水相	有机相	水相	有机相	水相	有机相	水相
抑菌率(%)	59.10	5.40	89.14	0	85.79	0	87.38	0	71.40

(二)SA74 菌株抑菌活性物质的初步分离

(1)硫酸铵分级盐析沉淀抗菌物质

吸光度越小，表明上清液中蛋白含量越低，说明在该饱和度下物质沉淀的更彻底。由表 10-56 可知，随着盐浓度的增大，上清液的吸光度随之降低，表明 80%饱和盐浓度下的蛋白析出量更多。考虑到离心难易程度和盐用量，选取 60%的饱和度作为最适提取盐浓度。

表 10-56　不同盐浓度处理后 SA74 发酵上清液的吸光度

盐浓度(%)	20	40	60	80
吸光度(A)	0.425	0.353	0.321	0.303

利用硫酸铵提取的粗蛋白对烟草疫霉的抑菌效果显著，上清液活性很微弱，说明沉淀物中含有主要抑菌活性物质，但硫酸铵各个饱和度之间析出物质的抑菌作用并无明显差异。初步认定 SA74 菌株产生的主要活性产物是蛋白类物质(图 10-21)。

(2)透析除盐

试验结果表明，透析48h 后，将25%氯化钡溶液滴入透析外液中，仍有大量沉淀生成；72h 后，还是会有些许沉淀生成；连续透析 96h 后，利用氯化钡溶液检验透析外液，已经无沉淀生成，表明硫酸铵盐基本上去除干净。

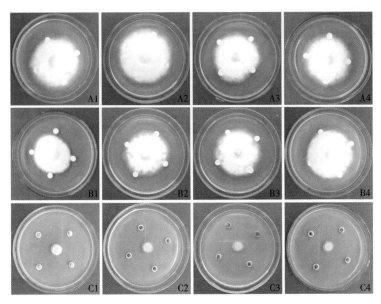

图 10-21　SA74 菌株抑菌活性物质的检测

注：A1、A2、A3、A4：20%、40%、60%、80%盐溶液作用下烟草疫霉的培养状态。B1、B2、B3、B4：20%、40%、60%、80%盐浓度处理后的上清液对烟草疫霉的拮抗效果。C1、C2、C3、C4：20%、40%、60%、80%盐浓度处理后的沉淀物对烟草疫霉的拮抗效果。

（3）冷冻干燥

冷冻干燥后的蛋白粗提物呈象牙色，棉絮状，略带黏性，不易研磨成粉状（图 10-22）。

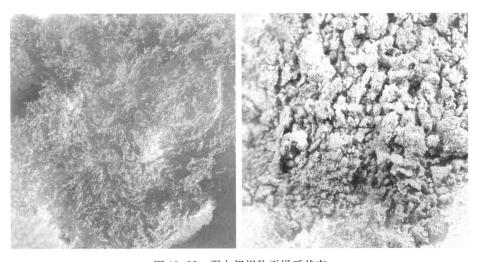

图 10-22　蛋白粗提物干燥后状态

（4）液相色谱–串联质谱分析（LC-MS/MS）

冷冻干燥后的蛋白粗提物经 LC-MS/MS 分析后，将测得的蛋白片段序列在 NCBI 数据库中进行比对，鉴定出 9 种蛋白，包括单链 DNA 结合蛋白、镍–超氧化物歧化酶、ABC 转运体 ATP 结合蛋白、2-甲基异莰醇合成酶、酰基转移酶家族蛋白和 4 种假定蛋白（表 10-57）。

表 10-57　SA74 菌株发酵液蛋白粗提物质谱分析结果

序号	名称	分子量(Da)	含量	PI 值	部分序列	识别号
1	镍–超氧化物歧化酶	14766	0.23	7.79	RIEAESVKA	gi｜1187458784｜gb｜OSP01835. 1｜
2	单链 DNA 结合蛋白	20067	0.17	5.27	RQAAENVAESLQRG	gi｜739798417｜ref｜WP_ 037650444. 1｜
3	假定蛋白	19576	0.17	10.02	RWTLHRI	gi｜1532397579｜gb｜RRQ87191. 1｜
4	ABC 转运体 ATP 结合蛋白	27512	0.12	5.17	RADQDAVRR	gi｜739810789｜ref｜WP_ 037662691. 1｜
5	酰基转移酶家族蛋白	39243	0.08	5.89	WTIQFGEPIPTDG	gi｜739811499｜ref｜WP_ 037663392. 1｜
6	假定蛋白	39450	0.08	5.70	MDVVDELRE	gi｜739801704｜ref｜WP_ 037653661. 1｜
7	甲基异莰醇合成酶	47025	0.07	5.22	RAATPSQADRY	gi｜1187460657｜gb｜OSP03708. 1｜
8	假定蛋白	55184	0.06	6.25	MNVQHVRR	gi｜1187457996｜gb｜OSP01047. 1｜
9	假定蛋白	77081	0.04	4.87	RTEEEQESSRK	gi｜739811277｜ref｜WP_ 037663173. 1｜

（三）蛋白粗提物抑菌活性的测定

蛋白粗提物对 3 种烟草土传病原真菌均有很强的抑制作用，其中，对烟草疫霉的抑制作用最强，EC_{50} 为 2.7687μg/mL（表 10-58）；对瓜果腐霉的抑制作用次之，EC_{50} 为 2.9812μg/mL（表 10-59）；而对尖孢镰刀菌的抑制作用稍差，EC_{50} 为 5.9544μg/mL（表 10-58）。

显微观察蛋白粗提物对烟草疫霉菌丝尖端的抑制作用表现为分枝增多，原生质外流，有溶解趋势，出现菌丝膨大现象（图 10-23）；对烟草瓜果腐霉菌丝尖端的抑制作用表现为分枝显著增多，菌丝膨大，出现消融现象（图 10-24）；受蛋白粗提物处理的尖孢镰刀菌菌丝尖端多呈二叉状，偶见三叉状分枝（图 10-25）。

表 10-58　蛋白粗提物对烟草疫霉、尖孢镰刀菌的抑制作用

病原菌		菌丝生长抑制率(%)	
		烟草疫霉	尖孢镰刀菌
粗提物浓度 （μg/mL）	2	36.87	15.68
	4	65.83	43.02
	6	71.22	54.68
	8	74.10	60.04
	10	77.34	62.33
	12	80.40	70.00
毒力回归方程		$y=1.4289x+4.368$	$y=1.8622x+3.5571$
EC$_{50}$(μg/mL)		2.7687	5.9544
相关系数		0.9646	0.9789

表 10-59　蛋白粗提物对瓜果腐霉的抑制作用

粗提物浓度(μg/mL)	2	3	4	5	6	7
菌丝生长抑制率(%)	30.00	56.14	62.71	70.14	78.43	82.14
毒力回归方程			$y=2.5419x+3.7942$			
EC$_{50}$(μg/mL)			2.9812			
相关系数			0.9883			

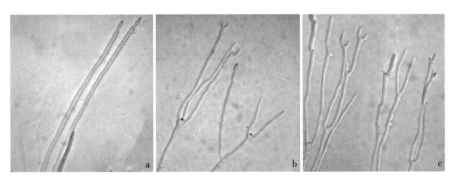

图 10-23　蛋白粗提物对烟草疫霉菌丝的抑制作用

注：a. 正常状态烟草疫霉菌丝形态；b~c. 受蛋白粗提物抑制的烟草疫霉菌丝形态。

（四）蛋白粗提物对尖孢镰刀菌孢子萌发的抑制作用

（1）对孢子萌发的抑制作用

随着蛋白粗提物浓度的增加，其对尖孢镰刀菌分生孢子萌发的抑制率也随之出现增强的趋势，浓度为 30μg/mL 时抑制率最低，为 17.53%，粗蛋白浓度为 90μg/mL 时抑制率最高，为 85.57%，EC$_{50}$为 52.0003μg/mL。结果表明，不同浓

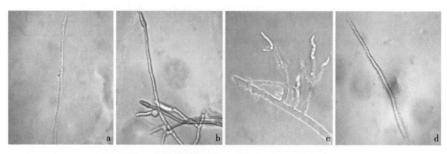

图 10-24　蛋白粗提物对瓜果腐霉菌丝的抑制作用

注：a. 正常状态瓜果腐霉菌丝形态；b~d. 受蛋白粗提物抑制的瓜果腐霉菌丝形态。

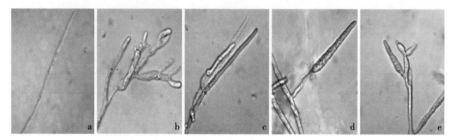

图 10-25　蛋白粗提物对尖孢镰刀菌菌丝的抑制作用

注：a. 正常状态尖孢镰刀菌菌丝形态；b~e. 受蛋白粗提物抑制的尖孢镰刀菌菌丝形态。

度的蛋白粗提物均能够对尖孢镰刀菌的孢子萌发产生抑制作用（表 10-60）。

表 10-60　蛋白粗提物对尖孢镰刀菌孢子萌发的影响

粗提物浓度（μg/mL）	30	45	60	75	90
孢子萌发抑制率（%）	17.53	28.87	65.98	76.29	85.57
毒力回归方程			$y = 4.4254x - 2.5941$		
EC_{50}（μg/mL）			52.0003		
相关系数			0.9804		

（2）对芽管伸长的抑制作用

不同浓度的蛋白粗提物对芽管伸长均有抑制作用，随着浓度的增大，对芽管伸长的抑制率也随之增大，浓度为 55μg/mL 时，对芽管伸长的抑制作用最明显，抑制率达 81.74%（表 10-61）。未经蛋白粗提物处理的分生孢子正常萌发形成芽管，表面光滑，无分枝。处理组孢子萌发后的芽管生长明显受抑制，出现膨大变粗、分枝增多的现象（图 10-26）。

表 10-61　蛋白粗提物对尖孢镰刀菌芽管伸长的抑制作用

粗提物浓度（μg/mL）	15	25	35	45	55
芽管伸长抑制率（%）	28.26	51.54	59.51	75.10	81.74

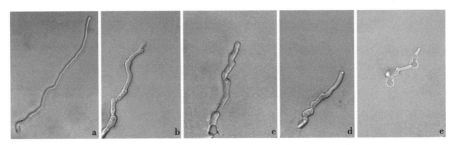

图 10-26　蛋白粗提物处理后的尖孢镰刀菌芽管形态

注：a. 正常状态尖孢镰刀菌芽管形态；b~e. 受蛋白粗提物抑制的尖孢镰刀菌芽管形态。

三、结论

　　试验采用有机溶剂萃取、活性追踪、饱和硫酸铵盐析的方法对 SA74 菌株的活性产物进行粗提；采用菌丝生长速率法测定蛋白粗提物对烟草疫霉、瓜果腐霉、尖孢镰刀菌 3 种烟草土传病原真菌菌丝的抑制作用；用孢子萌发法测定蛋白粗提物对尖孢镰刀菌孢子萌发及芽管伸长的毒力。结果表明，SA74 菌株产生的活性物质不溶于脂溶性有机溶剂，能部分溶于甲醇中，极性大。通过硫酸铵盐析出的蛋白粗提物对烟草疫霉有极强的抑菌活性，最终选择 60% 为最佳提取盐浓度；通过 LC-MS/MS 对粗蛋白进行分析，得到单链 DNA 结合蛋白、镍-超氧化物歧化酶、ABC 转运体 ATP 结合蛋白、2-甲基异莰醇合成酶、酰基转移酶家族蛋白和 4 种假定蛋白；不同浓度的蛋白粗提物对烟草疫霉、瓜果腐霉、尖孢镰刀菌的菌丝生长均表现较高的抑制作用，EC_{50} 分别为 2.7687、2.9812、5.9544μg/mL，显微观察对菌丝的抑制作用表现为菌丝膨大、分枝增多、原生质外流等致畸作用；对尖孢镰刀菌的孢子萌发的 EC_{50} 为 52.0003μg/mL，经过蛋白粗提物处理后的芽管膨大变粗，分枝增多，生长明显受抑制。

主要参考文献

安忠琦，2017. 金钗石斛内生细菌的分离及抑菌活性研究［D］. 贵阳：贵州师范大学.

鲍士旦，2016. 土壤农化分析［M］. 北京：中国农业出版社.

边传红，2016. 洛阳市烟田腐霉菌与烟草根际拮抗放线菌的鉴定［D］. 洛阳：河南科技大学.

蔡燕飞，廖宗文，章家恩，等，2003. 生态有机肥对番茄青枯病及土壤微生物多样性的影响［J］. 应用生态学报，14(3)：349-353.

蔡元呈，梁华荣，2010. 植物微生态学、植物微生态制剂与微生物肥料［J］. 农学学报，(2)：48-52.

曹明慧，冉炜，杨兴明，等，2011. 烟草黑胫病拮抗菌的筛选及其生物效应［J］. 土壤学报，48(1)：151-159.

曹毅，陆宁，陈兴江，等，2014. 烟草根际放线菌的分离及酶活性和功能基因检测［J］. 东北农业大学学报，45(2)：19-23.

曹志平，2007. 土壤生态学［M］. 北京：化学工业出版社.

陈晨，2012. 根瘤菌 5-28 的鉴定及其尼古丁代谢途径的研究［D］. 镇江：江苏科技大学.

陈高航，2013. 烟草根腐病病原鉴定及其生物学特性观察［D］. 武汉：华中农业大学.

陈海英，2006. 多粘芽孢杆菌 CP7 抗菌物质的分离纯化及杀菌机理研究［D］. 广州：华南农业大学.

陈佳亮，2017. 烟草根际促生菌 Sm-1 的分离及其外泌铁载体的纯化与鉴定［D］. 长沙：湖南农业大学.

陈森洲，黄大林，刘菁，等，2011. 2 株红树林淤泥放线菌的鉴定及抗菌活性研究［J］. 西北农林科技大学学报，39(2)：157-161.

陈文新，1996. 土壤和环境微生物学［M］. 北京：北京农业出版社.

陈曦，任婷，赵丽娇，等，2016. 烟草制品及烟气中重金属检测方法的研究进展［J］. 分析测试学报，35(3)：359-366.

陈向东，2013. 枯草芽孢杆菌作为生防制剂在农业上的应用[J]. 微生物学通报，07：1323-1324.

陈泽斌，夏振远，雷丽萍，等，2014. 烟草内生细菌种群特征分析[J]. 中国烟草学报，20(3)：102-107.

陈泽斌，杨跃华，夏振远，等，2013. 烟草内生促生细菌的筛选及在漂浮育苗中的应用效果[J]. 中国烟草学报，19(1)：70-75.

池振明，1999. 微生物生态学[M]. 济南：山东大学出版社.

钏有聪，张立猛，焦永鸽，等，2016. 大蒜与烤烟轮作对烟草黑胫病的防治效果及作用机理初探[J]. 中国烟草学报，22(5)：55-62.

丁雷，李俊华，赵思峰，等，2011. 生物有机肥和拮抗菌对土壤有效养分和土壤酶活性的影响[J]. 新疆农业科学，48(3)：504-510.

丁玥琪，2017. 烟田拮抗微生物的互作及其应用效果研究[D]. 洛阳：河南科技大学.

董祥洲，2011. 延边烤烟连作和轮作对土壤微生态与烟叶产量质量的影响[D]. 郑州：河南农业大学.

窦彦霞，李兰，彭雄，等，2012. 烟草根黑腐病菌致病力分化及品种抗性差异研究[J]. 植物病理学报，42(6)：645-648.

窦彦霞，彭雄，徐佳敏，等，2012. 中国烟草根黑腐病菌根串珠霉菌群及 rDNA-ITS 序列分析[J]. 菌物学报，31(4)：531-539.

窦玉青，汤朝起，王平，等，2010. 北方烤烟钾氯含量及其与吸食品质的关系研究[J]. 中国农学通报，26(17)：86-92.

方涛，李道季，余立华，2007. 海洋微生物铁载体的研究[J]. 海洋科学，10(31)：87-91.

方中达，1998. 植病研究法[M]. 北京：中国农业出版社.

封松利，2014. 河南省烟草黑胫病菌和根黑腐病菌群体遗传多样性分析及分子检测体系的建立[D]. 郑州：河南农业大学.

封松利，蒋士君，宋鹏宇，等，2014. 基于线粒体及核 DNA 序列的河南烟草黑胫病菌群体遗传多样性分析[J]. 中国农业大学学报，19(6)：16-22.

冯国胜，2009. 活化有机肥对烟草根系生长和根际土壤微生物数量的影响[J]. 河南农业科学，38(11)：69-72.

冯红柳，刘永贤，郑希，等，2010. 镁、硼对烤烟生长发育与产质量的影响[J]. 广西农业科学，41(3)：244-247.

冯思玲，2009. 系统发育树构建方法研究[J]. 信息技术，(6)：38-40+44.

高铭，2018. 有机肥对植烟土壤改良及烟叶产量、质量的影响［D］. 南宁：广西大学.

高阳，薛大伟，钱前，等，2015. 二代测序技术在水稻基因组学和转录组学研究中的应用［J］. 中国水稻科学，（2）：208-214.

郭芳芳，谢镇，卢鹏，等，2014. 一株多粘类芽孢杆菌的鉴定及其生防促生效果初步测定［J］. 中国生物防治学报，30（4）：489-496.

郭建华，张仕祥，王建伟，等，2017. 烤烟中微量营养元素含量与物理特性的关系探讨［J］. 土壤，49（2）：268-272.

韩福根，2010. 烟草化学［M］. 北京：中国农业出版社.

何林卫，2015. 种植模式及施肥对遵义烤烟产质量和土壤的影响［D］. 重庆：西南大学.

何虓，王强义，王明旭，等，2017. 生物有机肥与烟草专用复合肥配施对植烟土壤理化性质、微生物数量及酶活性的影响［J］. 耕作与栽培，（1）：22-24+47.

贺学礼，孙渭，赵莉丽，2003. AM 真菌和施钾量对烟草植株钾素累积和分布的交互效应［J］. 应用与环境生物学报，9（1）：81-84.

胡诚，曹志平，叶钟年，等，2006. 不同的土壤培肥措施对低肥力农田土壤微生物生物量碳的影响［J］. 生态学报，26（3）：808-814.

胡飞，孔垂华，王朋，2016. 植物化感（相生相克）作用［M］. 北京：中国农业出版社.

胡可，李华兴，卢维盛，等，2010. 生物有机肥对土壤微生物活性的影响［J］. 中国生态农业学报，18（2）：303-306.

胡珍珠，杨志辉，丁明亚，等，2015. 我国北方马铃薯主产区致病疫霉群体遗传结构分析［J］. 河南农业科学，44（7）：83-88.

黄世文，王玲，刘连盟，等，2012. 水稻穗腐病病原分离、鉴定及生物学特性［J］. 中国水稻科学，26（3）：341-350.

惠非琼，2014. 印度梨形孢对烟草耐盐、抗旱及重金属作用及机理的初步研究［D］. 杭州：浙江大学.

金慧清，程昌合，徐清泉，等，2017. 烟草内生真菌对烟草生长和烟叶重金属含量的影响［J］. 菌物学报，36（2）：186-192.

康白，1996. 微生态学原理［M］. 大连：大连出版社.

康振辉，2009. 土壤中烟草根黑腐病菌实时定量 PCR 检测方法研究［D］. 重庆：重庆大学.

匡石滋，李春雨，田世尧，等，2013. 药肥两用生物有机肥对香蕉枯萎病的防治及其机理初探[J]. 中国生物防治学报，29（3）：417-423.

黎勇，王小丹，罗培凤，等，2011. 铁皮石斛菌根真菌对铁皮石斛组培苗的接种效应[J]. 农业科学与技术（英文版），12（11）：1580-1584.

李斌，2012. 烟草黑胫病菌拮抗放线菌的筛选[J]. 西南农业学报，25（5）：1708-1713.

李斌，杨益芬，龚国淑，2012. 四川省烟草黑胫病菌生理小种的分离鉴定[J]. 烟草科技，（10）：81-84.

李冰，2013. 烟草新病害——茎黑腐病及安徽省烟田土壤几种病原物的分子检测研究[D]. 合肥：安徽农业大学.

李阜棣，胡正嘉，2000. 微生物学（第5版）[M]. 北京：中国农业出版社.

李佳，李璐，杨胜男，等，2019. 生物有机肥对植烟土壤微生物及烤后烟叶质量的影响[J]. 江西农业学报，31（6）：63-67.

李梅云，2012. 云南省烟草疫霉生理小种的初步鉴定[J]. 中国烟草科学，33（5）：54-59.

李苗苗，古丽君，马碧花，等，2019. 中华羊茅内生真菌共生体对多年生黑麦草种子萌发和幼苗生长的影响[J]. 草原与草坪，39（1）：35-42.

李全乐，管仁艳，何璟，等，2018. 吸水链霉菌 ATCC 29253 产 Hygrocin A 发酵条件的优化[J]. 微生物学通报，45（1）：146-154.

李天杰，1995. 土壤环境学[M]. 北京：高等教育出版社.

李伟群，王爽，王英，等，2007. 不同施肥处理对大豆生育期内土壤微生物的影响[J]. 大豆科学，26（6）：922-925.

李文君，2011. 云南大理不同烟草产区烟叶内生菌群及其动态差异研究[D]. 昆明：云南大学.

李信军，2015. 内生真菌在降低烟叶重金属含量中的应用研究[D]. 杭州：浙江大学.

李艳平，刘国顺，丁松爽，等，2016. 混合有机肥用量对烤烟根系活力及根际土壤生物特性的影响[J]. 中国烟草科学，37（1）：32-36，44.

梁文举，张晓珂，姜勇，等，2005. 根分泌的化感物质及其对土壤生物产生的影响[J]. 地球科学进展，20（3）：330-337.

廖振林，刘菁，陈建宏，等，2010. 广西北海红树林土壤放线菌的分离与鉴定[J]. 安徽农业科学，38（23）：12693-12694，12702.

林丽，陈泽斌，何群香，等，2017. 烟草不同部位内生细菌的多样性[J]. 江苏农业科学，45（22）：274-278.

刘翠花，林起，魏如翰，等，2016. 基于线粒体基因间区的烟草黑胫病遗传多样性研究［J］. 农业科技通讯，（8）：102-104.

刘芳，奚家勤，董洪旭，等，2016. 河南植烟区烟草黑胫病菌生理小种的鉴定及遗传多样性分析［J］. 烟草科技，49(6)：15-21.

刘芳，奚家勤，董洪旭，等，2016. 河南植烟区烟草黑胫病菌生理小种的鉴定及遗传多样性分析［J］. 烟草科技，49(6)：15-21.

刘国华，叶正芳，吴为中，2012. 土壤微生物群落多样性解析法：从培养到非培养［J］. 生态学报，32(14)：4421-4433.

刘海，杜如万，赵建，等，2016. 施肥对烤烟根际土壤酶活性及细菌群落结构的影响［J］. 烟草科技，49(10)：1-8.

刘汉军，刘蕾，刘轶豪，等，2018. 不同生物有机肥对烤烟产质量及土壤养分的影响［J］. 生态科学，37(6)：91-96.

刘宏玉，2014. 烟草内生真菌多样性及促生和抗重金属菌株的筛选［D］. 杭州：浙江大学.

刘宏玉，金慧清，王佳莹，等，2015. 烟草内生真菌多样性和种群结构［J］. 菌物学报，34(6)：1058-1067.

刘丽辉，杨盼盼，田俊岭，等，2019. 施用生物有机肥对烟草产量和品质的影响［J］. 广东农业科学，46(11)：69-77.

刘书凯，时宏书，王林玉，等，2019. 细菌 LSN02 和 LLGJ04 菌株对烟草土传病害的田间防效研究［J］. 现代农业科技，（6）：75-76.

刘晓姣，丁伟，徐小洪，等，2013. 4 种生物防治菌对烟草青枯病防治的研究进展［J］. 植物医生，（4）：46-48.

刘延荣，方宇澄，黄镇，2001. 山东烟区土壤 VA 菌根真菌的分离鉴定［J］. 吉林农业大学学报，23(1)：40-45.

刘艳霞，李想，曹毅，等，2014. 抑制烟草青枯病型生物有机肥的田间防效研究［J］. 植物营养与肥料学报，（5）：1203-1211.

卢维宏，黄思良，陶爱丽，等，2011. 玉米穗腐病样品中层出镰刀菌的分离与鉴定［J］. 植物保护学报，38(3)：233-239.

鲁素云，1992. 植物病害生物防治学［M］. 北京：北京农业大学出版社，118-120.

陆铮铮，彭丽娟，丁海霞，等，2013. 烟草青枯菌拮抗放线菌的筛选及鉴定［J］. 中国烟草科学，34(2)：54-58.

陆铮铮，杨先权，彭杰，等，2012. 烟草青枯菌土壤拮抗真菌的筛选与鉴定［J］. 贵州农业科学，40(1)：86-89.

吕国忠，2012. 植物病原菌物学—不能抛弃的形态分类与不能拒绝的分子分析[J]. 菌物学报，31（4）：461-464.

吕国忠，赵志慧，孙晓东，等，2010. 串珠镰孢菌种名的废弃及其与疼藏赤霉复合种的关系[J]. 菌物学报，29（1）：143-151.

罗希茜，郝晓晖，陈涛，等，2009. 长期不同施肥对稻田土壤微生物群落功能多样性的影响[J]. 生态学报，29（2）：740-748.

麻耀华，尹淑丽，张丽萍，等，2012. 复合微生态制剂对黄瓜根际土壤微生物数量和酶活性的影响[J]. 植物保护，38（2）：46-50.

麻耀华，尹淑丽，张丽萍，等，2012. 复合微生态制剂对黄瓜根际土壤微生物数量和酶活性的影响[J]. 植物保护，38（2）：46-50.

马国胜，高智谋，2006. 安徽省烟草黑胫病菌的交配型及其地理分布研究[J]. 植物病理学报，36（6）：566-568.

梅汝鸿，1991. 植物微生态制剂——增产菌[M]. 北京：中国农业出版社.

梅汝鸿，徐维敏，1998. 植物微生态学[M]，北京：中国农业出版社.

苗圃，2013. 河南省烟草真菌性根茎病害鉴定及黑胫病菌生理小种鉴定[D]. 洛阳：河南科技大学.

苗圃，王海涛，李淑君，等，2013. 河南省烟草黑胫病菌生理小种鉴定[J]. 西北农业学报，22（10）：204-207.

苗圃，王海涛，李淑君，等，2014. 两种病原真菌在河南危害烟草的首次报道[J]. 中国烟草科学，35（2）：113-116.

裴洲洋，2009. 烟草内生真菌种群多样性及烟草赤星病生防内生菌的筛选[D]. 郑州：河南农业大学.

彭兵，2015. 三种内生真菌对烟草生长、诱导抗病性和抗重金属能力的影响及其机理的初步研究[D]. 杭州：浙江大学.

彭虹旎，2013. 短小芽孢杆菌的分离与分子鉴定、抑菌性及微生态制剂应用研究[D]. 青岛：中国海洋大学.

彭丽娟，丁海霞，葛永怡，2011. 贵州省烟草黑胫病菌的交配型及其分布初探[J]. 河南农业科学，40（11）：93-96.

彭双，闫淑珍，陈双林，2011. 具杀线虫活性植物内生细菌的筛选和活性产物[J]. 微生物学报，51（3）：368-376.

强晓晶，2019. 披碱草内生真菌对小麦抗旱性的影响机制[D]. 北京：中国农业科学院.

秦颖，2015. 滇重楼内生真菌杂色曲霉代谢产物和杂色曲霉发酵烟丝的致香成分研究［D］. 昆明：云南民族大学．

邱服斌，2010. 人参内生细菌 ge21 菌株的鉴定及抑菌活性测定［J］. 微生物学通报，37（1）：43-47.

邱睿，王海涛，李成军，等，2016. 烟草病虫害绿色防控技术研究进展［J］. 河南农业科学，45（11）：8-13.

阮继生，2013. 伯杰氏系统细菌学手册（第 2 版）第 5 卷与我国的放线菌系统学研究［J］. 微生物学报，53（6）：521-530.

尚翠，2013. 微生物有机肥对烟田土壤养分调节和烟草品质改善的研究［D］. 长沙：湖南大学．

施河丽，孙立广，谭军，等，2018. 生物有机肥对烟草青枯病的防效及对土壤细菌群落的影响［J］. 中国烟草科学，39（2）：54-62.

宋喜乐，赵世民，赵云波，等，2016. 洛阳地区烟草根际土壤中多粘类芽孢杆菌的分离与鉴定［J］. 烟草科技，49（12）：13-20.

苏凯，桑维钧，王慧，等，2013. 贵州省烟草黑胫病菌遗传多样性分析［J］. 中国植保导刊，33（3）：8-11.

苏世鸣，任丽轩，霍振华，等，2008. 西瓜与旱作水稻间作改善西瓜连作障碍及对土壤微生物区系的影响［J］. 中国农业科学，41（3）：704-712.

孙常伟，2009. 重庆地区烟草黑胫病菌交配型及生理小种的研究［D］. 西南大学．

孙会，2016. 连作烟田土壤肥力变化及微生物制剂应用研究［D］. 郑州：郑州大学．

孙家骏，付青霞，谷洁，等，2016. 生物有机肥对猕猴桃土壤酶活性和微生物群落的影响［J］. 应用生态学报，27（3）：829-837.

孙敏，2016. 烤烟三株内生细菌的筛选及应用研究［D］. 长沙：湖南农业大学．

台莲梅，金红，贾锡云，2002. 农作物病害生物防治研究进展［J］. 黑龙江八一农垦大学学报，14（3）：21-24.

谈文，1995. 烟草病理学教程［M］. 北京：中国科学技术出版社．

谭小明，周雅琴，陈娟，等，2015. 药用植物内生真菌多样性研究进展［J］. 中国药学杂志，50（18）：1563-1580.

汤海雄，龚鹏博，2010. 生物有机肥在烟草生产上的应用现状及发展趋势［J］. 广东农业科学，（2）：86-88.

唐文，陈遂中，2016. 植物化感作用研究进展［J］. 新疆农垦科技，39（10）：47-49.

陶梦慧，索全义，张曙光，等，2017. 不同施肥对土壤微生物量和酶活性的影响[J]. 北方园艺，(9)：154-159.

田楠，刘增文，李俊，等，2013. 林(果)粮间作中树木枯落叶对小麦发芽期和苗期的化感效应[J]. 中国生态农业学报，(6)：707-714.

王蓓蓓，2015. 轮作及生物有机肥防控香蕉土传枯萎病的土壤微生物机制研究[D]. 南京：南京农业大学.

王超，刘明庆，黄思杰，等，2019. 不同施肥处理对有机种植土壤微生物区系的影响[J]. 江苏农业科学，47(20)：266-272.

王辰，2015. 白刺链霉菌(*Streptomyces albospinus*)CT205 活性成分的分离纯化及其对草莓根腐病的生防效应研究[D]. 南京：南京农业大学.

王栋，伏晓，韩新宇，等，2012. 烟草黑胫病菌拮抗细菌的筛选与鉴定[J]. 现代农业科技，16：133-134+141.

王刚，陈楠，高芯蕊，等，2011. 丛枝菌根(AM)对烟草的作用研究[J]. 中国烟草学报，17(6)：100-102.

王静，孔凡玉，张成省，等，2013. 放线菌 F8 对烟草黑胫病的拮抗作用及其产酶活性[J]. 中国烟草科技，34(2)：49-53.

王兰英，王琴，骆焱平，2015. 金黄垂直链霉菌 HN6 对香蕉的防病促生作用[J]. 西北农林科技大学学报(自然科学版)，43(5)：163-167，173.

王利平，焦红见，李鹏，2011. 微生态制剂在农作物上的应用研究[J]. 四川农业科技，(9)：44-45.

王维，2010. 半夏内生菌的分离及其内生真菌对宿主生长影响的研究[D]. 杨凌：西北农林科技大学.

王彦亭，谢剑平，李志宏，2010. 中国烟草种植区划[M]. 北京：科学出版社.

王智发，刘延荣，谢成颂，等，1987. 我国烟草黑胫病菌生理小种鉴定[J]. 山东农业大学学报，18(1)：1-8.

韦巧，武美燕，张文英，等，2018. 内生真菌印度梨形孢对旱稻苗期生长及抗旱性的影响[J]. 生态学杂志，37(9)：2642-2648.

韦忠，尹永强，钟启德，等，2011. 施用生物有机肥对烤烟生长及其产量和品质的影响[J]. 中国农学通报，27(3)：135-138.

魏少鹏，国政，姬志勤，2015. 小檗内生放线菌 H21 的鉴定及抑菌活性成分分析[J]. 中国农业科学，48(6)：1095-1102.

魏小慧，侣国涵，张友臣，等，2017. 十堰植烟土壤有效态微量元素分布特征及评价[J]. 安徽农业科学，45(8)：128-131，134.

吴秉奇，梁永江，丁延芹，等，2013. 两株烟草根际拮抗菌的生防和促生效果研究[J]. 中国烟草科学, 34(1)：66-71.

吴凤芝, 王学征, 2007. 黄瓜与小麦和大豆轮作对土壤微生物群落物种多样性的
影响[J]. 园艺学报, 34(6)：1543-1546.

吴晓宗, 王岩, 2019. 生物有机肥防治烟草青枯病及对土壤微生物多样性的影响
[J]. 中国土壤与肥料, (4)：193-199.

夏敬源, 2010. 大力推进农作物病虫害绿色防控技术集成创新与产业化推广[J].
中国植保导刊, 30(10)：5-9.

夏伟, 颜艳伟, 张红, 等, 2010. 木霉菌 Tr10 的鉴定及其对几种病原菌的抑制作
用[J]. 安徽农业科学, 38(5)：2424-2426.

夏伟, 张红, 颜艳伟, 等, 2010. 棘孢木霉 L4 对立枯丝核菌的拮抗机制[J]. 植
物保护学报, 37(5)：477-478.

夏志林, 黄莺, 彭丽娟, 等, 2017. 不同有机肥对烟田土壤微生物的影响[J]. 山
地农业生物学报, 36(3)：49-53, 85.

向必坤, 谭军, 上官力, 等, 2018. 不同栽培模式对植烟土壤微生物与酶活性的
影响[J]. 湖北农业科学, 57(16)：42-46.

肖江涛, 苗苗, 高坤, 等, 2011. 中国大豆疫霉菌群体遗传结构的 RFLP 分析
[J]. 中国农业科学, 44(20)：4190-4198.

肖忠湘, 2020. 水稻化感物质在土壤中的迁移及其与微生物的互作[D]. 杭州：
浙江大学.

谢红炼, 汪汉成, 蔡刘体, 等, 2020. 烟草种子内生细菌群落结构与多样性[J].
微生物学报, 60(3)：601-616.

邢来君, 李明春, 魏东盛, 2010. 普通真菌学[M]. (2 版). 北京：高等教育出
版社.

邢颖, 张莘, 郝志鹏, 等, 2015. 烟草内生菌资源及其应用研究进展[J]. 微生物
学通报, 42(2)：411-419.

徐静静, 王晓鸣, 武小菲, 等, 2009. 大豆疫霉多态性 SSR 标记开发及遗传多样
性分析[J]. 植物病理学报, 39(4)：337-346.

许志刚, 2004. 普通植物病理学(第 3 版)[M], 北京：中国农业出版社.

许自成, 秦璐, 邵惠芳, 等, 2010. 烤烟钾含量与多酚、有机酸含量及评吸品质
的关系[J]. 河南农业大学学报, 44(4)：383-389.

阎逊初, 1992. 放线菌的分类和鉴定[M]. 北京：科学出版社.

颜瑾, 舒翠华, 田昌, 等, 2014. 烤烟 K326 种子可培养内生细菌的分离与鉴
定[J]. 湖南农业科学, (18)：21-24, 27.

杨兵，刘慧美，龙章富，2015. 微生物防治烟草黑胫病的研究进展[J]. 农药，54
（9）：629-634.

杨德廉，李祥英，马凤静，等，2018. 有机肥施用对烟田土壤细菌多态性的影
响[J]. 中国烟草科学，39（3）：31-38.

杨合同，2009. 木霉分类与鉴定[M]. 北京：中国大地出版社.

杨合同，王少杰，王建平，等，1994. 荧光假单胞菌嗜铁素的性质研究[J]. 山东
科学，7（1）：53-56.

杨劲峰，韩晓日，阴红彬，等，2006. 不同施肥条件对玉米生长季耕层土壤微生
物量碳的影响[J]. 中国农学通报，22（1）：173-175.

杨尚霖，2018. 施加生物有机肥对土壤微生物多样性的影响[D]. 黑龙江：黑龙
江大学.

杨文亭，冯远娇，王建武，2011. 不同耕作措施对土壤微生物的影响[J]. 土壤通
报，42（1）：214-218.

杨玉珠，段海春，王勤，等，2017. 农作物病虫害绿色防控集成技术研究与应
用[J]. 现代农业（23）：105-106，108.

杨云高，王树林，刘国，等，2012. 生物有机肥对烤烟产质量及土壤改良的影
响[J]. 中国烟草科学，33（4）：70-74.

姚领爱，胡之璧，王莉莉，等，2010. 植物内生菌与宿主关系研究进展[J]. 生态
环境学报，19（7）：1750-1754.

易克，杨文蛟，张锦韬，等，2018. 施用生物有机肥对烤烟生长及产质量的影
响[J]. 耕作与栽培，（6）：9-12.

于莲，马丽娜，杜妍，等，2012. 微生态制剂研究进展[J]. 中国微生态学杂志，
24（1）：84-86.

余永年，马国忠，刘晓娟，1990. 腐霉属分类性状评价及其中国的种[J]. 真菌学
报，9（4）：249-262.

俞鲁，2012. 防控香蕉土传枯萎病专用生物有机肥研制与生物效应研究[D]. 南
京：南京农业大学.

喻会平，罗定棋，代园凤，等，2015. 烟草黑胫病拮抗细菌复合菌株的筛选与防
治效果评价[J]. 中国农学通报，31（8）：102-107.

云南省烟草农业科学研究院，2013. 烟草内生菌研究与应用[J]. 中国烟草学报，
19（1）：101.

臧超群，白元俊，梁春浩，等，2016. 暗黑链霉菌 PY-1 抑菌活性产物的结构鉴
定及其对葡萄霜霉病菌的抑制作用[J]. 植物病理学报，46（5）：686-696.

曾丽琼，何学友，蔡守平，2018，等. 具杀松材线虫活性细菌的筛选和鉴定[J].
江苏林业科技，45(2)：6-9.

曾夏冬，2016. 水稻内生放线菌OsiLf-2的分离、鉴定及其抗稻瘟病研究[D]. 长
沙：湖南大学.

湛方栋，田茂洁，黄建国，2004. 烟草VA菌根研究进展[J]. 烟草科技，(3)：
40-42+45.

张传萍，董安玮，葛永怡，等，2012. 烟草黑胫病拮抗细菌的筛选及鉴定[J]. 广
东农业科学，(20)：60-62.

张根伟，张丽萍，李书生，等，2012. 复合土壤微生态制剂在连作花生上的应用
效果[J]. 河南农业科学，41(9)：47-49.

张慧，李文卿，方宇，等，2019. 施用不同肥料对烟草土壤细菌群落的影响[J].
安徽农学通报，25(10)：29-35.

张梦旭，潘明明，胡珑瀚，等，2017. 内生菌的功能及在烟草上的研究进展[J].
烟草科技，50(11)：105-112.

张鹏，贾志宽，路文涛，等，2011. 不同有机肥施用量对宁南旱区土壤养分、酶
活性及作物生产力的影响[J]. 植物营养与肥料学报，17(5)：1122-1130.

张茹，李金花，柴兆祥，等，2009. 甘肃河西马铃薯根际生防木霉菌对接骨镰刀
菌的拮抗筛选及鉴定[J]. 草业学报，18(2)：138-145.

张茹萍，2011. 烟草黑胫菌拮抗放线菌的筛选、鉴定及其生防效果研究[D]. 泰
安：山东农业大学.

张妍，张建丽，牛宁昌，2007. 放线菌的分子分类[J]. 微生物学杂志，27(4)：
79-82.

张洋，2016. 不同施肥条件下黄瓜连作土壤微生物多样性分析[D]. 扬州：扬州
大学.

张振粉，南志标，2014. 甘肃省紫花苜蓿种带促生多粘类芽孢杆菌的分离与鉴定[J].
草业学报，23(5)：256-262.

张志斌，敖武，熊瑶瑶，等，2014. 内生拮抗放线菌FRo2的鉴定及抑菌活性物
质的分离[J]. 微生物学通报，41(8)：1574-1581.

赵辉，赵铭钦，程玉渊，等，2010. 河南南阳烟区不同类型土壤的根际和非根际
微生物及酶活性变化[J]. 土壤通报，41(5)：1057-1063.

赵杰，2013. 山东省烟草镰刀菌根腐病病原及生物学特性的研究[D]. 北京：中
国农业科学院.

赵杰，王静，李乃会，等，2013. 烟草镰刀菌根腐病病菌致病粗毒素的研究[J].

植物保护，39(3)：61-66.

赵颖，于飞，卜宁，等，2015. 碱蓬内生真菌 JP3 的分离、鉴定及促生作用研究[J]. 沈阳师范大学学报(自然科学版)，33(1)：116-120.

赵永强，张成玲，张薇，等，2009. 烟草根黑腐病菌的 PCR 分子检测[J]. 植物病理学报，39(1)：23-29.

赵中华，尹哲，杨普云，2011. 农作物病虫害绿色防控技术应用概况[J]. 植物保护，37(3)：29-32.

郑旭川，2019. 不同生物有机肥和生物菌剂对土壤微生物活性及烤烟发育与品质的影响[J]. 作物研究，33(3)：211-214.

钟帅，扈强，王玉胜，等，2016. 不同比例生物有机肥和复合肥混施对重庆地区烟叶农艺性状和品质的影响[J]. 热带农业工程，40(2)：46-49.

周德庆. 微生物学教程(第2版)[M]. 北京：高等教育出版社，2002.

周开谊，王伟轩，彭宇，等，2015. 烟草内生真菌及其提取物的抗细菌活性[J]. 天然产物研究与开发，27：1847-1852.

周喜新，周倩，胡日生，等，2011. 烟草黑胫病菌拮抗放线菌 LY18 的分离筛选与鉴定[J]. 农学学报，1(7)：18-22.

周喜新，周倩，胡日生，等，2011. 烟草黑胫病生物防治研究进展[J]. 江西农业学报，23(7)：124-126.

周阳薇，刘正坪，魏艳敏，等，2015. 植物根际土壤细菌的分离与鉴定[J]. 中国农学通报，31(7)：212-217.

周志红，骆世明，牟子平，1997. 番茄(ycopersicn)的化感作用研究[J]. 应用生态学报，8(4)：445-449.

朱波，胡跃高，肖小平，等，2009. 冬种黑麦草对六种稻田土壤微生物量碳、氮的影响[J]. 中国农学通报，25(3)：225-229.

朱宏建，欧阳小燕，周倩，等，2012. 一株辣椒尖孢炭疽病菌拮抗菌株的分离鉴定与发酵条件优化[J]. 植物病理学报，42(4)：418-424.

朱先洲，2017. 生物有机肥对烤烟黑胫病发生及产量产值的影响[D]. 成都：四川农业大学.

朱贤朝，郭振业，刘保安，等，1987. 我国烟草黑胫病菌生理小种研究初报[J]. 中国烟草科技，(4)：1-3.

朱雪竹，倪雪，高彦征，2010. 植物内生细菌在植物修复重金属污染土壤中的应用[J]. 生态学杂志，29(10)：2035-2041.

Acosta-Martinez V, Acosta-Mercado D, Sotomayor-Ramirez D, et al., 2008. Microbial communities and enzymatic activities under different management in semiarid soils [J]. Applied Soil Ecology, 38(3): 249-260.

Acosta-Martinez V, Mikha M M, Vigil M F, 2007. Microbial communities and enzyme activities in soils under alternative crop rotations compared to wheat-fallow for the Central Great Plains[J]. Applied Soil Ecology, 37(1-2): 41-52.

Acosta-Martinez V, Rowland D, Sorensen R B, et al., 2008. Microbial community structure and functionality under peanut-based cropping systems in a sandy soil [J]. Biology and Fertility of Soils, 44(5): 681-692.

Afsharmanesh H, Ahmadzadeh M, Sharifi-Tehrani A, et al., 2007. Detection of phlD genein some fluorescent pseudomonads isolated from Iran and its relative with antifungal activities[J]. Commun Agricultural Applied Biological Sciences, (4): 941-950.

Akgül D S, Mirik M, 2008. Biocontrol of*Phytophthora capsici* on pepper plants by *Bacillus megaterium* strains[J]. Journal of Plant Pathology, 90(1): 29-34.

Alabouvette C, Olivain C, Steinberg C, 2006. Biological control of plant diseases : the European situation[J]. European Journal of Plant Pathology, 114(3): 329-341.

Allen O N, Allen E K, 1981. The leguminosae, a source book of characteristics, uses, and nodulation[M]. Madison: University of Wisconsin in Press.

Asuming-Brempong S, Gantner S, Adiku S G K, et al., 2008. Changes in the biodiversity of microbial populations in tropical soils under different fallow treatments [J]. Soil Biology and Biochemistry, 40(11): 2811-2818.

Balghouthi A, Jonathan R, Gognies S, et al., 2013. A new species, Pythium echinogynum, causing severe damping-off of tomato seedlings, isolated from Tunisia, France, and India: morphology, pathology, and biological control[J]. Annals of Microbiology, 63: 253-258.

Banga J, Praveen V, Singh V, et al., 2008. Studies on medium optimization for the production of antifungal and antibacterial antibiotics from a bioactive soil actinomycete [J]. Medicinal Chemistry Research, 17: 425-436.

Bever J D, Platt T G, Morton E R, 2012. Microbial population and community dynamics on plant roots and their feedbacks on plant communities[J]. Annual Review of Microbiology, 66(1): 265-283.

Biasi A, Martin F, Schena L, 2015. Identification and validation of polymorphic microsatellite loci for the analysis of Phytophthora nicotianae populations[J]. Journal of Microbiological Methods, 110: 61-67.

Callaham D, Deltredici P, Torrey J G, 1978. Isolation and cultivation in vitro of the actinomycete causing root nodulation in Comptonia [J] . Science, 199 (4331): 899-902.

Chang Y K, Veilleux R E, Iqbal M J, 2009. Analysis of genetic variability among Phalaenopsis species and hybrids using amplified fragment length polymorphism[J]. Journal of the American Society for Horticultural Science, 134(1): 58-66.

Chen L, Zhang Q Y, Jia M, et al. , 2016. Endophytic fungi with antitumor activities: Their occurrence and anticancer compounds[J]. Critical Reviews in Microbiology, 42 (3): 454-473.

Chu H, Lin X G, Fujii T, et al. , 2007. Soil microbial biomass, dehydrogenase activity, bacterial community structure in response to long term fertilizer management [J]. Soil Biology & Biochemistry, 39: 2971-2976.

Chuan Y C, Zhang L M, Jiao Y G, et al. , 2016. Control effects of tobacco and garlic rotation on tobacco black shank and a preliminary study on the inhibition mechanism (in Chinese)[J]. Acta Tabacaria Sinica, 22(5): 55-62.

Cline E T, Farr D F, Rossman A Y, 2008. Synopsis of Phytophthora with accurate scientific names, host range, and geographic distribution[J]. Plant Health Progress, 9 (1): 32.

Colburn G C, Graham J H, 2007. Protection of citrus rootstocks against Phytophthora spp. with a hypovirulent isolate of Phytophthora nicotianae [J]. Phytopathology, 97 (8): 958-963.

Colloff M J, Wakelin S A, Gomez D, et al. , 2008. Detection of nitrogen cycle genes in soils for measuring the effects of changes in land use and management [J]. Soil Biology & Biochemistry, 40(7): 1637-1645.

Coser T R, Ramos M L G, Amabile R F, et al. , 2007. Microbial biomass nitrogen in cerrado soil with nitrogen fertilizer application[J]. Pesquisa Agropecuaria Brasileira, 42(3): 399-406.

Dalal J M, Kulkarni N S, 2014. Population variance and diversity of endophytic fungi inoybean[Glycine max (L) Merril][J]. Research and reviews: Journal of botanical sciences, 3(4): 33-39.

Deeyer S E, Debeuf K, Vekeman B, et al. , 2015. A large diversity of non-Rhizobial endophytes found in Legume Root Nodules in Flanders (Belgium) [J]. Soil biology and biochemistry, 83: 1-11.

Demain A L, Sanchez S, 2009. Microbial drug discovery 80 years of progress[J]. The Journal of Antibiotics, 62(1): 5-16.

Deng Z S, Zhao L F, Kong Z Y, et al., 2011. Diversity of endophytic bacteria with in Nodules of the sphaerophysa salsula in Different Regions of Loess Plateau in China [J]. Fems Microbiology ecology, 76(3): 463-475.

Dhanya K I, Swati V I, Vanka K S, et al., 2016. Antimicrobial ctivity of *Ulva reticulata* and its endophytes[J]. J Ocean Univ China, 15(2): 363-369.

Drake K E, Moore J M, Bertrand P, et al., 2015. Black shank resistance and agronomic performance of flue-cured tobacco lines and hybrids carrying the introgressed region [J]. Crop Sci, 55(1): 1-8.

Duke SO, 2015. Proving allelopathy in crop-weed interactions [J]. Weed Sci., 63 (1): 121-132.

Evanno G, Regnaut S, Goudet J, 2005. Detecting thenumber of clusters of individuals using the software structure: a simulation study [J]. Molecular Ecology, 14(8): 2611-2620.

Gaiero G R, Mccall C A, Thompson KA, et al., 2013. Insidetheroot microbiome: Bacterial root endophytes and plant growth promotion [J]. American Journal of botany, 100(9): 1738-1750.

Gobena D, Galmarini C, Hulvey J, et al., 2012. Genetic diversity of *Phytophthora capsici* isolates from pepper and pumpkin in Argentina [J]. Mycologia, 104(1): 102-107.

Hamel C, Hanson K, Selles F, et al., 2006. Seasonal and long term resource related variations in soil microbial communities in wheat based rotations of the Canadian prairie[J]. Soil Biology & Biochemistry, 38(8): 2104-2116.

Hao X H, Liu S L, Wu J S, et al., 2008. Effect of long term application of inorganic fertilizer and organic amendments on soil organic matter and microbial biomass in three subtropical paddy soils [J]. Nutrient Cycling in Agroecosystems, 81(1): 17-24.

Hardoim Pr, Van Overbeekls, Berg G, et al., 2015. The Hidden World with in Plants: Ecological and Evolutionary Considerations for Defining Functioning of Microbial Endophytes [J]. Microbiology and Molecular Biology Reviews, 79(3): 293-320.

Hauggaard-Nielsen H, Jornsgaard B, Kinane J, et al., 2008. Grain legume cereal intercropping: The practical application of diversity, competition and facilitation in arable and organic cropping systems[J]. Renewable Agriculture and Food Systems, 23(1): 3-12.

He J Z, Zheng Y, Chen C R, et al., 2008. Microbial composition and diversity of an upland red soil under long term fertilization treatments as revealed by ulture dependent and culture independent approaches[J]. Journal of Soils and Sediments, 8(5): 349-358.

Hoque M S, Broadhurst L M, Thrall P H, 2011. Genetic characterization of root-nodule bacteria associated with *Acacia salicina* and *A. stenophylla* (Mimosaceae) across South-Eastern Australia [J]. International Journal of Systematic and Evolutionary Microbiology, 61(2): 299-309.

Hua Jinafeng, Lin Xinagui, Yin Rui, et al., 2009. Efects of arbuscular mycorrhizal fungi inoculation on arsenic accumulation by tobacco [J]. Journal of Environmental Sciences, 21(9) : 1214-1220.

Hume D E, Sewell J C, 2014. Agronomic advantages conferred by endophyte infection of perennial ryegrass (*Lolium perenne* L.) and tall fescue (*Festuca arundinacea* Schreb.) in Australia[J]. Crop and Pasture Science, 65(8): 747-757.

Ivors K, Garbelotto M, Vries I D, et al., 2006. Microsatellite markers identify three lineages of Phytophthora ramorum in US nurseries, yet single lineages in US forest and European nursery populations[J]. Molecular Ecology, 15(6): 1493-1505.

J C Gilman, George B Cummins, Wm Bridge Cooke, 1957 Reviews Mycologia, 49(4): 607-608.

Julie F, 2006. A review of fusarium wilt of oil palm caused by *Fusarium oxysporum* f. sp. *Elaeidis*[J]. Phytopathology, 96(6): 660-662.

Khan Z, Kim S G, Jeon Y H, et al., 2008. A plant growth promoting rhizobacterium, Paenibacillus polymyxa strain GBR-1, suppress root-knot nematode[J]. Bioresource Technology, 99: 3016-3023.

Kim Y G, Kang H K, Kwon KD, et. al, 2015. Antagonistic activities of novel peptides from *Bacillus amyloliquefaciens* PT14 against *Fusarium solani* and *Fusarium oxysporum*[J]. Jurnal of Agricultural and Food Chemistry, 63(48): 10380-10387.

Kloepper J W, Beauchamp C J, 1992, A review of issues related to measuring colonization of plant roots by bacteria [J]. Canadian Journal of Microbiology, 38(12):

1219-1232.

Kogel K H, Franken P, Hckelhoven R, 2006. Endophyte or parasite: what decides? [J]. Current Opinion in Pant Biology, 9(4): 358-363.

Leplatj, Friberg H, Abid M, et al., 2013. Survival of *Fusarium Graminearum*, the Causal Agent of Fusarium Head Blight a Review[J]. Agronomy for Sustainable Development, 33(1): 97-111.

Li J H, Wang E T, Chen W F, et al., 2008. Genetic diversity and potential for promotion of plant growth detected in nodule endophytic bacteria of soybe angrown in Heilongjiang province of china [J]. Soil Biology and Biochemistry, 40(1): 238-246.

Li X K, Kong F Y, Li X H, et al., 2011. Preliminary report on physiological race of *Phytophthora parasitica* in Hubei (in Chinese) [J]. Chinese Tobacco Science, 32 (3): 84-88.

Li Y C, Cooke D E L, Jacobsen E, et al., 2013. Efficient multiplex simple sequence repeat genotyping of the plant pathogen *Phytophthora infestans*[J]. Journal of Microbiological Methods, 92(3): 316-322.

Long Y Y, 2014. Pythium DNA barcode and molecular systematics study (Doctoral Thesis). Nanning: Guangxi University, China.

Loqman S, Barka E A, Clement C, et al., 2009. Antagonistic actinomycetes from Moroccan soil to control the grapevine gray mold[J]. World J Microbiol Biotechnol, 25 (1): 81-91.

Lu X H, Hao J, 2014. First report of *Pythium recalcitrans* causing cavity Spot of Carrot in Michigan[J]. Plant Disease, 99 (7): 991

Luo S L, Xu T Y, Chen L, et al., 2012. Endophyte-assisted promotion of biomass production and metal-uptake of energy crop sweet sorghum plant-growth V promoting Endophyte *Bacillus* sp. SLS18[J]. Applied Microbiology and Biotechnology, 93(4): 1745-1753.

Maarit Niemi R, Vepsalainen M, Wallenius K, et al., 2008. Conventional versus organic cropping and peat amendment: impacts on soil microbiota and their activities [J]. European Journal of Soil Biology, 44(4): 419-428.

Madhaiyan M, Poonguzhali S, Sa T, 2007. Metal tolerating methylotrophic bacteria reduces nickel and cadmium toxicity and promotes plant growth of tomato(*Lycopersicon esculentum* L.)[J]. Chemo- sphere, 69(2): 220-228.

Maketon M, Apisitsantikul J, Siriraweekul C, 2008. Greenhouse evaluation of *Bacillus subtilis* AP-01 and *Trichoderma harzianum* AP-001 in controlling tobacco diseases [J]. Brazilian Journal of Microbiology, 39(2): 296-300.

Martiniello P. Biochemical parameters in a Mediterranean soil as effected by wheat forage rotation and irrigation [J]. European Journal of Agronomy, 2007, (3): 198-208.

Monneveux P, Quillerou E, Sanchez C, et al., 2006. Effect of zero tillage and residues conservation on continuous maize cropping in a subtropical environment (Mexico) [J]. Plant and Soil, 279(1-2): 95-105.

Moralejo E, Clemente A, Descals E, et al., 2008. Pythium recalcitrans sp. nov. revealed by multigene phylogenetic analysis [J]. Mycologia, 100 (2): 310-319.

Morton JB, Benny GL, 1990. Revised classification of arbuscular mycorrhizal (Zygomycetes): A new order, glomales, two new sub-orders glomineae, gigasporineae, and two new families, Acaulosporaeae and Gigasporaceae, with an emendation of glomaceae[J]. Mycotaxon, 37: 471-491.

Nagabhyru P, Dinkins R D, Wood C L, et al., 2013. Tall fescue endophyte effects on tolerance to water-deficit stress[J]. BMC Plant Biology, 13: 127.

Pais M, Win J, Yoshida K, et al., 2013. From pathogen genomes to host plant processes: the power of plant parasitic oomycetes[J]. Genome Biology, 14(6): 1-10.

Patel J K, Madaan S, Archana G, 2018. Antibiotic producing endophytic *Streptomyces* spp. colonize above-ground plant parts and promote shoot growth in multiple healthy and pathogen challenged cereal crops[J]. Microbiolgical Research, 215: 36-35.

Petkowski JE, de Boer RF, Norng S, et al., 2013. Pythium species associated with root rot complex in winter-grown parsnip and parsley crops in south eastern Australia [J]. Australasian Plant Pathology, 42, 403-411.

Petrini O, 1991. Microbial ecology of leaves[M]. New York: Springer-Verlag.

Pineda A, Zheng S J, Loon J J A V, et al., 2010. Helping plants to deal with insects: the role of beneficial soil-borne microbes [J]. Trends in Plant Science, 15(9): 507-514.

Qin J C, Zhang Y M, Gao J M, et al., 2009. Bioactive metabolites produced by

Chaetomium globosum, an endophytic fungus isolated from *Ginkgo biloba* [J]. Bioorganic Medicinal Chemistry Letters, 19(6): 1572-1574.

Rasche F, Velvis H, Zachow C, et al., 2006. Impact of transgenic potatoes expressing anti-bacterial agents on bacterial endophytes is comparable with the effects of plant genotype, soil type and pathogen infection[J]. Journal of Applied Ecology, 43(3): 555-566.

Rodrigues J P, Peti A P F, Figueiró F S. et al., 2018. Bioguided isolation, characterization and media optimization for production of Lysolipins by actinomycete as antimicrobial compound against *Xanthomonas citri* subsp. *citri* [J]. Molecular Biology Reports, 45: 2455-2467.

Rovira A D, Foster R C, Martin J K, 1979. Note on terminology: origin, nature and nomenclature of the organic material in the rhizosphere [G]//HARLEY J L, RUSSELL R S The Soil-Root Interface London: Academic Press.

Rovira AD, Fester RC, Martin JK, 1979. Note on terminology: origin, nature and nomenclature of the organic materials in the rhizosphere[A] In: Harley JL, Scott Russell RS The Soil-root Interface [C] London: Academic Press.

Saleem H G, Aftab U, Sajid I, 2015. Effect of crude extracts of selected actinomycetes on biofilm formation of *A. schindleri*, *M. aci*, and *B. cereus*[J]. Journel of Basic Microbiology, 55(5): 645-651.

Santoyo G, Moreno-Hagelsieb G, Del Carmen Orozco-Mosqueda M, et al., 2016. Plant growth-promoting bacterial endophytes [J]. Microbiological Research, 183: 92-99.

Sigobodhla T E, Dimbi S, Masuka A J, 2010. First report of pythium myriotylum causing root and stem rot on tobacco in Zimbabwe[J]. Plant Disease, 94(8): 167.

Simmons B L, Coleman D C, 2008. Microbial community response to transition from conventional to conservation tillage in cotton fields[J]. Applied Soil Ecology, 40 (3): 518-528.

Simon C A, Andrea K R, Francisco R Q, 2003. Bacterial iron homeostasis[J]. FEMS Microbiol Rev, 27: 215-237.

Singh S B, Zink D L, Herath K B, et al., 2008. Discoverycterial activity of lucensimycin C from streptomyces lucensis[J]. Tetrahedron Letters, 49(16): 2616-2619.

Song Y N, Zhang F S, Marschner P, et al., 2007. Effect of intercropping on crop yield and chemical and microbiological properties in rhizosphere of wheat(*Triticum aestivum* L.), maize (*zea mays* L.), and faba bean (*Vicia faba* L.)[J]. Biology and Fertility of Soils, 43(5): 565-574.

Souza C R D, Barbosa A C D, Ferreja C F, et al. , 2019. Diversity of microorganisms associated to ananas spp. from natural environment, cultivated and ex situ conservation areas[J]. Science Horticulturae, 243: 544-551.

Spaepen S, Dobbelaere S, Croonenborghs A, et al. , 2008. Effects of azospirillum brasilense indole-3-acetic acid production on inoculated wheat plants[J]. Plant and Soil, 312(1-2): 15-23.

Sparling G, Schipper L A, Yeates G W, et al. , 2008. Soil characteristics, belowground diversity and rates of simazine mineralisation of a New Zealand Gley Soil in a chronosequence under horticultural use [J]. Biology and Fertility of Soils, 44 (4): 633-640.

Strobel G, Stierle A, Stierle D, et al. , 1993. Taxomyces andreanae, a proposed new taxon for a bulbilliferous hyphomycete associated with Pacific yew(*Taxus brevifolia*) [J]. Mycotaxon, , 47: 71-80.

Sullivan M J, Melton T A, Shew H D, 2005. Managing the race structure of *Phytophthora parasitica* var. *nicotianae* with cultivar rotation [J]. Plant Disease, 89 (12): 1285-1294.

Suzuki C, Nagaoka K, Shimada A, et al. , 2009. Bacterial communities are more dependent on soil type than fertilizer type, but the reverse is true for fungal communities [J]. Soil Science and Plant Nutrition, 55(1): 80-90.

Szumigalski A R, Van Acker R C, 2006. Nitrogen yield and land use efficiency in annual sole crops and intercrops [J]. Agronomy Journal, 98(4): 1030-1040.

Szumigalski A R, Van Acker R C, 2008. Land equivalent ratios, light interception, and water use in annual intercrops in the presence or absence of in crop herbicides [J]. Agronomy Journal, 100(4): 1145-1154.

Tan R X, Zou W X, 2011. Endophytes: a rich source of functional metabolites [J]. Nat Prod Rep, 18(4): 448-459.

Tao R, Liang YC, Steven A, 2015. Supplementing chemical fertilizer with an organic component increases soil biological function and quality [J]. Applied Soil Ecology, 96: 42-51.

Tian Y E, Yin J L, Sun J P, et al. , 2016. Population genetic analysis of Phytophthora infestans in northwestern China[J]. Plant Pathology, 65(1): 17-25.

Timmusk S, West P V, Gow N A R, et al. , 2009. Paenibacillus polymyxa antagonise oomycete plant pathogens *Phytophthora palmivora* and *Pythium aphanidermatum* [J]. Journal of Applied Microbiology, 106: 1473-1481.

Trinick M J, 1973. Symbiosis between Rhizobium and the non-legume Tremaaspera [J]. ature, 244(5416): 459-460.

Trujillo M E, Alonso-Vega P, Rodr Guez R, et al. , 2010. The genus micromonospora is Wide spread in legume Root nodules: The example of lupinusangustifolius [J]. The ISME Journal, 4(10): 1265-1281.

Truyenss, Weyens N, Cuypers A, et al. , 2015. Bacterial seed endophytes: genera, vertical transmission and interaction with plants[J]. Environmental Microbiology Reports, 7(1): 40-50.

van Eekeren N, Bommele L, Bloem J, et al. , 2008. Soil biological quality after 36 years of leyarable cropping, permanent grassland and permanent arable cropping[J]. Applied Soil Ecology, 40(3): 432-446.

vander Plaats-Niterink A J, 1981 Monograph of the genus Pythium[J]. Studies in Mycology, 21: 1-242.

Villate L, Morin E, Demangeat G, et al. , 2012. Control of Xiphinema Index Populations by Fallow Plants under green house and field conditions[J]. Phytopathology, 102(6): 627-634.

Wakelin S A, Cooloff M J, Harvey P R, et al. , 2007. The effects of stubble retention and nitrogen application on soil microbial community structure and functional gene abundance under irrigated maize[J]. Fems Microbiology Ecology, 59(3): 661-670.

Wang Q L, Bai Y H, Gao H W, et al. , 2008. Soil chemical properties and microbial biomass after 16 years of no tillage fanning on the Loess Plateau, China[J]. Geoderma, 144(3-4): 502-508.

Wang Z, Langston D B, Csinos A S, et al. , 2009. Development of an improved isolation approach and simple sequence repeat markers to characterize *Phytophthora capsici populations* in irrigation ponds in Southern Georgia[J]. Applied and Environmental Microbiology, 75(17): 5467-5473.

Wei G, Fan L, Zhu W, et al. , 2009. Isolation and characterization of the heavy metal resistant bacteria CCNWRS33-2 isolated from root nodule of *Lespedeza cuneata* in gold mine tailings in China[J]. Journal of Hazardous Materials, 162(1): 50-56.

Westergaard K, Muller A K, Christensen S, et al., 2001. Effects of tylosin as a disturbance on the soil microbial communit[J] J. Soil Biol Biochem, 3: 2061-2071.

Wiśniewski J R, Zougman A, Nagaraj N, et al., 2009. Universal sample preparation method for proteome analysis[J]. Nature Methods, 6(5): 359-362.

Wortmann C S, Quincke J A, Drijber R A, et al., 2008. Soil microbial community change and recovery after one time tillage of continuous no till [J]. Agronomy Journal, 100(6): 1681-1686.

Xiong Z Q, Yang Y Y, Zhao N, et al., 2013. Diversity of endophytic fungi and screening of fungal paclitaxel producer from Anglojap yew, *Taxusx media*[J]. BMC Microbiology, 13(1): 1-10.

Xu L, Wang A, Wang J, et al., 2017. *Piriformospora indica* confers drought tolerance on *Zea mays* L. through enhancement of antioxidant activity and expression of drought-related genes[J]. The Crop Journal, 5(3): 251-258.

Yao H Y, Jiao X D, Wu F Z, 2006. Effects of continuous cucumber cropping and alternative rotations under protected cultivation on soil microbial community diversity [J]. Plant and Soil, 284(1-2): 195-203.

Yazdani M, Baker G, Degraaf H, et al., 2018. First detection of Russian wheat aphid *Diuraphis noxia* Kurdjumov (Hemiptera: Aphididae) in Australia: A major threat to cereal production[J]. Austral Entomology, 57(4): 410-417.

Zakhia F, Jeder H, Willems A, et al., 2006. Diverse bacteria associated with Root nodules of spontaneous legumes in Tunisia and first report for NifH-Like gene with in the genera microbacterium and starkeya [J]. Microbialecology, 51(3): 375-393.

Zhang M J, Chen Y P, Yuan J H et al., 2015. evelopment of genomic SSR markers and analysis of genetic diversity of 40 haploid isolates of *Ustilago maydis* in China [J]. International Journal of Agriculture & Biology, 17(2): 369-374.

Zhang Y, Lyu T, Zhang L, et al., 2019. Microbial community metabolic profiles in saturated constructed wetlands treating iohexol and ibuprofen[J]. Science of the Total Environment, 651(2): 1926-1934.

Zhang Y, Zhu Y, Yao T, et al., 2013. Interaction of four PGRPs isolated from pasture rhizosphere[J]. Acta Prataculturae Sinica, 22(1): 29-37.

Zhao Z, Wang Q, Wang K, et al. , 2010. Study of the antifungal activity of *Bacillus vallismortis* ZZ185 in vitro and identification of its antifungal components[J]. Bioresour Technol, 101(1): 292−297.

Zheng C J, Li L, Zou J P, et al. , 2012. Identification of a quinazoline alkaloid produced by *Penicillium vinaceum*, an endophytic fungus from *Crocus sativus*[J]. Pharm Biol, 50(2): 129−133.

Zhou Z F, Kurtán T, Yang X H, et al. , 2014. Penibruguieramine A, a novel pyrrolizidine alkaloid from the endophytic fungus *Penicillium* sp. GD6 associated with chinese mangrove Bruguiera gymnorrhiza[J]. Org Lett, 16(5): 1390−1393.

附件Ⅰ 英文缩略词及其中英文全名对照表

缩略词	英文全名	中文全名
ATP	Adenosine-triphosphate	腺嘌呤核苷三磷酸
BLAST	Basic local alignment search tool	碱基局部对准检索工具
bp	Base pair	碱基对
CA	Cinnamic acid	苯丙烯酸
CAT	Certified accounting technician	过氧化氢酶
CE-MS	Capillary electrophoresis-mass	毛细管电泳与质谱联用
COG	Clusters of orthologous groups of proteins	直系同源序列聚类分组
CTAB	Hexadecyl trimethyl ammonium bromide	十六烷基三甲基溴化铵
Da	Dalton	道尔顿
DNA	Deoxynculeoside acid	脱氧核糖核苷酸
dNTP	Deoxy-ribonucleoside triphosphate	三磷酸脱氧核糖核苷
EB	Ethidium bromide	溴化乙锭
EDTA	Ethylene diamine tetraacetic acid	乙二胺四乙酸
ELISA	Enzyme linked immunosorbent assay	酶联免疫吸附测定
ET	Ethylene	乙烯
FITC	Fluorescein isothiocyanate	异硫氰酸荧光素
GC-MS	Gas chromatography-massspectrometer	气相色谱-质谱联用仪
HNB	hydroxynaphthol blue	羟基萘酚蓝
HPLC	High performance liquid chromatography	高效液相色谱法
IAA	Indole-3-acetic acid	吲哚乙酸
IMS	Immunomagnetic separation	免疫磁珠分离
ISR	Induced systemic resistance	诱导系统抗性
ISSR	Inter-simple sequence repeat	简单重复性序列间区
ITS	Internal transcribed spacer	内转录间隔区
JA	Jasmonic acid	茉莉酸
LAMP	Loop-mediated isothermal amplification	环介导等温扩增技术
LC-MS	Liquid chromatograph-mass spectrometer	液相色谱-质谱联用仪

（续）

缩略词	英文全名	中文全名
LFD	Lateral flow dipstick	横向流动试纸条技术
MB	Molecular beacon	分子信标
MDA	Malondialdehyde	丙二醛
MR	Methyl red	甲基红
NCBI	National Center of Biotechnology Information	美国国立生物技术信息中心
NMR	Nuclear magnetic resonance	核磁共振
OA	Oatmeal agar	燕麦琼脂培养基
OTU	Operational taxonomic units	操作分类单元
PAGE	Polyacrylamide gel electrophoresis	聚丙烯酰胺凝胶电泳
PAL	Phenylalanine ammonia lyase	苯丙氨酸解氨酶
PAs	Phenolic acid	酚酸
PB	Phosphate buffer	磷酸缓冲液
PCA	Principal component analysis	主成分分析
PCM	Phase change material	变相材料
PCR	Polymerase chain reaction	聚合酶链式反应
PDA	Potato dextrose agar	马铃薯葡萄糖琼脂培养基
PGPR	Plant growth promoting rhizobacteria	根际促生细菌
PICRUSt	Phylogenetic Investigation of Communities by Reconstruction of Unobserved States	菌群代谢预测分析软件
PLS-DA	Partial least squares discriminant analysis	偏最小二乘判别分析
POD	Peroxidase	过氧化物酶
PPO	Polyphenol oxidase	多酚氧化酶
PSA	Potato sucrose agar	马铃薯蔗糖琼脂培养基
RAPD	Randomamplified polymorphism DNA	随机扩增多态性 DNA
rDNA	Ribosomal DNA	核糖体 DNA
RFLP	Restriction fragment length polymorphism	限制性片段长度多态性
rRNA	Ribosomal ribonucleic acid	核糖体核糖核酸
SA	Salicylic acid	水杨酸
SAR	Systemic acquired resistance	系统获得性抗性
SDS	Sodium dodecyl sulfate	十二烷基硫酸钠

（续）

缩略词	英文全名	中文全名
SOD	Superoxide dismutase	超氧化物歧化酶
TAE	Tris & Acetate & EDTA	TAE 电泳缓冲液
TE	Tris & EDTA	TE 缓冲液
Tris	Tris（Hydroxymethyl）aminomethane	三羟甲基氨基甲烷
TTZ	2, 3, 5-Triphenyltetrazolium chloride	氯化三苯基四氮唑
XO	Xylenol orange	二甲酚橙

附件Ⅱ 烟草土传菌物病害症状及其病原菌物形态特征

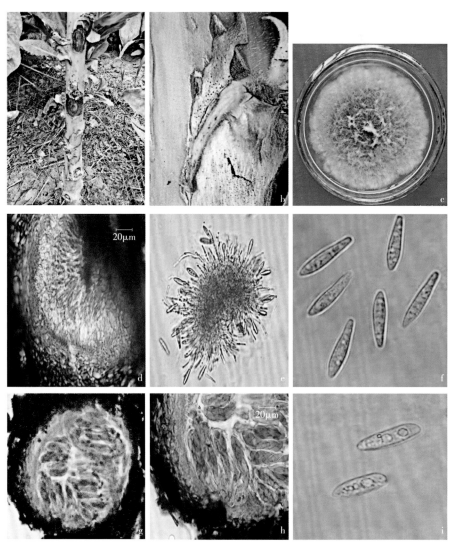

彩版 1 烟草溃疡病的症状及葡萄座腔菌的形态特征

注：a 和 b. 田间症状；c. 菌落；d. 分生孢子器；e. 分生孢子梗；f. 分生孢子；g. 子囊座；
h. 子囊；i. 子囊孢子。

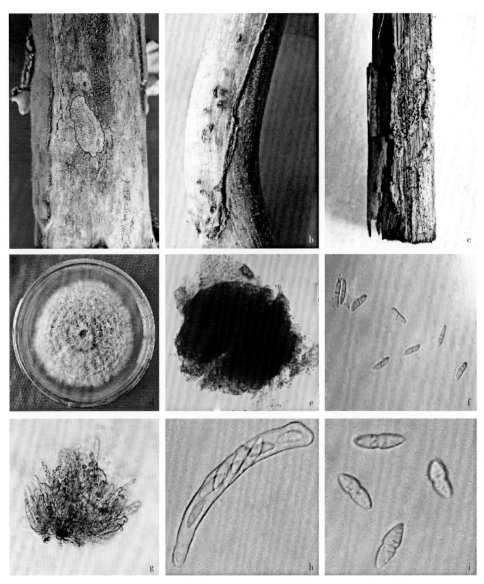

彩版 2　烟草壳二孢茎枯病的症状及菊花壳二孢的形态特征

注：a. 茎部症状；b. 接种 7 天症状；c. 接种 15 天症状；d. 菌落；e，分生孢子器；

f. 无性孢子；g. 子囊壳；h. 子囊；i. 子囊孢子。

烟草土传菌物病害症状及其病原菌物形态特征

彩版 3　烟草枯萎病的症状及尖孢镰刀菌的形态特征

注：a、b 和 c. 田间症状；d. 菌落；e. 尖孢镰刀菌大型分生孢子与小型分生孢子。

彩版 4　烟草镰刀菌根腐病的症状及镰刀菌的形态特征

注：a、b、c 和 d. 田间症状；e. 茄病镰刀菌菌落；f. 茄病镰刀菌分生孢子；
g. 层出镰刀菌菌落；h. 层出镰刀菌分生孢子。

彩版5-1　烟草猝倒病（茎黑腐病）的症状及瓜果腐霉的形态特征

注：a、b和c. 田间症状；d. 菌落；e. 孢子囊；f和g. 雄器、藏卵器与卵孢子。

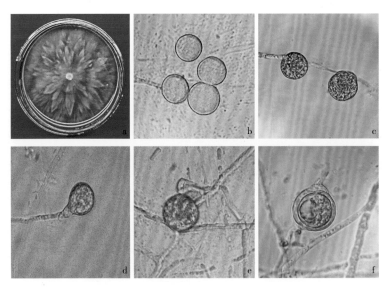

彩版5-2　钟器腐霉的菌落与显微形态特征

注：a. 菌落；b和c. 孢子囊；d、e和f. 雄器、藏卵器与卵孢子。

烟草土传菌物病害症状及其病原菌物形态特征

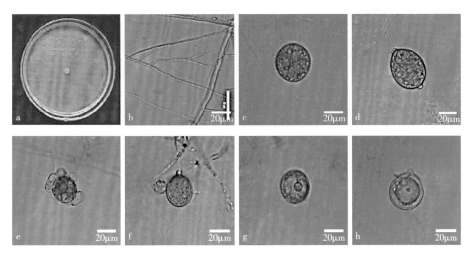

彩版 5-3　固执腐霉的菌落及其显微形态特征

注：a. 菌落；b. 菌丝；c 和 d. 孢子囊；e 和 f. 雄器、藏卵器；g 和 h. 卵孢子。

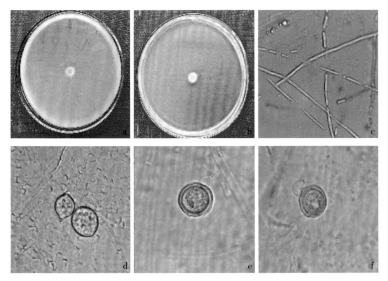

彩版 5-4　德巴利腐霉的菌落及其显微形态特征

注：a 和 b. 菌落；c. 菌丝；d. 孢子囊；e 和 f. 雄器、藏卵器与卵孢子。

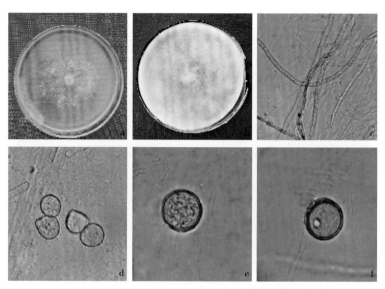

彩版 5-5　终极腐霉的菌落及其显微形态特征

注：a 和 b. 菌落；c. 菌丝；d. 孢子囊；e 和 f. 雄器、藏卵器与卵孢子。

彩版 6-1　烟草根黑腐病的症状及根串珠霉的菌落特征

注：a 和 b. 症状；c. 宜阳县病菌分离物；d. 洛宁县病菌分离物；

e. 郏县病菌分离物；f. 济源市病菌分离物。

烟草土传菌物病害症状及其病原菌物形态特征

彩版6-2　根串珠霉在V8培养基中的菌落特征

注：a. JXTB′白色扇形菌落；b. JXTB 菌落；c. LNTB′白色扇形菌落；d. LNTB 菌落。

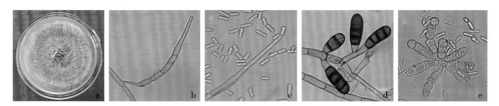

彩版6-3　YYTB 与 LNTB′菌株在 V8 培养基上的形态特征

注：a. YYTB 菌落；b. YYTB 分生孢子梗；c. YYTB 分生孢子；d. YYTB 厚垣孢子；e. LNTB′厚垣孢子。

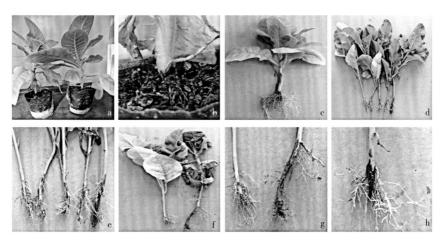

彩版6-4　烟苗接种根串珠霉后的根茎部症状

注：a. 接种烟苗（左）与对照（右）；b. 病苗茎基部症状放大；c. 病苗根茎部症状；d. 不同症状的烟苗；
e. 发病烟苗根部症状放大；f. 主根腐烂烟苗（右）与对照（左）；g. 主根腐烂烟苗（右）与对照（左）症状放大；
h. 腐烂根部发生新生根。

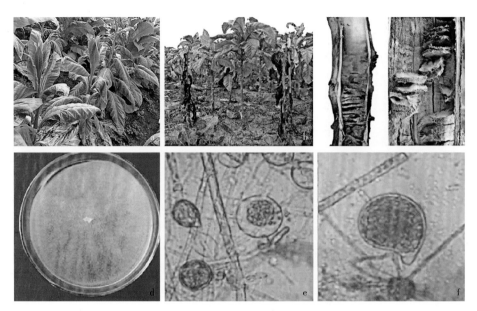

彩版 7 烟草黑胫病的症状及烟草疫霉的形态特征

注：a 和 b. 田间症状；c. 髓部症状；d. 菌落；e. 卵孢子；f. 孢子囊。

彩版 8 烟草白绢病的症状及齐整小核菌的形态特征

注：a、b、c 和 d. 田间症状；e. 4 天菌落特征；f. 7 天菌落特征；g. 后期菌落；h. 菌核。

烟草土传菌物病害症状及其病原菌物形态特征

彩版 9　烟草低头黑病的症状及辣椒炭疽菌的形态特征

注：a. 症状初期；b. 症状中期；c. 症状后期；d. 菌株 I 号菌落正面观；e. 菌株 I 号菌落背面观；
f. 菌株 II 号菌落正面观；g. 菌株 II 号菌落背面观；h. 分生孢子盘、刚毛；i. 分生孢子梗；j. 分生孢子。

彩版 10　烟草立枯病的症状及立枯丝核菌的形态特征

注：a、b 和 c. 田间症状；d. 菌落正面；e. 菌落反面；f. 菌落生菌核；g. 老熟菌丝；

h. 菌丝桥接；i. 双核细胞；j. 单核及三核细胞。